I0888097

ABHANDLUNGEN DER DEUTSCHEN AKADEMIE
DER WISSENSCHAFTEN ZU BERLIN

Klasse für Bergbau, Hüttenwesen und Montangeologie
Jahrgang 1964 Nr. 3

BERICHT

ÜBER DAS
5. LÄNDERTREFFEN DES INTERNATIONALEN BÜROS FÜR GEBIRGSMECHANIK

Rahmenthema

„Die Festigkeit von Gebirgskörpern"
– kritische Einschätzung der Unterschiede im Festigkeitsverhalten der Gesteine im Laboratorium gegenüber dem Festigkeitsverhalten des Gebirgsverbandes –

Leipzig, 5. bis 9. November 1963

Herausgegeben von
Prof. Dr.-Ing. Dr. e. h. GEORG BILKENROTH
Leiter des Internationalen Büros für Gebirgsmechanik

Bearbeitet von
Dr.-Ing. KARL-HEINZ HÖFER
Wissenschaftlicher Sekretär des Internationalen Büros für Gebirgsmechanik

Mit 156 Abbildungen und 20 Tabellen

AKADEMIE-VERLAG · BERLIN
1964

Vorgelegt von Hrn. BILKENROTH in der Klassensitzung vom 16. 1. 1964

Zum Druck genehmigt am gleichen Tage, ausgegeben am 10. 10. 1964

Erschienen im Akademie-Verlag GmbH, Berlin W 8, Leipziger Straße 3—4

Copyright 1964 bei Akademie-Verlag GmbH

Lizenznummer: 202 · 100/508/64

Kartengenehmigung: MdI der DDR Nr. 726/64

Gesamtherstellung: VEB Druckerei „Thomas Müntzer" Bad Langensalza

Bestellnummer: 2001/64/III/3 · ES 20 F 1, 18 F 2, 18 E 2 · Preis: MDN 54,50

INHALTSVERZEICHNIS

Zum 5. Ländertreffen des Internationalen Büros für Gebirgsmechanik vorgelegte Arbeiten

Wissenschaftliche Aussprache

Arbeitsprogramm für 1964 — Abschlußprotokoll und Schlußwort

BEGRÜSSUNGSANSPRACHE

des Leiters des Internationalen Büros für Gebirgsmechanik bei der Deutschen Akademie der Wissenschaften zu Berlin,

Herrn Prof. Dr.-Ing. Dr. e. h. G. Bilkenroth

Meine sehr geehrten Herren!

Wenn unsere wissenschaftliche Vereinigung, das Internationale Büro für Gebirgsmechanik, seine Mitglieder zum fünften Male in einer zu dieser Jahreszeit wenig anziehenden Stadt versammeln und trotz der Fülle geomechanischer Veranstaltungen in diesem Jahre wiederum Vertreter aus zahlreichen Ländern begrüßen kann, so spricht dies für das Interesse an der gemeinsamen Arbeit und für die Richtigkeit des eingeschlagenen Weges wissenschaftlicher Zusammenarbeit auf internationaler Basis.

Ich darf Sie als Leiter des Internationalen Büros für Gebirgsmechanik recht herzlich begrüßen und wünsche Ihnen allen und uns einen erfolgreichen Verlauf der Arbeitstagung. In unseren seit nunmehr fünf Jahren durchgeführten Ländertreffen können wir ein Beispiel der friedlichen Koexistenz, der fruchtbaren Zusammenarbeit von Wissenschaftlern aus Ländern mit verschiedener Gesellschaftsordnung sehen. Ich freue mich, daß Sie auch in diesem Jahre den Weg nach Leipzig gefunden haben, und hoffe, daß unserem 5. Ländertreffen ein gleicher Erfolg wie den vorhergehenden Tagungen beschieden sein möge zum Nutzen für die gebirgsmechanische Forschung in allen Ländern.

Der Schirmherr unseres Büros, die Deutsche Akademie der Wissenschaften, bekundet sein Interesse an der Tätigkeit unserer „Internationalen Akademie der Gebirgsmechanik", wie ich unsere gewachsene Zusammenarbeit einmal vergleichsweise bezeichnen möchte, nicht nur durch materielle Unterstützungen, für die ich auch an dieser Stelle Dank sage, sondern auch durch die persönliche Anteilnahme ihres Präsidenten, der sich gestattet, Sie am 8. November zu einem Empfang einzuladen.

An unserem 5. Ländertreffen nehmen Spezialisten der Gebirgsmechanik und der Hangendbeherrschung aus 17 Ländern teil, die sich zum größten Teil durch unsere gemeinsamen Treffen in den vergangenen Jahren kennen. Obwohl sich aus diesem Grunde eine persönliche Vorstellung in den meisten Fällen erübrigt, möchte ich doch nicht versäumen, sie hier namentlich zu begrüßen.

Ich begrüße

aus Belgien
Herrn Liegeois, Lüttich

aus der Volksrepublik Bulgarien
die Herren Ganev, Sofia
Popjordanov, Sofia

aus der Tschechoslowakischen Sozialistischen Republik
die Herren Kohoutek, Prag
Kvapil, Košice
Mencl, Brno

aus Frankreich
Herrn SINOU, Briey

aus Großbritannien
Herrn POTTS, Newcastle upon Tyne

aus Jugoslawien
Herrn GOGALA, Ljubljana

aus den Niederlanden
die Herren SELDENRATH, Delft
TEN BRINK, Hoensbroek-Treebeek
DE REEPER, Hoensbroek-Treebeek

aus Österreich
Herrn MÜLLER, Salzburg

aus der Volksrepublik Polen
die Herren LITWINISZYN, Kraków
KNOTHE, Kraków

aus der Volksrepublik Rumänien
Herrn FODOR, Bukarest

aus Schweden
Herrn SUNDQUIST, Stockholm

aus der Sowjet-Union
die Herren PROTODJAKONOV, Moskau
KUZNECOV, Leningrad

aus der Volksrepublik Ungarn
die Herren MARTOS, Budapest
RICHTER, Miskolc.

Seit Jahren verbindet uns ein enger Kontakt mit Wissenschaftlern der Gebirgsmechanik aus Südafrika, und ich bin besonders erfreut, daß ich die Herren

HILL, Johannesburg und
DENKHAUS, Pretoria,

als Teilnehmer an unseren Arbeitssitzungen begrüßen kann.

Erstmals in unserem Kreise vertreten sind in diesem Jahre Wissenschaftler aus den Vereinigten Staaten von Amerika, und ich freue mich, Ihnen die Herren

JUDD, Santa Monica und
KIERSCH, Ithaka,

vorstellen zu können, die ich zugleich herzlich begrüße. Wir freuen uns, daß Sie den weiten Weg zu dem 5. Treffen des Internationalen Büros für Gebirgsmechanik nicht gescheut haben und daß damit die bisher nur brieflich bestehende Verbindung durch die persönlichen Kontakte gefestigt wird.

Ich begrüße in gleich herzlicher Weise unsere Kollegen aus Westdeutschland, und zwar die Herren WÖHLBIER, Clausthal
DREYER, Clausthal
HOFFMANN, Aachen und
EVERLING, Essen,

mit denen wir seit Jahren einen engen Kontakt pflegen, und die Mitglieder unseres Büros aus der Deutschen Demokratischen Republik, die Herren

BERGER, Leipzig
GIMM, Freiberg
MEISSER, Freiberg
NEUBERT, Freiberg und
WATZNAUER, Freiberg.

Außerdem heiße ich willkommen die Herren

ROSETZ, Freiberg und
SCHUPPE, Leipzig,

die durch Übernahme von Referaten zu unserem 5. Ländertreffen beitragen, und Herrn

ROTTER, Berlin.

Zu meinem Bedauern kann ich vier unserer Mitarbeiter, die ihre Teilnahme an dem 5. Ländertreffen bereits zugesagt hatten, nicht hier begrüßen.

Die Herren

KOBLISKA, Belgrad[1]) und
MOHR, Istanbul

mußten wegen Krankheit absagen, die Herren

GOFFI, Bergamo und
TANFIELD, London

konnten wegen plötzlicher anderweitiger Verpflichtungen nicht kommen. Die genannten Herren wünschten dem 5. Ländertreffen auf schriftlichem Wege eine erfolgreiche Arbeit und lassen alle Teilnehmer bestens grüßen. Ich darf Ihr Einverständnis dazu erbitten, daß wir den vier Herren ein Grußtelegramm unseres Büros vom 5. Ländertreffen übersenden.

Meine Herren!

Wir stehen, wie überall in der Welt, alle unter dem Eindruck des heroischen Kampfes von Menschen gegen die Naturgewalten, um anderen Menschen mit Einsatz von Wissenschaft und Technik zu helfen, sie vor dem Tod zu bewahren. Wir als Bergleute oder dem Bergbau eng verbundene Wissenschaftler, die wir uns gerade auf unserer Tagung mit dem Festigkeitsverhalten von Gebirgskörpern befassen, wissen am ehesten, um welch gewaltige Aufgabe es sich bei dem Ringen der Männer von Lengede handelt, um das Leben ihrer, ja, unserer Kameraden zu erhalten und sie zu befreien. Wir hoffen und wünschen sehnlich, daß auch der letzte der noch Überlebenden des Grubenunglückes glücklich gerettet werden möge.

Leider konnte ich bei der Begrüßung den Namen eines unserer Mitglieder und Initiatoren des Internationalen Büros für Gebirgsmechanik nicht nennen:

Dr. Dimitrij Andrevitsch PANOV.

Ein Mensch, den wir alle in fachlicher und persönlicher Einsicht hochschätzen gelernt haben, weilt nicht mehr unter uns. Nach einem arbeitsreichen Leben, das ausgezeichnet ist durch führende Stellungen in der Kohlenindustrie der UdSSR und durch hervorragende wissenschaftliche Arbeit im Bergbauforschungsinstitut in Moskau-Panki, verstarb D. A. PANOV am 25. Mai dieses Jahres im Alter von 59 Jahren. Eine Übersicht über die Arbeiten PANOVs, in denen sein wissenschaftliches Wirken sichtbar zum Ausdruck kommt, haben wir Ihnen mit den auf Ihren Arbeitsplätzen befindlichen Unterlagen überreicht.

Wir werden dem verstorbenen Mitarbeiter und Freund stets ein ehrendes Gedenken bewahren.

[1]) Traf am 2. Tag des Ländertreffens noch ein.

Meine sehr geehrten Herren!

Nachdem wir im vergangenen Jahr ein etwas theoretischer erscheinendes Thema in den Mittelpunkt unserer Diskussion gestellt hatten, soll in diesem Jahr ein Thema von grundlegender praktischer Bedeutung behandelt werden:

„Die Festigkeit von Gebirgskörpern".

Das Interesse an einer derartigen Diskussion steht seit langem und ich hoffe, daß unsere Aussprache mehr Klarheit in die bestehenden Probleme bringt und zu deren Lösung beiträgt. Der hier versammelte Kreis von Spezialisten aus verschiedenen Fachdisziplinen erscheint mir berechtigt, dieses so heikle Thema zu diskutieren und von allen Seiten zu beleuchten.

Unsere Arbeit des 5. Ländertreffens soll wiederum dazu beitragen, daß für Wissenschaft und Praxis der bestmögliche Nutzen bei der Erfüllung unserer großen Aufgaben für den Bergbau der verschiedenen Länder erreicht wird.

ANSPRACHE

des Vizepräsidenten der Deutschen Akademie der Wissenschaften zu Berlin,
Herrn Prof. Dr. M. Steenbeck

Meine Herren! Liebe Gäste!

Im Auftrage des Präsidenten der Deutschen Akademie der Wissenschaften zu Berlin, der leider dienstlich verhindert ist, Sie heute selbst zu empfangen, möchte ich Ihnen die herzlichsten Grüße und ein wirklich herzliches Willkommen ausrichten. Ich freue mich sehr, daß ich erneut die Möglichkeit habe, einige Stunden in Ihrem Kreise zu verbringen.

Ich sagte es das vorige Mal schon, daß ich ein so weit über die Welt erstreckendes, international zusammenarbeitendes Team mit einem leichten Neid sehe, denn die Anregungen sowohl in der Wissenschaft wie auch in vielen menschlichen Dingen kommen zu einem großen Teil aus dem persönlichen Gespräch, aus dem Gespräch mit Menschen, zu denen man auf Grund der Arbeit und der Erfahrung mit ihnen Vertrauen hat.

Wie wichtig Ihre Arbeit ist, haben wir ja alle in den letzten Wochen und Monaten durch einige, die Welt erschütternde Ereignisse erlebt. Im allgemeinen glaubt ein Außenstehender, es genüge, ein altes Wort, das schon im Alten Testament steht, zu befolgen, nämlich nicht auf Sand, sondern auf Fels zu bauen. Daß das nicht immer ausreicht, lernen die Menschen in oft grausiger Erfahrung. Um so wichtiger ist die Verantwortung auch Ihrer Wissenschaft.

Lassen Sie mich dabei bitte einen Gedanken aussprechen im Hinblick auf die Verantwortung der Wissenschaft: Je mehr die Ansprüche der Menschen wachsen, je mehr die Einsicht des Menschen in die Naturkräfte wächst und damit seine Möglichkeit, sie zu beherrschen, um so mehr wächst auch die Verantwortung der Wissenschaft.

Wir Wissenschaftler werden uns in der heutigen Zeit — ob wir es wollen oder nicht — immer mehr der Tatsache bewußt, daß die Wissenschaft eine Aufgabe für die Gesellschaft ist, daß die Ergebnisse der Wissenschaft die Waffen sind, mit denen der homo sapiens sich seine Zukunft sichert. Diese Aufgabe haben alle Wissenschaften. Und darum, glaube ich, ist es kein Zufall, daß das Zusammenrücken der Wissenschaftler von immer größerer Bedeutung für die zukünftige Entwicklung des ganzen menschlichen Lebens wird, das sich immer mehr aufbaut auf den Erkenntnissen, die die Wissenschaft den Menschen zur Verfügung stellt. Anders können wir nicht leben.

In diesem Sinne sind gerade solche Treffen, die Vertreter aus vielen Ländern vereinen, weit über das rein Fachliche hinaus von besonderer Bedeutung.

Auf dieses Weiterwirken und Zusammenstehen der Wissenschaftler in der Verantwortung für die Gesellschaft und für die Zukunft der menschlichen Gesellschaft bitte ich, das Glas zu leeren.

Die Arbeit des Internationalen Büros für Gebirgsmechanik im Jahre 1963

von K.-H. Höfer, Leipzig

Meine sehr geehrten Herren!

Auf dem 4. Ländertreffen wurde das Arbeitsprogramm des Internationalen Büros für Gebirgsmechanik für das Jahr 1963 beschlossen.

Gestatten Sie mir, Ihnen einen kurzen Überblick über die Arbeiten des Internationalen Büros für Gebirgsmechanik im Berichtsjahr zu geben.

1. Gruppenarbeit

Im Jahre 1963 wurde eine Arbeitssitzung lediglich von der Gruppe III „Festigkeitsuntersuchungen" durchgeführt. Diese Sitzung, über die der Leiter der Gruppe, Herr Dr. Kvapil, selbst noch berichten wird, brachte als wesentliches Ergebnis den „Entwurf einer Richtlinie über Zugfestigkeitsbestimmungen".

Die Arbeit der übrigen Gruppen machte, auch ohne daß Sitzungen stattgefunden haben, Fortschritte. So kann die Gruppe I „Begriffsbestimmungen" nunmehr den Entwurf eines deutschsprachigen Lexikons der Gebirgsmechanik vorlegen, der als Grundlage der weiteren Arbeiten angesehen werden kann.

Die Gruppe „Gerätetechnik für Untertagemessungen" konnte die für Juli in Newcastle upon Tyne geplante Arbeitstagung nicht durchführen, da für die Wissenschaftler aus der DDR keine Einreisevisen erteilt wurden. Dies war um so bedauerlicher, als Herr Prof. Potts die Tagung eigenhändig gut vorbereitet und organisiert hatte, so daß seine Mühe, für die wir hier nochmals danken, leider vergebens war. Von seiten des Vorsitzenden der Arbeitsgruppe wurde jedoch Vorsorge getroffen, daß die Arbeit nicht unterbrochen wird. Die Musterseite des Gerätekataloges wurde inzwischen gedruckt und wird nunmehr mit der Bitte um Ausfüllung an die Wissenschaftler der Gebirgsmechanik versandt, die speziell mit der Erprobung und dem Einsatz von Meßgeräten zu tun haben.

Die Arbeitsgruppe „Analytische Gebirgsmechanik" begann ihre Arbeit sehr erfolgversprechend. Der Leiter der Arbeitsgruppe, Herr Professor Dr. Averšin, unterbreitete den Mitgliedern der Gruppe schriftlich seine Gedanken und bat um Stellungnahmen. Die Arbeitsgruppenmitglieder entsprachen dem durch z. T. ausführliche Mitteilungen, die vom Büro übersetzt, vervielfältigt und allen Mitgliedern zugeschickt wurden.

Auf Einzelheiten der Gruppenarbeit kann ich hier verzichten, da die Herren Vorsitzenden selbst noch ihre Berichte erstatten.

2. Arbeit des Büros

Auch im Jahre 1963 erarbeitete das Internationale Büro für Gebirgsmechanik Informationsberichte über neue gebirgsmechanische Arbeiten aus Zeitschriften, über neue Bücher und über die dem Büro zur Verfügung gestellten Sonderdrucke. Es wurden zwei derartige Berichte an alle Mitglieder versandt.

Schwierigkeiten traten bei der Drucklegung des sechssprachigen Wörterbuches der Gebirgsmechanik auf, das in diesem Jahr noch nicht ausgeliefert werden kann.

Hingegen konnte der umfangreiche Bericht über das 4. Ländertreffen termingemäß fertiggestellt und Ihnen übergeben werden.

Erstmals im Jahre 1963 führte das Internationale Büro für Gebirgsmechanik einen Tagungskalender über internationale Veranstaltungen auf dem Gebiete der Gebirgsmechanik und informierte dementsprechend seine Mitglieder. In diesem Kalender wurden auch Tagungen aus anderen für die Gebirgsmechanik wichtigen Gebieten aufgenommen. Durch die gewonnene Tagungsübersicht im Jahre 1963 war es möglich, rechtzeitig Überschneidungen im Terminablauf zu erkennen und, z. T. auf unsere Anregung hin, von den Veranstaltern auch bereinigen zu lassen.

Die Verbindungen zur Internationalen Gesellschaft für Felsmechanik konnten weiter gefestigt werden. An der Vorstandssitzung dieser Gesellschaft nahmen mehrere Mitglieder des Internationalen Büros für Gebirgsmechanik teil. Das gilt gleichermaßen für das XIV. Kolloquium der Internationalen Gesellschaft für Felsmechanik.

Die Querverbindung mit dem Rock Mechanics Committee der Geological Society of America wurde über den Vorsitzenden des Komitees, Mr. Judd, hergestellt, der auch an unserer Tagung teilnimmt.

Leider war es nicht möglich, die von Mr. Judd organisierte Internationale Konferenz in Santa Monica über ,,The State of Stress in the Earth's Crust" vom Büro direkt zu beschicken. Wir verdanken jedoch der Freundlichkeit von Mr. Judd ein Exemplar des Buches mit den dort gehaltenen, sehr interessanten Vorträgen. Das Büro wird seine Mitglieder hierüber noch informieren. Das betrifft in gleicher Weise andere die Gebirgsmechanik tangierende Konferenzen dieses Jahres wie

1. den Internationalen Bergbaukongreß in Salzburg,
2. das Symposium über Gebirgsmechanik in Kraków,
3. die Tagung über die Steigerung des Abbaufortschrittes in Lüttich und
4. das Symposium über die Zerstörung von Kohle und Gestein in Katowice.

Die Mitglieder und Freunde des Internationalen Büros für Gebirgsmechanik unterstützten unsere Arbeit auch in diesem Jahre durch die freundliche Übersendung von Sonderdrucken ihrer wissenschaftlichen Veröffentlichungen.

An neuen Büchern erhielten wir:

von Dr. L. Müller ein Exemplar seines Buches ,,Felsbau";

von Prof. Fairhurst das Buch ,,Rock Mechanics" mit den Vorträgen des Symposiums in Minneapolis;

von den rumänischen Freunden des Büros das Buch von

Stamatiu ,,Mechanica Rochilor", das Prof. Stamatiu noch kurz vor seinem Tode vollenden konnte und das nunmehr erschienen ist,

und schließlich das Buch von Prof. Mohr ,,Gebirgsmechanik".

Auch in diesem Jahre hat Dr. Martos veranlaßt, daß allen Teilnehmern am Ländertreffen ein Exemplar der ,,Mitteilungen des ungarischen Forschungsinstitutes für Bergbau" überreicht werden kann.

All denen, die auf diese Weise die Arbeit des Büros unterstützen, sei hiermit herzlichst gedankt.

Das Internationale Büro für Gebirgsmechanik lieferte gemäß der Festlegung im Arbeitsprogramm dem Herausgeber des ,,Journal of Rock Mechanics and Mining Sciences" einen Kurzbericht über das 4. Ländertreffen.

Die Vorbereitungen des 5. Ländertreffens wurden planmäßig durchgeführt, so daß wiederum mit einer Beteiligung von Wissenschaftlern aus 17 Ländern unsere Tagung stattfinden kann.

Zum Schluß möchte ich Sie noch informieren, daß das Internationale Büro für Gebirgsmechanik nunmehr Verbindungen mit Wissenschaftlern der Gebirgsdruckforschung und der Geomechanik aus 23 Ländern unterhält.

BERICHTE DER ARBEITSGRUPPEN

Bericht über die Tätigkeit der Arbeitsgruppe I

Begriffsbestimmungen

von K.-H. Höfer, Leipzig

Durch Krankheit ist der Vorsitzende der Arbeitsgemeinschaft, Herr Prof. Dr.-Ing. habil. F. Mohr, leider verhindert, selbst Bericht über die Tätigkeit der Gruppe „Begriffsbestimmungen" zu erstatten.

Auf der 4. Sitzung der Arbeitsgemeinschaft im November v. J. wurde festgestellt, daß die Arbeit in dem Sinne aktiviert werden muß, daß die deutsche, englische und französische Sprachgruppe in gleicher Weise, wie dies die sowjetischen Wissenschaftler für die russische Sprachgruppe schon getan haben, den Entwurf einer Zusammenstellung der in ihren Ländern gebräuchlichen Begriffe nebst Definitionen erarbeiten. Da bisher nur das russische Projekt vollständig vorlag, wurde auf eine Arbeitsgruppensitzung verzichtet. Statt dessen trafen sich die deutschen Mitglieder der Arbeitsgruppe anläßlich des Berg- und Hüttenmännischen Tages im Juni d. J. in Freiberg, um über die Erarbeitung des deutschen Projektes zu beraten, für das schon zahlreiches Einzelmaterial vorlag. Wichtige Beiträge zum deutschen Entwurf lieferten die Herren Wöhlbier, Neubert und Watznauer. Dem IBG fiel die Aufgabe zu, das vorhandene Material zusammenzustellen und zu ergänzen, wobei insbesondere Wert darauf gelegt wurde, auch die für die Gebirgsmechanik geltenden grundlegenden Begriffe der Festigkeitslehre und der Meßtechnik in möglichst exakter Weise in den Projektentwurf aufzunehmen. Das Ergebnis ist der jetzt vorliegende Entwurf mit über 2000 Begriffen, für die zum größten Teil auch die englischen, französischen und russischen Termini in die ebenfalls erarbeitete viersprachige Übersichtskartei aufgenommen wurden. Der Entwurf bedarf nunmehr der Überarbeitung und Abstimmung in der deutschen Arbeitskommission, da auch gleiche Begriffe mit Definitionen von verschiedenen Autoren berücksichtigt wurden, die nur zum Teil übereinstimmen, ja sogar gegensätzliche Auffassungen beinhalten. Es dürfte jedoch nicht schwerfallen, diese Unstimmigkeiten zu beseitigen.

Andererseits hilft diese Arbeit mit, offensichtlich falsche Definitionen auszumerzen, die auch jetzt noch gedruckt zu finden sind, wie z. B., daß „Gebirgsdruck" ein Begriff aus der Bergschadenkunde ist und der Gebirgsdruck mittels Druckmeßdosen gemessen werden kann.

Es kommt nun darauf an, daß auch von der französischen und englischen Sprachgruppe die vollständigen Projektentwürfe erarbeitet werden, um baldmöglichst zu einem viersprachigen Lexikon der Gebirgsmechanik zu kommen.

Bericht über die Tätigkeit der Arbeitsgruppe II

Gerätetechnik für Untertagemessungen

von St. Knothe, Kraków

Während des 2. Ländertreffens des Internationalen Büros für Gebirgsmechanik im Jahre 1960 in Leipzig wurde die Arbeitsgruppe „Gerätetechnik für Untertagemessungen" gebildet, die von Herrn Prof. Borecki geleitet wird. Das erste Treffen der Mitglieder dieser Arbeitsgruppe wurde von der Polnischen Akademie der Wissenschaften gemeinsam mit dem Glówny Instytut Górnictwa (Bergbauinstitut in Katowice) in Kraków vom 14. bis 18. Juni 1961 veranstaltet. Das Ziel dieses Treffens war es, eine allgemeine Übersicht über die Geräte, die für Untertagemessungen verwendet werden, zu erhalten sowie ein Arbeitsprogramm für die Arbeitsgruppe auszuarbeiten.

Als Resultat einer eingehenden Diskussion wurde festgestellt, daß in den einzelnen Ländern viele und bewährte Meßmethoden und Meßgeräte vorhanden sind. Es wäre daher angebracht, die Meßapparaturen für die einzelnen Gebirgstypen zu vereinheitlichen. Außerdem sollte eine Zusammenarbeit zum Zwecke der weiteren Entwicklung der Meßmethoden und Meßgeräte angestrebt werden. Um den Gebirgsdruckforschern in allen Ländern einen Überblick über die gegenwärtig angewandten Meßgeräte zu geben, wurde weiterhin beschlossen, einen internationalen ,,Katalog gebirgsmechanischer Meßgeräte" aufzustellen. Ein ausführlicher Bericht über das erste Treffen der Arbeitsgruppe wurde vom Glówny Instytut Górnictwa herausgegeben und dem Internationalen Büro für Gebirgsmechanik zur Verfügung gestellt.

Das zweite Treffen der Arbeitsgruppe wurde dank der Zuvorkommenheit der Ungarischen Akademie der Wissenschaften vom 30. Mai bis 1. Juni 1962 in Budapest veranstaltet. Neben einer wissenschaftlichen Aussprache über das Kapitel ,,Gerätetechnik zur Messung von Gebirgsspannungen" wurde weiterhin die Frage über den ,,Katalog gebirgsmechanischer Meßgeräte" erörtert. Es wurden Entwürfe von Musterseiten vorgelegt, die vom Glówny Instytut Górnictwa und vom Institut für Grubensicherheit, Leipzig, erarbeitet worden sind. Außerdem wurden Beispiele ausgefüllter Musterseiten zur Diskussion gebracht, die in der DDR, in England und Polen nach dem Entwurf vom Glówny Instytut Górnictwa ausgeführt worden sind. Die vorgelegten Entwürfe waren Gegenstand einer lebhaften Diskussion. Es wurde dabei beschlossen, daß die von Glówny Instytut Górnictwa vorgeschlagene Musterseite, in die einige zusätzliche Ergänzungen eingeführt wurden, grundsätzlich beibehalten wird. Ein genauer Bericht über das zweite Treffen der Arbeitsgruppe wurde gleichfalls vom Glówny Instytut Górnictwa herausgegeben und an alle Mitglieder der Arbeitsgruppe, an die Leitung des Internationalen Büros für Gebirgsmechanik sowie an alle interessierten Stellen übersandt.

An Hand der zusätzlich hervorgehobenen Ergänzungen wurde nach dem 2. Treffen der Arbeitsgruppe im Jahr 1962 der endgültige Entwurf einer Musterseite und eines Fragebogens, der alle Spalten der Musterseite beschreibt, im Glówny Instytut Górnictwa ausgearbeitet. Diese Musterseite wurde in deutscher und russischer Sprache gedruckt und allen Mitgliedern der Arbeitsgruppe zugestellt. Die ausgefüllten Musterseiten sollte die Leitung der Arbeitsgruppe bis Ende Mai 1963 wieder zurückerhalten, damit während des 3. Treffens der Arbeitsgruppe eine Analyse und Systematik durchgeführt und der Katalog endgültig aufgestellt werden könnte.

Außerdem wurde die Musterseite im Monat März der Universität in Ljubljana und im Monat Juni der Internationalen Versuchsanstalt für Fels in Salzburg auf direkte Ansprache zugesandt. Bis heute bekamen wir lediglich Antworten von Herrn Sibek aus der ČSSR und vom VNIMI in Leningrad (UdSSR).

In der Zeit vom 16. bis 20. Juli 1963 sollte in Newcastle upon Tyne, England, das dritte Treffen der Arbeitsgruppe stattfinden. Das Tagungsprogramm umfaßte außer einer wissenschaftlichen Aussprache zur Problematik der Spannungsmessungen im nichtelastischen Gebirge die Auswertung der Erfahrungen mit dem Entwurf des Fragebogens an Hand vorliegender Gerätebeschreibungen sowie die endgültige Erarbeitung des Kataloges für gebirgsmechanische Meßgeräte. Der Gastgeber dieses Treffens, Herr Prof. Potts von der University of Durham, hatte alle nötigen Vorbereitungen getroffen, um einen reibungslosen Verlauf des Treffens zu sichern. Leider mußte das Treffen aus Gründen, die von den Organisatoren sowie von der Leitung der Arbeitsgruppe unabhängig waren, abgesetzt werden. Die Leitung der Arbeitsgruppe möchte den Organisatoren für ihre Bemühungen von dieser Stelle aus nochmals herzlichst danken.

In der gegebenen Situation wurde eine Aussprache zwischen der Leitung des Internationalen Büros für Gebirgsmechanik und der Leitung der Arbeitsgruppe durchgeführt. Es wurde dabei festgestellt, daß im Jahr 1963 keine Arbeitsgruppensitzung mehr stattfinden wird. Das nächste Treffen der Arbeitsgruppe ist erst im Frühjahr 1964 vorgesehen.

Da die ausgearbeitete Musterseite den grundsätzlichen Zwecken entspricht, wurde weiterhin festgelegt, daß diese Musterseite als endgültige Katalogseite angesehen wird. Ferner wurde eine Liste der in Frage kommenden Stellen erarbeitet, und die Leitung der Arbeitsgruppe sandte die Formblätter an diese Personen und Institutionen mit der Bitte um Ausfüllung und Rücksendung bis Ende dieses Jahres. Im ganzen wurden die Katalogseiten samt Fragebogen 33 Personen und Institutionen in 18 verschiedenen Ländern zugesandt. Es ist dabei vorgesehen, daß beim nächsten Treffen der größte Teil der versandten Formblätter bereits ausgefüllt vorliegen wird, so daß der internationale „Katalog gebirgsmechanischer Meßgeräte" zusammengestellt werden kann.

Bericht über die Tätigkeit der Arbeitsgruppe III

Festigkeitsuntersuchungen

von R. Kvapil, Košice

Die 3. Sitzung der Gruppe III „Festigkeitsuntersuchungen" des IBG fand durch die Gastfreundschaft der Tschechoslowakischen Akademie der Wissenschaften vom 9. 10. bis 11. 10. 1963 in Prag (ČSSR) statt. Die Vorbereitung dieser Sitzung und die organisatorische Durchführung hatte das Bergbauinstitut der Tschechoslowakischen Akademie der Wissenschaften in Prag übernommen.

Das Arbeitsprogramm der 3. Sitzung der Gruppe „Festigkeitsuntersuchungen" begann mit der Aussprache über die Anwendungserfahrungen der früher vereinbarten Richtlinien für Druck- und Scherversuche. Die vorgebrachten Hinweise wurden sehr ausführlich diskutiert. Als Resultat dieser Diskussion muß festgestellt werden, daß die durch das IBG gebilligten Richtlinien über Druck- und Scherversuche vorläufig nicht geändert werden. In Fortführung der Arbeiten werden Vergleichsuntersuchungen zweierlei Art in bezug auf Scherversuche in Freiberg/Sa. und in Clausthal durchgeführt.

Auf Grund der wissenschaftlichen Aussprache wurde ein Entwurf der Richtlinien für die Bestimmung der Zugfestigkeit von Gesteinen ausgearbeitet. Als Versuchsmethode wird der Spaltzugversuch an liegenden Zylindern vorgeschlagen. Der Leiter der Gruppe legt den Entwurf der Richtlinien dem Plenum des 5. Ländertreffens des IBG zur Billigung vor.

Den beteiligten Instituten wurde empfohlen, auch die Methode des mehrfachen Spaltens von Gesteinsscheiben aus Tiefbohrkernen zu erproben. Diese Methode wurde im Bergbauinstitut in Moskau ausgearbeitet.

Der Problematik von Biegeversuchen wurde eine umfassende wissenschaftliche Aussprache gewidmet. Einige Mitglieder der Gruppe vertraten die Meinung, daß Biegeversuche gegenüber Scheibendruckversuchen keine zusätzlichen Aussagen ergeben. Dennoch wurde beschlossen, eingehende Biegeuntersuchungen durchzuführen. Praktisch sind zwei Verfahren in Betracht zu ziehen:

a) Biegeversuche an prismatischen Balken,

b) Biegeversuche an kreisförmigen Platten.

Bevorzugt wird der Biegeversuch an kreisförmigen Gesteinsplatten.

Die beteiligten Institute werden dazu Vergleichsversuche an entsprechenden Probekörpern durchführen. Die Maße der Prüfkörper wurden wie folgt festgelegt:

Durchmesser des Auflagerkreises	75 mm
Außendurchmesser des Belastungsringes	25 und 42 mm
Innendurchmesser des Belastungsringes	21 und 38 mm
Dicke der kreisförmigen Gesteinsplatte	8 und 15 mm (bzw. auch 22 mm)

Um einen gleichmäßigen Auflagerdruck zu erreichen, kann eine Zwischenlage aus Hartgummi verwendet werden.

Die Forschungsarbeit über die Vergleichsversuche der Biegeprüfung wurde auf die beteiligten Institute verteilt. Die Ergebnisse werden auf der geplanten 4. Sitzung der Gruppe III besprochen.

Zur Thematik der Triaxialversuche wurde mit einer fruchtbaren wissenschaftlichen Aussprache begonnen.

Der Entwurf des Arbeitsprogrammes für die 4. Sitzung der Gruppe III beinhaltet:

1. Aussprache über Forschungsergebnisse von Biegeversuchen an kreisförmigen Gesteinsscheiben,
2. Verformungsmessungen,
3. Triaxialversuche.

An der 3. Sitzung der Gruppe III haben folgende Mitglieder teilgenommen: Dr. W. Dreyer; Dr.-Ing. G. Everling; Prof. Dr.-Ing. W. Gimm; Dr.-Ing. K.-H. Höfer; Prof. Dr.-Ing. J. D. Jenkins; Prof. Dr.-Ing. V. Mencl; Prof. Dr. M. M. Protodjakonov.

Den Vorsitz der Arbeitstagung hatte der Leiter der Gruppe „Festigkeitsuntersuchungen", Dr.-Ing. R. Kvapil.

Entschuldigt wurden die Herren Mitglieder: Dr.-Ing. F. Martos; Dr.-Ing. L. Müller; Prof. Dr.-Ing. E. Tincelin.

Der Entwurf der Richtlinien für die Bestimmung der Zugfestigkeit der Gesteine und das Protokoll über die 3. Sitzung der Gruppe III des IBG wurden am 11. 10. 1963 einstimmig gebilligt.

Die entsprechenden Unterlagen stehen dem Plenum des IBG zur Verfügung.

Anhang

Richtlinien zur Durchführung von Druckversuchen an Gesteinen im Bergbau

1. Zweck

Der Druckversuch dient zur Ermittlung der Druckfestigkeit der unter Tage vorkommenden natürlichen Gesteine, um deren Verhalten bei Druckbeanspruchung durch Abbaueinwirkungen beurteilen zu können.

2. Begriffsbestimmung

Die Druckfestigkeit ist der Quotient aus der Höchstkraft bei einachsiger Druckbeanspruchung und dem Anfangsquerschnitt der Probe senkrecht zur Druckrichtung. Sie ist ein Vergleichswert, der von der Probenform abhängt. Deshalb wird das Ergebnis der im folgenden festgelegten Druckversuche als Zylinderdruckfestigkeit bei $l/d = 1$ bezeichnet.

3. Probennahme

Die Gesteinsproben können erhalten werden:

a) aus Tiefbohrkernen,

b) aus Kernen von Bohrungen in Grubenbauen,

c) aus Bohrkernen von Gesteinsblöcken, wobei die Art der Gewinnung beliebig ist; Schießarbeit muß jedoch vermieden werden.

Die Kerne sollen nach Möglichkeit trocken gebohrt werden. Wenn dies aus technischen Gründen nicht durchführbar ist, wird die Zusammensetzung der Spülflüssigkeit im Protokoll und bei einer Veröffentlichung angegeben. Wasserempfindliche Proben sind unmittelbar nach ihrer Gewinnung mit einem wasserundurchlässigen Stoff zu umhüllen. Proben von Salzgesteinen sind im Exsikkator aufzubewahren.

Bei strukturellen Unterschieden des Gesteins sind die Kerne nach Möglichkeit nach drei orthogonalen Richtungen zu erbohren.

Der Ort der Probennahme und die Orientierung der Proben sind genau zu vermerken.

4. Anzahl der Prüfkörper

Die Anzahl n der Prüfkörper für eine Prüfung ist nach dem bekannten oder abgeschätzten Variationskoeffizienten der Prüfergebnisse (laut Tabelle 1) zu wählen.

Tabelle 1

Variationskoeffizient v %	Probenzahl n *St*
30	9
25	6
20	4
15	3

Weniger als 3 Stück sind nicht zugelassen.

Anmerkung: Die statistischen Parameter werden aus folgenden Formeln errechnet:
Arithmetisches Mittel der Meßwerte x_i:

$$\bar{x} = \frac{1}{n} \sum_{1}^{n} x_i ,$$

Standardabweichung:

$$s = \sqrt{\frac{\Sigma(x_i - \bar{x})^2}{n - 1}} ,$$

Variationskoeffizient:

$$v = \frac{s}{\bar{x}} \cdot 100\ (\%).$$

5. Abmessungen und Form der Probekörper

Die Probekörper haben zylindrische Form. Als Vorzugsnorm gelten Zylinder mit einem Durchmesser $d = 42$ mm (oder 1 5/8'' entsprechend der internationalen Norm BX) und einem Schlankheitsverhältnis $\frac{l}{d} = 1$, worin l die Zylinderhöhe ist.

Abweichungen von dieser Vorzugsnorm sind für einen Bereich zwischen 40 und 45 mm (Durchmesser und Länge) und bis zu 5% (Schlankheitsverhältnis) zulässig.

6. Probenherstellung

Die Zylinder werden durch Abschneiden aus den Kernen gewonnen; dabei sollen die Endflächen parallel zueinander und senkrecht zur Mantelfläche stehen.

Die Endflächen sind so planzuschleifen, daß

1. die Abweichung von der Parallelität nicht größer ist als 0,05 mm, über den Durchmesser gemessen,
2. die Abweichung der rechtwinkligen Lage der Endflächen von der Mantellinie nicht über 0,05 mm beträgt,
3. eine Wölbung der Endflächen unter 0,03 mm liegt.

7. Prüfvorrichtung

Der Druckversuch kann mit jeder geeigneten Druckprüfmaschine durchgeführt werden. Die Druckplatten sollen poliert, aber nicht geschmiert sein. Eine der Druckplatten muß kuglig gelagert sein.

8. Versuchsdurchführung

Die Probe ist mittig zwischen die Druckplatten der Prüfmaschine einzubringen.

Die Belastungsgeschwindigkeit soll zu Beginn des Versuches auf 5 bis 10 kp/cm^2 · s eingestellt werden. Die so eingestellte Verformungsgeschwindigkeit ist möglichst bis zum Eintritt des Bruches beizubehalten. Der Auswertung ist die Höchstlast zugrunde zu legen.

Der Feuchtigkeitsgehalt sowie das Gewicht und alle sonstigen äußerlich feststellbaren Eigenschaften der Proben, die den Verhältnissen am Entnahmeort möglichst entsprechen sollen, sind bei der Prüfung genau aufzunehmen. Auch petrographische Untersuchungen sind, soweit möglich, durchzuführen.

9. Auswertung

Aus der Höchstkraft P_{max} wird die Druckfestigkeit

$$\sigma_D = \frac{P_{max}}{F_0} \text{ (kp/cm}^2\text{)}$$

errechnet. F_0 ist der Anfangsquerschnitt der Probe senkrecht zur Druckrichtung.

Falls Proben mit einem von 1 abweichenden Schlankheitsverhältnis geprüft werden, ist eine weitere Umrechnung nach der Formel

$$\sigma_D = \frac{9 \cdot \sigma_d}{7 + 2\frac{d}{l}}$$

vorzunehmen, wobei σ_d die an der Probe mit dem abweichenden Schlankheitsverhältnis gemessene Druckfestigkeit bedeutet. Die Umrechnung ist im Prüfbericht zu vermerken.

10. Kennzeichnung der Werte

Für die Kennzeichnung der Festigkeitswerte wird empfohlen, die mittleren Werte gemäß nachstehender Tabelle 2 anzugeben, wobei der Progressionsfaktor $p = 1{,}5$ für die mittleren Festigkeiten zugrunde gelegt wurde.

Tabelle 2

Festigkeit [kp/cm²]	mittlere Festigkeit [kp/cm²]
<40	30
40– 60	50
60– 100	80
100– 150	120
150– 230	180
230– 350	280
350– 520	400
520– 800	600
800–1200	900
1200–1800	1350
1800–2700	2000
>2700	3000

11. Anhang

In Fällen, wo die Entnahme von Bohrkernen nicht möglich ist, kann auf Prüfverfahren an unbearbeiteten Proben übergegangen werden. Die Methode beruht auf einem Vorschlag von Prof. Dr. M. M. Protodjakonov und Dr. V. S. Voblikov, Bergbauinstitut der Akademie der Wissenschaften der UdSSR. Sie wird für Druckversuche an spröden Gesteinen empfohlen:

A. Probenherstellung, Probenform und -größe

Die Proben können aus Gesteinsstücken hergestellt werden, die beim Abbau anfallen, sowie aus Kernen von Tiefbohrungen. Durch Zerkleinerung großer Gesteinsstücke mittels Handhammer, Zerkleinerungsvorrichtungen oder anderer Hilfsmittel stellt man Proben her, die eiförmig sein sollen, mit einem Verhältnis des kleineren zum größeren Durchmesser von etwa 1,5.

Stücke in der Form von Platten oder Prismen sowie konkave Bruchstücke sind für die Prüfung nicht geeignet.

Es sollen Proben mit einem Volumen von 100 cm³ verwendet werden. Um entsprechende Stücke zu erhalten, werden die scharfen Kanten der anfallenden Stücke durch leichte Hammerschläge abgerundet.

Das Volumen der Proben bestimmt man nach ihrem Gewicht und dem Raumgewicht. Die einzelnen Proben sollen keine größeren Gewichtsunterschiede als 2% aufweisen.

Je nach der verlangten Genauigkeit sollen 15 bis 25 Gesteinsproben geprüft werden.

Aus dem durchschnittlichen Gewicht der Proben und dem Raumgewicht des Gesteins wird das durchschnittliche Volumen V in cm³ berechnet. Der durchschnittliche Querschnitt einer Probe ergibt sich dann zu:

$$F = \sqrt[3]{\frac{\pi}{4} \cdot V^2} = 0{,}92 \cdot \sqrt[3]{V^2} \approx \sqrt[3]{V^2}\ (\mathrm{cm}^2) \tag{1}$$

B. Durchführung des Druckversuches

Der Druckversuch kann in jeder geeigneten Druckprüfmaschine durchgeführt werden. Die Druckprobe ist dabei so zwischen die polierten Druckplatten einzubringen, daß ihre Längsachse parallel zur Druckrichtung und die Schichtung nach Möglichkeit senkrecht zur Druckrichtung steht.

Die Belastung ist entsprechend einer Verformungsgeschwindigkeit von 5 bis 15 mm/min bis zum Bruch zu steigern und der Höchstwert abzulesen. Falls im Laufe der Prüfung von der Probe abgesplitterte Stücke zusammen mit dem Hauptteil der Probe zusammengedrückt werden, sind sie zu entfernen, ohne daß ihre Zerdrückung abgewartet wird. Der Hauptteil der Probe darf dabei von seinem Platz nicht verschoben werden.

C. Bruchfestigkeit

Als Nennwert der Bruchlast ist der Maximalwert anzunehmen, unabhängig davon, ob er sich zu Beginn oder am Ende des Versuches eingestellt hat.

Aus allen untersuchten Proben ist der Durchschnittswert der Bruchlast P in kp zu berechnen.

Die Festigkeit ungleichförmiger Proben wird bestimmt nach

$$\sigma_p = P/F\ (\mathrm{kp/cm^2}) \tag{2}$$

Hierbei ist F die durchschnittliche Querschnittsfläche aller Proben.

Bei der Zerdrückung ungleichförmiger Proben bilden sich an ihren Berührungspunkten mit den Druckplatten der Presse aus dem zertrümmerten Gestein festgestampfte, kegelförmige Keile, die ein vertikales Aufspalten der Proben hervorrufen. Daher ist die nach den oben angeführten Formeln berechnete Festigkeit σ_p ein relativer Festigkeitswert des Gesteins.

Für die meisten Gesteine beträgt das Verhältnis der Bruchfestigkeit ungleichförmiger Proben σ_p zur einachsigen Druckfestigkeit gleichförmiger Proben σ_D im Durchschnitt 0,19. Dieses Verhältnis kann als Maß für die zähplastischen Eigenschaften der Gesteine verwendet werden. Für besonders spröde Gesteine verringert es sich bis auf 0,08; für verhältnismäßig zähe und plastische Gesteine erreicht es maximal 0,50.

Je nach der Sammlung weiterer Angaben kann dieser Bereich noch erweitert werden.

D. Ergänzungen

Bei der Untersuchung der Proben mit einem Volumen von 100 cm³ ist der Einfluß des Maßstabsfaktors unbedeutend und kann unbeachtet bleiben. Falls der Einfluß des Maßstabsfaktors zu klären ist, müssen Untersuchungen mit zwei Probengrößen durchgeführt werden, und zwar

$$V_1 = 10 \text{ cm}^3, \quad V_2 = 100 \text{ cm}^3.$$

Die Abhängigkeit zwischen dem Querschnitt F der Proben, der nach der Formel (1) bestimmt wurde, und der Bruchlast ist linear nach der Gleichung

$$P \cong P_0 + \sigma_p \cdot F \text{ (kp)}. \tag{3}$$

Die Anfangsordinate P_0 stellt einen Parameter für den Einfluß des Maßstabseffektes auf die Festigkeit dar. Es ist

$$P_0 \cong \frac{P_1 F_2 - P_2 F_1}{F_2 - F_1} \text{ (kp)}. \tag{4}$$

Der Winkelkoeffizient der Geraden σ_p (kp/cm²) stellt die Grenzfestigkeit ungleichförmiger Proben dar:

$$\sigma_p \cong \frac{P_2 - P_1}{F_2 - F_1} \text{ (kp/cm}^2\text{)}. \tag{5}$$

Gleichung (3) durch den Querschnitt F (cm²) der Proben dividiert ergibt die Festigkeit der ungleichförmigen Proben in Abhängigkeit von ihrem Querschnitt:

$$\sigma_{p_{\text{ungleichförmig}}} = \sigma_p + \frac{P_0}{F} \text{ (kp/cm}^2\text{)}. \tag{6}$$

Richtlinien zur Durchführung von Zugversuchen an Gesteinen im Bergbau

1. Zweck

Laborversuche zur Bestimmung der Zugfestigkeit der Gesteine dienen dazu, Vergleichswerte zu gewinnen, die das Verhalten der Gesteine im Bergbau bei Zug- oder Biegebeanspruchung zu beurteilen erlauben.

2. Begriffsbestimmung

Zur Bestimmung der Zugfestigkeit der Gesteine wird der Spaltzugversuch verwendet. Der Prüfkörper wird an seinem Mantel in zwei gegenüberliegenden Geraden (oder genauer in Streifen) mit einer Druckkraft belastet; diese löst im Innern des Prüfkörpers Zugspannungen in Querrichtungen aus, welche den Prüfkörper in zwei Hälften zerspalten. Als Zugfestigkeit wird die theoretische Größe der Quer-Zugspannung bei Eintritt des Bruches angenommen. Sie wird Spaltzugfestigkeit genannt.

3. Probennahme

Die Gesteinsproben können erhalten werden:

a) aus Tiefbohrkernen,
b) aus Kernen von Bohrungen in Grubenbauen,
c) aus Bohrkernen von Gesteinsblöcken, wobei die Art der Gewinnung beliebig ist; Schießarbeit muß jedoch vermieden werden.

Die Kerne sollen nach Möglichkeit trocken gebohrt werden. Wenn dies aus technischen Gründen nicht durchführbar ist, wird die Zusammensetzung der Spülflüssigkeit im Protokoll und bei einer Veröffentlichung angegeben. Wasserempfindliche Proben sind unmittelbar nach ihrer Gewinnung mit einem wasserundurchlässigen Stoff zu umhüllen. Proben von Salzgesteinen sind im Exsikkator aufzubewahren.

Bei strukturellen Unterschieden des Gesteins sind die Kerne nach Möglichkeit nach drei orthogonalen Richtungen zu erbohren. Der Ort der Probennahme und die Orientierung der Proben sind genau zu vermerken.

4. Anzahl der Prüfkörper

Die Anzahl n der Prüfkörper für eine Prüfung ist nach dem bekannten oder abgeschätzten Variationskoeffizienten der Prüfergebnisse (laut Tabelle 1) zu wählen.

Tabelle 1

Variationskoeffizient v %	Probenzahl n *St*
30	9
25	6
20	4
15	3

Weniger als 3 Stück sind nicht zugelassen.

Anmerkung: Die statistischen Parameter werden aus folgenden Formeln errechnet:

Arithmetisches Mittel der Meßwerte x_i:

$$\bar{x} = \frac{1}{n} \cdot \sum_{1}^{n} x_i ,$$

Standardabweichung:

$$s = \sqrt{\frac{\Sigma (x_i - \bar{x})^2}{n - 1}} ,$$

Variationskoeffizient:

$$v = \frac{s}{\bar{x}} \cdot 100 \; (\%).$$

5. Abmessungen und Form der Probekörper

Die Prüfkörper haben die Form eines Zylinders mit einem Durchmesser d und einer Höhe h, die im Bereiche von 40 bis 45 mm zugelassen werden.

6. Probenherstellung

Die Mantelflächen der Prüfkörper können durch Bohren und Drehen bearbeitet werden. Örtliche Abweichungen der Durchmesser zwischen den belasteten Mantellinien von der Geraden werden bis zu 0,4 mm zugelassen.

Die für die Berechnung der Ergebnisse nötigen Abmessungen der Prüfkörper werden mit der Genauigkeit von 0,1 mm gemessen. Der Durchmesser des Zylinders wird als Abstand der belasteten Mantellinien an ihren Enden und in ihrer Mitte, die Höhe des Zylinders an den belasteten Mantellinien in der Achse des Zylinders ermittelt. Zur Berechnung der Resultate der Prüfung wird das arithmetische Mittel dieser Meßwerte auf ganze mm abgerundet.

Es können auch Zylinder zur Prüfung benutzt werden, deren Stirnflächen nicht bearbeitet sind. Diese Prüfkörper müssen aber so belastet werden, daß die festgelegte Bruchfläche ein Rechteck bildet. Die Abmessungen (vor allem die Breite dieses Rechtecks, d. h. die Höhe des Zylinders) werden zweckmäßig erst nach der Zerstörung an der wirklichen Bruchfläche gemessen.

7. Prüfvorrichtung

Zur Durchführung genügt jede Prüfmaschine (Presse), deren Kraft zur Zerstörung des Prüfkörpers ausreicht.

Eine Druckplatte der Presse soll gelenkig so gelagert werden, daß Durchmesserdifferenzen an den Probenenden ausgeglichen werden.

8. Versuchsdurchführung

Der Prüfkörper wird als liegender Zylinder zwischen die Druckplatten der Presse mittig eingebaut.

Die Druckkraft — auf die festgelegte Bruchfläche bezogen — wird mit einer Geschwindigkeit von 1 bis 5 kp/cm^2 · s stufenlos erhöht, bis der Prüfkörper (gewöhnlich in der Belastungsebene) bricht.

Die erreichte Höchstkraft wird verzeichnet.

Bei Gesteinsarten, deren Eigenschaften von der Feuchtigkeit abhängen, wird der Wassergehalt an den Bruchstücken nach der Zerstörung der Prüfkörper ermittelt. Nach Bedarf können auch weitere Eigenschaften (Raumgewicht, spezifisches Gewicht) bestimmt werden.

9. Auswertung

Die Spaltzugfestigkeit wird aus der Formel

$$\sigma_z = \frac{2\,P}{\pi\,d\,h} \ (\mathrm{kp/cm^2})$$

berechnet. Hierin bedeuten:

P — die Höchstkraft (kp),
d — den Durchmesser des Zylinders (cm),
h — die Höhe (Länge) des Zylinders (cm).

Richtlinien zur Durchführung von Scherversuchen an Gesteinen im Bergbau

1. Zweck

Der Sinn von Laboratoriumsuntersuchungen zur Ermittlung der Scherfestigkeit von Gesteinen besteht darin, Vergleichswerte zu schaffen, die Aussagen über das Verhalten der Gesteine bei zusammenwirkender Druck- und Schubbeanspruchung als Folge von bergmännischen Arbeiten erlauben.

2. Begriffsbestimmungen

a) Schubfestigkeit ist die zum Bruch führende Tangentialspannung in einem Körper, der einem in allen seinen Teilen gleichen Spannungszustand unterliegt. Die Bruchrichtung bildet sich frei aus.

b) Scherfestigkeit ist die auf die Größe der Bruchfläche bezogene Tangentialkraft in allen Fällen, bei denen die Spannungsverteilung ungleichmäßig ist und die Bruchrichtung durch die Versuchseinrichtung in eine Zone größter Beanspruchung gezwungen wird. Wegen der ungleichmäßigen Verteilung der Scherspannung über die Bruchfläche ist die Scherfestigkeit ein Mittelwert. Ihre Höhe hängt von der Prüfkörperform und der Belastungseinrichtung ab und kann deshalb nur als Vergleichswert dienen.

Die Schubfestigkeit ist technisch nur am hinreichend kleinen Körperelement definierbar. Ihre Messung ist an Gesteinen praktisch nicht realisierbar. Meßbar ist nur die Scherfestigkeit. Von den dazu bestehenden Möglichkeiten (z. B. Triaxialdruckversuche, Scherversuche mit getrennt einstellbaren oder in festem Verhältnis stehenden Normal- und Scherkräften) soll in diesen Richtlinien ein Vorschlag beschrieben werden, und zwar der Scherversuch nach Fisenko und Ilnickaja. Die Scherfestigkeit kann dabei unter verschiedenen Bruchrichtungen und Normalkräften gemessen werden.

3. Probennahme

Die Gesteinsproben können erhalten werden:

a) aus Tiefbohrkernen,
b) aus Kernen von Bohrungen in Grubenbauen,
c) aus Bohrkernen von Gesteinsblöcken, wobei die Art der Gewinnung beliebig ist; Schießarbeit muß jedoch vermieden werden.

Die Kerne sollen nach Möglichkeit trocken gebohrt werden. Wenn dies aus technischen Gründen nicht durchführbar ist, wird die Zusammensetzung der Spülflüssigkeit im Protokoll und bei einer Veröffentlichung angegeben. Wasserempfindliche Proben sind unmittelbar nach ihrer Gewinnung mit einem wasserundurchlässigen Stoff zu umhüllen. Proben von Salzgesteinen sind im Exsikkator aufzubewahren.

Bei strukturellen Unterschieden des Gesteins sind die Kerne nach Möglichkeit nach drei orthogonalen Richtungen zu erbohren.

Der Ort der Probennahme und die Orientierung der Proben sind genau zu vermerken.

4. Anzahl der Prüfkörper

Die Anzahl n der Prüfkörper für eine Prüfung ist nach dem bekannten oder abgeschätzten Variationskoeffizienten der Prüfergebnisse (laut Tabelle 1) zu wählen.

Tabelle 1

Variationskoeffizient v %	Probenzahl n *St*
30	9
25	6
20	[illegible]
15	3

Weniger als 3 Stück sind nicht zugelassen.

Anmerkung: Die statistischen Parameter werden aus folgenden Formeln errechnet:

Arithmetisches Mittel der Meßwerte x_i:

$$\bar{x} = \frac{1}{n} \cdot \sum_{1}^{n} x_i ,$$

Standardabweichung:

$$s = \sqrt{\frac{(x_i - \bar{x})^2}{n - 1}} ,$$

Variationskoeffizient:

$$v = \frac{s}{x} \cdot 100\ (\%) .$$

5. Abmessungen und Form der Probekörper

Die Probekörper haben zylindrische Form; Probendurchmesser und -länge betragen 42 mm. In Ausnahmefällen kann auf einen Durchmesser von 70 mm ausgewichen werden, jedoch sind dann die Ergebnisse nicht vergleichbar.

6. Probenherstellung

Der mittlere Durchmesser der Probe muß kleiner sein als der Durchmesser der Aufnahmerinnen in der Prüfvorrichtung (s. 7), jedoch nicht um mehr als 0,1 mm. Die Probenlänge darf um $\pm 2{,}5$ mm abweichen; örtliche Abweichungen des Probendurchmessers vom Mittelwert sind auf $\pm 0{,}05$ mm zu begrenzen, und die Abweichungen der Stirnfläche von Ebenheit und Orthogonalität zur Mantellinie dürfen 0,05 mm nicht überschreiten.

Die Gesteinskerne werden erforderlichenfalls bis zum notwendigen Durchmesser auf einer Drehbank abgedreht. Mantel- und Stirnflächen werden geschliffen. Die Abmessungen sind mit Präzisionswerkzeugen genau zu überprüfen.

7. Prüfvorrichtung

Die Ermittlung der Scherfestigkeit erfolgt in einer Vorrichtung[1]), die in jede beliebige Prüfpresse eingesetzt werden kann, deren Kraft ausreicht, um den Bruch des Gesteins herbeizuführen.

[1]) Vgl. „Bergakademie", Heft 8, 1962, S. 576.

Zu dieser Vorrichtung gehören Zwischenlagen (1), auswechselbare Matrizen (2), Keile (3), Platten (4) und ein Rollenlager (5). Es empfiehlt sich, drei Matrizenpaare mit Neigungswinkeln von 30°, 45° und 60° und ein Paar Keile mit 5° zur Verfügung zu haben. Indem man die Keile um 180° dreht oder überhaupt nicht einsetzt, kann man die folgenden Neigungswinkel erhalten:

Tabelle 2

Matrize	*Keil*	*Neigungswinkel*
30	−5	25
30	0	30
30	+5	35
45	−5	40
45	0	45
45	+5	50
60	−5	55
60	0	60
60	+5	65

Alle Einzelteile der Vorrichtung müssen aus hochwertigem, vergütetem Stahl hergestellt werden.

8. Versuchsdurchführung

Der zu untersuchende Probekörper wird in die Auflagerinne der Zwischenlage der unteren Matrize gelegt und von oben mit der Zwischenlage der oberen Matrize bedeckt. Etwaige Zwischenräume zwischen dem Prüfkörper und der Rinne müssen mit Kupferfolien ausgefüllt werden. Über den Matrizen werden das Rollenlager und die Stahlplatte angebracht. Die Achsen der Rollen müssen parallel zur Scherkante verlaufen. Die gesamte Vorrichtung wird mittig zwischen die Druckplatten der Presse gestellt. Die Belastungsgeschwindigkeit, bezogen auf die lotrechte Druckkraft je cm² der Scherfläche, soll zu Beginn ders Versuches auf 5 bis 10 kp/cm² · s eingestellt werden. Die so eingestellte Verformungsgeschwindigkeit ist möglichst bis zum Eintritt des Bruches beizubehalten. Der Auswertung ist die Höchstlast zugrunde zu legen.

9. Auswertung

Der Normaldruck auf die Scherfläche ist $\sigma = \frac{P}{F} \cdot \sin \alpha$ (kp/cm²), mit P = Vertikalkraft, F = Bruchfläche.

Die Scherfestigkeit des Gesteins bei einem gegebenen Normaldruck beträgt

$$\tau = \frac{P}{F} \cdot \cos \alpha \text{ (kp/cm}^2\text{)}$$

Für jeden Neigungswinkel der Matrizen werden, wie erwähnt, n Versuche durchgeführt. Für jeden Neigungswinkel werden die Mittelwerte der Größen σ, τ und der Variationskoeffizient v errechnet. Auf Grund dieser Werte kann eine Grenzkurve der Scherfestigkeit des Gesteins als Funktion von der Normalspannung konstruiert werden. Dabei werden die Normalspannungen auf der Abszisse und die Scherfestigkeiten des Gesteins auf der Ordinate aufgetragen.

Zur Vereinfachung kann die Anzahl verschiedener Neigungswinkel auf 3 beschränkt werden. Hierbei werden die Winkel 30°, 45° und 60° vorgeschlagen. Man kommt in diesem Falle ohne die Keile (4) aus.

Überlegungen bei der Aufstellung vorstehender Richtlinien

von G. Everling, Essen

In fast allen Fragen stand den Forderungen nach physikalisch einwandfreien Prüfbedingungen die Notwendigkeit einfacher, leicht und wirtschaftlich zu verwirklichender Lösungen gegenüber, so daß Mittelwege gesucht werden mußten.

Die ausgewählten Meßverfahren

Zur Beschreibung der Festigkeitseigenschaften von Gesteinen kommen die Druckfestigkeit bei ein- oder mehrachsiger Belastung, die Zugfestigkeit, die mit diesen zusammenhängenden Werte Schubfestigkeit und Winkel der inneren Reibung sowie Härtezahlen verschiedener Art in Frage. Auch Angaben über die Richtungsabhängigkeit und über die Zeitabhängigkeit aller dieser Werte sind wichtig.

Zur Messung der „einachsigen Druckfestigkeit" kommt nur der Druckversuch zwischen ebenen Platten in Betracht. Festzulegen waren die Bedingungen der Krafteinleitung, also vor allem der Schmierungszustand der Endflächen (vgl. Filon [1], Everling [2]). Man einigte sich auf ungeschmierte, aber polierte Stahl-Druckplatten, da diese Gegebenheiten am einfachsten in übereinstimmender Weise hergestellt werden können.

Dreiachsige Druckversuche an lockeren und festen Gesteinen werden zur Zeit vielerorts und in sehr unterschiedlicher Form durchgeführt. Da das Meßverfahren den jeweiligen Fragestellungen angepaßt werden muß, eignet sich dieser Versuchstyp nicht zur Normung. Es sollen jedoch Richtlinien für allgemeine Grundsätze bei diesen Versuchen entworfen werden. Reihen von dreiachsigen Druckversuchen ergeben u. a. auch den Winkel der inneren Reibung.

Die Zugfestigkeit kann auf sehr verschiedenen Wegen bestimmt werden [3]. Metallproben, die leicht in eine entsprechende Form gebracht werden können, werden meist einem annähernd einachsigen Zug unterworfen. Bei zylindrischen Gesteinsproben ist es äußerst schwierig, eine einachsige Zugkraft gleichmäßig einzuleiten [1]. Der Vorschlag aus den USA, stumpf gegen die Endflächen der Probe Stahlplatten mit Kunstharz anzukleben und die Zugkraft biegungsfrei über dünne Drahtseile in die Mitte dieser Platten einzuleiten, wurde noch nicht ausreichend erprobt. Bei allen übrigen von Heyne [3] zusammengestellten Verfahren, besonders den Biegeversuchen, sind die Zugspannungen ungleichmäßig über den Bruchquerschnitt verteilt oder mit Druckspannungen anderer Richtung oder Lage verknüpft. Da aber auch im Gebirge Zugspannungen am häufigsten durch Biegung oder zusammengesetzte Beanspruchungen auftreten, erscheint es gerechtfertigt, auf die Messung der reinen Zugfestigkeit zugunsten einfacherer Verfahren zu verzichten. An die Aufstellung von Richtlinien für Biegeversuche ist gedacht. Die vorliegenden Richtlinien betreffen den sogenannten Spaltzugversuch (brasilianischer Zugversuch, disc-test [4]), der sich besonders einfach durchführen läßt. Die quer zur Belastungsrichtung entstehende Zugspannung ist verbunden mit einer dreimal so großen Druckspannung in Belastungsrichtung, doch ist bei den meisten spröden Gesteinen die Zugfestigkeit so viel kleiner als die Druckfestigkeit, daß die Lage der Bruchfläche und die Höhe der Bruchlast allein von der quergerichteten Zugspannung bestimmt werden. Störend wirken die Spannungsspitzen an den linienförmigen Krafteinleitungsstellen. Der Bruch geht oft von ihnen aus, und die Bruchlast wird herabgesetzt. Wegen der großen Länge $l = d$ der Probenzylinder weichen zudem die Zugspannungen in einem von der POISSONschen Zahl abhängigen Maße von dem aus der angegebenen Auswerteformel errechneten Werte ab. Der Spaltzugversuch kann also nur Vergleichswerte ergeben, die aber eine gute Beurteilung der Zugfestigkeit erlauben.

Über die Begriffe Schubfestigkeit und Scherfestigkeit ist das Wichtigste in der Einleitung der vorliegenden Richtlinien enthalten. Die grundsätzlichen Bedenken gegen Scherversuche [5], die sich vor allem auf die Vergleichbarkeit der Ergebnisse bei verschiedenen Meßverfahren beziehen, werden durch Vereinheitlichung, z. B. auf Grund dieser Richtlinien, teilweise entkräftet. Ein Mißbrauch der Ergebnisse des vorgeschlagenen Verfahrens zur Konstruktion der MOHRschen Hüllkurve soll durch die Formulierung „Auf Grund dieser Werte kann eine Grenzkurve der Scherfestigkeit als Funktion von der Normalspannung konstruiert werden" im letzten Teil der Richtlinien verhindert werden. Das Verfahren wurde vor allem deshalb ausgewählt, weil es einfach und mit Proben derselben Form wie bei den übrigen Messungen durchzuführen ist.

Scherversuche stellen eine Festigkeitsprüfung unter Zusammenwirken verschiedener Beanspruchungsarten dar. Das gilt in noch stärkerem Maße für die vorgeschlagenen Druckversuche an unregelmäßig bearbeiteten Proben. Die angegebenen Zusammenhänge mit der Druckfestigkeit sind empirisch gefunden und in jüngerer Zeit durch TURINCEV [6] ergänzt worden. Das Verfahren wird in mehreren Ländern für Großzahluntersuchungen eingesetzt. — Auch das Verfahren von PROTODJAKONOV zur Ermittlung des Festigkeitskoeffizienten [7] gehört in diese Gruppe.

In dem Steinkohlenbergbau der Bundesrepublik hat in den letzten Jahren ein Rückprallhärte-Meßverfahren Eingang gefunden [8, 9], das ebenfalls sehr einfach anzuwenden ist und das gewisse Rückschlüsse auf die Festigkeit des Gesteins zuläßt. Der Steinkohlenbergbauverein überprüft die Zusammenhänge auf Grund umfassender Vergleichsmessungen. Ob auch dieses oder weitere Meßverfahren in Entwürfe internationaler Richtlinien aufgenommen werden, ist noch nicht diskutiert worden.

Die Probenform

Zylinder haben gegenüber Würfeln die Vorteile gleichmäßiger Spannungsverteilung beim Druckversuch und leichter Gewinnbarkeit auch aus tiefen Bohrlöchern.

Für Druckversuche müßte ein Probekörper etwa doppelt so hoch wie dick sein, damit sich die Bruchflächen frei ausbilden können. Aus vielen Gesteinen lassen sich aber so lange Bohrkerne schwer oder gar nicht herstellen. Man einigte sich auf Proben mit einer Höhe gleich dem Durchmesser. Der Unterschied in der Druckfestigkeit gegenüber doppelt so langen Proben beträgt rund 10% [10]. Die gewählte Probenform eignet sich zugleich für die vorgeschlagenen Zug- und Scherversuche.

Die Probengröße beeinflußt die Festigkeit in doppeltem Sinne: Da die Wahrscheinlichkeit, eine Schwachstelle zu enthalten, mit der Größe der Probe steigt, kann die Festigkeit größerer Proben kleiner sein. Andererseits wirken sich Rauhigkeiten und Kerben aus der Oberflächenbearbeitung an kleinen Proben stärker festigkeitsmindernd aus als an großen. Beide Einflüsse klingen mit wachsender Probengröße allmählich ab. Erfahrungsgemäß spielen sie bei Proben der vorgeschlagenen Abmessungen von 40 mm keine wesentliche Rolle mehr. Nur für sehr grobkristalline Gesteins- oder Salzproben könnten größere Proben vorteilhaft sein. In diesem Falle kann statt dessen auch die Anzahl der untersuchten Proben vergrößert werden.

Die Angaben über die erforderlichen Bearbeitungsgenauigkeiten entstanden ebenfalls aus Erfahrungen mehrerer Institute. Bei Druckversuchen ist die Ebenheit der Endflächen besonders wichtig, so daß diese im allgemeinen geschliffen oder auf der Drehbank bearbeitet werden müssen; das angegebene Maß von 0,03 mm ist mit Rücksicht auf vertretbaren Arbeitsaufwand so groß angesetzt worden, sollte aber möglichst unterschritten werden. Für die Spaltzugversuche müssen nicht die Endflächen, sondern die Mantelflächen der zylindrischen Proben gut bearbeitet sein; hierfür genügt meist die mit einem Kernbohrer erreichbare Oberflächengüte. Bei den Scherversuchen kommt es auf gleichmäßige Berührung der Endflächen mit den Scherkanten der Versuchsvorrichtung an.

Die Belastungsgeschwindigkeiten

Schlagartige oder sehr langandauernde Belastungen von Gesteinen führen zu Bruchlasten, die von der Festigkeit bei mittleren Belastungsgeschwindigkeiten unterschiedlich abweichen. Derartige Untersuchungen können für das Verhalten des Gebirges beim Schießen oder bei Dauerlast sehr bedeutsam sein. Sie sind der jeweiligen Fragestellung anzupassen. Die Richtlinien zur Festigkeitsmessung sollen dagegen nur zu vergleichbaren Festigkeitswerten bei übereinstimmenden, mittleren Lastgeschwindigkeiten führen. Die Geschwindigkeiten wurden so gewählt, daß sich bei den wichtigsten Gesteinen Versuchszeiten ergeben, die zum Ablesen der Meßwerte ausreichen und ein zügiges Arbeiten gewährleisten.

Die Probenanzahl

Da die Festigkeitseigenschaften mancher Gesteine wenig, die anderer Gesteine dagegen sehr stark streuen, ist es nicht sinnvoll, die Anzahl gleichartiger Proben für alle Gesteine durch eine Zahl, z. B. 6 oder 10, festzulegen. In den Richtlinien wurde daher vorgeschlagen, die Probenanzahl von der Streuung der Ergebnisse abhängig zu machen. Die angegebenen Zahlen sind so gewählt, daß die daraus erhaltenen Ergebnisse bei Rückschlüssen auf große Prüfkörpermengen für 95% aller Werte eine Abweichung unter $\pm 20\%$ gewährleisten.

Zusammenfassung

Es werden Richtlinien für die Durchführung von Druck-, Zug- und Scherversuchen von Gesteinen zur Diskussion gestellt, die in einem internationalen Kreise unter Berücksichtigung aller physikalischen Grundlagen, jedoch mit möglichst weitgehender Anpassung an die Bedürfnisse der bergbaulichen Praxis ausgearbeitet worden sind. Die Ergebnisse der vorgeschlagenen Meßverfahren können nicht als Absolutwerte angesprochen werden; die Verfahren sind aber so einfach, daß sie leicht von jedem Bearbeiter in übereinstimmender Weise angewandt werden können. So ist hier ein Weg zur Ermittlung praktisch verwertbarer und vergleichbarer Festigkeitswerte gewiesen.

Literatur

[1] Filon, L. N. G.: On the elastic equilibrium of circular cylinders under certain practical systems of Load. Phil. Trans. Royal Soc., London, Ser. A., Vol. **198** (1902) 147—233.

[2] Everling, G.: Das Endflächenproblem beim Druckversuch. Bergbau-Archiv **22** (1961) H. 1, 27—37.

[3] Heyne, K.-H.: Beitrag zur Zugfestigkeit von Gesteinen. Vergleich verschiedener Methoden der Zugfestigkeitsbestimmung. Bergakademie **15** (1963) H. 5, 356—66.

[4] Berenbaum, R. und I. Brodie: Measurement of the tensile strength of brittle materials. Brit. J. Appl. Phys. **10** (1959), 281—86.

[5] Everling, G.: Zur Definition der Schubfestigkeit. Glückauf **98** (1962), 1110—17.

[6] Turincev, Ju. I., V. I. Zobnin und G. P. Bachareva: Über die Festigkeit der Gesteine in Kupfererzlagerstätten. Izvest. VUZ, Gorn. Zurn. **6** (1963) Nr. 1, 36—43. Referat: Glückauf **99** (1963) Nr. 15, 859.

[7] Everling, G.: Der Festigkeitskoeffizient.

[8] Haase, O.: Ein einfaches Verfahren zum Bestimmen der Festigkeit des Nebengesteins und der Kohle. Glückauf **98** (1962) 552—59.

[9] Skutta, E.: Einfache gesteinsmechanische Untersuchungen als Grundlage der Ausbauplanung. Glückauf **98** (1962) 1455—61.

[10] Dreyer, W. und Borchert, H.: Kritische Betrachtungen zur Prüfkörperformel von Gesteinen. Bergbautechnik **12** (1962) H. 5, 265—72.

Bericht über die Tätigkeit der Arbeitsgruppe IV „Analytische Gebirgsmechanik“

von S. G. Averšin, Leningrad

Vor allem möchte ich den Mitgliedern der Gruppe „Analytische Gebirgsmechanik“ für die Zusendung ihrer Stellungnahmen zur Frage der Arbeitsrichtung unserer Gruppe und der Information über den Stand der gebirgsmechanischen Untersuchungen in ihren Ländern danken. In den übersandten Berichten befinden sich wertvolle Beiträge und Vorschläge, die die Wahl der Form und der Richtungen der weiteren Gruppenarbeit sehr erleichtern.

Die Festlegung der Aufgaben der Gruppe und des Charakters ihrer Tätigkeit ist keine leichte Sache, und die Notwendigkeit der Vereinigung aller Kräfte zur Überwindung der Schwierigkeiten, die bei der Anwendung der mathematischen Analysis in Gebirgsmechanikaufgaben auftreten, erfordert eine systematische Verbindung zwischen den Gelehrten der verschiedenen Länder, die auf diesem Wissensgebiet arbeiten. Daraus ergibt sich die Notwendigkeit der Existenz einer internationalen Organisation, die die Verbindung der Wissenschaftler realisiert.

Wir müssen feststellen, daß in den letzten Jahren eine große Zahl von Arbeiten erschienen ist, die Ergebnisse der methodischen Anwendung der Elastizitäts- und Plastizitätstheorie in Aufgaben über den Spannungs- und Verformungszustand des Gebirges in der Nähe von Grubenbauen beinhalten.

Wir müssen auch betonen, daß es Ergebnisse mit unterschiedlichem wissenschaftlichem Wert sind. Viele dieser Arbeiten stellen noch viel zu abstrakte Schemen dar, die durch die Einführung wenig stichhaltiger Hypothesen erhalten wurden. Die Anwendung der Elastizitätstheorie führt meistens zu umfangreichen und komplizierten Formelapparaten. Trotzdem muß man die methodische Anwendung der Elastizitätstheorie bei vielen Aufgaben der Gebirgsmechanik als günstig betrachten.

Mit Hilfe der Elastizitätstheorie ist es möglich, zu einer Lösung der Aufgaben über den Spannungszustand des Gebirges zu kommen, genauer gesagt, die Gesetzmäßigkeiten der Spannungsverteilung aufzuzeigen und gute Übereinstimmung mit den natürlichen Verhältnissen zu erreichen.

Deshalb muß man die Anwendung der Elastizitätstheorie in unseren Aufgaben als Anwendung einer Untersuchungsmethode betrachten, die bei weitem nicht in allen Fällen zu Ergebnissen führt, die man zur unmittelbaren Lösung praktischer Ingenieuraufgaben verwenden kann.

Jedoch, wenn man die geklärten Gesetzmäßigkeiten der Spannungsverteilung des Gebirges in der Nähe von Grubenbauen anwendet, kann man nützliche praktische Schlußfolgerungen ziehen und man kann ferner weit richtigere Berechnungsschemen finden. Das bezieht sich auch auf die Ergebnisse der methodischen Anwendung der Plastizitätstheorie.

In meinem Brief an die Mitglieder der Gruppe „Analytische Gebirgsmechanik“ wurden Gedanken über die Aufgaben und Arbeitsrichtungen geäußert. Von mir wurde vorgeschlagen, die Diskussion der Frage über die Aufgaben und Arbeitsrichtungen der Gruppe mit acht Fragenkomplexen zu beginnen, die die wichtigsten Themen der Gebirgsmechanik beinhalten.

1. Die Berechnung von standfesten Zwischenkammerpfeilern und von Kammerdecken,

2. Berechnung von standfesten Böschungen tiefer Tagebaue in klüftigen und geschichteten Gesteinen,
3. Berechnungen der Spannungen in den Zonen des Auflagerdruckes in geschichteten Gesteinen,
4. die Berechnung der Verschiebungsfelder und der Verschiebungsgeschwindigkeit in Bereichen plastischer Verformung,
5. Berechnung der Bewegungen in anisotropen Gesteinen um Grubenbaue,
6. Berechnung der Standfestigkeit der Hangendschichten in ausgebauten Betriebsräumen abgebauter Grubenbaue,
7. Berechnung der Belastung auf den Ausbau vertikaler Schachtröhren bei wenig standfesten Gebirgsschichten,
8. Berechnung der Gebirgsbewegung über Abbauhohlräumen.

Ergänzend zu diesem Fragenkomplex wurden von mir einige Gedanken über den Charakter der Mitarbeit der Gruppenmitglieder im Rahmen der Arbeitsgruppe geäußert. Schließlich wurde den Mitgliedern empfohlen, ihre Meinungen zu den berührten Fragen zu sagen und einen Arbeitsbericht über die in ihrem Land durchgeführten analytischen Untersuchungen auf dem Gebiet der Gebirgsmechanik anzufertigen. Die von den Gruppenmitgliedern eingereichten Berichte enthalten wesentliche neue Gedanken zu den angeschnittenen Problemen für die zukünftige Tätigkeit der Gruppe „Analytik".

1. Dr. Berry wies auf Grund der Arbeiten englischer Forscher, die sich mit den Aufgaben der Gebirgsmechanik befassen, darauf hin, daß die analytischen Untersuchungen wirkungsvoll beim Studium der Gebirgsbewegungen angewendet werden können. Zu diesem Fall wird gezeigt, daß die Eigenschaften des Gebirges gut durch das rheologische Modell eines viskoelastischen Mediums mit transversal-isotroper Anordnung der mechanischen Eigenschaften beschrieben werden können. Dabei äußerte Dr. Berry den Gedanken, daß der Verlauf der Oberflächenverschiebungen zur Bestimmung der funktionellen rheologischen Gebirgscharakteristiken, die die Gesamtheit der Bedingungen wiedergeben, bei denen sich die Deformations- und Verschiebungsprozesse des Gebirges vollziehen, benutzt werden kann.

Die Ideen, die der Bericht von Dr. Berry enthält, verdienen die Aufmerksamkeit der Gruppenmitglieder. Man muß in den nächsten Gruppensitzungen über die von Dr. Berry berührten Fragen diskutieren und die Diskussionsergebnisse veröffentlichen.

Ähnliche Gedanken wurden auch von Dr. Döring geäußert. Dr. Döring zählt gleichfalls das Studium des Prozesses der Verschiebung des Gebirges, seine Rheologie mit weitgehender Anwendung analytischer Untersuchungen und statistischer Verarbeitung der experimentellen Ergebnisse von Arbeiten im Labor und in situ zu den wichtigsten Richtungen der gegenwärtigen gebirgsmechanischen Forschung.

Viel Beachtung schenkt auch Professor J. Litwiniszyn den Theorien der Gebirgsbewegung.

Zu den Problemen, die einer Erörterung auf der Konferenz bedürfen, rechnet Dr. Martos gleichfalls das wichtige Problem der Gebirgsverschiebungen und schlägt vor, auf diesem Gebiet an ungarischen Schächten Untersuchungen durchzuführen. Interesse am Problem der Gebirgsverschiebungen bekunden Dr. Hermes und Dr. de Reeper, ganz besonders hinsichtlich der Gefährlichkeit dieser Verschiebungen für seigere Schächte Hollands. In ihrem Bericht setzen sie uns in Kenntnis über umfangreiche experimentelle Untersuchungen, die in Holland durchgeführt wurden. Einige Angaben über Erfahrungen bei der Berechnung der Erdoberflächenverschiebungen im Ruhrgebiet werden von Dr. Bräuner gegeben.

Die Meinungen vieler Mitglieder hinsichtlich der Wichtigkeit der Probleme der Gebirgsverschiebungen sind durchaus berechtigt, und ich pflichte dem bei, daß die Fragen der Gebirgsbewegung, die Fragen über die Theorie dieser Prozesse Gegenstand einer Diskussion auf unseren Konferenzen sein müssen.

2. In den sehr aufschlußreichen Berichten der Gruppenmitglieder werden auch Ansichten zu anderen Problemen geäußert. So kommen viele Autoren zu dem Schluß, daß es notwendig ist, sich bei analytischen Untersuchungen auf mathematische Modelle zu stützen, die derartige grundlegende Eigenschaften des Gebirges wie Anisotropie, Schichtung und Nichtlinearität in den Spannungs-Dehnungsbeziehungen berücksichtigen.

Die Erforschung der rheologischen Eigenschaften und die Aufstellung einer Zustandsgleichung für das Gebirge wird gleichfalls als eine der wichtigsten Aufgaben der heutigen gebirgsmechanischen Forschung anerkannt; von deren Lösung die Wirksamkeit der weiteren analytischen Untersuchungen abhängen wird. Letzteres gewinnt dadurch an Bedeutung, daß die Mehrzahl der Forscher die Meinung vertritt, daß das rheologische Modell des Gebirges ein visko-elastisch-plastisches Medium sein muß. Wenn dem so ist, so müssen die physikomechanischen Charakteristiken komplizierter sein; man muß sie studieren und systematisch erörtern. Vom Erfolg der rheologischen Untersuchungen des Gebirges wird die Vervollkommnung unserer theoretischen Modelle abhängen, die die Grundlage der mathematischen Untersuchungen bilden.

Professor Litwiniszyn glaubt, daß die Schaffung theoretischer Gebirgsmodelle ein zentrales Problem der heutigen Geomechanik ist.

Erwähnen wir noch einige Ansichten der Gruppenmitglieder.

Professor Litwiniszyn macht uns auf Grund seiner Untersuchungen davon Mitteilung, daß für das sich verschiebende Gebirge das Prinzip der Superposition nur für kleine Verschiebungen richtig ist. Bei genügend großen Verschiebungen wird dieses Prinzip nicht aufrechterhalten. Es ist offenkundig, daß durch diesen Umstand das Gebiet der möglichen Anwendung der stochastischen Methoden bei der Untersuchung der Verschiebungen großer Gesteinsmassen über Abbauhohlräumen abgegrenzt wird.

Dr. Kohoutek weist darauf hin, daß die Prozesse im Gebirge von vielen Faktoren und deren Kombinationsmöglichkeiten abhängen. Dabei sind viele Faktoren nicht unabhängig, und die Veränderungen eines von ihnen ist die Ursache, die Veränderungen anderer bewirkt. Derartige Prozesse können nicht durch Gleichungen beschrieben werden. Eine Perspektive des wirksamen Studiums und der Erklärung der Gebirgserscheinungen eröffnet uns die neue Epoche der Mathematik, die annähernd mit dem Begriff Kybernetik gekennzeichnet wird.

Die Ausführungen sind sehr interessant, und es ist sehr wahrscheinlich, daß die Untersuchungen in dieser Richtung unerwartete Ergebnisse bringen, die befähigt sind, unsere Möglichkeiten in der Erkenntnis der komplizierten Erscheinungen im Gebirge um Grubenbaue außerordentlich zu erweitern.

Die Vorträge, die von Professor Ganev und seinen Kollegen, Paraschkevov, Dimov und Minčev, vorgelegt wurden, in denen einige Aufgaben über die Belastung des Ausbaus gegebener Steifigkeit unter den Bedingungen der gegenseitigen Beeinflussung und des Zusammenwirkens von Ausbau und Gebirge betrachtet werden, enthalten sehr wertvolle Lösungen dieser wichtigen Ingenieuraufgabe.

Als Schlußfolgerung dieser kurzen Übersicht betrachten wir die Aufgabe über Spannungen und Verschiebungen in der Nähe eines Grubenbaues von elliptischer Form, der in einem geschichteten transversal-isotropen elastischen Medium aufgefahren ist. Die Lösung wurde in der UdSSR von Professor S. G. Lechnitzki durchgeführt (Arbeiten des VNIMI, Ausgabe XIV, Leningrad 1962). Er betrachtet den Fall eines horizontalen Grubenbaues von elliptischer Form mit den Halbachsen:

a = große Halbachse,
b = kleine Halbachse,

der in einer ausreichenden Teufe aufgefahren ist. Der Grubenbau wurde nicht ausgebaut. Das Massiv ist ein elastisches Medium. Das Gebirge ist transversal-isotrop mit horizontalen Isotropieebenen. Es wird ein ebener Verformungszustand betrachtet.

Es sind gesucht die komplexen Funktionen $\varphi_1(z_1)$ und $\varphi_2(z_2)$ für die Ausdrücke

$$\sigma_x = 2\, Re\,[\mu_1^2\, \varphi_1'(z_1) + \mu_2^2\, \varphi_2'(z_2)]$$
$$\sigma_y = 2\, Re\,[\varphi_1'(z_1) + \varphi_2'(z_2)]$$
$$\tau_{xy} = 2\, Re\,[\mu_1\, \varphi_1'(z_1) + \mu_2\, \varphi_2'(z_2)]$$

Dabei ist $z_1 = x + \mu_1\, y$, $z_2 = x + \mu_2\, y$, μ_1 und μ_2 sind die Wurzeln der charakteristischen Gleichung

$$\mu^2 + m\,\mu^2 + k^2 = 0, \text{ in denen}$$

$$m = \frac{\frac{E_1}{G_{12}} - 2\,(\nu_{12} + \nu_{13}\,\nu_{32})}{1 - \nu_{13}\,\nu_{31}}\,; \qquad k^2 = \frac{(1 - \nu_{23}\,\nu_{32})\,E_1}{(1 - \nu_{13}\,\nu_{31})\,E_2}$$

durch die gegebenen elastischen Charakteristiken ausgedrückt werden. Bei der Berechnung wurden nur die rein imaginären Wurzeln der charakteristischen Gleichung verwendet:

$$\mu_1 = \pm\beta i \qquad \mu_2 = \pm\delta i.$$

Bei gegebenem m und k wurden β und δ ermittelt, die in die Endformeln eingehen:

$$\sigma_x = \gamma\, h\left\{ -\lambda + Re\left[\frac{\lambda\, b\, i}{\mu_1 - \mu_2}\left(-\frac{\mu_1^2}{\xi_1\, k_1} + \frac{\mu_2^2}{\xi_2\, k_2}\right) + \frac{\mu_1\,\mu_2\, a}{\mu_1 - \mu_2}\left(\frac{\mu_1}{\xi_1\, k_1} - \frac{\mu_2}{\xi_2\, k_2}\right)\right]\right\}$$

$$\sigma_y = \gamma\, h\left\{ -1 + Re\left[\frac{\lambda\, b\, i}{\mu_1 - \mu_2}\left(-\frac{1}{\xi_1\, k_1} + \frac{1}{\xi_2\, k_2}\right) + \frac{a}{\mu_1 - \mu_2}\left(\frac{\mu_2}{\xi_1\, k_1} - \frac{\mu_1}{\xi_2\, k_2}\right)\right]\right\}$$

$$\tau_{xy} = -\gamma\, h\left\{ Re\left[\frac{\lambda\, b\, i}{\mu_1 - \mu_2}\left(-\frac{\mu_1}{\xi_1\, k_1} + \frac{\mu_2}{\xi_2\, k_2}\right) + \frac{\mu_1\,\mu_2\, a}{\mu_1 - \mu_2}\left(\frac{1}{\xi_1\, k_1} - \frac{1}{\xi_2\, k_2}\right)\right]\right\},$$

wobei γ, h und λ entsprechend das spezifische Gewicht, die Teufe und der Koeffizient des Seitenschubs sind.

$$k_j = \sqrt{z_j^2 - a^2 - \mu_j \cdot b^2}\,,$$

$$\xi_1 = \frac{z_1 + \sqrt{z_1^2 - a^2 - \mu_1^2\, b^2}}{a - i\,\mu_1\, b}\,, \qquad \xi_2 = \frac{z_2 + \sqrt{z_2^2 - a^2 - \mu_2\, b^2}}{a - i\,\mu_2\, b}\,.$$

Für die Verschiebungen ergeben sich die Formeln

$$u = \gamma\, h\, Re\left[\frac{\beta_{11}\,\mu_1^2 - \beta_{12}}{\mu_1 - \mu_2}\cdot\frac{\lambda\, b\, i - \mu_2\, a}{\xi_1} - \frac{\beta_{11}\,\mu_2^2 - \beta_{12}}{\mu_1 - \mu_2}\cdot\frac{\lambda\, b\, i - \mu_1\, a}{\xi_2}\right]$$

$$v = \gamma\, h\, Re\left[\frac{\beta_{12}\,\mu_1 + \frac{\beta_{22}}{\mu_1}}{\mu_1 - \mu_2}\cdot\frac{\lambda\, b\, i - \mu_2\, a}{\xi_1} - \frac{\beta_{12}\,\mu_2 + \frac{\beta_{22}}{\mu_2}}{\mu_1 - \mu_2}\cdot\frac{\lambda\, b\, i - \mu_1\, a}{\xi_2}\right],$$

wobei gilt:

$$\beta_{11} = \frac{1 - \nu_{13}\,\nu_{21}}{E_1}\,; \qquad \beta_{12} = -\frac{\nu_{12} + \nu_{13}\,\nu_{32}}{E_1}\,; \qquad \beta_{22} = \frac{1 - \nu_{23}\,\nu_{32}}{E_2}\,.$$

Oder in unserem Falle kann man dafür auch schreiben:

$$\beta_{11} = \frac{1 - \nu_1^2}{E_1}\,; \qquad \beta_{12} = -\frac{\nu_2 + \nu_1\,\nu_2}{E_1}\,; \qquad \beta_{22} = \frac{1 - \nu_2^2}{E_2}\,,$$

wobei $E_1 = E_{\parallel}$ parallel zur Schichtung; $\nu_1 = \nu_{\parallel}$
$E_2 = E_{\perp}$ senkrecht zur Schichtung; $\nu_2 = \nu_{\parallel}$.

Somit ist für die Berechnung der Spannungen und des Verschiebungsfeldes in dieser Aufgabe die Bestimmung von fünf Konstanten erforderlich.

Um E_1, E_2, ν_1, ν_2 und G aus einem Gesteinsstück zu erhalten, wurden drei zylindrische Proben herausgebohrt: parallel zur Isotropieebene, senkrecht und unter einem Winkel von 45°. Die letzte Probe gab uns die Möglichkeit der Bestimmung von:

$$G_2 = \frac{1}{\frac{4}{(E_j)_{\alpha=45}} - \frac{1-2\nu_1}{E_1} - \frac{1}{E_2}}$$

wobei $(E_j)_{\alpha=45^\circ}$ der Elastizitätsmodul in Richtung von 45° zur Isotropieebene (zur Schichtungsebene) ist.

Einige Betrachtungen hinsichtlich der Tätigkeit der Gruppe ,,Analytische Gebirgsmechanik" für das nächste Jahr

Aus der Erfahrung des Jahres 1963 und aus der Betrachtung der Vorträge, die von den Mitgliedern der Gruppe eingereicht wurden, kann man einige Schlußfolgerungen hinsichtlich der Form und des Inhalts der weiteren Gruppenarbeit ziehen.

1. In der ersten gegenwärtigen Etappe der Gruppentätigkeit muß man als grundlegende Form den Austausch von kritischen Arbeitsberichten einführen, in denen die Ergebnisse theoretischer Untersuchungen der Gebirgsmechanik enthalten sind.
2. Die Aufmerksamkeit der Gruppenmitglieder ist auf die besondere Wichtigkeit folgender Probleme zu lenken:
   a) Schaffung von rheologischen Modellen des Gebirges,
   b) die weitere Ausarbeitung der Theorie der Gebirgsverschiebungen,
   c) die weitere Ausarbeitung von Berechnungsmethoden für die Belastung des Ausbaus mit vorgegebener Nachgiebigkeit unter den Bedingungen ihrer Wechselwirkung mit dem visko-elastisch-plastischen Gebirge,
   d) Ausarbeitung von Berechnungsmethoden für standfeste Gebirgsfreilegungen ohne Ausbau (Pfeiler, Firsten, Böschungen),
   e) die Ermittlung der Wege für die Anwendung der mathematischen Statistik zur Verarbeitung von Daten über die Gesteinseigenschaften und für die Methoden der stochastischen Mechanik zur Untersuchung der Spannungen und Verschiebungen im Gebirge.
3. Im Jahre 1964 ist eine Konferenz der Gruppe ,,Analytische Gebirgsmechanik" mit Vorträgen über die folgenden Probleme durchzuführen:
   a) Über die Gebirgsverschiebungstheorie.
   Es ist erwünscht, Angaben und Ansichten für die Diskussion zur Frage der theoretischen Modelle der Gebirgsverschiebung vorzubereiten (für lockeres, visko-elastisches, plastisches Gestein).

   Folgende Herren werden gebeten, Vorträge vorzubereiten:

   Professor Dr. J. Litwiniszyn
   Dr. D. S. Berry
   Dr. F. Martos
   Professor Dr. S. G. Averšin
   Dr. M. de Reeper

   b) Bearbeitung und Interpretation der Daten rheologischer Eigenschaften des Gesteins unter Benutzung der Methoden der mathematischen Statistik.

   Folgende Herren werden gebeten, Vorträge zu übernehmen:

   Dr. R. Richter
   Dr. J. Kohoutek
   Dr. T. Döring

c) Berechnung der Belastung des Ausbaus unter den Bedingungen der Wechselwirkung mit dem Gebirgsmassiv, das sich in einem visko-elastisch-plastischen Zustand befindet.

Folgende Herren werden gebeten, Vorträge zu übernehmen:

Professor Dr. A. Salustowicz
Professor Dr. J. Chr. Ganev
Professor Dr. F. Mohr

Gleichzeitig werden die Herren Referenten der Gruppe gebeten, Vorträge anderer Wissenschaftler ihres Landes zu den aufgezählten Problemen vorzuschlagen.

REFERATE ZUM THEMA

„Die Festigkeit von Gebirgskörpern" — eine kritische Einschätzung der Unterschiede im Festigkeitsverhalten der Gesteine im Laboratorium gegenüber dem Festigkeitsverhalten des Gebirgsverbandes —

Zum Rahmenthema

Die Festigkeit von Gebirgskörpern

von G. Bilkenroth, Berlin

Das Rahmenthema unseres 5. Ländertreffens

> „Die Festigkeit von Gebirgskörpern" — kritische Einschätzung der Unterschiede im Festigkeitsverhalten der Gesteine im Laboratorium gegenüber dem Festigkeitsverhalten des Gebirgsverbandes —

ist bestens geeignet, die ganze Kompliziertheit gebirgsmechanischer Forschungen und die Notwendigkeit einer komplexen Behandlung und tiefgründigen Forschung zu demonstrieren.

Wir wissen sehr wohl, daß Gesteinsfestigkeit und Gebirgsfestigkeit nicht ohne weiteres identifiziert werden dürfen. Trotzdem haben wir uns in der Vergangenheit vorwiegend mit der Gesteinsfestigkeit beschäftigt, während die Festigkeit des Gebirges in situ oftmals als ein schier unerforschbares Geheimnis betrachtet wurde.

Es ist nun aber nicht so, daß auf diesem Gebiete überhaupt nichts getan wurde. Seit Jahren werden besonders im Bergbau unter verschiedensten Bedingungen Verformungsmessungen am Stoß von Strecken, am Abbaustoß, an Pfeilern, im Hangenden und im Liegenden durchgeführt, wobei die durch die Gebirgsspannungen erzeugten Verformungen gemessen werden. Es werden also Versuche durchgeführt, die dem Verlangen nach Großversuchen entsprechen, die jedoch, da sie passiv erfolgen und die Universalprüfmaschine „Gebirge" keine Kraftanzeigevorrichtung besitzt, den Nachteil haben, daß das ermittelte Festigkeits- oder das Verformungsverhalten keine direkten Schlüsse auf die Festigkeit an sich gestatten. Andererseits haben sie den Vorteil, daß man mit einfachen Mitteln an vielen Stellen messen kann und so doch ein Bild über die Art der Belastungen und über zu erwartende Verformungs- oder Brucherscheinungen erhält, wenn man auch hierzu andere Forschungsmethoden zu Hilfe ziehen muß.

So verdanken wir unser bisheriges Wissen zu einem großen Prozentsatz diesen „passiven Großversuchen", haben aber als Bergleute schon sehr bald einsehen müssen, daß allein damit nicht auszukommen ist und noch theoretische Arbeiten, Laboratoriumsversuche und Modellversuche notwendig sind.

Im Felsbau führte der Wunsch nach Kenntnis der Festigkeit des Gebirges neben umfangreichen geologischen und gefügekundlichen Arbeiten zu den bekannten Großversuchen, bei denen die Kräfte künstlich aufgebracht werden. Solche aktiven Großversuche erscheinen auf den ersten Blick sehr bestechend, haben jedoch den Nachteil der großen Aufwendigkeit und sehr hoher Kosten. Solange man nichts Besseres weiß, sind sie im Felsbau durchaus gerechtfertigt, inwieweit sie auf den Bergbau mit seinen Veränderungen des Arbeitsplatzes anwendbar sind, erscheint für die meisten Fälle fraglich. Von Seiten der Felsmechanik werden jedoch auch Stimmen laut, die eingehende Untersuchungen im Laboratorium fordern, damit vielleicht eines Tages diese teuren Großversuche von einfacheren und billigeren Methoden abgelöst werden können.

Im Mittelpunkt unserer Aussprachen soll jedoch nicht das Für und Wider der Großversuche stehen, obwohl hierzu auch einiges gesagt werden kann; denn dies hieße, unser Thema zu sehr einzuschränken. Unsere Diskussionen sollen vielmehr mithelfen, die ganze Problematik der Gebirgs- oder Verbandsfestigkeit aufzuzeigen, die Unterschiede bei verschiedener Ausbildung des Gebirgskörpers im Festigkeitsverhalten zu klären, die Frage der Vergleichbarkeit von im Laboratorium gewonnenen Festigkeitswerten mit denen im Gebirgsverband zu erörtern und vielleicht auch zu neuen einfacheren Verfahren zur Abschätzung oder Bestimmung der Gebirgsfestigkeit zu kommen.

In unserem Kreise sitzen Fachleute aus den verschiedensten Bergbauzweigen, aus dem Fels- und Talsperrenbau, Fachleute, die in ihrer Arbeit mit den verschiedenartigsten Materialien des Gebirges zu tun haben. Die Gebirgsausbildung reicht ja vom quasi homogenen Gebirge über transversal isotrope Medien bis zum restlos zerrütteten Gebirgsverband. Demzufolge muß es auch grundsätzliche Unterschiede beim Vergleich von Gesteins- und Gebirgsfestigkeit geben.

Es wäre eine unzulässige Verallgemeinerung, wollte man sich damit begnügen, nur die Erfahrungen im Felsbau zu erörtern, wo ein stark anisotroper, durch Klüfte gestörter diskontinuierlicher Gebirgskörper vorliegt, dessen Festigkeit nur vielleicht 1/10 bis 1/15 der Substanzfestigkeit ausmacht. Andererseits kann man auch nicht die Verhältnisse eines homogenen Gebirgsverbandes mit größenordnungsmäßig gleichen Festigkeiten des Gesteins und des anstehenden Gebirges auf andere Verhältnisse übertragen. Obwohl dies als Feststellung fast trivial erscheinen mag, ist es doch notwendig, es ganz deutlich auszusprechen, um nicht eine Überbetonung der einen oder anderen Seite zuzulassen. Es kommt auf eine exakte Einschätzung und Klassifizierung der verschiedenen Gebirgsarten an. Hierbei können sich die bisherigen Arbeiten der Salzburger Schule des Felsbaues mit den Arbeiten im Steinkohlenbergbau und im Salzbergbau wirkungsvoll ergänzen und befruchten.

Von den Mitarbeitern des Internationalen Büros für Gebirgsmechanik wurden zum Rahmenthema ,,Die Festigkeit von Gebirgskörpern" wertvolle Beiträge erarbeitet, die das Problem von verschiedenen Seiten analysieren. Deshalb wird in den folgenden Referaten die Frage der Festigkeit von Gebirgskörpern beurteilt vom Gesichtspunkt des Felsmechanikers, der im allgemeinen mit stark zerklüfteten Gebirgskörpern zu tun hat, von seiten des im Salzbergbau tätigen Forschers und von seiten der Forscher, die bemüht sind, aus Laboratoriumsuntersuchungen das Bestmögliche für die Einschätzung der Gebirgsfestigkeit herauszuholen. Neben allgemeinen Referaten werden spezielle Arbeiten vorgetragen, die sich mit der Ermittlung von Festigkeitseigenshaften im Laboratorium und in situ beschäftigen, und es wird versucht, eine Beziehung zwischen dem unterschiedlichen Festigkeitsverhalten zu finden. Darüber hinaus wird gezeigt, wie man durch Modellversuche den Einfluß der Klüftigkeit des Gebirges erforschen kann.

Es ist nicht meine Aufgabe, in dem einleitenden Referat zum Rahmenthema die folgenden Vorträge zu diskutieren. Anhand des vorliegenden Materials bin ich jedoch sicher, daß die Arbeiten von Wissenschaftlern verschiedener Fachgebiete eine gute Grundlage zur Diskussion über das Problem der Festigkeit von Gebirgskörpern darstellen.

Ich darf hoffen, daß die freimütige Aussprache über dieses uns alle interessierende Gebiet, sei es im Bergbau oder im Felsbau, zur Bereicherung unserer Kenntnisse auf dem Gebiete der Gebirgsmechanik beiträgt. Eine Diskussion über die Festigkeit von Gebirgskörpern trägt keinen rein akademischen Charakter, sondern ist bedingt durch die Aufgaben, die uns die Praxis stellt. Diese Aufgaben werden sowohl im Bergbau mit immer größer werdenden Teufen als auch im Felsbau mit größeren Bauwerken und immer schlechteren Gründungsverhältnissen zunehmend schwieriger. Die Lösung eines solchen Problems kann nur durch intensive Gemeinschaftsarbeit aller Spezialisten in kürzerer Zeit erreicht werden. In diesem Sinne meine ich, daß auch unser 5. Ländertreffen durch die wissenschaftliche Arbeit, durch die Vorträge und Diskussionen zur Lösung dieses schwierigen Problems beiträgt.

Gebirgsfestigkeit und Gesteinsfestigkeit

von H. G. Denkhaus, Pretoria

1. Einleitung

Kenntnis der Materialeigenschaften ist eine grundlegende Voraussetzung sowohl für den Aufbau von Geräten, Maschinen oder Bauwerken als auch für den Abbau in einem Gebirge. Nur mit dieser Kenntnis kann so geplant werden, daß größte Zweckmäßigkeit mit größter Sicherheit gepaart ist. Untersuchung der Eigenschaften des Gebirges muß daher auch einen breiten Raum in der Gebirgsmechanik, der grundlegenden Wissenschaft des Bergbaus, einnehmen.

Sofort erhebt sich die Frage, welche der zahlreichen Eigenschaften des Gebirges denn nun wichtig sind für die Lösung der Aufgabe, eine Lagerstätte möglichst wirtschaftlich mit hinreichender Betriebssicherheit abzubauen. Es gibt Gebirgseigenschaften, die unmittelbar das Spannungs-, Verformungs- und Bruchverhalten kennzeichnen, und solche, die für diesen Zweck nur mittelbar oder gar nicht wichtig sind.

Zur ersten Gruppe gehören solche, die in Berechnungen und Überlegungen eingehen, um die Hohlräume so zu gestalten, daß Gefahren wie Gebirgsschläge, schädlicher Druck auf den Ausbau und Wassereinbrüche im Berg- und Tunnelbau möglichst vermieden werden. Es sind dies in erster Linie die Festigkeit und Eigenschaften, welche die Beziehungen zwischen Kräften (Spannungen) und Bewegungen (Verformungen) beschreiben. Zu den Festigkeitseigenschaften gehören übrigens auch solche, deren Kenntnis für die beabsichtigte Zerstörung beim Abbau wichtig sind, wie die Bohrbarkeit und der Bruchwiderstand beim Schießen; eine Betrachtung dieser Gesichtspunkte fällt jedoch aus dem Rahmen dieses Referates.

Zur zweiten Gruppe gehören solche, die zwar für die Grundlagenforschung interessant sind, wie etwa chemische oder mineralogische Zusammensetzung, Farbe, elektrische Leitfähigkeit u. dgl., von denen aber in der Technik nur dann Gebrauch gemacht wird, wenn eine Beziehung zwischen diesen und den unmittelbar wichtigen Eigenschaften besteht und die Bestimmung letzterer zu schwierig, zu zeitraubend oder gar unmöglich ist. So ist etwa — um ein extremes Beispiel anzuführen — die Farbe eines Stoßes nicht unmittelbar wichtig für den Abbau; es gibt aber Bergleute, die auf Grund langer Erfahrung in einem bestimmten Bergbaugebiet nach der Farbe (z. B. „Glasiger Stoß“) die Gebirgsschlaggefährlichkeit eines Stoßes beurteilen, d. h. etwas über seine Festigkeit aussagen können. Ganz sicher ist es auch die Aufgabe der Forschung, derartige Zusammenhänge zu untersuchen und damit Methoden zu entwickeln, die es gestatten, die Festigkeit eines Gebirges mit einfachen Mitteln zu bestimmen. So wird z. B. von einigen Forschern der Zusammenhang zwischen Gesteinsfestigkeit und der petrographischen Struktur untersucht. In dem vorliegenden Referat sollen jedoch nur die eigentlichen Festigkeitseigenschaften betrachtet werden.

2. Definition der Festigkeit

Im weitesten Sinne kann man Festigkeit definieren als jene Bedingungen, bei denen ein Material „nachgibt“. Diese Bedingungen werden meistens durch Spannungsgrößen beschrieben. Sie können aber auch, manchmal durchaus zweckmäßiger, durch Verformungsgrößen

Tabelle 1: Einteilung materieller Systeme nach ihrem Spannungs-Verformungs-Zeit-Verhalten
Table 1: Classification of material systems with respect to their stress-strain-time behaviour

Elastic part of strain/Elastischer Verformungsanteil

Some examples of known Substances / Einige Beispiele bekannter Stofftypen	Time-independent part / Zeitunabhängiger Anteil: Percentage-Anteil	Linearity-Linearität	Homogeneity-Homogenität	Non-homogeneity Hetero-genität: Continuous Stetig	Non-homogeneity Hetero-genität: Discontinuous Unstetig	Isotropy-Isotropie	Anisotropy Aeolotropie: Continuous Stetig	Anisotropy Aeolotropie: Discontinuous Unstetig	Time-dependent part / Zeitabhängiger Anteil: Percentage-Anteil	Linearity-Linearität	Homogeneity-Homogenität	Non-homogeneity Hetero-genität: Continuous Stetig	Non-homogeneity Hetero-genität: Discontinuous Unstetig	Isotropy-Isotropie	Anisotropy Aeolotropie: Continuous Stetig	Anisotropy Aeolotropie: Discontinuous Unstetig
rigid/starr	0								0							
perfectly elastic (Hooke) reinelastisch	100	yes	×			×			0							
non-linear-elastic nichtlinear elastisch	100	No	×			×			0							
plasto-elastic plasto-elastisch	51 to 99	yes	×			×			0							
elasto-plastic elasto-plastisch	1 to 49	yes	×			×			0							
perfectly viscous liquid (Newton) ideal zähflüssig	0								0							
visco-elastic (Kelvin, Voigt) visko-elastisch	1 to 99	yes	×			×			99 to 1	No	×			×		
viscous-elastic (Maxwell) viskos-elastisch	99 to 1	yes	×			×			1 to 99	yes	×					
rigidly plastic reinplastisch (starrplastisch)	0								0							
„perfectly" plastic (St. Venant) „ideal" plastisch	0								0							
visco-plastic (Bingham) visko-plastisch	0								0							
continuous ground, rock ? kontinuierliches Gebirge, Gestein ?	90 ?	yes		×			×		5 ?	yes		×			×	
discontinuous ground ? geklüftetes Gebirge ?	40 ?	yes			×			×	10 ?	No			×			×

Plastic part of strain / Plastischer Verformungsanteil

Some examples of known Substances / Einige Beispiele bekannter Stofftypen	Time-independent part / Zeitunabhängiger Anteil: Percentage-Anteil	Linearity-Linearität	Homogeneity-Homogenität	Non-homogeneity Hetero-genität: Continuous Stetig	Non-homogeneity Hetero-genität: Discontinuous Unstetig	Isotropy-Isotropie	Anisotropy Aeolotropie: Continuous Stetig	Anisotropy Aeolotropie: Discontinuous Unstetig	Time-dependent part / Zeitabhängiger Anteil: Percentage-Anteil	Linearity-Linearität	Homogeneity-Homogenität	Non-homogeneity Hetero-genität: Continuous Stetig	Non-homogeneity Hetero-genität: Discontinuous Unstetig	Isotropy-Isotropie	Anisotropy Aeolotropie: Continuous Stetig	Anisotropy Aeolotropie: Discontinuous Unstetig
rigid/starr	0								0							
perfectly elastic (Hooke) reinelastisch	0								0							
non-linear-elastic nichtlinear elastisch	0								0							
plasto-elastic plasto-elastisch	1 to 49	yes or No		×		×			0							
elasto-plastic elasto-plastisch	51 to 99	yes or No		×		×			0							
perfectly viscous liquid (Newton) ideal zähflüssig	0								100	yes	×			×		
visco-elastic (Kelvin, Voigt) visko-elastisch	0								0							
viscous-elastic (Maxwell) viskos-elastisch	0								0							
rigidly plastic reinplastisch (starrplastisch)	100	const.	×				×		0							
„perfectly" plastic (St. Venant) „ideal" plastisch	0								100	const.	×			×		
visco-plastic (Bingham) visko-plastisch	99 to 1	yes	×			×			1 to 99	yes	×			×		
continuous ground, rock ? kontinuierliches Gebirge, Gestein ?	10 ?	const.		×					5 ?	No		×			×	
discontinuous ground ? geklüftetes Gebirge ?	30 ?	const.			×			×	20 ?	No		×				×

oder Energiegrößen (spezifische Verformungsenergie, d. h. spezifische potentielle Energie) beschrieben werden.

Macht man sich das in Tabelle 1 dargestellte System der Einteilung stofflicher Systeme hinsichtlich ihrer Spannungs-Verformungs-Zeit-Beziehungen zu eigen, so ist „Nachgeben" im weitesten Sinne der Übergang von einem Materialzustand in einen anderen. Unter den zahlreichen, durch diese allgemeine Definition gedeckten Festigkeiten sind einige für die Technik besonders wichtig und daher allgemein bekannt. So bezeichnet z. B. die Fließgrenze oder Fließfestigkeit der Stähle den Übergang vom überwiegend elastischen (plasto-elastischen) zum überwiegend plastischen (elasto-plastischen) Zustand des Materials und die Bruchfestigkeit den Übergang vom überwiegend kontinuierlichen zum vollständig oder überwiegend diskontinuierlichen Materialzustand.

Dabei ist auch zu beachten, daß Festigkeit im soeben definierten Sinne nicht notwendigerweise eine scharfe Spannungs- oder Verformungsgrenze oder Energieschwelle zu sein braucht, sondern durchaus ein Grenzbereich sein kann. So haben die Baustähle (Kohlenstoffstähle) z. B. eine ziemlich deutliche Fließgrenze, während legierte Stähle allmählich vom plasto-elastischen zum elasto-plastischen Bereich übergehen und eine Fließgrenze, wenn man sie braucht, etwas künstlich definiert werden muß, etwa durch die Spannung, bei der die plastische Verformung den Wert 0,2% erreicht (0,2% — Dehngrenze). Ähnliches gilt auch für die Bruchfestigkeit: Manche Gesteinsproben „brechen" bei einer gewissen Spannung vollständig und gehen vom überwiegend kontinuierlichen Zustand in den eines losen Haufens, den Zustand vollständiger Diskontinuität, über; andere bekommen lediglich einen oder mehrere Risse und zerfallen erst, wenn die Spannung wieder erhöht wird.

Beschränkt man sich darauf, die Festigkeit durch Spannungsgrößen zu beschreiben, so wird die Bruchfestigkeit gewöhnlich als der größte Wert einer Kombination von drei Hauptspannungen definiert, den ein materielles System ertragen kann, ohne nachzugeben. Bei einem kontinuierlichen Körper bedeutet dieses Nachgeben das Auftreten von Rissen, d. h. Übergang zum diskontinuierlichen Verband. Auch ein diskontinuierlicher Verband kann jedoch Festigkeit (Bruchwiderstand) haben, die allerdings geringer ist als die des kontinuierlichen. Nachgeben im Sinne von Bruch bedeutet hier jedoch Übergang zu einer Diskontinuität höheren Grades, etwa durch Bildung weiterer Risse, Gleitungen längs Rissen durch Reibungsverlust oder gar Zerfallen.

Diskontinuierliche Systeme können durchaus technisch nützlich sein: Viele Bauwerke haben (allerdings unerwünschte) Risse und sind trotzdem noch sicher. Vor allem aber sind viele Grubengebäude Systeme mit Rissen und werden vom Bergmann häufig denen vorgezogen, die keine Bruchrisse aufweisen und die Drohung einer plötzlichen Freigabe innerer Energie in Form eines Gebirgsschlages (eines *plötzlichen* Nachgebens) in sich tragen: Der Bruch eines diskontinuierlichen Gebirgskörpers ist im allgemeinen von plastischer (irreversibler) Verformung (Gleiten längs Rissen) begleitet und daher allmählicher (zäher) als der Bruch eines kontinuierlichen Gebirges, das zu sprödem Bruch (Gebirgsschlag) neigt.

3. Einflußfaktoren der Festigkeit

Bekanntlich hängt die Festigkeit eines Systems von einer Reihe äußerer Bedingungen ab. Diese sind in erster Linie:

1. die Art und örtliche Verteilung der äußeren Belastung (ein- oder mehrachsige, gleichmäßig oder ungleichmäßig verteilte Zug-, Druck-, Biege- oder Torsionsbeanspruchungen und deren Kombinationen),
2. der zeitliche Verlauf der äußeren Belastungen (ruhend, allmählich ansteigend, schwingend, schlagartig),

3. andere physikalische oder chemische Bedingungen wie Temperatur, Feuchtigkeit und chemische Beschaffenheit des umgebenden Mediums (Luft, Gas).

Die Sicherheit eines Bauteils gegen Nachgeben wird ermittelt, indem man einerseits analytisch oder experimentell aus obigen Gegebenheiten die Verteilung der Spannungen hinsichtlich Größe und Mehrachsigkeit über das System (den Bauteil) bestimmt und andererseits durch geeignete Materialversuche an Prüfkörpern die Festigkeit des Materials ermittelt. Durch Vergleich der wirklichen Spannungen mit der Festigkeit findet man die schwächste Stelle des Bauteils und kann auf seine Sicherheit gegen Nachgeben (Fließen, Bruch) schließen. Die Genauigkeit, mit der man den Spannungszustand einerseits und die entsprechende Festigkeit andererseits kennt, bestimmt den Sicherheitsfaktor, der um so kleiner sein darf, je besser die Kenntnis der Umstände ist, weshalb er sarkastisch oft als Unwissenheitsfaktor bezeichnet wird.

Bei der Ermittlung des Spannungszustandes findet man, daß nicht nur der Typ des Materials (Tabelle 1) in die Überlegungen eingehen muß, sondern auch die Form und Größe des Bauteils. Gleiches gilt natürlich auch für die Prüfkörper zur Bestimmung der Festigkeit. Da man aus Zweckmäßigkeitsgründen bestrebt ist, die Festigkeit als reine Materialcharakteristik darzustellen, versucht man den Form- und Größeneinfluß auszuschalten, indem man den Prüfkörpern möglichst einfache geometrische Form (Zylinder, Prisma) gibt und auch ihre Größen normt [1, 2, 3]. Weiterhin wendet man möglichst einfache Belastungsarten an (Zug oder Druck; der durch Biegung hervorgerufene Spannungszustand ist schon zu verwickelt). Auf diese Weise schafft man zunächst einmal die Möglichkeit, verschiedene Materialien miteinander zu vergleichen, und in vielen Fällen, z. B. im klassischen Maschinenbau, gelingt es dann auch, die so gefundenen ,,Materialkonstanten" in Entwurfsberechnungen zu verwerten.

Der Spannungszustand in einem Punkt wird durch sechs Komponenten definiert oder, wenn die Hauptspannungsrichtungen bekannt sind, durch die drei Hauptspannungen. Entsprechend sind auch drei Spannungswerte erforderlich, um die Festigkeit vollständig anzugeben. Um das Bild zu vereinfachen, war und ist man bestrebt, sogenannte Festigkeitshypothesen aufzustellen. In diesen Hypothesen wird davon ausgegangen, daß Nachgeben eintritt, wenn eine gewisse Spannungs-, Verformungs- oder Energiegröße (z. B. Tresca: größte Schubspannung, oder von Mises: spezifische Gestaltänderungsenergie, usw.) einen kritischen Wert erreicht. Da diese Größe für alle Spannungszustände beliebiger Mehrachsigkeit errechnet werden kann, wird damit die Festigkeit eines Materials auf einen oder zwei Einzelwerte zurückgeführt, die für alle Spannungszustände gelten. Man kann also die Festigkeit eines gegebenen Materials durch einfache Versuche (z. B. den einaxialen Zugversuch) bestimmen. Diese Bestrebungen haben zu Verfahren geführt, deren Gültigkeit in gewissen Zweigen der Technik für praktische Zwecke hinreichend ist. Dagegen hat die physikalische Erkenntnis, daß alle Festigkeit letztlich zurückgeht auf zwei Grundgrößen, nämlich den Gleitwiderstand und den Trennwiderstand, die sich allerdings u. a. mit der Verformung ändern, bisher nicht zu technisch brauchbaren Berechnungsverfahren geführt.

Auch die Gebirgsmechanik kann beim Entwurf von Grubengebäuden diesen für Bauteile maßgebenden Gedankengängen folgen, jedoch liegen hier die Probleme ein wenig anders; es sind vor allem zwei:

Zunächst einmal handelt es sich bei Gebirgskörpern meist um diskontinuierliche Verbände im Gegensatz zu Maschinenbauteilen, die zwar in einem niedrigeren Größenbereich auch diskontinuierlich sind, deren Diskontinuitäten jedoch bei der technischen Sicherheitsberechnung außer acht gelassen werden können, zumal Bauteile mit größeren Diskontinuitäten (z. B. Guß- oder Walzstücke mit unzulässigen Schlackeneinschlüssen) bei der Produktionskontrolle zurückgewiesen werden. Naturgemäß ist eine entsprechende Maßnahme im Bergbau kaum möglich.

Das zweite Festigkeitsproblem der Gebirgsmechanik ergibt sich daraus, daß es keine Festigkeitshypothese gibt, die für alle Materialien gültig wäre. Die Gebirgsmechanik muß daher nach einer Festigkeitshypothese für ihr Material, das Gestein bzw. den Fels, suchen.

Beide Probleme sollen nun näher diskutiert werden.

4. Kontinuierliche und diskontinuierliche Systeme

In gleicher Weise wie Homogenität und Isotropie bezieht sich der Begriff der Kontinuität nicht auf ein Material oder System schlechthin, sondern auf eine bestimmte Eigenschaft desselben.

Betrachtet man das Spannungs-Verformungs-Zeit-Verhalten eines Systems (Tabelle 1), so bedeutet Kontinuität nichts anderes als Stetigkeit (im mathematischen Sinne) der Beziehungen zwischen Spannung, Verformung und Zeit (z. B. der Elastizitätskonstanten, der Viskosität usw.) über das System. Dabei ist durchaus ein System denkbar, dessen Elastizität kontinuierlich ist — d. h. $E = E(x, y, z)$ und $G = G(x, y, z)$ sind stetige Funktionen —, deren Viskosität jedoch diskontinuierlich ist, d. h. $\eta = \eta(x, y, z)$ ist keine stetige Funktion.

Betrachtet man das Festigkeitsverhalten eines Systems, so bedeutet Kontinuität, daß die Festigkeiten über das System hin stetig verteilt sind. Wiederum ist ein System denkbar, das z. B. hinsichtlich seiner Fließfestigkeit kontinuierlich — σ_F — $\sigma_F(x, y, z)$ stetig — und hinsichtlich seiner Bruchfestigkeit diskontinuierlich — $\sigma_B = \sigma_B(x, y, z)$ unstetig — ist.

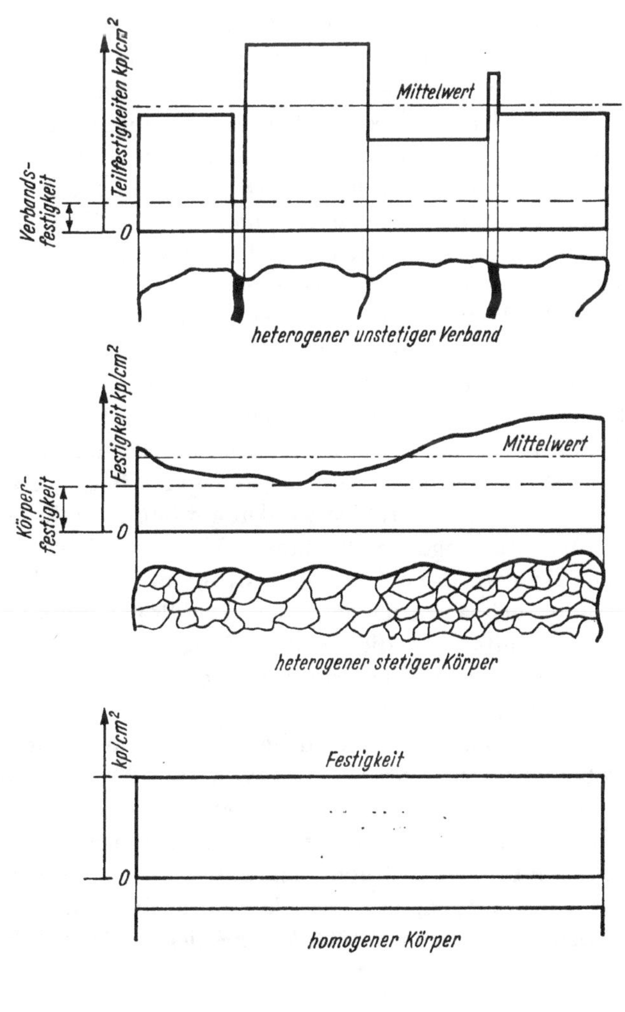

Bild 1. Schematische Darstellung der Homogenität und Kontinuität der Festigkeit

Bekanntlich stellt sich Unstetigkeit durch Sprünge in den entsprechenden Verteilungskurven dar, wie in Bild 1 schematisch gezeigt wird.

Es ist hiermit jedoch deutlich, daß im phänomenologischen Sinne Kontinuität eigentlich nur ein Unterbegriff sowohl der Homogenität als auch der Isotropie ist: Wenn ein System hinsichtlich einer Eigenschaft homogen (gleich an jeder Stelle) und isotrop (gleich in jeder Richtung) ist, so muß es hinsichtlich dieser Eigenschaft auch kontinuierlich sein. Ist es inhomogen (heterogen), so kann diese Inhomogenität entweder kontinuierlich (stetig) sein oder diskontinuierlich (unstetig, sprunghaft); gleiches gilt für Anisotropie (Aeolotropie).

Im Gegensatz zur Inhomogenität und Anisotropie, die man meist nur durch zeitraubende Probenentnahmen und Versuchsreihen erfassen kann, äußert sich die Diskontinuität häufig (wenn auch nicht immer) in Erscheinungen, die mit dem Auge wahrnehmbar sind: Risse, Klüfte, Lücken usw. Man darf daher für viele praktische Zwecke die obige phänomenologische Definition durch eine einfachere ersetzen, nämlich: Ein kontinuierliches System zeigt eine zusammenhängende lücken- und fugenlose (kluftlose) Struktur, während ein diskontinuierliches System eben diesen Aufbau nicht hat. Ganz so einfach ist es jedoch nicht, denn zweifellos gibt es verschiedene Grade der Diskontinuität. Sand-, Kies-, Schutt- oder Geröllanhäufungen, ein von Bruchflächen oder Klüften durchzogenes Gebirge, dessen Blöcke oder Schollen sich noch „ineinanderfügen", ein geschichtetes Gebirge, bei dem einige Schichtflächen auch Trennflächen sind, und ein von Gängen durchzogenes Gebirge können als Beispiele verschiedener Diskontinuitätsgrade angeführt werden.

Zweifellos ist der Grad der Diskontinuität von ausschlaggebender Bedeutung für das Festigkeitsverhalten des Gebirges. Quantitativ kann der Diskontinuitätsgrad — die Klüftigkeit — mit Hilfe der von STINI und neuerdings von MÜLLER [4] vertretenen Gefügemechanik — mit statistischen Methoden — erfaßt und ein gegebenes Gebirge entsprechend klassifiziert werden.

Der mittlere Kluftabstand bestimmt die Mindestgröße eines Probekörpers, an dem man einen Festigkeitsversuch durchführen muß, dessen Ergebnis auf das gesamte System (das Gebirge) anwendbar sein soll. Damit kommt man zum Kernproblem des Einflusses der Diskontinuität auf die Festigkeit, nämlich den Einfluß der Abmessungen des Probekörpers, an dem die Festigkeit ermittelt wird. Der Begriff der Kontinuität schließt ja ein, daß die Festigkeit eines echten Kontinums an beliebig kleinen Proben ermittelt werden kann, während dies für ein diskontinuierliches System nicht gilt. Diskontinuität ist eine Funktion des Größenbereichs, und um die Festigkeit eines diskontinuierlichen Systems zu ermitteln, muß die Größenordnung der Prüfkörperabmessungen von höherer Ordnung sein als der Größenbereich der Diskontinuität; in dem höheren Größenbereich ist das System dann kontinuierlich. Die Prüfkörperabmessungen müssen mindestens an der unteren Grenze dieses „höheren" Kontinuitätsbereiches liegen, um Ergebnisse zu liefern, die für das gesamte System gültig sind.

Zugversuche an Stählen werden gewöhnlich mit Probestäben von 20 mm Durchmesser und 200 mm Meßlänge durchgeführt. Hat ein solcher Stab etwa einen Schlackeneinschluß von mehr als etwa 10 mm in Längsrichtung und mehr als etwa 0,1 mm in Querrichtung, so wird er als unbrauchbar zurückgewiesen. Der Probestab ist also etwa 200mal größer als die zulässige Diskontinuität. In diesem Zusammenhang ist es interessant, daß MÜLLER [4] für gebirgsmechanische Versuche Prüfkörper fordert, deren Abmessungen etwa 200mal größer sind als der mittlere Kluftabstand.

Nimmt man bei Zugversuchen an Stählen kleinere Proben, so ist die Wahrscheinlichkeit, gröbere Diskontinuitäten (Schwächestellen) zu entdecken und die Proben zurückzuweisen, größer, und folglich ist die Wahrscheinlichkeit von groben Schwächestellen in den zum Versuch zugelassenen Proben geringer und daher die gemessene Festigkeit größer. Diese Überlegung läßt sich fortsetzen bis in den Größenbereich der Schwächestellen im Kristallgitter, den Versetzungen, und man kommt schließlich auf die theoretische Festigkeit, die in der Größenordnung von 100000 kp/cm² liegt. Die Abhängigkeit der Festigkeit von der Probengröße ist in Bild 2 schematisch dargestellt. Von der Größenordnung eines Zentimeters ab bleibt die Festigkeit praktisch konstant.

Dies ist die untere Grenze des Größenbereiches, in dem metallische Werkstoffe kontinuierliche Systeme sind, und letztlich der Grund dafür, weshalb der Entwurf großer Bauteile (schwere Maschinen, Schiffe) auf Festigkeitsbestimmungen an den bekannten genormten Probestäben basieren darf.

Es ist nicht einzusehen, warum für die Gebirgsmechanik nicht eine ähnliche Kurve grundsätzlich gültig sein sollte. Nur wird hier die untere Grenze nicht ein fester Wert sein, sondern vom mittleren Kluftabstand abhängen, der für verschiedene Gebirge verschieden ist.

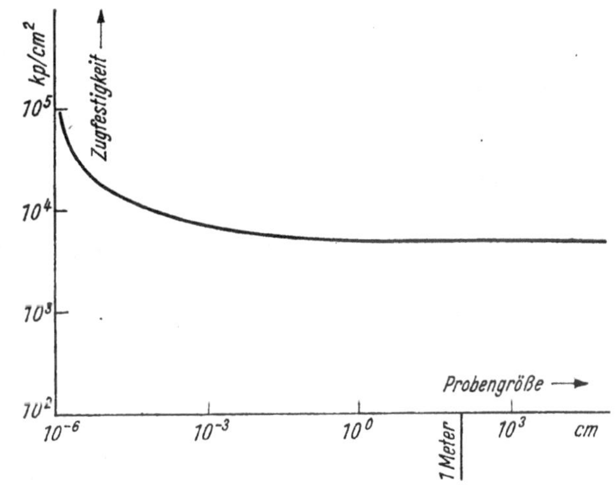

Bild 2. Einfluß der Probengröße auf die Festigkeit metallischer Werkstoffe

5. Festigkeitsversuche in der Gebirgsmechanik

In der Gebirgsmechanik hat man es mit dem Gestein als Material zu tun, das sich zu dem Verband des Gebirges (Fels) zusammenfügt. Entsprechend sollte man zwischen der Gesteinsfestigkeit (Gestein als kontinuierlich aufgefaßt) und der Gebirgsfestigkeit unterscheiden. Ist das Gebirge ein kontinuierliches System, so ist Gebirgsfestigkeit gleich Gesteinsfestigkeit.

In den Bestrebungen zur Entwicklung von Verfahren zur Ermittlung der Gebirgsfestigkeit lassen sich zwei Arbeitsrichtungen erkennen, die man als die „Schule der Großversuche" und „Schule der Kleinprobenversuche" bezeichnen möchte. Erstere bemüht sich, die Gebirgsfestigkeit unmittelbar durch Versuche untertage an entsprechend großen Prüfkörpern zu messen, die andere versucht, die Gebirgsfestigkeit auf dem Umwege über die Gesteinsfestigkeit zu ermitteln.

Die Schule der Großversuche macht Gebrauch von der Gefügemechanik, um die erforderliche Prüfkörpergröße zu bestimmen, und kommt dann je nach den örtlichen Bedingungen zu Prüfkörpern mit Abmessungen in der Größenordnung von 5 m, die bergmännisch freigelegt, aber „in situ" belassen und dort mittels hydraulischer Pressen belastet werden. Das Verfahren ist überaus bestechend und folgerichtig; es hat jedoch den Nachteil, daß es zeitraubend und teuer ist. Großversuche wurden an Kohlepfeilern von Greenwald, Howarth und Hartmann [5] durchgeführt und werden vor allem befürwortet und weiter entwickelt von Müller und Mitarbeitern [4]. In Südafrika sind solche Versuche bisher nicht unternommen worden, jedoch wurden vorbereitende gefügemechanische Untersuchungen in das Programm kürzlich begonnener umfassender gebirgsmechanischer Versuche in einer Kohlengrube eingeschlossen.

Das Konzept der Ermittlung der Gebirgsfestigkeit durch Großversuche hat jedoch die Ermittlung der Gesteinsfestigkeit an kleinen Proben nicht verdrängt oder überflüssig gemacht. Die Großversuche liefern eine Festigkeit, deren statistischer Charakter besonders ausgeprägt ist; die Gebirgsfestigkeit ist der Kleinstwert der Festigkeiten der (kontinuierlichen) Teile des diskontinuierlichen Gebirges und der Fugen (Bild 2). Die Festigkeit der letzteren kann Null sein, sie braucht es jedoch nicht zu sein. Dies hängt ab von der Orientierung der Fugen zur Spannungsrichtung, von der Art, wie sich die Blöcke „ineinanderfügen", von der Art des „Bindematerials" (z. B. Gänge) und der Bindekräfte (Reibung): Gangmaterial ist z. B. meist fester als das umgebende Gestein. Großversuche sind besonders wichtig für große Projekte im Felsbau. Für den Bergmann kann jedoch auch die an kleinen Probe zu ermittelnde Gesteinsfestigkeit wichtig sein, z. B. beim strebfernen Streckenbau durch kompaktes Gebirge in großer Teufe oder beim Durchfahren oder Abbau (!) eines dicken Ganges, dessen Kontinuitätsgrad sehr hoch ist. Solche Verhältnisse scheinen in den in Quarzit eingebetteten Goldgruben großer Teufe Südafrikas vorzuliegen. Das Gebirge erscheint oft sehr kontinuierlich und wird erst im Laufe des Abbaues durch Bruch diskontinuierlich.

Bild 3 zeigt ein System, das durch den Abbau diskontinuierlich wurde. Die Bruchflächen folgen Spannungskonturen, die man mit Hilfe der für ein Kontinuum geltenden Elastizitätstheorie ermitteln kann. Dies deutet darauf hin, daß das undurchörterte Gebirge in diesem Abschnitt vor dem Bruch kontinuierlich war. Da das Verständnis des Übergangs vom kontinuierlichen zum diskontinuierlichen Zustand für den Abbaubetrieb wichtig ist, gewinnt auch die Ermittlung der Gesteinsfestigkeit an kleinen Proben hier an Bedeutung. Natürlich müssen die Abmessungen der Proben noch innerhalb des Größenbereichs der Kontinuität dieses Gebirges liegen, d. h. wesentlich größer sein als die Korngröße des Gesteins.

Eine weitere Rechtfertigung für die Gesteinsfestigkeitsermittlung an kleinen Proben ist die Tatsache, daß die Gesteinsfestigkeitswerte immerhin die Grenzwerte der entsprechenden Gebirgsfestigkeiten darstellen: Die Gebirgsfestigkeit kann im Druckgebiet nicht größer sein als die Gesteinsfestigkeit; im Zuggebiet kann sie zwar kleiner sein, jedoch nicht kleiner als Null. Verbieten daher Zeitaufwand und Kosten die Durchführung von Großversuchen, so ist die Kenntnis der Gesteinsfestigkeit immerhin besser als gar nichts.

Schließlich aber ist es durchaus nicht unmöglich, daß weitere Forschung Verfahren entwickelt, die es erlauben, aus der Gesteinsfestigkeit (Versuche an kleinen Proben) auf die Gebirgsfestigkeit (Großversuche) zu schließen. Fortschritte in dieser Richtung könnten dadurch erzielt werden, daß man gefügemechanische Verfahren systematisch auch auf kleine Proben anwendet und Gesteinsfestigkeiten und Gebirgsfestigkeiten vergleicht, um zu untersuchen, inwieweit die kleinen Proben (natürliche) Modelle des Gebirges im Sinne der Ähnlichkeitsmechanik sind. Es käme dann darauf an, jene Parameter zu erkennen, die für Modell (Gesteinsprobe) und Prototyp (Gebirge) gleich sein müssen, um den Ähnlichkeitsbedingungen zu genügen. Tastende vorläufige Untersuchungen in dieser Richtung sind in Südafrika eingeleitet.

Ein Analogiefall liegt auf dem Gebiet der Festigkeit schwingend beanspruchter Bauteile (Dauerfestigkeit, Ermüdungsfestigkeit) vor. Man hat die Ermüdungsfestigkeit ganzer Bau teile (z. B. Flugzeugdruckzellen) in Großversuchen ermittelt. Ein Einwand gegen derartige Versuche ist der, daß man die wirklichen Betriebsbedingung im Großversuch kaum vollständig nachahmen kann und daß daher zwar Brüche erhalten werden, aber oft an anderen Stellen als im Betrieb, und daß dadurch ein irreführendes Bild erhalten wird. Eine andere Schule geht mehr auf Verfeinerung der Messung der Betriebsspannung aus und führt Versuche an kleineren Proben durch, wobei man sich bemüht, durch geeigneten Entwurf der Lasteinleitungsvorrichtungen der Prüfmaschine die Betriebsspannungszustände möglichst genau nachzuahmen. Letzteres ist an kleinen Proben gut zu bewerkstelligen, jedoch schwierig an großen Teilen. Dieses Verfahren, vor allem vertreten durch das Laboratorium für Betriebsfestigkeit

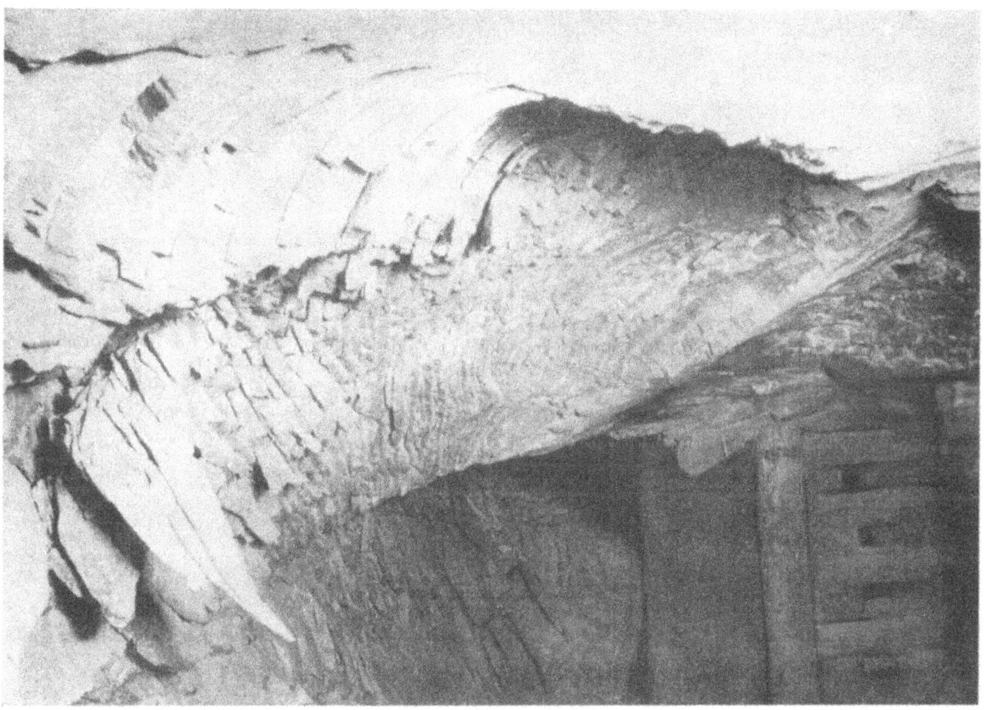

Bild 3. Bruchflächen um eine im Quarzit aufgefahrene Strecke in einer Goldgrube großer Teufe (Witwatersrand)

in Darmstadt, ist recht erfolgreich. Die Analogie zur Gebirgsmechanik ist nicht ganz treffend, da es sich bei den Maschinenteilen um kontinuierliche Systeme handelt; dennoch sollte sie hier erwähnt werden, da ähnliche Einwände auch gegen gebirgsmechanische Großversuche gemacht werden können. Allerdings bieten hier Versuche an kleinen Proben auch keine Lösung an, es erhebt sich vielmehr die Forderung zur besseren Erfassung der bergmännischen „Betriebsspannungen" (Gebirgsdruckverteilung). Dies überschreitet jedoch den Rahmen des vorliegenden Referates.

In Tabelle 2 sind Ergebnisse von einachsigen Druckversuchen an kleinen Proben (1 Zoll Durchmesser, 1 Zoll Länge) einiger südafrikanischer Grubengesteine aufgeführt. Ob die Streuung der Meßwerte verringert werden kann, wenn man größere Proben (größer im Vergleich zur Korngröße) nimmt, ist unbekannt. Immerhin liefern die Versuche brauchbare Mittelwerte.

6. Festigkeitshypothese für Gestein

Eine vollständige Darstellung sowohl der Gebirgs- als auch der Gesteinsfestigkeit fordert die Angabe der drei Hauptspannungen des Spannungszustandes beim Bruch, wie es das dreidimensionale Schaubild (Bild 4) schematisch zeigt. Die Gültigkeit einer Festigkeitshypothese für alle Gesteine (nicht notwendigerweise für alle Gebirge) kann an einer solchen Darstellung geprüft werden. Ein Mitarbeiter des Verfassers, E. Hoek [6], hat im Schrifttum mitgeteilte Festigkeitswerte von 41 verschiedenen Gesteinen und Beton in Bild 5 zusammengestellt. Dieses Schaubild entspricht dem des Bildes 4, jedoch ist es dimensionslos gemacht. Es wurde auch angenommen, daß das Festigkeitskriterium nicht von der mittleren Hauptspannung σ_2 beeinflußt ist. Es zeigt sich, daß die von McClintock und Walsh [7] erweiterte Hypothese von Griffith [8] sich den Meßergebnissen gut anpaßt. Man ersieht aus der Formel in Bild 5, daß das Festigkeitsverhalten der Gesteine durch zwei Parameter, den Reibungskoeffizienten μ und die einaxiale Druckfestigkeit σ_c (oder auch Zugfestigkeit σ_t), gekennzeichnet werden kann.

Es ergibt sich aus der Theorie, daß Spannungszustände, deren Verhältnis σ_1/σ_3 von größter zu kleinster Hauptspannung unterhalb eines von μ und σ_c abhängigen kritischen Wertes $(\sigma_1/\sigma_3)_{crit}$ liegt, *nicht* zum Bruch führen. Die kritischen Grenzkurven mit ihren Formeln sind in Bild 5 eingezeichnet. Man ersieht aus der Lage der Meßpunkte zu den Grenzkurven, daß diese theoretische Voraussage durch die Versuchsergebnisse bestätigt wird. Nach der ursprünglichen Hypothese von Griffith wie auch nach denen von Tresc und Mohr liegt der einzige nicht zum Bruch führende Spannungszustand bei $\sigma_1 = \sigma_2 = \sigma_3 > 0$, d. h. $(\sigma_1/\sigma_3)_{crit} = 1$ (allseitig gleicher Druck).

In Bild 6 hat E. Hoek [6] die erweiterte Hypothese von Griffith auf ein Gangmaterial und einen quarzitischen Tonschiefer aus Südafrika angewandt, und es zeigt sich, daß für das Gangmaterial $\mu = 1{,}62$ und $\sigma_c = 4000$ kp/cm² und für den Tonschiefer $\mu = 0{,}8$ und $\sigma_c = 1000$ kp/cm². Als Darstellung wurde hier die in der Bodenmechanik übliche Hüllkurve an die Mohrschen Bruchkreise gewählt. Beide Darstellungen, die nach Bild 5 und die nach Bild 6 sind gleichwertig; die Werte für das Gangmaterial erscheinen in Bild 5 als Nr. 40 und die für den Tonschiefer als Nr. 41.

Weitere Forschung soll den Einfluß der mittleren Hauptspannung, der plastischen Verformung beim Bruch und des Spannungsgradienten (Spannungsverteilung im System) untersuchen und auch auf Fragen der Bruchfortpflanzung eingehen. Die Untersuchung des plastischen Verhaltens beim Bruch (Sprödigkeit, Zähigkeit, Bruchfestigkeit) sollte zum besseren Verständnis der Vorgänge bei Gebirgsschlägen (plötzlicher, heftiger Bruch) beitragen. Dazu wird man das Festigkeitsschaubild (Bild 4) zu einem Zähigkeitsschaubild, wie es der Verfasser a. O. [9] besprochen hat, erweitern müssen.

Tabelle 2: Lineare Druckfestigkeit einiger Gesteine aus südafrikanischen Gruben

Table II: Uniaxial Compressive Strength of some rock Materials from south African Mines

Rock Material Gestein	Mine Grube	Depth Teufe	No. of Specimens Probenzahl	Uniaxial Compressive Strength / Lineare Druckfestigkeit				Unit Einheit
				Average Mittelwert	Standard Deviation Standard-Abweichung	Maximum Value Größtwert	Minimum Value Kleinstwert	
Hanging wall quartzite above the composite reef	East Rand Proprietory Mines Ltd.	5900 – 9400 ft 1800 – 2900 m	180	40,400 2 800	5,640 400	54,600 3800	24,800 1700	lb/sq.in. kp/cm²
Composite reef	(East Rand)	5900 – 9400 ft 1800 – 2900 m	124	43,500 3100	7,130 1500	56,400 4000	21,300 1500	lb/sq.in. kp/cm²
Footwall quartzite below the composite reef		5900 – 9400 ft 1800 – 2900 m	183	33,600 2400	7,980 560	55,300 3900	19,900 1400	lb/sq.in. kp/cm²
Hanging wall quartzite	City Deep Ltd.	7500 – 9400 ft 2200 – 2900 m	49	31,700 2200	4,460 310	39,700 2800	22,300 1600	lb/sq.in. kp/cm²
Footwall quartzite	(Central Rand)	7500 – 9400 ft 2200 – 2900 m	50	43,300 3000	6,310 440	56,700 4000	30,000 2100	lb/sq.in. kp/cm²
Hanging wall quartzite	Crown Mines Ltd.	8000 – 9400 ft 2400 – 2900 m	36	38,300 2700	9,880 690	53,200 3700	22,500 1600	lb/sq.in. kp/cm²
Footwall quartzite	(Central Rand)	8000 – 9400 ft 2400 – 2900 m	36	31,400 2200	5,570 390	45,200 3100	21,300 1500	lb/sq.in. kp/cm²
Dolomite	Western Deep Levels Ltd.	4600 ft 1400 m	5	58,500 4100	5,680 400	63,300 4500	48,700 3400	lb/sq.in. kp/cm²
Porphyritic Lava	West Rand	5500 ft 1700 m	6	60,600 4300	4,180 290	64,000 4500	53,900 3800	lb/sq.in. kp/cm²
Amygdaloidal Lava		4800 ft 1500 m	6	36,000 2500	2,480 170	41,000 2900	33,600 2400	lb/sq.in. kp/cm²
Dolerite	Clydesdale Collieries Ltd. (O. F. S.)	140 ft 40 m	8	55,300 3900	1,430 100	58,000 4100	50,300 3500	lb/sq.in. kp/cm²

Shale	Daggafontein Gold Mining Co. Ltd. (Far East Rand)	3300 ft 1000 m	12	23,300 1600	3,890 270	29,100 2000	15,300 1100	lb/sq.in. kp/cm²
Shaly Sandstone	East Rand Proprietory Mines Ltd. (East Rand)	5500 ft 1700 m	83	34,800 2400	10,150 710	53,800 3800	17,300 1200	lb/sq.in. kp/cm²
Kimberley Shale	Western Deep Levels Ltd. (West Rand)	5200 ft 1600 m	3	24,300 1700	1,730 120	27,100 1900	21,500 1500	lb/sq.in. kp/cm²
Top Coal Seam	Cornelia Collieries Ltd. (O. F. S.)	230 ft 70 m	60	6,300 440	1,190 80	8,700 610	2,600 180	lb/sq.in. kp/cm²
Middle Coal Seam		350 ft 110 m	20	6,600 460	2,310 160	9,000 630	0,700 50	lb/sq.in. kp/cm²
Bottom Coal Seam		450 ft 140 m	20	9,000 630	1,650 120	11,100 780	5,000 350	lb/sq.in. kp/cm²
Top Coal Seam	Coalbrook South Colliery (O. F. S.)	500 ft 150 m	20	4,500 320	1,070 80	6,600 460	2,500 180	lb/sq.in. kp/cm²
Middle Coal Seam		600 ft 180 m	46	6,800 480	2,020 140	11,000 770	2,600 180	lb/sq.in. kp/cm²
Upper Middle Coal Seam	Sigma Colliery (O. F. S.)	450 ft 140 m	74	5,500 390	1,090 80	8,700 610	1,900 130	lb/sq.in. kp/cm²

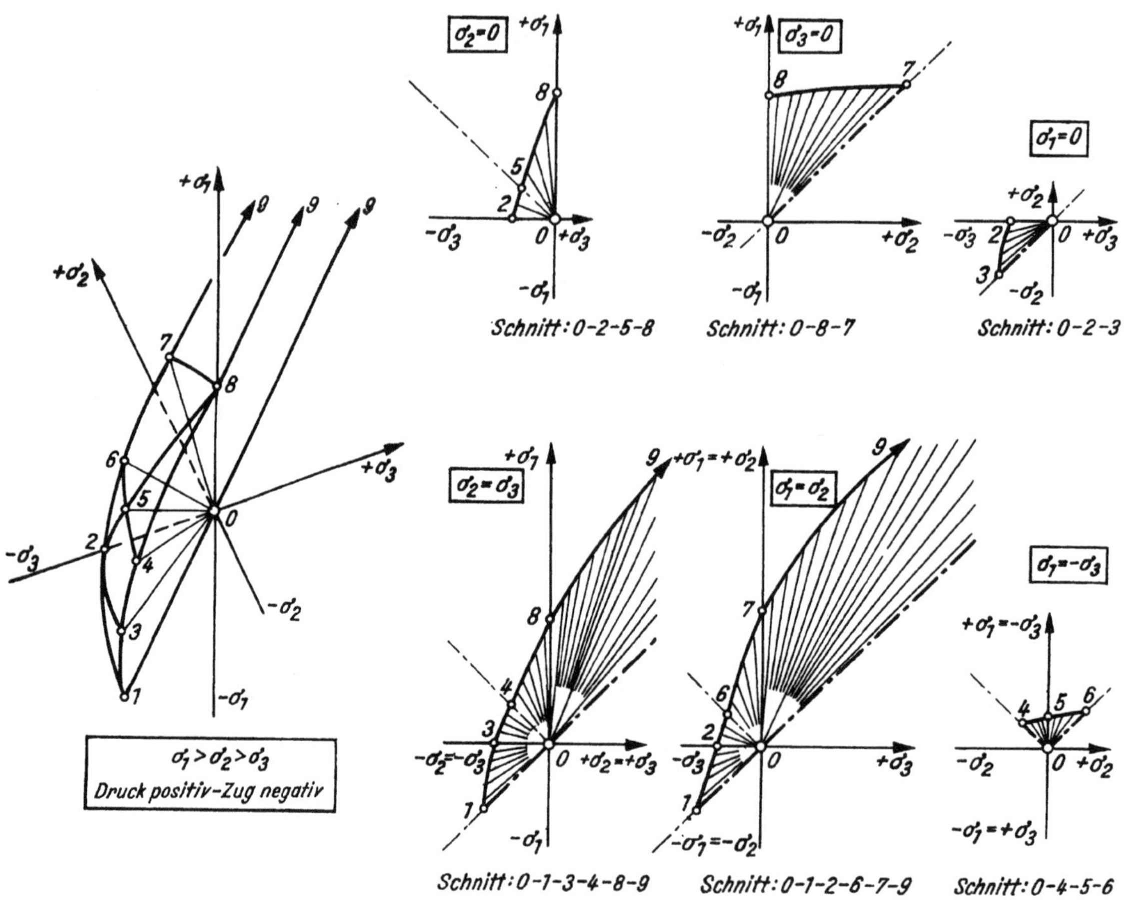

(1) Allseitiger Zug $\sigma_1 = \sigma_2 = \sigma_3 < 0$

(2) Linearer Zug $\sigma_1 = \sigma_2 = 0,\ \sigma_3 < 0$

(3) Ebener Zug $\sigma_1 = 0,\ \sigma_2 = \sigma_3 < 0$

(4) Schub mit Seitenzug $\sigma_1 > 0,\ \sigma_2 = \sigma_3 = -\sigma_1$

(5) Ebener reiner Schub $\sigma_1 > 0,\ \sigma_2 = 0,\ \sigma_3 = -\sigma_1$

(6) Schub mit Seitendruck $\sigma_1 > 0,\ \sigma_2 = \sigma_1,\ \sigma_3 = -\sigma_1$

(7) Ebener Druck $\sigma_1 = \sigma_2 > 0,\ \sigma_3 = 0$

(8) Linearer Druck $\sigma_1 > 0,\ \sigma_2 = \sigma_3 = 0$

(9) Allseitiger Druck $\sigma_1 = \sigma_2 = \sigma_3 > 0$

Bild 4. Dreidimensionale Darstellung der Bruchspannungszustände (Festigkeitsschaubild)

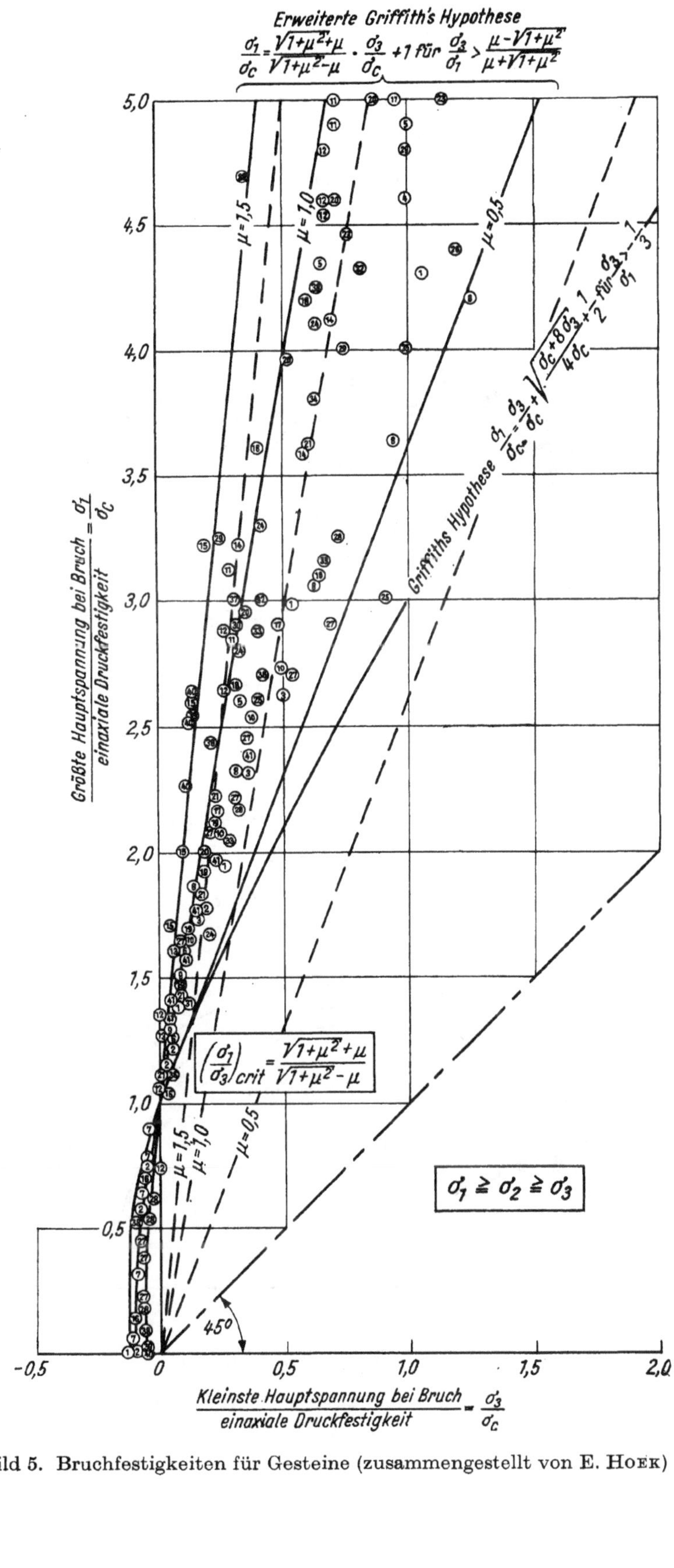

Bild 5. Bruchfestigkeiten für Gesteine (zusammengestellt von E. Hoek)

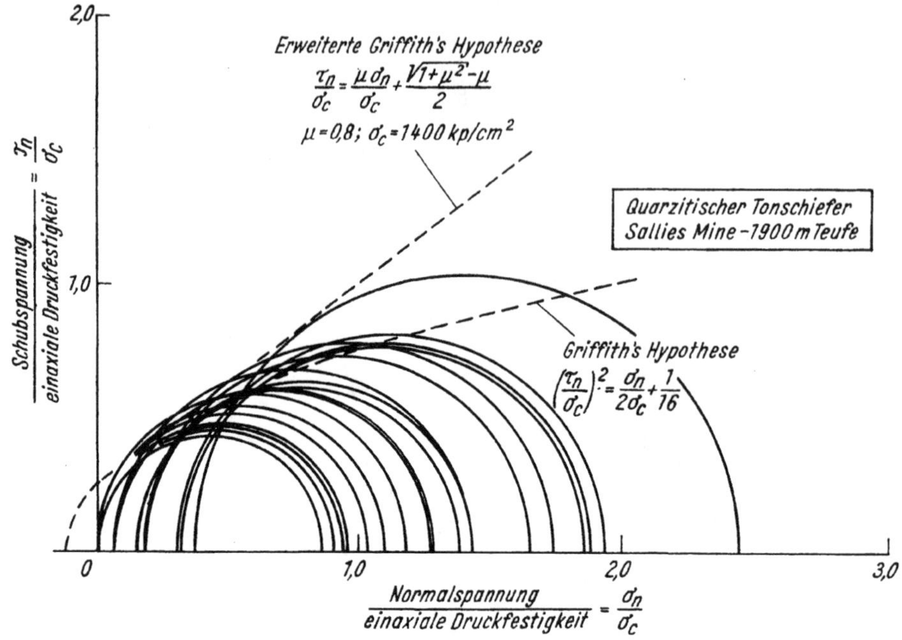

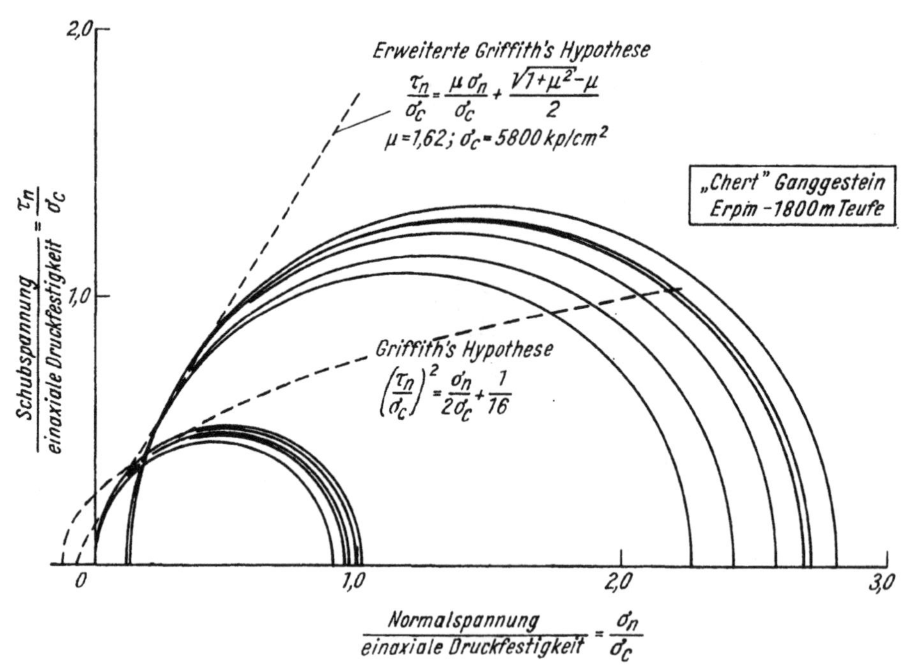

Bild 6. Hüllkurven Mohrscher Bruchkreise zweier südafrikanischer Gesteine (nach E. Hoek)

7. Schlußbemerkung

Es wurde versucht, einen kurzen, systematischen Überblick über die Probleme der Ermittlung der Festigkeit im allgemeinen und die der Gebirgs- und Gesteinsfestigkeit im besonderen zu geben. Arbeitsergebnisse wurden nur gelegentlich und dann nur, um das Bild abzurunden, mitgeteilt.

Es geht aus den Ausführungen hervor, daß die Beziehungen zwischen dem Prüfkörper und dem Prototyp, aus dem der Prüfkörper ja stets als Teil herausgeschält wird, das Kernproblem der Methoden zur Festigkeitsbestimmung sind. Da der Prüfkörper selbst ein materielles System ist, gegebenenfalls mit nicht entdeckten Diskontinuitäten, und auch die Art der Belastungseinleitung in die Probe nicht einfach zu beherrschen ist, kann sein Spannungszustand selbst bei einfacher Prüfbelastung recht verwickelt sein: Der Spannungszustand in einer durch einaxialen äußeren Druck belasteten Probe z. B. ist nicht notwendigerweise gleichmäßig verteilter einaxialer Druck. Dieses Problem, nämlich „was man nun eigentlich mißt", gilt für Großversuche sowohl als für Versuche an Kleinproben. Die Behandlung dieser Frage würde jedoch den Rahmen eines Kurzreferates überschreiten und eine Andeutung möge hier genügen.

Literatur

[1] Obert, L., Windes, S. L. and Duvall, W. I.: Standardized tests for determining the physica properties of mino rock. U. S. Bur. Min., Rep. Inv. **3891**, August, 1940.

[2] Denkhaus, H. G.: Über Festigkeitsuntersuchungen in der Gebirgsmechanik. Ber. 2. Ländertreff. Internat. Büro Gebirgsmech., 80—95, Akademie-Verlag, Berlin 1961.

[3] 2. Ländertreffen des Internationalen Büros für Gebirgsmechanik. Bergakademie **2** (1962) 107—108.

[4] Verschiedene Veröffentlichungen von L. Müller, K. John, F. Pacher und H. Steinbichler in Geologie u. Bauwesen, Jahrg. **26/27**, Springer-Verlag, Wien 1960/61.

[5] Greenwald, H. P., Howarth, H. C. and Hartmann, I.: Experiments on strength of small pillars of coal in the Pittsburgh Bed. U. S. Bur. Min., Techn. Pap. **605**, April 1939 and Rep. Inv. **3575**, June, 1941.

[6] Hoek, E.: Unveröffentlichte Manuskripte, CSIR — N. Mech. Eng. R. I., Pretoria 1963.

[7] McClintock, F. A. and Walsh, J. B.: Friction on Griffith cracks in rock under pressure. Internat. Congr. Appl. Mech., Berkeley 1962.

[8] Griffith, A. A.: The phenomena of rupture and flow in solids. Phil. Trans. Roy. Soc. London, Vol. A **221** (1921) 163—197; Theory of rupture. Internat. Congr. Appl. Mech., Delft **1924**, 55—63.

[9] Denkhaus, H. G.: The significance of some properties of rock in relation to the problem of rockbursts in deep mining. Internat. Strata Control Congr., Leipzig, October 1958, 29—48.

Unterschiede der technischen Eigenschaften von Gestein und Gebirge — Definition der Gebirgseigenschaften

von L. MÜLLER, Salzburg

Das Thema „Gestein und Gebirge“ ist keineswegs neu. Schon in den Dreißiger Jahren hat STINI [1] unermüdlich auf die Unterschiede zwischen Gesteinseigenschaften und Gebirgseigenschaften in ein und derselben Bergart und an ein und derselben Stelle hingewiesen, und durch die Kolloquien des Salzburger Geomechanischen Arbeitskreises zieht sich seit fast eineinhalb Jahrzehnten wie ein roter Faden der Hinweis, daß Gesteinseigenschaften im wesentlichen Substanzeigenschaften, Gebirgseigenschaften im wesentlichen Verbandseigenschaften sind. Trotzdem bin ich der Meinung, daß die Erkenntnis dieses Wesensunterschiedes von Gestein und Gebirge unermüdlich und unaufhörlich in immer breitere Kreise getragen werden muß. Daß das Internationale Büro für Gebirgsmechanik bei der Deutschen Akademie der Wissenschaften zu Berlin diesen Gegenstand zum Rahmenthema seines 5. Ländertreffens gemacht hat, ist eine Bestätigung für die Berechtigung und Wichtigkeit dieser grundsätzlichen Unterscheidung.

Der Praktiker, der Bergmann vor allem, war früher, ehe ihn wissenschaftliche Diskussionen unsicher gemacht haben, in seinen Anschauungen instinktsicher und folglich treffsicher in seiner Sprache. Ihn hat die theoretische Unterscheidung zwischen Gestein und Gebirge nicht angefochten, er hatte diese gar nicht nötig. Er arbeitete im Gebirge und sprach deshalb nur von „Gebirge“ und von „Bergart“. Das Verhalten des Gebirges erlebte er vor Ort, und die Eigenschaften desselben lernte er kennen, indem er es bewältigte. Diese Eigenschaften zu prüfen, fiel ihm nicht ein, schon gar nicht an einem kleinen Probestück und etwa im Laboratorium weit ab von der Grube. Freilich konnte er nicht Berechnungen anstellen und nur schwer Vorhersagen machen, und vieles, was dem mathematisch geschulten Ingenieur heute möglich ist, war ihm verschlossen. Wenn zwei Bergleute vom Gebirge ihrer Grube sprachen, verstanden sie einander, denn in ihren Worten war die Totalität der Erscheinung dieses Gebirges ganzheitlich beschrieben und nicht in Komponenten zerlegt wie unsere heutigen Beschreibungen; in Komponenten, von denen eine das Gestein als solches, eine andere die Klüftung, eine andere den Feuchtigkeitsgrad, wieder eine andere die chemische Entfestigung durch Verwitterung usw. beschreibt und deren Gesamtheit erst das anstehende Gebirge als Ganzes kennzeichnet.

Die mechanischen Eigenschaften der *Gesteine* wurden an Tausenden von Prüfkörpern auf die verschiedenste Weise untersucht, und viele ihrer Eigenschaften sind schon recht wohlbekannt. Die mechanischen Eigenschaften der *Gebirgsmasse* sind viel weniger erforscht; erst in einigen wenigen Fällen sind diese Gegenstände einer wirklichen Gebirgsprüfung gewesen. Dies hängt nicht so sehr damit zusammen, daß die Prüfung dieser Eigenschaften kostspielig und schwierig ist, sondern weit mehr damit, daß man sich lange Zeit nicht recht daran wagen wollte. Denn dieses Kapitel des Felsbaues, die Gebirgstechnologie, war als ungemein kompliziert und schwer verständlich verschrien, als so kompliziert, daß manche es sogar für aussichtslos hielten, jemals zu exakten Aussagen über die mechanischen Eigenschaften der Gebirgsmassen zu gelangen. Vielfach entschloß man sich aus dem Grunde nicht zu einer technologischen Gebirgsprüfung, weil viele die Meinung vertraten, das Gebirge, seine Klüftigkeit insbesondere, wechsle derart von Meter zu Meter, daß es zwecklos sei, Gebirgseigenschaften an einer Stelle zu prüfen, weil man das Ergebnis nicht auf eine andere Stelle übertragen könne. Auch macht es uns die Erziehung, die wir auf den Technischen Hochschulen genossen haben, schwer, die komplexe Natur des Gebirges zu erfassen, weil wir daran gewöhnt sind, alle Dinge nur abstrakt zu beschreiben und zu denken, anstatt sie gegenständlich zu sehen.

Würden wir nicht einseitig in Spannungen denken, die man nicht sehen kann, sondern Verformungen beschreiben und die innere Kinematik zerklüfteter Massen untersuchen (wie es jüngst z. B. Hoeppener [2] getan hat), so wären wir vielleicht schon um vieles weiter. Die mechanische Anisotropie z. B. ist viel leichter vorzustellen in bezug auf die Formänderungseigenschaften als in bezug auf die Festigkeiten des Gebirges, weil uns bei jenen die Anschauung zu Hilfe kommt. Was wissen wir bisher von den *Gebirgseigenschaften*? Das meiste, was bis jetzt darüber bekannt ist, wurde aus Überlegungen (Stini [3, 4], Müller [5, 6, 7], Pacher [8]) abgeleitet. Großversuche haben diese Überlegungen weitgehend bestätigt, doch ist ihre Zahl noch gering.

Wir haben gesagt, daß Gebirgsfestigkeit im wesentlichen *Verbandfestigkeit* sei, Gesteinsfestigkeit hingegen vorwiegend *Substanzfestigkeit*. Das leuchtet am besten ein, wenn wir verschiedene Größenordnungen betrachten. Niemand würde auf den Gedanken kommen, die Eigenschaften von Granitgestein denjenigen Eigenschaften von Feldspat, Quarz und Glimmer gleichzusetzen, aus denen der Granit besteht; auch wird niemand versuchen, aus den Eigenschaften der Teilkörper, in diesem Falle der Körner, die Eigenschaften des Granites errechnen zu wollen. So dürfen wir auch nicht die Eigenschaften eines Kluftkörperverbandes aus den Eigenschaften der einzelnen Kluftkörper ableiten wollen oder sie gar mit diesen verwechseln. Die Eigenschaften der Kluftkörpermasse hängen eben nicht nur von den Eigenschaften der Substanz, sondern auch von den Eigenschaften des Verbandes ab. Folgende Regel kann gegeben werden: Je größer die Substanzfestigkeit ist, desto mehr bestimmt das Flächengefüge, also die Anordnung der Klüfte und deren mechanische Eigenschaften sowie der gefügebedingte Kluftkörperverband, die mechanischen Eigenschaften der Gebirgsmasse. Je weniger fest die Substanz ist, desto mehr entscheidet diese selbst die Eigenschaften der Gebirgsmasse.

Das ist aber nur relativ zu verstehen, nämlich in bezug auf Art und Richtung der Beanspruchung, welcher das Gebirge unterworfen wird. Unter sehr hohem Druck, wie er z. B. in den Goldminen Südafrikas herrscht, verhalten sich auch geklüftete Gebirgsmassen teilweise wie Kontinua. Je geringer aber die Beanspruchung und je mehr sie einachsig gerichtet ist, desto mehr spielen die statistischen Diskontinuitäten, die Klüfte, eine die Festigkeit in entscheidender Weise abmindernde, die Verformbarkeit erhöhende Rolle. Denn bei hohen Drükken wirkt die Kluftreibung festigkeitserhöhend, während bei geringer Pressung der Kluftkörper aneinander im wesentlichen nur die Materialbrücken zwischen den einzelnen Klüften die Festigkeit bestimmen.

Stets ist die Gebirgsfestigkeit kleiner als die Gesteinsfestigkeit. Der Unterschied zwischen beiden kann bis zu 1 : 200 betragen, aber mitunter auch unbedeutend sein. Ein Biotitgranit in den Japanischen Alpen, welcher in Großversuchen geprüft wurde, zeigte Gebirgsfestigkeiten, welche teilweise nur um 25 bis 70% unter den entsprechenden Gesteinsfestigkeiten lagen; es war ein Gestein, dessen Substanzfestigkeit infolge hydrothermaler Durchblutung erheblich gelitten hatte. Hall [9] berichtete andererseits von einem unverwitterten, festen schwedischen Granit, dessen Gebirgsscherfestigkeit nur etwa 6 kp/cm² betrug, während die einachsige Gesteinsdruckfestigkeit der gleichen Bergart mit 2500 kp/cm² festgestellt wurde.

Der Unterschied zwischen Gebirgs- und Gesteinsfestigkeit ist um so beträchtlicher, je höher die „Teilbeweglichkeit" (Sander [10]), also

— je dichter das Kluftnetz,
— je größer sein Durchtrennungsgrad,
— je ebener und glatter die Klüfte,

— je weiter sie göffnet und
— je mehr sie mit schmierenden Kluftletten belegt sind;
— je mehr die Kluftletten durchfeuchtet sind und
— je mehr das Kluftwasser unter Druck steht;
— je spitzere Keile die Kluftkörper in Richtung der Hauptbeanspruchung bilden und
— je geringer die Querstützung (der Umschlingungsdruck) im Kluftkörperverband ist.

Der *Verformungs-* und *Elastizitätsmodul* der Gebirgsmasse ist gleichfalls kleiner als der des Gesteins. Der Unterschied zwischen den Moduln der Masse und denen der Substanz kann zwischen sehr kleinen Werten und 1:100 schwanken. Die Klüfung fügt zur Verformung im Kontinuum einen zweiten Verformungsmechanismus hinzu, welcher die Verformungen einerseits erleichtert, andererseits in gewisse Bahnen schient. Der Unterschied zwischen Gebirgs- und Gesteinsmodul hängt etwa von denselben Faktoren ab, welche für die Festigkeitsunterschiede maßgebend sind. Am wesentlichsten unterscheiden sich Gestein und Gebirge wohl im *Querdehnungsverhalten.* Die Querdehnungen der Gebirgsmasse sind in der Regel um ein Vielfaches größer als die des Gesteins, aus dem die Gebirgsmasse besteht. Auch bei der Querdehnung macht sich das Hinzukommene ines zweiten Verformungsmechanismus geschienter Bewegungen geltend. Das Kluftnetz stellt Bewegungsbahnen zur Verfügung, welche die Teilbeweglichkeit erhöhen.

Die Querdehnung erreicht oft ein erstaunliches Maß. Sie ist häufig sogar größer als im volumkonstanten (plastischen) Zustand. Die Poissonsche Zahl m kann kleiner als 2 (in gewissen Fällen sogar kleiner als 1) werden, wie Großversuche gezeigt haben. Werte von $m < 2$ sind für das „Bruchfließen" charakteristisch, jene Deformationsart, welche qualitativ zwischen dem Sprödbruch und dem Plastischen Fließen steht und bei welcher die Verformungen teils im Material, teils entlang der Trennflächen vor sich gehen [11].

Die Neigung der Gebirgsmasse zu großen Querdehnungen, insbesondere im Fließbereich, erklärt einerseits die verblüffend gute Wirkung von Verankerungen, andererseits die hohe Empfindlichkeit des Gebirges gegen einachsige (oder annähernd einachsige) Beanspruchungszustände, wie sie beispielsweise an der Laibung von Untertageräumen, aber auch an Böschungsoberflächen auftreten. Verankerungen vermögen ja nur relativ kleine Kräfte ins Gebirge einzuleiten; wenn im Falle der Vajont-Talsperre etwa 12,000 t aufgebracht wurden, so sind dies doch nur 3‰ der von der Mauerschale auf den Fels übertragenen Kräfte. Wie erstaunlich groß dennoch die festigkeitserhöhende Stützwirkung dieser Felsbewehrungen ist, haben die Ereignisse am 9. Oktober bewiesen.

Fehlt eine ausreichende Stützwirkung, so setzt die Möglichkeit ungehinderter Querdehnungen allemal die Gebirgsfestigkeit beträchtlich herab und leitet oft den Bruch ein. Die Empfindlichkeit eines Gebirges gegen Querdehnung wächst etwa durch die gleichen Einflüsse, welche vorher als allgemein entfestigend gekennzeichnet wurden.

Die *Anisotropie* der mechanischen Eigenschaften, sowohl die der Festigkeitseigenschaften wie die der Formänderungseigenschaften, auf welche bezüglich der Gesteine als erster wohl Sander [12] hingewiesen hat, ist in der geklüfteten Felsmasse wesentlich durch das Flächengefüge (Kluftnetz) bestimmt; sie ist größer als die des Gesteins, dessen Anisotropie nur durch Kornverband und Kornbindung beeinflußt wird.

Auch die Anisotropie hängt wesentlich vom Beanspruchungszustand und der Beanspruchungsrichtung in bezug auf die Hauptrichtungen des Flächengefüges ab. Es ist deshalb nicht möglich, allgemein gültige Anisotropiefaktoren anzugeben, ebenso wie es nicht möglich ist, Reduktionsfaktoren zu nennen, welche die Abminderung der Gebirgsfestigkeit gegenüber der Gesteinsfestigkeit oder die Abminderung des Gebirgsmoduls gegenüber dem Gesteinsmodul bestimmen. Solche Faktoren müssen immer auf eine gegebene Beanspruchungsart und -richtung bezogen werden, wenn sie überhaupt einen Sinn haben sollen.

Hinsichtlich der *rheologischen Eigenschaften* wissen wir noch recht wenig. Grundsätzlich gilt für sie ähnliches, wie das, was über die Formänderungseigenschaften gesagt wurde, doch spielt bei den rheologischen Eigenschaften der Zeitfaktor eine noch wesentlich größere Rolle als bei diesen. Der Einfluß der Zeit auf die mechanischen Eigenschaften der Gebirgsmasse ist grundsätzlich unähnlich dem Einfluß der Zeit auf die Gesteinseigenschaften. Auch dieser Wesensunterschied hängt mit dem andersgearteten kinematischen Mechanismus zusammen.

Es kann auch von einer *Thixotropie* des Gebirges gesprochen werden (während die gleiche Eigenschaft dem Gestein wohl nicht leicht zugeschrieben werden kann). Ganz ähnlich, wie eine Schnee-Grundlawine, solange sie in Bewegung ist, sich gleich einer Flüssigkeit verhält, so daß man sich durch Schwimmbewegungen „über Wasser" halten kann und Erdhügel von ihr umflossen werden, die gleiche Schneemasse aber am Ende der Bewegung die Festigkeit von Eis annimmt, aus dem man sich nicht befreien kann; — so verhält sich auch in Bewegung befindliches Gebirge: Die 200000000 m^3, welche im Vajont-Tal den Stausee fast völlig verdrängt haben, waren Festgestein, geschichtetes und regulär, wenn auch intensiv geklüftetes Kalkgebirge des Malm. Dieses Gebirge konnte, einmal in Bewegung geraten, wie ein Brei eine große Mulde queren, die Vajontschlucht ausfüllen und das andere Ufer hinaufsteigen. Freilich erlangte es nicht mehr allenthalben seine ursprüngliche Festigkeit, sondern erlitt — infolge der beträchtlichen Querdehnung bei seiner Stauchung auf dem Weg durch die Faltenmulde — eine bleibende Auflockerung und damit Entfestigung.

Wir sehen also, mit welchem unbedingten Spürsinn Stini [13] seine „Statistische Kluftmessung" frühzeitig (1925) zum Ausgangspunkt geomechanischer Betrachtungsweise gemacht hat.

Der Praktiker, der das Hereinwandern der Ulmen in die Strecke oder den Gang der Kohle beobachtet, hat das Gebirge von jeher in erster Linie nach Art und Grad seiner Zerklüftung oder Zerrüttung bewertet, und der Steinbrucharbeiter hat schon immer den Lassen oder Losen (Klüften) mehr Bedeutung beigemessen als den Unterschieden in der Gesteinssubstanz. Einer hochentwickelten Felsbautechnik genügt natürlich die alte handwerksmäßige Betrachtung nicht mehr; sie muß den Komplex der mechanischen Gebirgseigenschaften gedanklich durchdringen und die Gebirgsbeschreibung in einer solchen Weise pflegen, daß die für die mechanischen Eigenschaften bestimmenden Komponenten erfaßt werden.

Clar [14] hat darauf hingewiesen, daß wir so lange zu keiner rechten Anschauung vom Gebirgsmaterial kommen werden, solange wir die Gesteinsklüfte als Fehlstellen des Gesteines betrachten. Das dürfen wir dort, wo sie Ausnahmeerscheinungen sind, also z. B. bei gewissen Großklüften.

Die Kleinklüfte aber sind nicht Fehlstellen, sondern Charakteristika der Gebirgsmasse. Sie bestimmen deren Eigenschaften wesentlich, und da sie fast stets mehr oder minder regelmäßig verteilt und orientiert auftreten, ergeben sich daraus Regelmäßigkeiten der mechanischen Gebirgseigenschaften, die wir erkennen und bestimmen können.

Wenn von Klein- und Großklüften die Rede ist, muß darüber Klarheit herrschen, nach welchen Gesichtspunkten beide gegeneinander abzugrenzen sind. Wir müssen Größenangaben machen; diese können aber nur relativ verstanden werden, denn die physikalischen Größen sind an die jeweils zu betrachtende Größenordnung gebunden. In der Felsböschung eines tiefen Tagebaues, die von Großklüftescharen (z. B. von Bankungsklüften) regelmäßig durchzogen ist, spielen diese die Rolle eines regelmäßigen Flächengefüges im Material, und dieses Gefüge erzeugt eine regelmäßige Anisotropie der mechanischen Gebirgseigenschaften. Ist aber an der gleichen Stelle nur ein relativ kleiner Bereich, z. B. eine Straßenböschung, Gegenstand der Betrachtung, so werden innerhalb dieses „betrachteten Bereiches" (Sander) die gleichen Großklüfte nicht mehr in einer solchen Zahl auftreten, daß sie eine statistische Gesetzmäßigkeit in der Gebirgsmasse zur Geltung bringen, sondern man wird sie als einzelne Diskontinuitäten zu betrachten haben, wenn man die Standsicherheit der Böschung untersucht. Dann spielen nur noch die Kleinklüfte eine solche Rolle, daß sie die Gebirgseigenschaften mit statistischer Regelmäßigkeit beeinflussen.

Ist der interessierende Bereich noch kleiner, handelt es sich z. B. um einen Werkstein oder einen Probewürfel, dann streicht durch ihn vielleicht keine Bankungskluft mehr, aber auch die Kleinklüfte sind nicht mehr nach dem Gesetz der großen Zahl vorhanden und wirksam; nun sind auch die wenigen im Probekörper vorhandenen Kleinklüfte als Einzel-Diskontinuitäten zu werten, sozusagen als „Großklüfte" in bezug auf den betrachteten Bereich. Jetzt treten unter Umständen die Korngrenzen des Materials in jene Rolle, welche beim vorigen Beispiel Kleinklüfte spielten, und sie bestimmen nun die Massenfestigkeit und die Anisotropie.

Alle geschilderten Zusammenhänge sind sicherlich kompliziert und ihre Vielfalt könnte im ersten Augenblick entmutigen. Sie werden aber nicht einfacher dadurch, daß man vor den Gegebenheiten die Augen schließt. Das Material Fels ist eben kompliziert aufgebaut, und wir haben die Natur zu beschreiben wie sie ist, nicht wie wir sie wünschen.

Um zu einer gültigen Beschreibungsweise, zu eindeutiger Verständigung in Dingen der Gebirgsmechanik und zu quantitativen Unterlagen für Felsbauaufgaben zu kommen, ist es nötig,

- die Gebirgsbeschreibung möglichst zu vereinheitlichen;
- Daten über Festigkeiten und Formänderungseigenschaften stets nur in Verbindung mit entsprechender Gebirgsbeschreibung zu nennen;
- solche Daten aus verschiedenen Gebirgen zu sammeln;
- diese Daten dadurch vergleichbar zu machen, daß den Formelzeichen Indices beigegeben werden, die anzeigen, unter welchen Beanspruchungsarten, Beanspruchungsrichtungen, Beanspruchungsgrößen und in welchem Zustand und auf welche Art die mitgeteilten Ziffern erhoben wurden;
- bei allen Mitteilungen stets auch die Größenordnung (sowohl des betrachteten Bereiches wie der Gefügedaten) anzugeben;
- Großversuche mehr als bisher anzustellen;
- deren Ergebnisse dadurch vergleichbar zu machen, daß die Versuche unter vergleichbaren Bedingungen angestellt werden; zu diesem Zweck müßte eine internationale Übereinkunft hinsichtlich ihrer Durchführung gefunden werden;
- theoretische Studien sowohl auf analytischem Wege (w_v-Ziffer-Verfahren von Pacher [8]) als auch durch Modellstudien (INTERFELS-Versuche) weiterzutreiben.

Sicher liegt auf diesem Gebiete ein weiter Weg vor uns, aber die Strecke, welche auf diesem bereits zurückgelegt werden konnte, ermutigt zu weiterem Fortschreiten. Für diese Anfangsstrecke gilt sicherlich das Sprichwort, daß aller Anfang schwer ist. Die Fortführung des Begonnenen kann, da inzwischen das Interesse so vieler Kreise an der Felsmechanik erwacht ist, nur leichter sein. Der internationale Erfahrungsaustausch auf dem Gebiete der Felsmechanik wird uns die Arbeit, so schwierig sie im einzelnen sein mag, erleichtern.

Literatur

[1] Stini, J.: Geologie und Bauen im Hochgebirge. Geologie und Bauwesen, Jg. 6, H. 1 (1934).

[2] Hoeppener, R.: Zur physikalischen Tektonik. Felsmechanik und Ingenieurgeologie, Vol. II/1, 1963.

[3] Stini, J.: Tunnelbaugeologie. Springer-Verlag, Wien 1951.

[4] Stini, J.: Behelfsmäßige Untersuchungen der Gebirgsfestigkeit. Geologie und Bauwesen, Jg. 20, H. 1 (1953) 34.

[5] Müller, L.: Das Experiment in der Technischen Geologie. Berg- und Hüttenmänn. Monatshefte, Jg. 97, H. 8 (1952) 145.

[6] MÜLLER, L.: Beispiele für den Einfluß der Gebirgs-Anisotropie auf Talsperrengründungen. Geologie und Bauwesen, Jg. 24, H. 2, (1958) 82.

[7] MÜLLER, L.: Die Geomechanik in der Praxis des Ingenieur- und Bergbaues. Geologie und Bauwesen, Jg. 25, H. 2/3 (1960) 203.

[8] PACHER, F. und MÜLLER, L.: Geomechanische Auswertung geologischer Aufnahmen auf der Schachtanlage Neumühl. Unveröff. Ber. 1956.

[9] HALL, B.: Diskussionsbeitrag auf dem 4. Ländertreffen des Internationalen Büros für Gebirgsmechanik, Leipzig, 1962. Akademie-Verlag, Berlin 1963.

[10] SANDER, B.: Gefügekunde der Gesteine. Springer-Verlag, Wien 1930.

[11] MÜLLER, L.: Brechen und Fließen in der geologischen und mechanischen Terminologie. Geologie und Bauwesen, Jg. 25, H. 2/3 (1960) 218.

[12] SANDER, B.: Zur petrographisch-tektonischen Analyse III. Jahrb. d. geol. Bundesanst., Wien 1926.

[13] STINI, J.: Gesteinsklüftung im Teigitschgebiet. Tschermaks Min. u. Petr. Mitt., Bd. 38 (1925) 464.

[14] CLAR, E.: Gefüge und Verhalten von Felskörpern in geologischer Sicht. Felsmechanik und Ingenieur geologie, Vol. I/1 (1963).

Die Bedeutung der Festigkeit des Gebirges im Kali- und Steinsalzbergbau[1])

von W. Dreyer, Clausthal

Die kristallinen Schiefern ähnelnden Salzlagerstätten bilden — von untergeordneten Abschalungserscheinungen abgesehen — Einkörpersysteme, deren festigkeitsmechanisches Verhalten kontinuumsbedingt ist. Erst unter Einbeziehung des oft wasserführenden, von Kleinklüften durchzogenen Deckgebirges wird das Gesamtgebirge zu einem Mehrkörpersystem mit gänzlich neuen, vom Grundkörper stark abweichenden Eigenschaften. In der hier vorliegenden Untersuchung soll zunächst der Nachweis geführt werden, daß die Abschalungen des Salzgesteins an Pfeiler- und Abbaustößen in der Tat nur ein Außenhauteffekt sind, der uns der Sorge enthebt, die eigentliche Lagerstätte als Mehrkörpersystem behandeln zu müssen.

1. Bestimmung der Abschaltiefe an Salzgesteinstößen

Die Beobachtung der fortschreitenden Rißbildung erfolgte an Testbohrlöchern von 63 mm Durchmesser, welche in unterschiedlicher Höhe normal zum Pfeilerstoß bis in den Pfeilerkern vorgetrieben wurden. Das in Bild 1 gezeigte Spiegelgerät besitzt ein so großes Auflösungsvermögen, daß auch Feinstrisse in der Bohrlochwandung registriert werden konnten, deren Erfassung mit Hilfe mechanischer Bohrlochsonden nicht mehr möglich war. Bei den größeren Bohrlöchern bis zu 800 mm Durchmesser, die als Konvergenz-Meßstationen dienten, war die Beobachtung der Rißbildung direkt möglich.

Die Untersuchung erfolgte an Steinsalz-Kammerpfeilern von 30 m Stärke, 20 m Höhe und 150 m Länge in 765 m Teufe. In dem sich von der Feldesmitte bis zum Feldesrand erstrecken-

Bild 1. Beobachtung der Rißbildung an einem Testbohrloch mit Hilfe einer Bohrlochsonde

[1]) Die vorliegende Arbeit wurde auf Anregung von Herrn Prof. Dr.-Ing. H. Borchert im Mineralogischen Institut der Bergakademie Clausthal durchgeführt.

Bild 2. Kernbohranlage vor Ort

den Untersuchungsbereich betrug der Abbauverlust im Mittel etwa 70%. Generell wurde beobachtet, daß gerade fertiggestellte Pfeiler keinerlei Rißbildung aufwiesen und die ersten Risse — je nach Teufe, Kammer-Pfeiler-Verhältnis und Lage im Abbaufeld — erst nach einer gewissen Standdauer des Pfeilers auftraten. Die Zeitdauer der das „Anfangsstadium" eines Pfeilers kennzeichnenden Rißfreiheit wurde bei den einzelnen Beobachtungsstationen in Feldesmitte zu 9 bis 10 Monaten, am Feldesrand hingegen zu 12 bis 15 Monaten gemessen. Paralleluntersuchungen im Hartsalz und Carnallit zeigten mit nur wenigen Ausnahmen den gleichen Befund, nämlich, daß die Rißbildung der Pfeiler in Randnähe des Abbaufeldes für gewöhnlich später einsetzt. Die Beobachtung der Rißbildung in Abhängigkeit von Teufe und Abbauverlust ist noch nicht abgeschlossen, doch läßt sich jetzt schon vermuten, daß mit wachsender Teufe und abnehmendem Abbauverlust sich die Zeitspanne des rißfreien Anfangsstadiums verringert, der Pfeiler also eher abschalt.

Das beste Kriterium für eine rißfreie Außenhaut ist die Kernbohrung. Hier geben sich selbst Haarrisse zu erkennen, denn ein kompakter Kern größerer Länge kann nur dann gezogen werden, wenn völlige Rißfreiheit vorliegt. Bild 2 zeigt den angebohrten Gesteinsstoß mit der Kernbohrmaschine. Das am Gesteinsstoß durch eine schwarze Umrandung hervorge-

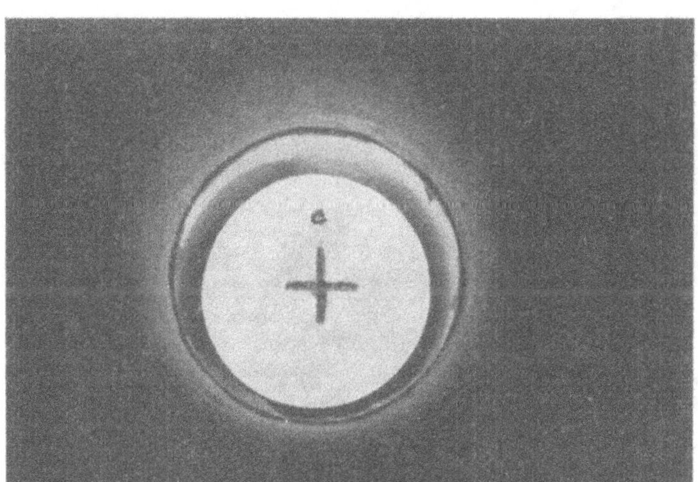

Bild 3. Gezielte Kernbohrung

Bild 4. Befestigung der Prüfschnur an der Stirnfront des Bohrkerns

Bild 5. Kernbohrung beendet

Bild 6. Frontalansicht des 2,72 m langen Bohrkerns

hobene Bohrloch ist die 63-mm-Testbohrung. Bild 3 wurde von der Antriebsseite der Kernbohrmaschine aufgenommen und zeigt die Stirnfront des noch im Bohrlochtiefsten verankerten Bohrkerns. Das Gesichtsfeld wird durch das Mantelrohr und die Bohrkrone begrenzt.

Die Kernbohrung wurde zunächst bis zu einer Stoßtiefe von 1,20 m vorangetrieben und dann ein neues Mantelrohr in die Kernbohrmaschine eingelegt. Um bei weiterem Bohren feststellen zu können, wann der Bohrkern im Bohrlochtiefsten abreißt, wurde gemäß Bild 4 eine „Prüfschnur" peripher an die Stirnfront des frei schwebenden Kerns befestigt und durch die Bohrkrone sowie die nacheinander eingesetzten Mantelrohre bis zur Antriebsseite der Maschine geführt. Bei einer Bohrtiefe von 2,73 m geriet die Prüfschnur in rotierende Bewegung, welche durch die Drehung des lösgelösten Kerns verursacht wurde. Der auf Grund seiner Schwere unmittelbar am Bohrgrund abgebrochene Kern besaß eine Länge von 2,72 m und konnte in ganzer Länge gezogen werden, wie auf Bild 5 zu ersehen ist. Bild 6 zeigt noch einmal den gezogenen Kern dieser exakt durchgeführten Bohrung, wobei im Hintergrund am Bohrlochmund ein für eine spätere Registrierung der Bohrlochverengung eingesetzter Bohrloch-Konvergenzmesser erkennbar ist.

Bei einem spezifischen Gewicht γ von 2110 kp/m³ errechnet sich bei dem 2,72 m langen Bohrkern von rund 26 cm Durchmesser ein Kerngewicht von 310 kp. Unterstellt man bei dem sehr plötzlich erfolgten Bruch elastisches Verhalten des Gesteins, so läßt sich die beim Abreißen im Bohrlochtiefsten an der oberen „Randfaser" vorhanden gewesene maximale Zugspannung σ_m elementar wie folgt berechnen:

$$\sigma_m = \frac{4 \gamma l^2}{d} . \tag{1}$$

Die Bruch-Zugspannung errechnet sich nach dieser Formel zu 24 kp/cm².

Mit Hilfe einer neu entwickelten Zug-Apparatur wurden an der gleichen Probe bei einer Belastungsgeschwindigkeit von 1 kp/cm² je Minute — entsprechend 0,017 kp/cm² je Sekunde — Vergleichswerte von 20 kp/cm² $\pm$ 4% gemessen. Die Querschnittsfläche betrug in Anbetracht des relativ grobkristallinen Gesteins 100 cm², während die freie Versuchslänge zu 12 cm gewählt wurde.[1]) Der in situ ermittelte Biege-Zugfestigkeitswert von 24 kp/cm² ist somit schon recht hoch, und es erscheint unwahrscheinlich, daß unter den vorliegenden Verhältnissen unmittelbar am Stoß noch längere Kerne zu gewinnen sind. Zerfällt bei ordnungsgemäßer Kernbohrung hingegen der Kern in mehrere Scheiben, so ist erwiesen, daß die Abschalung bereits begonnen hat.

Nach 15monatiger Standdauer zeigte sich am 8. 1. 1958 erstmalig eine Rißbildung in 5 cm Stoßtiefe. Die Rißfolge ist im weiteren in Zahlentabelle 1 in Abhängigkeit von der Beobach tungszeit angegeben.

Die graphische Darstellung der in Zahlentabelle 1 mitgeteilten Meßergebnisse ist in Bild 7 wiedergegeben, wobei das zeitliche und örtliche Fortschreiten der einzelnen Risse, aber auch die Stärke der Schalenbildung sinnfällig zum Ausdruck kommen. Die Zuordnung der in gewissen Zeitabständen registrierten Risse läßt zugleich auch das zeitliche Vorwandern des Kammerpfeilerstoßes in die Abbaukammer hinein erkennen. Weiter zeigt sich, daß etwa seit Anfang des Jahres 1960 eine gewisse Konstanz der Tiefenwirkung der Abschalung einsetzt, welche in der Größenordnung von etwa einem Meter liegt.

Bei der systematischen Durchtestung des Grubengebäudes wurde ein Maximalwert der Pfeilerabschalung von 1,90 m in halber Pfeilerhöhe gemessen. Der zugehörige Meßwert am

[1]) Der Vollständigkeit halber sei noch mitgeteilt, daß die mittlere Korngröße der wenig verzahnten Steinsalzkörner etwa 7 mm betrug. Der Mineralbestand setzt sich aus 98,5% Steinsalz, 1,2% Anhydrit, 0,3% Kieserit und Spuren von Tonbeimengungen zusammen, wobei die von Ton durchsetzten Anhydritlagen, in die auch der Kieserit bevorzugt eingelagert ist, an den Korngrenzen angereichert sind. Die Porosität des Gesteins wurde zu 0,4% bestimmt.

Tabelle 1. Untersuchung der Rißfolge in einem Großbohrloch eines Steinsalz-Kammerpfeilers

Beobachtungs-datum	Standdauer in Monaten	Rißfolge [cm]												
1. 11. 1956	0													
28. 5. 1957	8													
12. 9. 1957	11													
8. 1. 1958	15		5											
15. 4. 1958	19		5	16		26	39							
8. 10. 1958	24		5	16		27	40	49	59	66				
21. 4. 1959	31		5	18		28	42	52	62	68	78	84		
27. 7. 1959	34		6	17		29	42	51	61	68	77	84		
7. 12. 1959	37		6	17		29	42	50	61	67	77	84	91	
4. 3. 1960	41		6	17		29	42	50	61	68	77	84	92	102
25. 11. 1960	50		7	18	20	30	42	51	62	68	78	85	93	104
4. 2. 1961	52	2	8	20	22	32	45	53	64	70	80	87	95	105

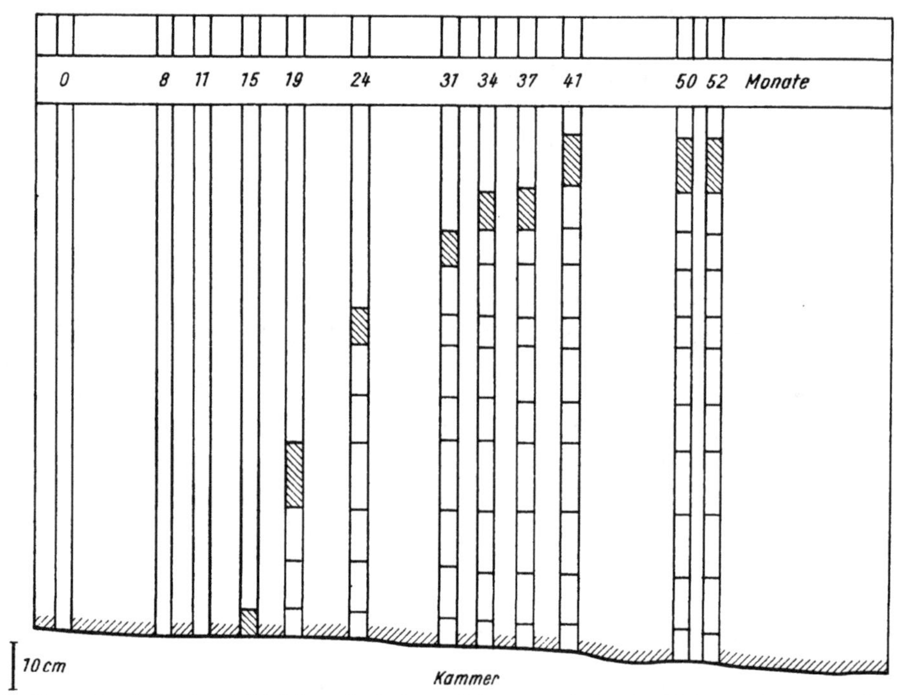

Bild 7. Fortschreiten der Rißbildung bei einem Kammerpfeiler in Abhängigkeit von der Zeit

Pfeilerfuß betrug dagegen nur 1,12 m. Die Pfeilerkernbreite des nicht von Abschalung erfaßten Steinsalz-Kammerpfeilers von 30 m Breite beträgt damit nur noch etwa 26 m.[1])

Bei stärkeren Pfeilerbelastungen erfaßt der Abschalungsprozeß immer tiefer liegende Pfeilerpartien, und es ist zu vermuten, daß zwischen Pfeilerdruck und Abschaltiefe ein enger Zusammenhang besteht. Bis zu welcher Tiefe sich der Abschalprozeß in einem Pfeiler maximal ausbilden kann, läßt sich an Grubenpfeilern nicht feststellen, da man begreiflicherweise danach strebt, die Pfeiler richtig zu dimensionieren, also erst gar nicht bis an die Grenze der Trag-

[1]) Ähnliche auf einem Kaliwerk geführte Untersuchungen ergaben, daß auf der 715-m-Sohle die maximale Rißtiefe der hier nur 2,5 m hohen Hartsalz-Pfeiler zwischen 50 und 70 cm liegt. Auch in diesem Fall zeigten frisch hergestellte Pfeiler anfänglich keine Rißbildung, so daß eine Gewinnung kompakter Bohrkerne an der Außenhaut zunächst stets möglich war.

fähigkeit zu belasten. Diese Lücke läßt sich indes durch entsprechende Modellversuche weitgehend schließen.

2. Beobachtung der Rißbildung an Hartsalzpfeilermodellen bis an die Grenze ihrer Tragfähigkeit

Die Bestimmung der Bruchfestigkeit an First- und Sohlenplatte fest eingespannter Pfeilermodelle, deren quantitative Abhängigkeit von Modellhöhe, Querschnitt und Umfang in [1] untersucht wurde, gestattet zugleich auch die Abschätzung der Querschnittsverminderung in halber Prüfkörperhöhe. Die Tiefe der Rißbildung konnte bei Erreichen der Tragfähigkeitsgrenze überschläglich durch die Ausbildung der Druckkegel nach dem Abplatzen der Schalen, exakter jedoch durch zusätzlich geführte Testbohrungen in den Pfeilerkern der Modelle

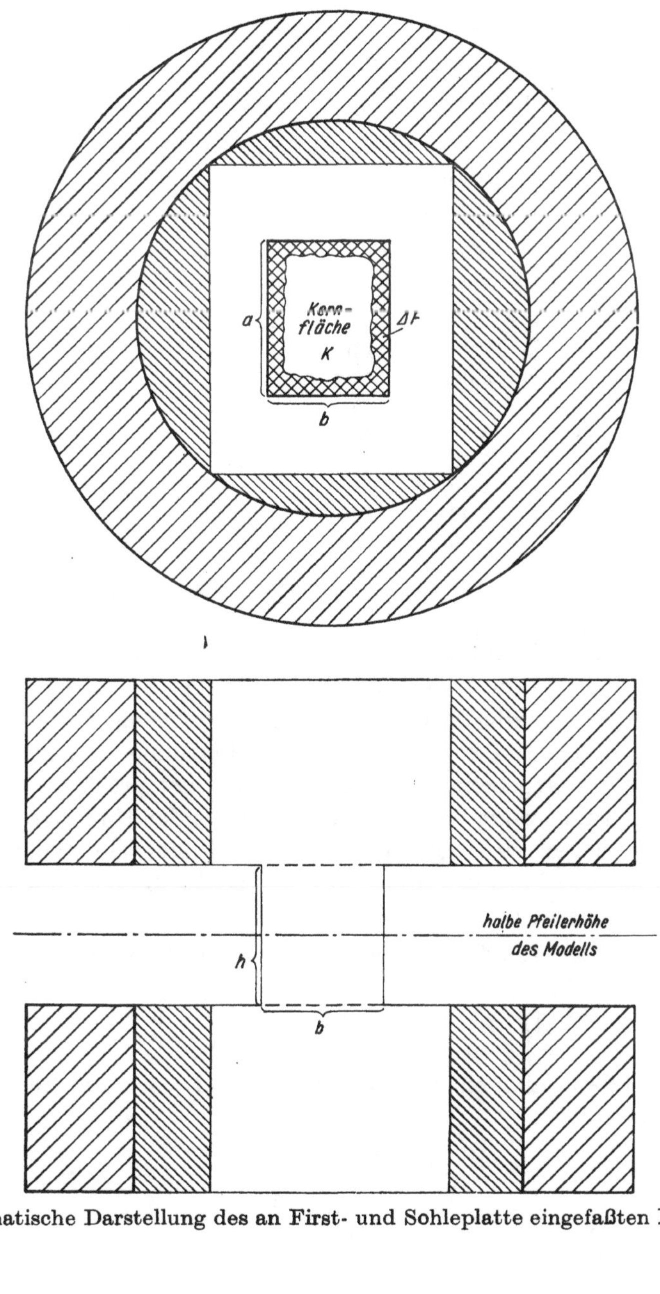

Bild 8. Schematische Darstellung des an First- und Sohleplatte eingefaßten Pfeilermodells

hinein beobachtet werden. Hierbei wurden die Testbohrungen in der Regel erst kurz vor Erreichen der Bruchlast B in halber Pfeilerhöhe angesetzt, da vorzeitig eingerichtete Bohrungen nach vorausgegangener elliptischer Verformung meist völlig zerdrückt wurden und so zur Bestimmung der Rißtiefe nicht mehr verwandt werden konnten. Das Eintreten und der Fortgang der Rißbildung entsprechen hierbei annähernd den Verhältnissen, wie sie bei einem echten Grubenpfeiler auftreten.

Die ursprüngliche Pfeilerquerschnittsfläche F verringert sich durch den Abschalprozeß ständig und erreicht kurz vor dem Einsetzen des Bruches den Betrag ΔF. In Bild 8 ist der Modellkörper mit der Einfassung der First- und Sohleplatte in Grund- und Aufriß dargestellt und die Querschnittsverminderung ΔF durch Schraffur entsprechend gekennzeichnet. Die Pfeilerkernfläche K ergibt sich dann zu:

$$K = F - \Delta F . \tag{2}$$

Die an den verschiedenen Hartsalz-Modellen gemessenen Kernflächen K und die zugehörigen Modellabmessungen sind in Zahlentabelle 2 wiedergegeben, wobei die mitgeteilten Werte jeweils Mittelwerte über je fünf Einzelmessungen darstellen.

Tabelle 2. Bestimmung der Kernfläche K der untersuchten Hartsalz-Pfeilermodelle in Abhängigkeit vom ursprünglichen Modellquerschnitt F, Querschnittsumfang U und Modellhöhe h.

Modell Nr.	Länge a [cm]	Breite b [cm]	Höhe h [cm]	Fläche F [cm²]	Umfang U [cm]	Abzug ΔF [cm²]	Kernfläche K_2 [cm²]	Prozentsatz K/F
1	15,00	10,00	10,00	150	50	72	78	52
2	15,00	10,00	5,00	150	50	56	94	63
3	15,00	10,00	2,50	150	50	35	115	77
4	20,00	7,50	10,00	150	55	81	69	46
5	20,00	7,50	5,00	150	55	67	83	55
6	20,00	7,50	2,50	150	55	39	111	74
7	12,25	12,25	2,50	150	49	36	114	76
8	15,00	15,00	2,50	225	60	41	184	82

In der letzten Spalte von Zahlentabelle 2 wurde das prozentuale Verhältnis von Kern- und Ursprungsquerschnitt eingetragen.

Betrachtet man zunächst die Modelle der Serie 1 bis 3, so erkennt man, daß bei gleicher Querschnittsabmessung der absolute wie auch der relative Anteil der Kernfläche mit geringer werdender Modellhöhe gesetzmäßig zunimmt. Die gleiche Aussage gilt auch für die Modellsuite 4 bis 6. Modell Nr. 1 und 4 haben bei gleicher Modellhöhe und gleicher Querschnittsfläche unterschiedliche Umfangsbemessung. Ordnet man entsprechend die Proben 2 und 5 sowie 3 und 6 einander zu, so zeigt sich, daß mit zunehmender Umfangsabmessung das Ausmaß der Kernfläche geringer wird. Massierte Querschnittsformen zeichnen sich gegenüber langgestreckten Pfeilerquerschnitten durch einen relativ größeren Pfeilerkern aus, welcher die Tragfähigkeit der Pfeilermodelle bestimmt.

Für die quantitative Abhängigkeit der Querschnittsverminderung ΔF genügt der Näherungsansatz:

$$\Delta F = \alpha \frac{h \cdot U^2}{h + \beta \cdot U} \left[1 - \gamma \frac{h}{h + \beta \cdot U} \right] . \tag{3}$$

Die in diesem Ansatz enthaltenen Konstanten α, β und γ bestimmen sich für das untersuchte Hartsalzgestein zu:

$$\left. \begin{array}{l} \alpha = 0{,}051 \\ \beta = 0{,}11 \\ \gamma = 0{,}26 \end{array} \right\} . \tag{4}$$

Die Abweichungen der nach (3) berechneten Querschnittsminderungen betragen meist nur 5%.

Ist das Verhältnis von Pfeilerhöhe zum ursprünglichen Pfeilerumfang sehr klein, wie dies in der Praxis meist der Fall ist, so vereinfacht sich die Berechnungsformel (3) zu:

$$\Delta F = \frac{\alpha}{\beta} \cdot h \cdot U . \tag{5}$$

Die Abschalungstiefe Δt läßt sich aus der Querschnittsverminderung ΔF und dem ursprünglichen Querschnittsumfang U wie folgt bestimmen:

$$\Delta t = \frac{\Delta F}{U} . \tag{6}$$

Kombiniert man Formel (5) und (6), so erhält man schließlich:

$$\Delta t = \frac{\alpha}{\beta} \cdot h . \tag{7}$$

. Da das Verhältnis von α und β gemäß den in (4) angegebenen Zahlenwerten den Wert 0,46 liefert, ist aus (7) abzulesen, daß für plattige Hartsalzmodelle die Abschaltiefe annähernd der halben Pfeilerhöhe entspricht.

Das für die Modelle angelieferte kieseritische Hartsalz entstammt einer sehr feinkristallinen Partie des im allgemeinen statistisch homogenen ausgebildeten Lagerbereiches. Für diesen Bereich besteht hinsichtlich der Übertragbarkeit von Formel (7) auf die Praxis eine weitgehende Modelltreue und es darf wohl erwartet werden, daß die für 2,5 m hohe Hartsalzpfeiler errechnete maximale Abschaltiefe von 1,15 m in situ nicht wesentlich überschritten wird.[1])

3. Definition der Gebirgsfestigkeit

Die vorliegende Untersuchung hat gezeigt, daß man mit Hilfe von vergleichenden Laboruntersuchungen durchaus zu Aussagen über das Gebirgsverhalten kommen kann, wobei die Sicherheit der getroffenen Feststellungen wesentlich von der Modelltreue abhängt. Im Zuge der forcierten Weiterentwicklung der Modellmechanik, welche eine noch bessere Ähnlichkeit der petrographischen Parameter insbesondere in Hinblick auf Mineralbestand, Körnung und Schichtung des Gesteins anstrebt, reduziert sich in zunehmendem Maße für das Einkörpersystem der Unterschied zwischen Gesteins- und Gebirgsverhalten.

Der Begriff der Gebirgsfestigkeit ist an die Existenz eines „höheren Homogenitätsbereiches" geknüpft, bei dem die Verteilung der Inhomogenitäten keinen Einfluß auf den Wert der Festigkeit hat und dessen Ausmaß für den untersuchten Lagerstättenbereich zunächst einmal festgestellt werden muß. So lieferte das über den gesamten Lagerstättenbereich entnommene Probematerial bei einem Würfeldruck-Test Druckfestigkeitswerte, welche bis zu etwa 10 cm Kantenlänge monoton zunahmen, ab 10 cm Kantenlänge jedoch praktisch konstant blieben. Für das sehr feinkristalline und statistisch homogen ausgebildete Hartsalzgestein genügt also bereits eine Probeabmessung in der Größenordnung von 10 cm, um die Verbandsfestigkeit eines größeren Lagerstättenteils zu erfassen. Die entsprechende Untersuchung an einer Abbaufront gröberkristallinen Carnallits ergab einen Homogenitätsbereich von rund 20 cm.

Diese sehr niedrigen Werte betreffen wohlgemerkt relativ kleine und zudem noch homogen gut durchgebildete Lagerstättenteile. Bei Erweiterung des Untersuchungsbereichs wird — etwa bei Einbeziehung von Facieswechseln — der Inhomogenitätsgrad so stark zunehmen, daß die zu fordernde Probeabmessung über die zumeist betrieblich gesetzte Grenze von etwa

[1]) Auch an den Abbaustößen wurden in dem untersuchten Lagerbereich stets Abschaltiefen unter einem Meter beobachtet.

einem Meter hinausgeht. Dann ist man gezwungen, die gesamte Untersuchung unter Tage zu verlegen, wo die Nachteile der begrenzten Dimensionierung, der Transportbeschädigung, der veränderten Feuchtigkeit usw. entfallen. Reicht die Kraftreserve des Pressensystems nicht aus, so kann man unter Tage das Gebirge selbst als Presse einsetzen, wobei jedoch die zu testende Gesteinsprobe stets aus dem Gebirgsverband herausgelöst werden muß, weil nur dann definierte Kraftverhältnisse eingeleitet werden können.

Durch die Probenahme wird die zu testende Gesteinsprobe vorübergehend entlastet, doch ist bisher kein Anzeichen dafür bekannt, daß hierdurch der Wert der Würfeldruckfestigkeit beeinflußt wird. Daher kann und muß die in [2] gestellte strenge Forderung, daß ein Großversuch zugleich auch immer ein Versuch in situ sein müsse, bei dem also ein Herauslösen des zu untersuchenden Gesteinsbereiches aus dem Gesamtverband bewußt untersagt wird, außer acht gelassen werden.

Festigkeitsangaben in der Literatur, welche sich unausgesprochen stets nur auf Gesteine, nicht auf das Gebirge beziehen, liegen in der Regel wohl höher als bei dem von Klüften durchzogenen Gestein, dessen Erforschung für das Verhalten des Deckgebirges von großem Interesse ist. Leider sind Festigkeitsuntersuchungen an zerklüftetem Gestein bisher noch nicht bekannt geworden, so daß der Felsmechaniker nur auf Schätzungen der Festigkeiten und gefühlsmäßige Bewertung des Gebirgsverhaltens angewiesen ist. Hierbei werden — ausgehend vom unzerklüfteten Grundgestein — gewisse Festigkeitsminderungen in Rechnung gestellt, welche dem statistischen Charakter des Mehrkörpersystems wohl kaum Rechnung tragen. Der Forderung nach Großversuchen unter Tage, in denen großräumige Mehrkörpersysteme getestet werden, kommt hier erhöhte Bedeutung zu. Nur mit ihrer Hilfe wird es möglich sein, verläßliche Gebirgsfestigkeitsdaten zu erhalten und die Größe des Homogenitätsbereiches abzugrenzen. Bei den hier zur Diskussion stehenden sehr inhomogenen Verhältnissen, wie sie im Deckgebirge zu erwarten sind, erscheint es überhaupt fraglich, ob ein höherer Homogenitätsbereich in dem oben definierten Sinne existiert.

Existiert für einen Lagerstättenteil ein höherer Homogenitätsbereich, so wird als „Gebirgsfestigkeit" die Festigkeit dieses Bereichs definiert. Dieser insbesondere bei Salzlagerstätten oft schon bei relativ kleinen Probeabmessungen erreichte Grenzwert erlaubt die Bestimmung von Gebirgseigenschaften bei günstigen Verhältnissen bereits im Labor.

Es sei nunmehr Stellung zu einer in [3] verankerten Definition der Gebirgsfestigkeit genommen, welche streng an die Bedingung geknüpft ist, daß beim Großversuch der zu testende Gesteinsbereich stets in Kontakt mit dem anstehenden Gebirge bleiben muß. Als Gebirgsdruckfestigkeit wird hier die Tragfähigkeit von „Restpfeilern" eines Pfeilerabbaus oder von Pfeilern zwischen benachbarten Untertage-Räumen bezeichnet, in denen ein im wesentlichen einachsiger Spannungszustand herrschen soll. Diese Festlegung ist an die Voraussetzungen geknüpft, daß

1. der Spannungszustand in einem Pfeiler hinreichend einachsig ist,
2. der Pfeiler die erforderlichen Abmessungen hat, um einen statistisch homogenen Bereich zu repräsentieren,
3. der Pfeiler „in situ" bis zum Bruch belastet werden kann und
4. die Bruchlast gemessen werden kann.

Bohrloch-Verformungsmessungen in verschiedenen Pfeilerhöhen und -tiefen haben den Nachweis erbracht, daß ein Pfeiler jedoch einem außerordentlich inhomogenen, mehrachsigen Spannungszustand unterliegt. Die Beanspruchung ist nur an den Pfeilerkanten nahezu einachsig, während in der Außenhaut im allgemeinen ein zwei- und im Pfeilerinnern stets ein dreiachsiger Spannungszustand herrscht. Die Belastung eines Pfeilers in situ bis zum Bruch ist mit einer Reihe technischer Schwierigkeiten verknüpft, besonders in Hinblick auf die Grubensicherheit. Hinzu kommt, daß Absolutdruckmessungen in situ noch keineswegs so ausgereift sind, daß man sie für die Bestimmung der Maximallast, die man für die quantitative Angabe der Gebirgsdruckfestigkeit benötigt, hier einsetzen könnte. Bei diesem Sachverhalt wird man wohl immer auf Anschätzungen angewiesen bleiben.

In der Literatur findet man hin und wieder Abschätzwerte solcher Gebirgsdruckfestigkeitswerte klüftiger Gesteinspartien, welche sogar auf die Einerstelle genau angegeben werden und meist nur etwa ein Zehntel der Gesteinsfestigkeit betragen. Da diese Schätzdaten sehr problematisch sind, wäre eine Angabe der Werte auf volle Zehner abgerundet sicher richtiger. Es ist zweifellos auch unzulässig, die in einem Pfeiler gemessene Druckspannung, welche unterhalb der Bruchspannung liegt, als Gebirgsdruckfestigkeit zu werten.

Abschließend sei noch einmal die Wichtigkeit von Gesteinsuntersuchungen auf dem Sektor des Kali- und Steinsalzbergbaus herausgestellt, auch wenn sie nicht repräsentativ für das Festigkeitsverhalten eines ganzen Lagerstättenteils sind. Bei den üblichen Labormessungen werden in der Regel Gesteine von möglichst einheitlichem Aufbau untersucht, bei denen bereits bei Kleinstabmessungen eine ausreichende Mitteilung über örtlich unterschiedliche Mineralvergesellschaftung, Korngröße und Kornverzahnung vorliegt. In diesem Fall hält sich auch die statistische Streuung des über mehrere Einzelmessungen erhaltenen Mittelwertes der Gesteinsfestigkeit in engen Grenzen. Der Wert derartiger Gesteinsuntersuchungen liegt in der Möglichkeit der systematischen Variation einer bestimmten Einflußgröße durch entsprechende Auswahl des Gesteinsmaterials. So führt z. B. die Untersuchung des alleinigen Einflusses der Korngröße zu der Erkenntnis, daß mit zunehmender Kornfeinheit die Gesteinsfestigkeit zunimmt. In denjenigen Fällen, wo eine Trennung der Einflußgrößen bei natürlichen Gesteinen nicht möglich war, haben Untersuchungen an synthetischen Gesteinen zu ergänzenden Aussagen geführt [4]. Bekanntlich lassen sich viele Salzminerale brikettieren und Salzbriketts von nahezu einheitlicher Körnung und Kornverzahnung herstellen. Durch Variation der Mineralkomponenten lassen und ließen sich wertvolle Schlüsse über den Einfluß des Mineralbestandes auf die Festigkeit der Salzgesteine ziehen, so daß es heute bereits möglich ist, am Handstück grob die zu erwartende Gesteinsfestigkeit vorauszusagen.

4. Ansätze zur Erfassung des Verfestigungsverhaltens im Salzgebirge

In [5] wurde über eine Bohrlochkonvergenz-Messung berichtet, deren Ergebnis hier in groben Zügen noch einmal zur Diskussion gestellt sei. Anfang 1958 wurde in einem Steinsalzbergwerk in einem fünf Jahre vorher fertiggestellten Kammerpfeiler eine Bohrung von 42 mm Durchmesser senkrecht zum Stoß angesetzt und die Vertikalkonvergenz in 20 cm Stoßtiefe gemessen. Das Konvergenz-Meßgerät, welches sofort nach dem Bohren des Loches eingesetzt wurde, registrierte eine mit der Zeit abnehmende Konvergenz des 42-mm-Bohrlochs.[1])

Gemäß Zahlentabelle 3 ging die Konvergenzgeschwindigkeit schon in den ersten Tagen stark zurück und betrug nach 67 Wochen Beobachtungsdauer nur noch 0,0004 mm pro Tag. Dies läßt vermuten, daß im Laufe der Zeit ein Stillstand der Fließbewegung eintritt. Es sei noch angemerkt, daß bis zur letzten Ablesung am 22. 4. 1959 keinerlei Rißbildung am Stoß bemerkbar war.

Um feststellen zu können, ob zwischen der Messung in situ und einem entsprechenden Modellversuch im Labor ein wesentlicher Unterschied besteht, wurde aus dem gleichen Gesteinsstoß eine repräsentative Großprobe entnommen und aus ihr eine Gesteinsplatte mit den Abmessungen $40 \times 40 \times 12$ cm angefertigt. Jede der vier Preßflächen besitzt eine Größe von 500 cm^2 und erhielt unter der zweiachsigen Presse eine Dauerlast von 200 kp/cm^2. Hierbei

[1]) Eine parallel durchgeführte Absolutmessung ergab an der Außenhaut des 30 m breiten und 18 m hohen Kammerpfeilers einen Vertikaldruck von 200 kp/cm^2 und einen etwa gleich großen (stoßparallelen) Horizontaldruck.

Tabelle 3. Vertikale Konvergenz eines Bohrlochs von 42 mm Durchmesser in 20 cm Stoßtiefe

Datum der Ablesung	Zeitdauer	Bohrlochkonvergenz [mm]	‰
8. 1. 1958	0 Tage	0,000	0,0
9. 1. 1958	1 ,,	0,024	0,6
10. 1. 1958	2 ,,	0,033	0,8
11. 1. 1958	3 ,,	0,036	0,9
9. 2. 1958	4,6 Wochen	0,190	4,5
14. 2. 1958	5,3 ,,	0,220	5,3
22. 2. 1958	6,4 ,,	0,253	6,0
5. 3. 1958	8,0 ,,	0,266	6,4
25. 3. 1958	10,9 ,,	0,323	7,7
11. 4. 1958	13,3 ,,	0,360	8,6
18. 4. 1958	14,3 ,,	0,377	9,0
8. 5. 1958	17,2 ,,	0,399	9,5
22. 5. 1958	19,2 ,,	0,407	9,7
9. 10. 1958	39,2 ,,	0,508	12,1
12. 1. 1959	52,9 ,,	0,519	12,4
14. 2. 1959	57,4 ,,	0,523	12,4
22. 4. 1959	67,0 ,,	0,525	12,5

trat — wie dies auch unter Tage beobachtet wird — senkrecht zu der freien Stoßfläche ein Querfließen auf. Die Fließgeschwindigkeit lag in den ersten Tagen im Mittel bei 0,3 mm pro Tag, ging aber bald auf sehr geringe Werte zurück. Die Bohrung von 42 mm Durchmesser erfolgte senkrecht zum Stoß mit einer Vortriebsgeschwindigkeit von rund 3 mm/s. Nach Beendigung der Bohrung wurde auch hier sofort der Konvergenzmesser eingebaut. Wie aus dem Diagramm Bild 9 abzulesen ist, differieren die beiden Kurven kaum und belegen, daß eine Laborprobe durchaus Repräsentant eines Großbereiches sein kann.

Bei den gleichmäßig ausgebildeten Salzlagern läßt sich das Verfestigungsverhalten bereits an kleinen — bis zu Prüfkörperdimensionen reichenden — Homogenitätsbereichen studieren, wobei der Spannungszustand an einer beliebigen Stelle des Gebirges nur durch den Tensor an dieser Stelle bestimmt wird und von der Beschaffenheit des Tensorfeldes in der Umgebung weitgehend unabhängig ist. Um für diesen besonderen Fall Aussagen über die Verteilung der Spannungen um Hohlräume machen zu können, muß die Elastizitätstheorie entsprechend

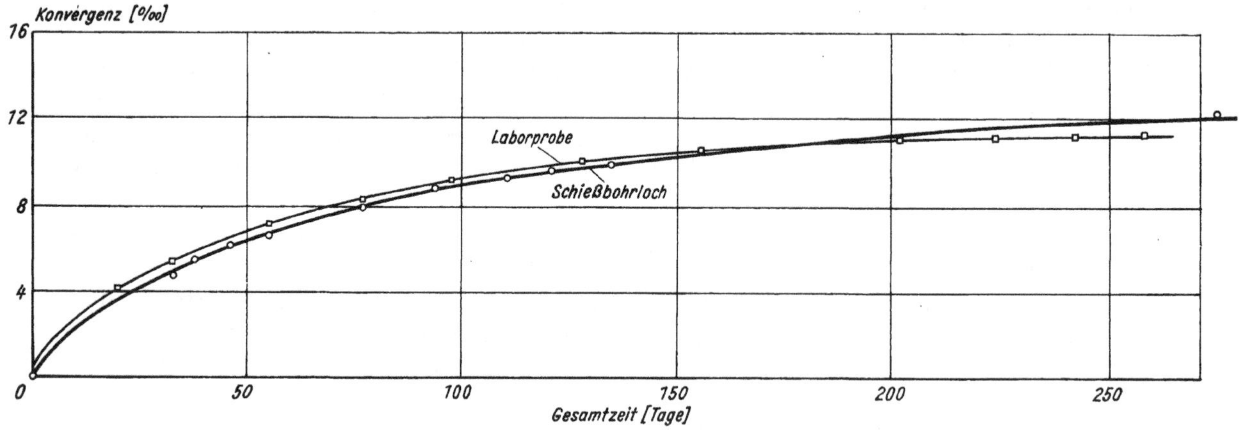

Bild 9. Konvergenz eines Schießbohrloches in Vergleich mit der äquivalent beanspruchten Laborprobe

erweitert werden, wobei der Zusammenhang zwischen dem Deformationstensor Π und dem Spannungstensor P durch folgenden nichtlinearen Ansatz beschrieben werden kann [6]:

$$\Pi = \frac{1}{F}\left[\left(\frac{f+1}{f} + \lambda\right) P - \left(\frac{3}{f} + \lambda\right) \sigma_0 \, I\right]. \tag{8}$$

Der Tensor I ist hierbei der Einheitstensor und σ_0 die Hauptnormalspannung. Die in (8) enthaltenen Werte F und f bedeuten variable Größen, welche anstelle der konstanten Anfangsmoduli E und m des klassischen Stoffgesetzes treten. Innerhalb des bisherigen Meßumfangs gilt mit guter Näherung der Ansatz:

$$\left.\begin{aligned} F &= E\,\frac{1 - H \cdot b \cdot \sigma_0}{1 - E \cdot b \cdot \sigma_0}, \\ f &= m\,\frac{1 - 2 \cdot c \cdot \sigma_0}{1 - m \cdot c \cdot \sigma_0}. \end{aligned}\right\} \tag{9}$$

Die hier vorkommenden Konstanten H, b und c kennzeichnen die Variabilität der von der Belastung abhängigen Moduli. Die Hauptnormalspannung ist hierbei bekanntlich:

$$\sigma_0 = \frac{\sigma_1 + \sigma_2 + \sigma_3}{3}. \tag{10}$$

In dem erweiterten Ansatz (8) ist dem Elastizitätstensor ein mit λ variabler Deviator überlagert, der dem mit zunehmender plastischer Verformung steigenden Verfestigungsgrad Rechnung tragen muß. Es ist (phänomenologisch) naheliegend, die Verfestigungsfunktion λ mit der oktaedrischen Schubspannung τ_0 als maßgebliche Invariante zu verknüpfen, wobei sich als einfachste Hypothese eine proportionale Abhängigkeit anbietet:

$$\lambda = \frac{\tau_0}{d}. \tag{11}$$

Diese einfache Verfestigungshypothese gibt zwar die bisherigen experimentellen Befunde gut wieder, doch fehlt hier z. Z. noch eine tiefere physikalische Deutungsmöglichkeit. Die experimentell zu bestimmende Konstante d heiße Verfestigungskoeffizient. Die oktaedrische Schubspannung ergibt sich zu:

$$\tau_0 = \frac{1}{3}\sqrt{(\sigma_1 - \sigma_2)^2 + (\sigma_2 - \sigma_3)^2 + (\sigma_3 - \sigma_1)^2}\,. \tag{12}$$

Ein unter verschiedensten homogenen Beanspruchungsarten getestetes Salzgestein (Älteres Steinsalz) ergab die für die Theorie erforderlichen Konstanten:

$$\left.\begin{aligned} E &= 6{,}3 \cdot 10^4 \ \text{kp/cm}^2, \\ H &= 1{,}12 \cdot 10^5 \ \text{kp/cm}^2, \\ b &= 7{,}9 \cdot 10^{-8} \ \text{cm}^4/\text{kp}^2, \\ m &= 4{,}1, \\ c &= 2{,}5 \cdot 10^{-2} \ \text{cm}^2/\text{kp}, \\ d &= 7{,}7 \ \text{kp/cm}^2. \end{aligned}\right\} \tag{13}$$

Der hier gegebene Ansatz gestattet die Berechnung der Formänderung des ausverfestigten Salzgesteins bei verschiedensten räumlichen Belastungsbedingungen, wobei insbesondere die in der Praxis vorkommenden inhomogenen Beanspruchungszustände interessieren. Die Übertragung der — in dieser Arbeit nicht näher besprochenen — Ergebnisse auf das Salzgebirge hängt auch hier wieder davon ab, inwieweit die untersuchte Gesteinsprobe repräsentativ für den angesprochenen Homogenitätsbereich ist.

Der einachsige Freiluftversuch ist bekanntlich dadurch definiert, daß die Horizontalspannungen σ_1 und σ_2 gleich Null sind. Bezeichnet man den auf den Prüfkörper wirkenden lotrechten Preßdruck mit p, so gilt:

$$\left.\begin{aligned} \sigma_1 &= 0\,, \\ \sigma_2 &= 0\,, \\ \sigma_3 &= -p\,. \end{aligned}\right\} \tag{14}$$

Die oktaedrische Schubspannung wird in diesem Fall proportional der Auflast p und erhält die einfache Gestalt:

$$\tau_0 = \frac{\sqrt{2}}{3}\,p\,. \tag{15}$$

Das Stoffgesetz (8) nimmt die Form an:

$$\left.\begin{aligned} \varepsilon_1 &= \frac{1}{E}\,\frac{1+\frac{Eb}{3}p}{1+\frac{Hb}{3}p}\left[\frac{1}{m}\,\frac{1+\frac{mc}{3}p}{1+\frac{2c}{3}p} + \frac{\sqrt{2}}{9}\,\frac{p}{d}\right]\cdot p\,, \\ \varepsilon_2 &= \varepsilon_1\,, \\ \varepsilon_3 &= -\frac{1}{E}\,\frac{1+\frac{Eb}{3}p}{1+\frac{Hb}{3}p}\left[1+\frac{2\sqrt{2}}{9}\,\frac{p}{d}\right]\cdot p\,. \end{aligned}\right\} \tag{16}$$

Die Dehnungen ε_1 und ε_2 sind beim Freiluftversuch einander gleich und von der (negativ zu zählenden) Stauchung ε_3 verschieden. Je größer der Verfestigungskoeffizient d ist, desto höher wird auch die bei einer bestimmten Verformung aufgenommene Spannung im Gestein. Ohne vorangegangene plastische Verformung ist keine Verfestigung des Materials möglich.

In dem Formelsystem (16) sind die sechs Konstanten E, H, b, m, c und d enthalten, die durch eine einzige Messung — wie z. B. die Aufnahme der Freiluft-Kennlinie — bestimmbar sind. Die Zahl der Konstanten konnte jedoch durch die gesonderte Untersuchung des variablen Elastizitätsmoduls und der variablen Querdehnungszahl soweit reduziert werden, daß schließlich nur noch die Bestimmung des Verfestigungskoeffizienten d übrig blieb. Hierzu Zahlentabelle 4, welche die Stauchungsbeträge der einachsig-quasistatisch beanspruchten Salzgesteinsprobe enthält. Es sei noch angemerkt, daß die Beträge der Vertikalstauchungen ε_1 auf jeweils 10 Einzelmessungen basieren, über die gemittelt wurde.

Der hier mittels Ausgleichsrechnung gefundene Zahlenwert des Verfestigungskoeffizienten d in der Höhe von 7,7 kp/cm² gilt nur für das untersuchte Ältere Steinsalz im Temperatur-

Tabelle 4. Stauchungsbeträge des einachsig-quasistatisch beanspruchten, getemperten Älteren Steinsalzes in Abhängigkeit von der Auflast

Auflast p [kg/cm²]	Vertikalstauchung ε_1 [‰]	Auflast p [kg/cm²]	Vertikalstauchung ε_1 [‰]
0	0,0	160	16,5
20	0,6	180	20,5
40	1,6	200	24,4
60	3,0	220	29,1
80	4,9	240	33,7
100	7,4	260	39,0
120	10,2	280	44,4
140	13,1		

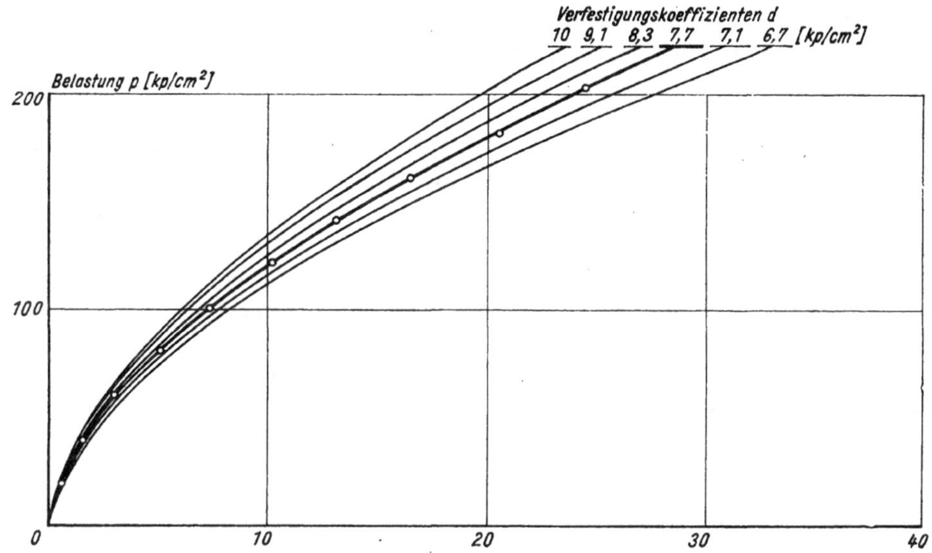

Bild 10. Kennlinienvariation bei unterschiedlichem Verfestigungskoeffizient

bereich zwischen 10 und 30 °C. Er ist nur wenig temperaturabhängig und zeigt — wie erste Orientierungsversuche ergeben haben — eine mit der Temperaturerhöhung fallende Tendenz. Untersuchungen über den Einfluß des Mineralbestandes und des Gesteinsgefüges stehen zwar noch aus, doch lassen sich aus der Kenntnis des Verfestigungsmechanismus heraus qualitative Aussagen machen. Der Verfestigungskoeffizient von Hartsalz ist in der Regel größer, der von Carnallit hingegen kleiner als der von Steinsalz.

In Diagramm Bild 10 ist die Druckspannung p des untersuchten Älteren Steinsalzes in Abhängigkeit von der Vertikalstauchung ε_1 und des zunächst variabel gehaltenen Verfestigungskoeffizienten d graphisch dargestellt. Die eingetragenen Punkte entsprechen den von Tabelle 4 übernommenen Meßwerten. Bei Variation des in der ε_1-Formel von (16) stehenden Verfestigungskoeffizienten d zwischen den Grenzen 6, 7 und 10 überstreicht die hieraus resultierende Kurvenschar auch die eingetragenen Meßpunkte. Die durch die Meßpunkte gehende — verstärkt gezeichnete — Kennlinie entspricht dem Verfestigungskoeffizienten 7,7.

Neben der hier behandelten phänomenologischen Untersuchung hat sich besonders in letzter Zeit die atomistische Arbeitsrichtung entwickelt, welche die Verfestigung der mono- und polykristallinen Stoffe durch Versetzungen und anderweitige Störungen des Kristallgitterbaus erklärt. Die Verbindung beider Theorien ist bislang noch nicht befriedigend hergestellt, doch fehlt es beiderseits nicht an Bemühungen, diese Lücke zu schließen. Von der Kontinuumstheorie der Versetzungen gehen aber so starke Impulse aus, daß es wünschenswert erscheint, diese Arbeitsmethoden und weiterentwickelten mathematischen Hilfsmittel für die theoretische Forschung auf dem Gebiet der Gebirgsmechanik nutzbar zu machen.

Das Auftreten einzelner Versetzungen ist zwar eine nur vom atomistischen Aufbau der Festkörper her zu verstehende physikalische Erscheinung, doch ergibt das Zusammenwirken sehr vieler Versetzungen die makroskopisch beobachteten plastischen Formänderungen und kann damit zur tieferen Begründung der phänomenologischen Untersuchungsmethode führen. Die Wanderung der Versetzungen wird hierbei durch einen dreistufigen Tensor gekennzeichnet, wobei den drei Wanderungsrichtungen jeweils neun Versetzungskomponenten zugeordnet werden. Der so aufgebaute 27komponentige Versetzungswanderungstensor und seine als Versetzungsgeschwindigkeitstensor bezeichnete zeitliche Ableitung können den Schlüssel zum Verständnis des Fließverhaltens von Festkörpern bilden. Der phänomenologischen Untersuchungsmethode wird hiermit aufgezeigt, welchen Rang ein mathematischer Ansatz haben muß, wenn er das Fließverhalten größerer Homogenitätsbereiche umfassend beschreiben soll.

Die Zunahme der Versetzungsdichte führt vielfach zu elektronenmikroskopisch nachweisbaren Netzebenenkrümmungen und gleichzeitig zu inneren Spannungen (Eigenspannungen), welche den Fortgang der Versetzungen behindern und damit als Ursache der Verfestigung zu gelten haben. Analog der Komponentenbildung des Deformationstensors wird der Tensor der Versetzungsdichte aus drei Schrauben- und sechs Stufenversetzungen aufgebaut. Hier arbeitet also die Kontinuumstheorie der Versetzungen gleichfalls mit Tensoren zweiter Stufe, wie dies bei der zuvor behandelten phänomenologischen Untersuchung der ausverfestigten Salzgesteine der Fall ist.

Da der Zusammenhang zwischen dem symmetrischen Spannungstensor P und der Dichte $\mathfrak{K}$ der äußeren Volumenkräfte bei beiden Theorien der gleiche ist, gilt bei tensoranalytischer Erweiterung des Divergenzbegriffes die translatorische Gleichgewichtsbedingung:

$$\nabla \cdot P + \mathfrak{K} = 0 . \tag{17}$$

Bei inhomogenen Versetzungsverteilungen sind die Deformationen inkompatibel, wobei der zugeordnete Inkompatibilitätstensor η in Erweiterung des Rotorbegriffes die folgende Form hat:

$$\eta = \nabla \times \overline{\nabla \times \Pi} . \tag{18}$$

Betrachtet man eine einzelne Versetzung, so ist der Inkompatibilitätstensor η längs der Versetzung von Null verschieden. Hier drängt sich der Vergleich mit einer Kluftfläche auf, bei der ja auch kein eindeutiges Verschiebungsfeld existiert. Sind die Klüfte aber über einen Großbereich homogen verteilt, so kann man wie bei den gleichmäßigen Versetzungsverteilungen Kompatibilität annehmen, d. h. der Inkompatibilitätstensor (18) wird Null:

$$\nabla \times \overline{\nabla \times \Pi} = 0 . \tag{19}$$

Diese beiden Vektor- bzw. Tensorgleichungen (17) und (19) treten zum Stoffgesetz (8), den beiden Modulfunktionen (9), der Verfestigungshypothese (11) und bilden ein vollständiges Gleichungssystem von insgesamt 18 skalaren Gleichungen. Die 12 Tensorkomponenten des symmetrischen Deformations- und Spannungstensors, der Parameter λ, die beiden variablen Moduli und die Komponenten des Verschiebungsvektors sind damit eindeutig bestimmt.

5. Der Elastizitätsmodul

Bei sehr schneller Belastungsänderung verhält sich auch das Salzgebirge nahezu elastisch, so daß der Frage nach den elastischen Eigenschaften des Verbandes erhöhte Bedeutung zukommt. Da man aber beim Großversuch im Gebirge zur Bestimmung des Gebirgsmoduls einen einachsigen Spannungszustand über den gesamten zu untersuchenden Homogenitätsbereich einleiten muß, können Messungen in situ am Gesamtkontakt keine echten Zahlenwerte liefern. Die in der Regel unter mehrachsigen Beanspruchungszuständen gemessenen Werte liegen zu hoch und lassen sich z. Z. auf den einachsigen Fall nicht zurückrechnen, da weder ein gesichertes Umrechnungsverfahren, noch die Kenntnis über die Höhe der Gebirgsbeanspruchung vorliegt.

Wie bereits dargelegt wurde, können für das Salzgebirge — bei hinreichender Homogenität — bereits Proben mit Laborabmessungen repräsentative Werte ergeben. Die Kenntnis des elastischen Verhaltens im Kleinbereich ist darüber hinaus aber auch für eine Reihe von Absolutdruckmessungen in situ von großer Wichtigkeit, welche nach dem Entspannungsprinzip arbeiten und Umrechnungsformeln benutzen, in denen der Elastizitätsmodul enthalten ist.

Nach [7] wird für statische Messungen der Elastizitätsmodul an einer bestimmten Laststufe als das Verhältnis aus Entlastungsdifferential $d\sigma$ und zugehörigem elastischen Verformungsdifferential $d\varepsilon_1$ an dieser Laststufe wie folgt definiert:

$$E = \frac{d\sigma}{d\varepsilon_1}. \tag{20}$$

Hierbei ist bei elasto-plastischem Material quasistatische Belastungssteigerung und streng einachsiger Beanspruchungszustand zu fordern. Da nun naturgemäß keine Differentiale gemessen werden können, wird man — wie dies in der gesamten Meßtechnik unausgesprochen immer geschieht — zu endlichen Werten übergehen und den meßtechnisch erfaßbaren Differenzenquotienten bestimmen:

$$E' = \frac{\Delta\sigma}{\Delta\varepsilon_1}. \tag{21}$$

Die Entlastungsspanne $\Delta\sigma$ ist dabei möglichst klein, aber wiederum so groß zu wählen, daß die Formänderung $\Delta\varepsilon_1$ mit genügender Sicherheit exakt gemessen werden kann. Diese Forderung konnte in der Praxis stets erfüllt werden, da bei der Entlastung $\Delta\sigma$ der in Frage kommende obere Teil der Entlastungskennlinie bei den bisher untersuchten Gesteinen — auch den Salzgesteinen — einen vorzüglich linearen Charakter besitzt. Mit meßtechnischer Genauigkeit kann man daher E' mit E gleichsetzen.

Dieser so definierte Elastizitätsmodul zeigt als wesentlichstes Merkmal ein monotones Anwachsen seines Wertes mit zunehmender Belastung. Als Beispiel sei die in Zahlentabelle 5 dargestellte Abhängigkeit des Elastizitätsmoduls der zuvor auf ihr Verfestigungsverhalten untersuchten Probe aus Älterem Steinsalz angeführt.

Tabelle 5. Abhängigkeit des Elastizitätsmoduls von der Auflast (getempertes Älteres Steinsalz)

Auflast p [kg/cm²]	Elastizitätsmodul F [kg/cm²]	Auflast p [kg/cm²]	Elastizitätsmodul F [kg/cm²]
0	—	200	$7{,}8 \cdot 10^4$
25	$6{,}5 \cdot 10^4$	225	$7{,}4 \cdot 10^4$
50	$6{,}5 \cdot 10^4$	250	$7{,}6 \cdot 10^4$
75	$7{,}2 \cdot 10^4$	275	$7{,}9 \cdot 10^4$
100	$7{,}0 \cdot 10^4$	300	$7{,}9 \cdot 10^4$
125	$7{,}1 \cdot 10^4$	325	$8{,}0 \cdot 10^4$
150	$7{,}3 \cdot 10^4$	350	$8{,}1 \cdot 10^4$
175	$7{,}5 \cdot 10^4$	375	$8{,}0 \cdot 10^4$

Unter Zugrundelegung von Formel (9) liefert die Ausgleichsrechnung die Näherungsformel:

$$F = 6{,}3 \cdot 10^4 \frac{1 + 2{,}95 \cdot 10^{-3}\, p}{1 + 1{,}66 \cdot 10^{-3}\, p}. \tag{22}$$

Das Ergebnis von Zahlentabelle 5 ist in Diagramm Bild 11 graphisch dargestellt.

Belastet man das Gestein gemäß Prinzipskizze Bild 12 quasistatisch bis zum Punkt A, so liefert das „Entlastungsdifferential" einen Winkel α mit der Abszissenachse, dessen Wert grundsätzlich größer ist als der dem Anfangsmodul entsprechende Winkel φ. Bei Wiederbelastung und weiterer Verfestigung des Materials bis zum Punkt B wird der Elastizitätsmodul durch den Winkel β festgelegt, dessen Wert wiederum größer ist als α. Die Hand in Hand mit der plastischen Verformung gehende Verfestigung des Materials bewirkt erwartungsgemäß ein Anwachsen des Elastizitätsmoduls mit steigender Last. In diesem Zusammenhang sei auf die neueren Untersuchungen [8] hingewiesen, bei denen das gesamte sehr unterschiedliche Gesteinsmaterial vom Weißliegenden bis zum Zechsteinanhydrit stets eine Zunahme des Elastizitätsmoduls mit steigender statischer Belastung zeigt. Ein mit der Be-

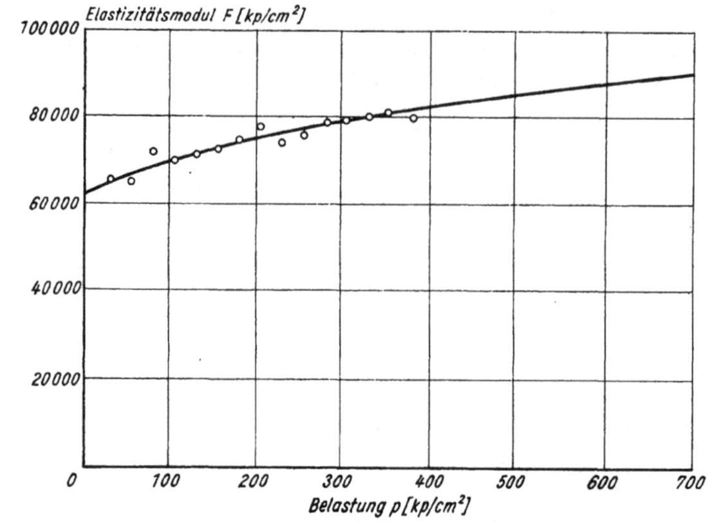

Bild 11. Abhängigkeit des Elastizitätsmoduls von der Auflast

lastung ansteigender Elastizitätsmodul ist ohne Ausnahme auch bei der später zu behandelnden dynamischen Bestimmung des Elastizitätsmoduls beobachtet worden.

Bei Entlastung nimmt der Elastizitätsmodul langsam ab, wobei auch hier wieder verschiedene Gesteinszustände durchlaufen werden. Will man jedoch den Zustand des Gesteins in A charakterisieren, so darf man eine derartig starke Entlastung nicht zulassen, bei der andere Verhältnisse als an dem zu untersuchenden Lastpunkt A vorliegen. Aus diesem Grund wird der vornehmlich in der älteren Literatur oft angegebene — alle Zustände der Entlastung einbeziehende — Entspannungsmodul für die Kennzeichnung des elastischen Verhaltens im Lastpunkt A abgelehnt. Sein aus dem Winkel α^* ermittelter Zahlenwert liegt zu niedrig. Je nach Art der Entlastungskurve kann der aus dem Winkel β^* resultierende Entlastungsmodul sogar niedriger sein als der aus dem Winkel α^* bestimmte Zahlenwert, obwohl dem Fußpunkt B^* die höhere Laststufe entspricht. Der Entspannungsmodul kann also abnehmen, während der Elastizitätsmodul in Wahrheit zunimmt.

Das Bemühen um Präzisierung der Begriffsbildung faßt im Schrifttum nur langsam Fuß und erleidet dann und wann auch Rückschläge. So wird in [9] die differentielle Entlastung mit dem Hinweis abgelehnt, daß dem Prüfkörper nicht die Freiheit gelassen wird, seine ganze, mögliche Rückverformung zu erreichen; außerdem müßten die elastischen Eigenschaften eines festen Körpers mit zunehmender Belastung zugunsten einer sich verstärkenden Plasti-

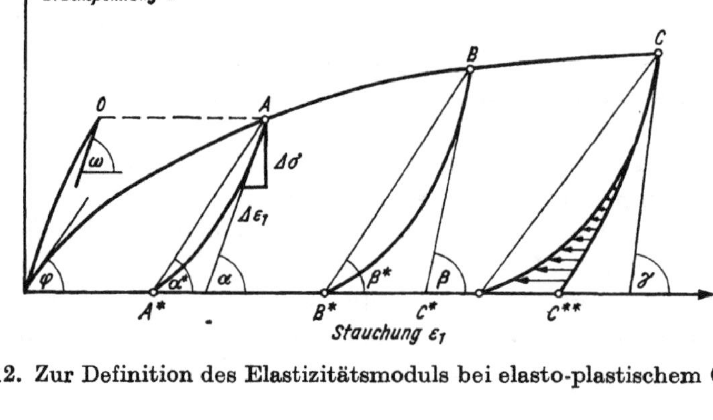

Bild 12. Zur Definition des Elastizitätsmoduls bei elasto-plastischem Gestein

zität abnehmen. Es scheint an der Zeit, diese differierenden Meinungen über grundsätzliche Fragen der Gebirgsmechanik der Fachwelt erneut vor Augen zu führen und zur Diskussion zu stellen.

Entlastet man in C quasistatisch, so gelangt man zum Punkt C^*, wohingegen man bei plötzlicher Entspannung den Punkt C^{**} erreicht. Der plötzlich entspannte Prüfkörper zeigt — wie dies in Diagramm Bild 12 angedeutet ist — den Effekt der elastischen Nachwirkung, welcher nach [10] oft noch Wochen andauert. Dieser Zeiteffekt wirkt sich besonders bei der Bestimmung des Entspannungsmoduls aus, der stark geschwindigkeitsempfindlich ist.

Wird das Gestein sehr schnell belastet, so ist die Kennlinie steiler. Läßt man nun die Last in 0 konstant, so ergibt sich auch hier ein Zeiteffekt, indem der Zustandspunkt mit ständig abnehmender Geschwindigkeit nach dem quasistationären Punkt A wandert. Bei sofortiger Schnellentlastung jedoch erhält man einen durch den Winkel ω gekennzeichneten Modul, der als dynamischer Elastizitätsmodul bezeichnet werden kann. Dieser Modul nimmt mit wachsender Geschwindigkeit ständig zu. Das gleiche Verhalten zeigt der mittels eines Impulsgebers bestimmte dynamische Elastizitätsmodul, der mit der Frequenz des Meßsenders zunimmt.

An einer zuvor getemperten kieseritreichen Steinsalzprobe wurde der Anfangselastizitätsmodul zu $1{,}45 \cdot 10^5$ kp/cm² $\pm 5{,}5\%$ statisch bestimmt. Der an der gleichen Probe gemessene dynamische Anfangsmodul betrug dagegen $2{,}92 \cdot 10^5$ kp/cm² $\pm 2{,}0\%$, wobei die Frequenz des piezoelektrischen Gebers etwa 1 MHz betrug. Hierbei wurde die folgende Formel benutzt

$$E = \frac{\varrho\, v_t^2 (3\, v_l^2 - 4\, v_t^2)}{v_l^2 - v_t^2}. \tag{23}$$

Die Geschwindigkeit v_t der transversalen Wellen ergab sich beim unbelasteten Prüfkörper im Mittel zu 2300 m/s, die leichter bestimmbare Geschwindigkeit v_l der Longitudinalwellen zu 4200 m/s. Die Gesteinsdichte ϱ betrug 2,107 g/cm³.

Mit abnehmender Frequenz sinkt der dynamische Modul, und es ist anzunehmen, daß bei sehr geringer Frequenz, die als Grenzfall einer statischen Bestimmung gleichkommt, der statische Meßwert annähernd erreicht wird. Der künftigen Forschung wird die Aufgabe erwachsen, eine Eichkurve aufzustellen, die es gestattet, von den bei hoher Frequenz ermittelten dynamischen Meßwerten auf den statischen Wert zu extrapolieren. Solange aber eine solche Zuordnung noch nicht besteht, ist es nicht berechtigt, den dynamischen Elastizitätsmodul zur quantitativen Einschätzung des statischen Formänderungsverhaltens des Gebirges zu verwenden.

6. Die Querdehnungszahl

Die Querdehnungszahl m als Differentialquotient aus elastischer Rückfederung $d\varepsilon_1$ in Druckrichtung und elastischer Querverkürzung $d\varepsilon_q$ nimmt mit zunehmender Last monoton ab:

$$m = \frac{d\varepsilon_q}{d\varepsilon_1}. \tag{24}$$

Dies geht aus Zahlentabelle 6 hervor, welche das Ergebnis der an der Probe aus Älterem Steinsalz untersuchten Abhängigkeit der Querdehnungszahl von der Belastung zusammenfaßt.

Zur Sicherung des Mittelwertes wurden auch hier wieder bis zu 10 Einzelprüfkörper pro Mittelwert untersucht. Man erkennt, daß die variable Querdehnungszahl gegen den theoretischen Wert 2 konvergiert, und erhält aus (9) die Relation:

$$f = 4{,}1\, \frac{1 + 1{,}67 \cdot 10^{-2}\, p}{1 + 3{,}42 \cdot 10^{-2}\, p}. \tag{25}$$

Tabelle 6. Abhängigkeit der Querdehnungszahl von der Auflast (getempertes Älteres Steinsalz)

Auflast p [kg/cm²]	Querdehnungszahl f	Auflast p [kg/cm²]	Querdehnungszahl f
0	—	200	2,3
25	3,5	225	2,3
50	2,8	250	2,3
75	2,6	275	2,3
100	2,6	300	2,2
125	2,5	325	2,1
150	2,2	350	2,2
175	2,2	375	2,2

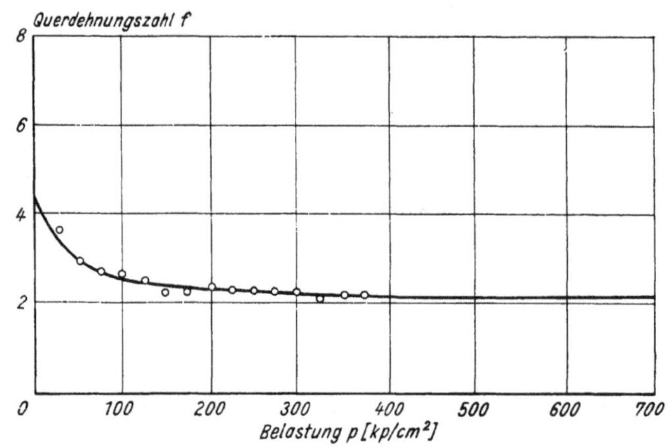

Bild 13. Abhängigkeit der Querdehnungszahl von der Auflast

Das Ergebnis von Zahlentabelle 6 ist in Diagramm Bild 13 graphisch dargestellt.[1])

An der kieseritreichen Steinsalzprobe wurde neben der Bestimmung des statischen und dynamischen Elastizitätsmoduls auch die Querdehnungszahl ermittelt. Der statisch bestimmten Anfangsquerdehnungszahl von 3,8 $\pm$ 6,3% steht ein dynamischer Meßwert von 3,5 $\pm$ 4,3% gegenüber. Die Meßfrequenz betrug auch hier 1 MHz. Die für die Berechnung benutzte Relation lautet:

$$m = \frac{2\,(v_l^2 - v_t^2)}{v_l^2 - 2\,v_t^2}\,. \tag{26}$$

Da die Fehlergrenzen beider Meßwerte sich überlappen, ist eine Aussage über den Geschwindigkeitseinfluß nicht möglich.

Die Querdehnungszahl wurde in situ an der „Kante" eines Hartsalzpfeilers durch eine Entspannungsmessung mittels Kernbohrung bestimmt. Das untersuchte Meßkreuz zeigte in vertikaler Richtung eine Rückdehnung von 0,069 mm und in stoßparalleler Horizontalrichtung eine Rückstauchung von 0,018 mm, wobei eine Entspannzeit von einer halben Stunde vorlag. Die Querdehnungszahl in situ ergab sich somit zu 3,8. Die Messung wurde an demselben Bohrkern nach zwei Stunden wiederholt und infolge der elastischen Nachwirkung eine Nachverformung in beiden Meßrichtungen registriert, welche zu einem Querdehnungswert von 4,1 führte. Die im Labor am Bohrkernmaterial bestimmte Anfangsquerdehnungszahl

[1]) Untersuchungen an Karbongesteinen ergaben einen relativ starken Abfall der Querdehnungszahl mit der Auflast, der durch die hohe Anfangsporosität des Gesteins mit beeinflußt sein mag.

betrug dagegen 4,5, lag also erwartungsgemäß höher als der Meßwert in situ, da das Pfeilergestein unter Spannung stand.[1])

7. Die Kompressibilität

Die Kompressibilität ist eine für die Beanspruchung des Gebirges wichtige skalare Kenngröße, welche — auf den mehrachsigen Spannungszustand erweitert — wie folgt definiert wird:

$$k = \frac{\Delta V}{\sigma_0 \cdot V}. \tag{27}$$

Hierbei bestimmt sich die Volumenänderung ΔV zu:

$$\Delta V = (\varepsilon_1 + \varepsilon_2 + \varepsilon_3) \cdot V. \tag{28}$$

Setzt man (10) und (28) in die Definitionsgleichung (27), so erhält man:

$$k = 3\,\frac{\varepsilon_1 + \varepsilon_2 + \varepsilon_3}{\sigma_1 + \sigma_2 + \sigma_3}. \tag{29}$$

Nach (8) besteht zwischen den Hauptdeformationen ε_1, ε_2, ε_3 und den Hauptspannungen σ_1, σ_2, σ_3 der folgende Zusammenhang:

$$\left.\begin{aligned}
\varepsilon_1 &= \frac{1}{F}\left[\left(\frac{f+1}{f} + \lambda\right)\sigma_1 - \left(\frac{1}{f} + \frac{\lambda}{3}\right)(\sigma_1 + \sigma_2 + \sigma_3)\right]\\
\varepsilon_2 &= \frac{1}{F}\left[\left(\frac{f+1}{f} + \lambda\right)\sigma_2 - \left(\frac{1}{f} + \frac{\lambda}{3}\right)(\sigma_1 + \sigma_2 + \sigma_3)\right]\\
\varepsilon_3 &= \frac{1}{F}\left[\left(\frac{f+1}{f} + \lambda\right)\sigma_3 - \left(\frac{1}{f} + \frac{\lambda}{3}\right)(\sigma_1 + \sigma_2 + \sigma_3)\right]
\end{aligned}\right\}. \tag{30}$$

Setzt man schließlich noch (30) in (29) ein, so resultiert:

$$k = \frac{3\,(f-2)}{f \cdot F}. \tag{31}$$

In dieser allgemeingültigen Beziehung ist die Plastizitätsfunktion λ nicht mehr enthalten, woraus ersichtlich ist, daß die Kompressibilität eine rein elastische Größe darstellt.

Als Spezialfall ist in (32) die Anfangskompressibilität enthalten, welche bei kleinen Belastungen den folgenden Wert hat:

$$k = \frac{3\,(m-2)}{m \cdot E}. \tag{32}$$

Aus den statisch bestimmten Werten von E und m berechnet sich für die untersuchte kieseritreiche Steinsalzprobe nach (32) eine Anfangskompressibilität von $0{,}98 \cdot 10^{-5}$ cm²/kp. Demgegenüber errechnet sich die dynamische Kompressibilität zu nur $0{,}44 \cdot 10^{-5}$ cm²/kp, woraus abgeleitet werden kann, daß sich das Gestein bei ausgeprägter Belastungsänderung steifer verhält. Mit zunehmender Auflast nimmt die Kompressibilität des Gesteins ab und konvergiert schließlich gegen den Wert Null. Dieses Ergebnis steht mit der Erfahrung im besten Einklang, da hochbeanspruchtes Material keine Zusammendrückung mehr erfahren kann.

Im Gegensatz zur Spannung ist die Kompressibilität des Gesteins eine skalare Feldgröße, deren Verteilungsbild dem Bergmann ein wertvolles Hilfsmittel zur Beurteilung der Anstren-

[1]) Es wurde analog (25) versucht, auch für das kieseritische Hartsalz eine Näherungsformel zu entwickeln, um die in situ gemessene Querdehnungszahl 3,8 auf Pfeilerkantenspannung umrechnen zu können. Der Versuch scheiterte jedoch bislang an den relativ hohen Fehlerwerten sowohl der Eichkurve als der Messung in situ selbst.

gung im Gebirge liefert, wobei als graphische Darstellung die Punktdichte-Verteilung zum Vorschlag gebracht wird. Bei einem Grubenpfeiler wird die Punktddichte am Pfeilerstoß hoch, im Pfeilerkern dagegen sehr gering sein. Dies bedeutet jedoch nicht, daß auch die Spannung im Pfeilerstoß höher als im Kern sein muß.

Für energetische Fragen der Gesteinszerstörung sei auf den Begriff der volumenbezogenen Kompressionsarbeit a aufmerksam gemacht, welche proportional der Kompressibilität ist:

$$a = \frac{1}{2} k \sigma_0^2 . \tag{33}$$

Da die tensorielle Darstellung wenig anschaulich ist, erscheint es ratsam und zweckmäßig, anstelle der Spannung die volumbezogene Kompressionsarbeit a als skalaren Vergleichswert einzuführen. Dieser Wert ist im Pfeilerkern, wo meist hydrostatische Beanspruchungsverhältnisse herrschen, mit Sicherheit größer als in der Außenzone, bei der eine der Spannungen — und zwar diejenige senkrecht zum Stoß — stets Null ist.

Obwohl die Kompressibilität im Innern eines Pfeilers gering ist, können — infolge der quadratischen Abhängigkeit der Kompressionsarbeit von der Hauptnormalspannung — erhebliche Energiemengen gespeichert werden. Demgegenüber treten am Stoß durch plastische Verformung und Rißbildung Energieverluste auf, deren Ausmaß jedoch vom Gesteinscharakter abhängt.

Literatur

[1] Dreyer, W.: Die Bedeutung von Modellversuchen an Salzgesteinen für die Beurteilung gebirgsmechanischer Probleme im Kalibergbau. Bergakademie, **16** (1964), 3, 157—162.

[2] Müller, L.: Der Felsbau. Ferdinand Enke Verlag, Stuttgart 1 (1963) 242.

[3] Müller. L.: Der Felsbau. Ferdinand Enke, Stuttgart 1 (1963) 26.

[4] Schmidt, W.: Festigkeit und Verfestigung von Steinsalz. Zs. für angewandte Mineralogie 1 (1939) 7.

[5] Dreyer, W. und Borchert H.: Entwicklung eines neuartigen Meßpatronentyps zur Bestimmung des absoluten Gebirgsdrucks in Salzgesteins-Pfeilern. Kali und Steinsalz **3** (1963) H. 10, 330.

[6] Dreyer, W.: Das elasto-plastische Hohlraumproblem. Die Naturwissenschaften **42** (1955) H. 13, 386.

[7] Dreyer, W.: Über das Festigkeitsverhalten sehr verschiedenartiger Gesteine. Die Bergbauwissenschaften **2** (1955) H. 7, 188.

[8] Dietze, W.: Stand der weiteren Erforschung der Gebirgsmechanik im Mansfelder Kupferschieferbergbau. Internationale Gebirgsdrucktagung Leipzig, Akademie-Verlag, Berlin (1958) 90.

[9] Hesselbarth, K.: Gesetzmäßigkeiten des Elastizitäts- und Festigkeitsverhaltens von Tiefbohrzement der Typen I und II sowie Sulfadurzement. Bergbauwissenschaften **7** (1960) H. 8, 184.

[10] Dreyer, W. und Borchert H.: Gesteinsmechanik und Gebirgsdruck. Bergbauwissenschaften **7** (1960) H. 9/10, 237.

Zwei Faktoren bei der Festigkeit von Gebirgskörpern

Von V. Mencl und A. Paseka, Brno

Das Streben um systematisches Beherrschen der komplexen Frage der Festigkeit von Gebirgskörpern bedeutet nicht nur, die Resultate der Versuche zu sammeln, sondern auch alle Faktoren zu untersuchen, die die Festigkeit beeinflussen. Die Verfasser möchten die Aufmerksamkeit auf zwei derartige Faktoren richten.

1 Die Volumenänderung in der Scherzone

1.1. Die Veränderung der Spannungen während der Schubbeanspruchung (z. B. von dem Spannungszustand K_0 auf Spannungszustand K_f, Bild 1) bringt eine Volumenänderung (Dilatation) mit sich, welche zwei Komponenten hat:

a) Eine Verkleinerung (bei Druck) durch die Vergrößerung der Summe der Hauptspannungen (Vergrößerung der durchschnittlichen Spannung von a_0 auf a_f). Diese Verkleinerung ist durch die Linie O_c (Bild 1) dargestellt.

b) Eine Vergrößerung (Dilatanz, bei dichtem Gebirge) oder Verkleinerung (Kontraktanz, bei lockerem Material), verursacht durch Schubstörung; diese Vergrößerung wird durch die Linie O_f charakterisiert.

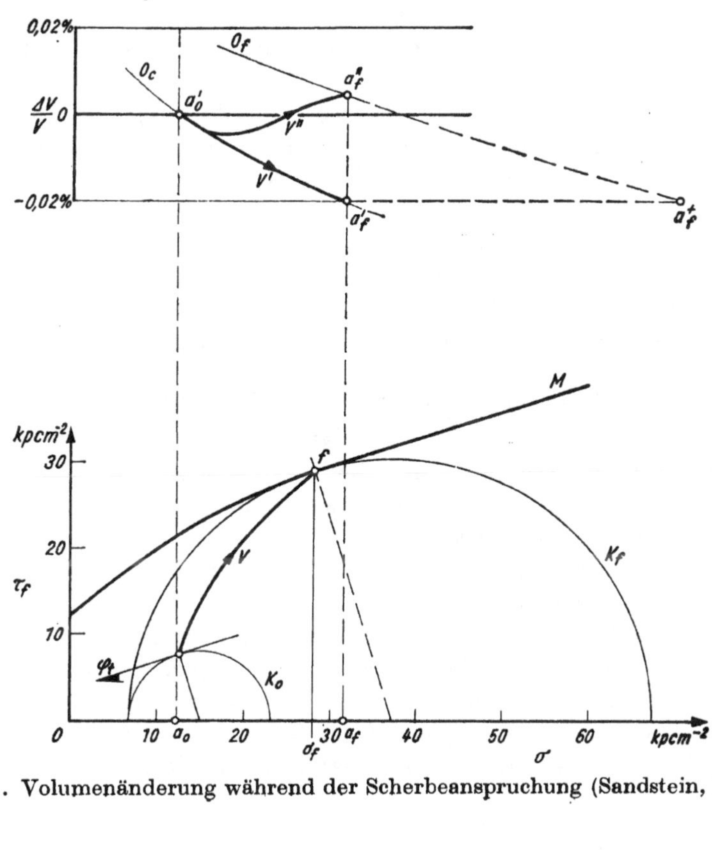

Bild 1. Volumenänderung während der Scherbeanspruchung (Sandstein, Eozän)

Während die Volumenänderung in der ungestörten Masse durch die Linie V' gegeben ist, verändert sich das Volumen in der Scherzone entsprechend der Linie V''.

1.2 Diese Erscheinung hat einen großen Einfluß auf den Mechanismus des Gebirgsverhaltens, wobei sich einige praktische Schlußfolgerungen ergeben.

1.21 Die Dilatanz verläuft in der Richtung gegen die Normalspannung auf der Scherfläche σ_f. Während der Störung muß die Schubkraft nicht nur die Arbeit in der Richtung der Scherfläche, sondern auch die durch die Dilatanz hervorgerufene leisten. Das hat folgende Konsequenzen:

a) Bei einem Gebirgskörper mit Dilatanz reduziert sich die Scherzone auf eine möglichst schmale Scherfläche, soweit es Struktur und Verband (im Sinne von L. MÜLLER [3]) zulassen. Bei einem Gebirgskörper mit Kontraktanz kann sich eine verhältnismäßig breite Schubzone bilden. Diese Erscheinung kommt nicht nur an Gebirgskörpern im bergmännischen Maßstab, sondern auch an geologischen Körpern zur Geltung.

b) Zu Festigkeitsversuchen an Gebirgskörpern mit Dilatanz kann man Scherversuche benutzen, soweit man dabei Struktur und Verband des Gebirges zur Wirkung kommen läßt. Bei den Scherversuchen (im Vergleich zu den Schubversuchen, ad c), wo nur eine relativ schmale Schicht abgeschert wird, ist man imstande, die Dilatanz zu messen, da sie nicht in der Volumenverkleinerung des übrigen Materials verborgen ist.

c) Bei den Festigkeitsversuchen an Gebirgskörpern mit Kontraktanz ist es notwendig, die Versuche so anzuordnen, daß eine möglichst breite Schubzone entstehen kann.

1.22 Die Dilatanz bewirkt einen noch größeren Beitrag zur Gebirgsfestigkeit dort, wo der Mechanismus an den Rändern des Gebirgskörpers eine Volumenvergrößerung unmöglich macht. Bild 1 zeigt, was für eine Vergrößerung der Spannungen (Punkt a_f^+) erforderlich ist, um die Dilatanz zu überwinden. Dies bringt aber auch eine Vergrößerung der Festigkeit mit sich.

Falls man also einen konservativen Tiefbau (ohne Destruktion) durchzuführen hat, soll man danach streben, die Dilatanz des Gebirges festzustellen und die Linie O_f zu bestimmen.

1.23 Die Rolle der Dilatanz oder Kontraktanz bei der Wirkung von Porenwasserdruck ist aus der Bodenmechanik wohl bekannt. Es sei nur erlaubt zu bemerken, daß im Falle von großen Porenwasserdrücken eine Mächtigkeits-Vergrößerung der Scherzone auftritt.

Bemerkung: Die Fragen der Kontraktanz und Dilatanz sind schon in den Ausdrücken „Innere Gesteinsbeweglichkeit" bzw. „Verformungswilligkeit" von L. MÜLLER (1958) angedeutet worden. Die Verfasser sind der Meinung, daß die in Abs. 1.1. angedeutete Analyse prinzipiell den Darstellungen in der allgemeinen Mechanik entspricht.

2 Die Festigkeit des vorbelasteten Körpers

2.1 Wie MENCL [2] an anderer Stelle gezeigt hat, spielt bei der Größe der Festigkeit von Gesteinen der sog. Bauschingereffekt (im verallgemeinerten Sinne) eine wesentliche Rolle. Es ist kein Grund vorhanden, daran zu zweifeln, daß dieses Phänomen auch bei der Festigkeit von Gebirgskörpern in Erscheinung tritt. Leider gibt es unseres Wissens nach bisher keinerlei Messungen zur Belegung dieses Phänomens. Ein Versuch zur Klärung dieser Frage ist in Bild 2 dargestellt. Es zeigt drei Schubversuche an Blöcken von tektonisch gestörtem, künstlich getrocknetem Tonschiefer. Bei dem ersten Versuch (b) ist man von dem hydrostatischen Spannungszustand $\sigma_1 = \sigma_2 = \sigma_3 = 5$ kpcm^{-2} (Punkt K_0) ausgegangen und hat dann σ_1 gesteigert. Der Bruch ist durch den Kreis K_f und die Spannungen auf der Scherfläche durch den Punkt f gegeben. Die MOHRsche Festigkeitslinie ist approximativ M (leider nur durch einen Punkt bestimmt).

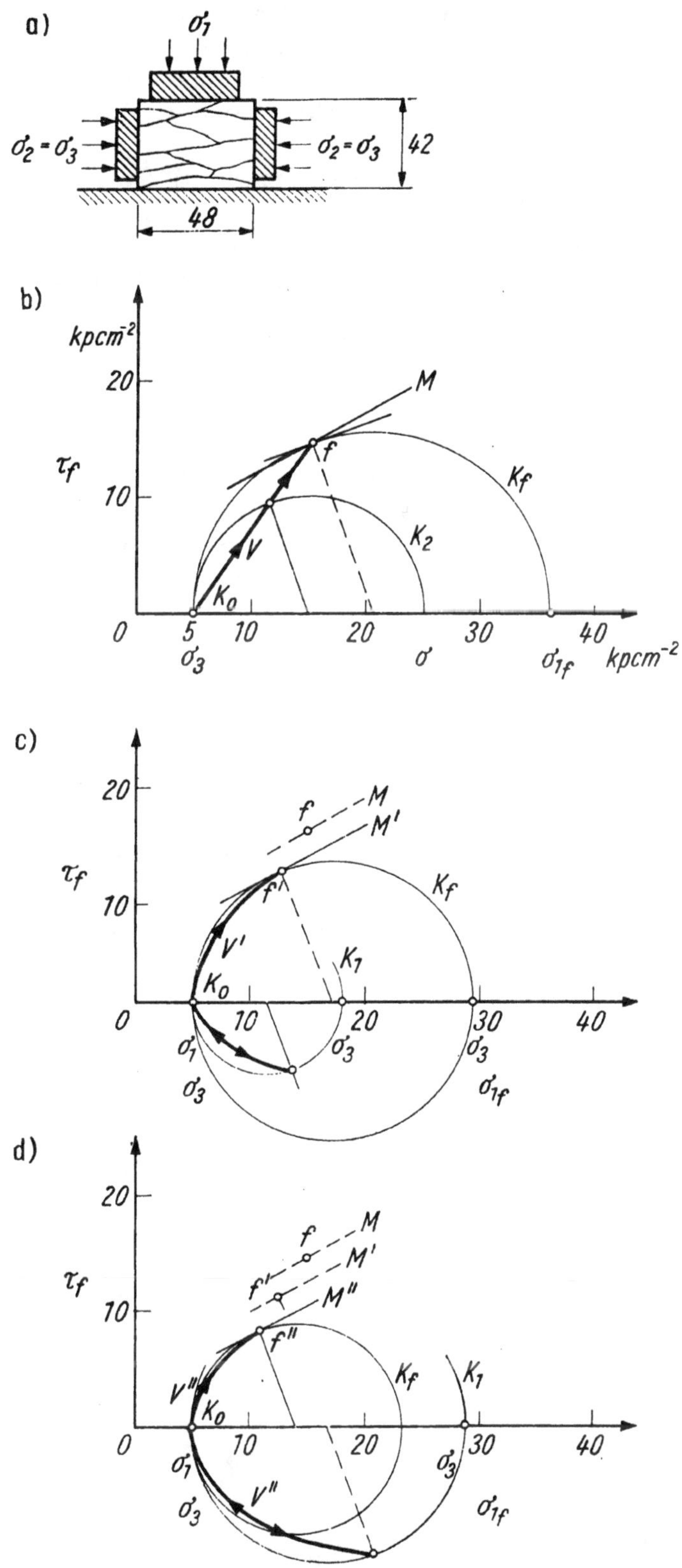

Bild 2. Schubfestigkeitsversuche an drei Gebirgsblöcken bei verschiedener Vorbelastung (Tonschiefer, Tertiär)

Bei dem zweiten Versuch (c) hat man mit den Spannungen wieder bei K_0 angefangen. Dann wurde die Spannung σ_3 bis auf 18 kpcm^{-2} (Kreis K_1) vergrößert und dann wieder zurück auf K_0 verändert. Durch Vergrößerung von σ_1 wurde der Bruchzustand erreicht (Kreis K_f). Die Festigkeit (Punkt f', approx. Mohrsche Linie M') ist jetzt kleiner als beim vorangegangenen Versuch.

Dieselben Verhältnisse zeigt der dritte Versuch (d), nur mit dem Unterschied, daß σ_3 bis auf 29 kpcm^{-2} erhöht wurde.

2.2 Aus diesen Versuchsergebnissen ist es möglich, zu folgenden Resultaten zu gelangen:

2.21 Immer dort, wo sich der Spannungszustand im Gebirge während der Bauzeit oder während des Betriebes grundsätzlich ändern kann, z. B. in der Reihenfolge $\sigma_1 = \sigma_2 = \sigma_3 \rightarrow \sigma_3 > \sigma_1 = \sigma_2 \rightarrow \sigma_1 > \sigma_2 = \sigma_3$ (in Fortführung bis zum Bruch), darf man nicht mit der vollen Festigkeit, die durch Folge $\sigma_1 = \sigma_2 = \sigma_3 \rightarrow \sigma_1 > \sigma_2 = \sigma_3$ (bis zum Bruch) festgestellt wurde, rechnen.

2.22 An dem Zuwachs der Festigkeit bei der dreiaxialen Beanspruchung beteiligt sich die Kohäsion sehr wenig. Größtenteils ist der Zuwachs durch innere Reibung gegeben, wobei der Anteil der Kohäsion sogar abnimmt.

2.23 Die Ergebnisse von dreiaxialen Versuchen mit Gesteinsproben deuten an, daß eine konservative Beanspruchung (d. h. die die Kohäsion am wenigsten stört) durch die Folge $\sigma_1 = \sigma_2 = \sigma_3 \rightarrow \sigma_1 > \frac{\sigma_1}{m} > \frac{\sigma_1}{n}$ (bis zum Bruch) gegeben ist (siehe auch H. Hoffmann [1]).

Literatur

[1] Hoffmann, H.: Untersuchungen an Karbongesteinen unter dreiaxialem Druck zwecks Berechnung von Gebirgsspannungen. Intern. Gebirgsdrucktagung Leipzig, Akademie-Verlag, Berlin 1958, 12–18.

[2] Mencl, V.: Proportions of Cohesion and of Internal Friction in the Strength of Rocks. Kollokv. Norges Geot. Inst., Oslo 1962.

—: Discussion. Jour. Soil Mech. Found. Eng. A.S.C.E. SM **1** (1963) 303–304.

[3] Müller, L.: Geomechanische Auswertung gefügekundlicher Details. Geol. u. Bauwesen **24** (1958) 1, 4.

Veränderlichkeit der Festigkeitseigenschaften von Gebirgskörpern in Abhängigkeit von natürlichen Bedingungen

von R. KVAPIL, Košice

Die Festigkeit des Gesteins ist eine Eigenschaft, und diese Eigenschaft ist im Grunde genommen eine Beziehung, die durch eine Reihe von Bedingungen bestimmt wird.

Bei Änderung der Bedingungen ändern sich auch die Eigenschaften. Aus diesem Grunde ist bei den Prüfungen der technischen Gesteinsfestigkeit die Einführung der dem natürlichen Gebirgskörper entsprechenden Bedingungen unbedingt notwendig, weil es sich nur bei Einhaltung der gleichen Prüfungsbedingungen um die gleichen Eigenschaften handelt, und nur so können die Ergebnisse verglichen werden [1].

Die Prüfbedingungen der technischen Gesteinsfestigkeit werden hauptsächlich mit Rücksicht auf die Möglichkeiten und Einrichtungen des Laboratoriums vereinbart.

Die natürlichen Bedingungen sind von den Laborbedingungen sehr abweichend. Erstere sind viel komplizierter und außerdem sind sie uns nicht alle bekannt. Es kann uns deshalb nicht überraschen, daß, solange wir bei den Prüfungen der technischen Gesteinsfestigkeit auch quantitative Werte bestimmen, wir uns bei natürlichen Bedingungen (Gebirgsmassiven) nur im Bereiche der qualitativen Werte der Festigkeiten bewegen.

Bei der Erkenntnis der Gesteinsfestigkeitseigenschaften gehen wir von der Tatsache aus, daß bestimmte Bedingungen bestimmte Funktionen haben. So z. B. ist die Art der Belastung (Spannungszustand) ein Faktor, welcher die Festigkeit bestimmt; wir unterscheiden eine Festigkeit bei triaxialer Belastung, eine Druckfestigkeit, Schubfestigkeit, Zugfestigkeit usw.

In Abhängigkeit von der Belastungsart ändert sich auch qualitativ die Gesteinsfestigkeit. Wenn wird auch bei natürlichen Bedingungen keine quantitativen Werte anführen können, so wissen wir doch, daß das Gebirgsmassiv bei triaxialer Belastung eine größere Festigkeit hat als bei einachsigem Druck oder bei Belastung auf Biegung, Zug usw.

Ein weiterer natürlicher Faktor ist die Belastungsgeschwindigkeit, d. h. der Einfluß des Zeitfaktors.

Sein Einfluß auf die Festigkeitseigenschaften des Gesteins ist dadurch charakterisiert, daß die Festigkeit um so kleiner wird, je langsamer die Belastung wirkt, also je länger die Belastungszeit ist. Diese Beziehung ist schematisch im Bild 1 gezeichnet; hier bedeuten: σ die Festigkeit und Z die Wirkungszeit der Belastung.

Ein anderer bekannter Faktor, der die Festigkeitseigenschaften von Gebirgskörpern beeinflußt, ist der Einfluß der Strahlungsenergien [5]. Der einfachste Einfluß ist durch Wärmeenergie bedingt. Er besteht darin, daß sich mit Erhöhung der Wärmeenergie die Gesteinsfestigkeit verringert. Wenn wir die Festigkeit mit σ und die Temperatur mit T bezeichnen, so können wir schematisch ein ähnliches Diagramm wie für den Einfluß der Belastungszeit zeichnen. Ein prinzipielles Schema des Einflusses der Temperatur T auf die Festigkeit σ ist in Bild 2 wiedergegeben.

Ferner spielt die Größe des belasteten Gebirgsmassivs eine wichtige Rolle. Mit der Vergrößerung des Umfanges vergrößert sich auch die Zahl von Störungen im Gestein [2, 4]. Es ist daher logisch, daß sich mit der Vergrößerung des Gebirgsmassivs die Festigkeit verringert. Der Einfluß der Zunahme der Größe G des belasteten Gebirgsmassivs auf die Verringerung der Gesteinsfestigkeit σ ist im schematischen Bild 3 zu sehen.

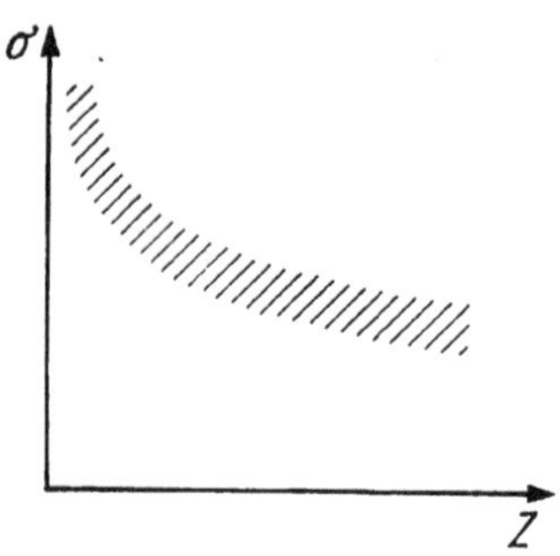

Bild 1

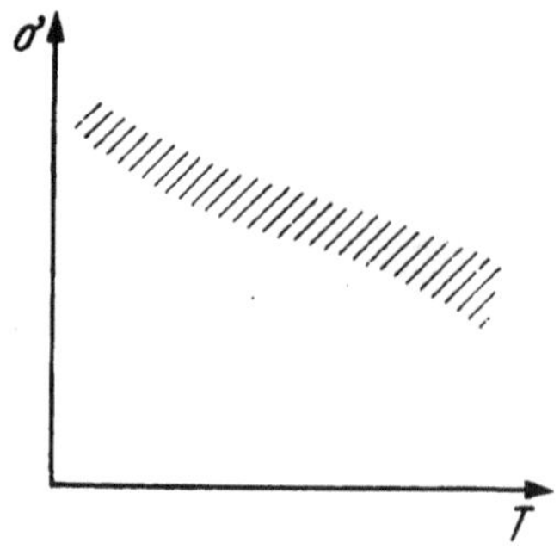

Bild 2

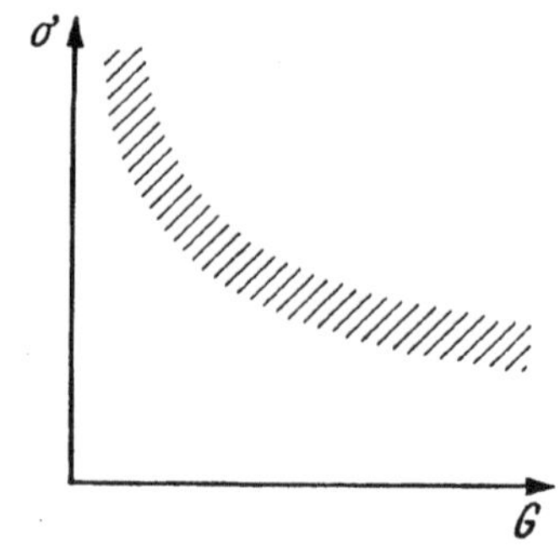

Bild 3

Alle drei angeführten Abbildungen haben eine qualitative Bedeutung. In bezug auf Quantität können wir diese vorerst nicht begrenzen. Denken wir z. B. im Ausmaß des ganzen Gebirges, so muß man sich vor Augen halten, daß in der Natur der gesamte Einfluß des Zeitfaktor Z, der Temperatur T und der Größe G in demselben Sinne abgelaufen ist und daß dadurch die Gesteinsfestigkeit bedeutend mehr verringert wurde als bei Einwirkung eines einzelnen Faktors. Die Natur arbeitete mit einer langen Zeit Z, mit einer verhältnismäßig hohen Temperatur T und mit einem großen Umfang des Gebirgsmassivs G. Die Gesteinsfestigkeit war deswegen relativ klein, und die tektonischen Prozesse spielten sich bei viel kleineren Beanspruchungen ab, als gewöhnlich angegeben wird.

Die Faktoren, die die Festigkeitseigenschaften von Gebirgskörpern beeinflussen, können sich gegenseitig ersetzen. Die Grenzen gegenseitiger Ersetzung sind nicht fest; sie sind sehr veränderlich und sind vom Anteil der teilnehmenden Faktoren in den jeweiligen Kombinationen abhängig.

Was den Faktor der Größe anbelangt, so ist bei natürlichen Bedingungen alles äußerst kompliziert. Qualitativ sind andere Bedingungen in den horizontalen als in den vertikalen Abmessungen vorhanden. Bei der Oberfläche der festen Erdkruste herrscht die vertikale Belastung vor. Für die tieferen Partien der Lithosphäre ist es richtiger vorauszusetzen, daß dort die Seitenkräfte (natürlich jene mit Charakter von dynamischer Belastung) über den vertikalen Kräften vorherrschen. Es handelt sich dabei nicht um statische Erscheinungen, aber um die stetige Bewegung des hochbeanspruchten Gebirges. Diese Bewegung des hochbeanspruchten Gebirges hat seine Erwärmung zur Folge [3].

Eine wichtige Bedingung, die die Festigkeitseigenschaften beeinflußt, ist die Form des beanspruchten Gebirgskörpers. Ihr Einfluß ist unter labortechnischen Bedingungen allgemein bekannt. Der Einfluß der Form kommt aber auch in der Natur voll zur Geltung; dabei

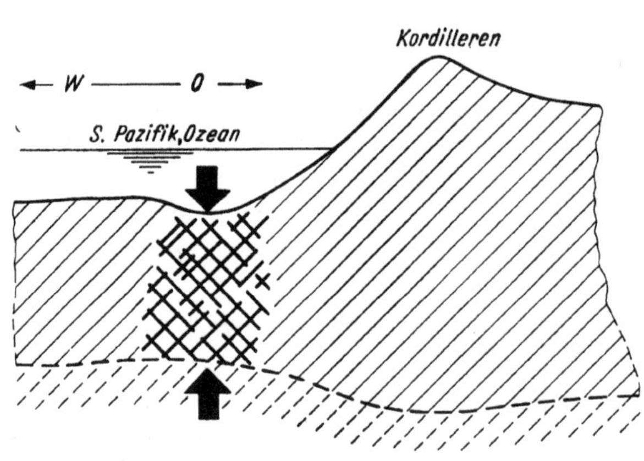

Bild 4

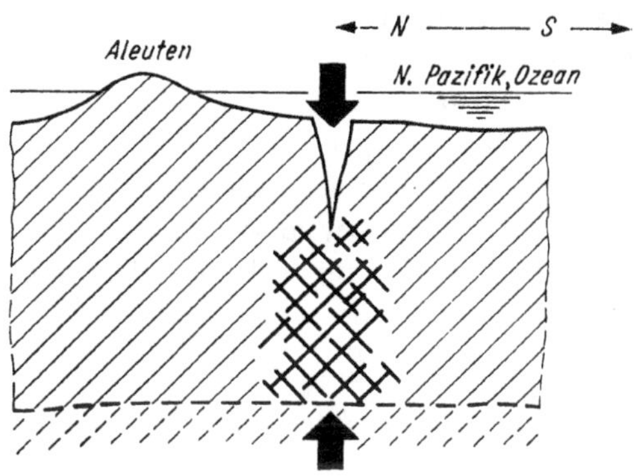

Bild 5

kann es sich um riesige Ausmaße handeln. So z. B. haben gewisse Bereiche der Erdkruste Formen, die einen Kerbeffekt verursachen. Dabei ist es belanglos, ob der Kerbeffekt auf jene Art hervorgerufen wird, die z. B. für die westliche Küste Südamerikas in der Zone unter den Kordilleren gegeben ist (Bild 4) oder ob der Kerbeffekt in der festen Erdkruste durch einen Tiefseegraben verursacht wird, wie dies Bild 5 schematisch darstellt, und zwar z. B. im Falle des Aleuten-Grabens. Die Kerbe hat bei beliebiger Art der Belastung in bezug auf ihre Lage eine Konzentration und Vergrößerung der Spannung zur Folge. Sie bestimmt durch ihre Funktion die Zone der Abschwächung; in dieser kann es zu verschiedenartigen Störungen kommen. Für die Gebiete mit großer Erdbebenhäufigkeit ist charakteristisch, daß sie gerade an solchen Stellen auftreten, die wir als Kerben in der Erdkruste bezeichnen können. (Die Ergebnisse experimenteller Forschung zu diesem Problem werden z. Z. für eine ausführliche Veröffentlichung bearbeitet.) In dieser Problematik ist es sehr wichtig zu bestimmen, durch welche Art der Belastung die Kerbe am empfindlichsten reagiert; dies könnte vielleicht als Schlüssel zur Vorhersage von Erdbeben dienen.

Die Bergbauproblematik liegt natürlich innerhalb bedeutend kleinerer Abmessungen, maximal in km-Bereichen. Dabei verursachen die Bergbauarbeiten nicht nur Formänderungen, sondern auch Veränderungen in der Art der Beanspruchung, in der Verformung usw.

Durch die Schaffung eines Hohlraumes verändern wir die grundlegenden Bedingungen des Gesteins in der Umgebung. Die Gesteinsfestigkeit um den Hohlraum wird unterschiedlich sein. In Übereinstimmung mit Bild 6 wird sich die relativ größte Festigkeit in einer Entfernung vom Hohlraum *H* befinden, wo die ursprünglichen Bedingungen nicht gestört wurden. Dies repräsentiert im Bild 6 der Punkt *A*.

Die Festigkeit verringert sich zum Punkt *B* und ist relativ am kleinsten unmittelbar am Rande des Hohlraumes *H*, z. B. im Punkte *C*.

Man muß sich daher vor Augen halten, daß wir durch die Bergbauarbeiten die Bedingungen der Festigkeitseigenschaften derart ändern, daß sich die Gesteinsfestigkeit um den Hohlraum verringert. In Hinsicht auf die Verformungsprozesse können wir sagen, daß sich durch die Bergbauarbeiten die ursprünglich positive Deformation auf negative Deformation ändert, wobei sich die Gesteinsfestigkeit verkleinert [6].

Bild 6

Die Gesteinsfestigkeit ist von einer ganzen Reihe weiterer Bedingungen abhängig. Alle können wir nicht anführen, und dies war auch nicht das Ziel dieses Beitrages.

Das Ziel war es zu betonen, daß die Festigkeitseigenschaften von Gebirgskörpern in der Natur keine konstanten Werte sind, im Gegenteil, sie sind sehr veränderlich. Dies kompliziert zwar die technische Lösung, bedingt aber andererseits die Größe und die Schönheit der Natur. Die Tatsache der Veränderlichkeit der Festigkeitseigenschaften von Gebirgskörpern müssen wir in vollem Umfange für unsere Betrachtungen berücksichtigen, weil wir sonst im Bergbau die Natur nicht umbilden könnten für das bessere Leben der Menschen.

Literatur

[1] KVAPIL, R.: Mechanical Properties of Rock. Techn. Digest, No. 9, (1961) 3–13.

[2] SANDER, B.: Einführung in die Gefügekunde. Springer-Verlag, Wien 1948.

[3] ROBERTS, J.: Thermodynamic Agencies and their Influence on Rock-temperatures. Colliery Engng., May 1954, 208–209.

[4] MÜLLER, L.: Die Standfestigkeit von Felsböschungen als spezifisch geomechanische Aufgabe. Felsmechanik und Ingenieurgeologie, Vol. I/1, (1963) 50–71.

[5] KVAPIL, R.: Einfluß der Strahlungsenergie auf die Gesteinseigenschaften. Geologie und Bauwesen, Nr. 2–3, (1950) 142–147.

[6] KVAPIL, R.: Natürliche Gesteinszerstörung, Freiberger Forschungshefte A 156, Akademie-Verlag, Berlin 1961.

Über den Maßstabseffekt bei Untersuchung von Gestein und Kohle

von M. M. Protodjakonov und M. I. Kojfman, Moskau

Unter dem Maßstabseffekt oder dem Maßstabsfaktor versteht man die Veränderung der Festigkeit realer Körper bei Änderung ihrer Abmessungen. Diese Erscheinung lenkte und lenkt die Aufmerksamkeit der Forscher aus vielen Ländern auf sich.

Die Festigkeit von Gesteinen, Kohle oder anderen Materialien wird verhältnismäßig einfach an Proben geringer Abmessungen ermittelt. Man benutzt diese so erhaltenen Werte bei der Festigkeitsberechnung von Bergfesten großer Ausmaße, wo die unmittelbare Festigkeitsbestimmung Schwierigkeiten bereitet oder nicht durchführbar ist. Bei Projektanten tritt deshalb immer die Frage auf: Wie groß ist denn nun eigentlich die Festigkeit; ist sie kleiner oder größer? Dem Maßstabseffekt begegnet man auch bei der Gesteinszerstörung durch die verschiedenen Bergbaumaschinen. Der spezifische Energieverbrauch zur Zerstörung (Zertrümmerung) von Kohle oder Gestein hängt wesentlich von den Abmessungen des vom Verband zu trennenden Materials ab.

Durch die Pioniere auf diesem Arbeitsgebiet wurde festgestellt, daß mit der Vergrößerung der Abmessungen des zu zertrümmernden Materials die Festigkeit geringer wird. Die Erscheinung wurde zufriedenstellend durch die sogenannte statistische Festigkeitstheorie erklärt. Entsprechend dieser Theorie enthalten alle realen Körper verschiedene Einschlüsse, Klüfte, Poren und Inhomogenitäten.

Am häufigsten trifft man auf Klüfte mittlerer Abmessungen. Je größer diese sind, desto seltener sind sie anzutreffen. Deshalb sind größere Klüfte, die zur Zerstörung eines Probekörpers führen, bei kleinen Proben nicht wahrscheinlich. Mit dem Anwachsen der Abmessungen der Proben hingegen steigt diese Wahrscheinlichkeit. Folglich verringert sich in der Regel mit dem Anwachsen der Abmessungen auch die Festigkeit.

Allerdings wurde nach dem Vorhandensein einer Fülle experimenteller Werte festgestellt, daß in einigen Fällen die umgekehrte Erscheinung auftritt; d. h., die Festigkeit nimmt zu und nicht ab. Außerdem stellten einige Forscher experimentell fest, daß die Festigkeit praktisch nicht von den Abmessungen der Probekörper abhängt. Diese Erscheinungen ließen sich nicht mit der statistischen Festigkeitstheorie erklären.

Jeder der Autoren vertrat den Standpunkt, daß nur seine Werte richtig seien und andere, die entgegengesetzte Resultate erhielten, irriger Auffassung wären. Es entstand dadurch ein Wirrwarr bei der Behandlung dieses Fragenkomplexes, und die Praktiker wußten nicht mehr, welchen Standpunkt sie unterstützen sollten.

Die durch M. I. Kojfman [1] vorgenommene Verallgemeinerung und die Analyse der in der Literatur vorhandenen Werte [2—13] sowie seine eigenen Untersuchungen, die er 1930 im Institut für feste Rohstoffe begann und seit 1936 im Bergbauinstitut der Akademie der Wissenschaften der UdSSR fortsetzte, gestatteten vor allem die Feststellung, daß man die Ergebnisse experimenteller Untersuchungen in 3 Gruppen einteilen kann:

Auf Bild 1 sind einige der häufigsten Kurven des Maßstabseffektes aufgetragen. Für sie ist eine Verringerung der Festigkeit bei einachsigen Druck mit der Erhöhung der Probenabmessungen charakteristisch.

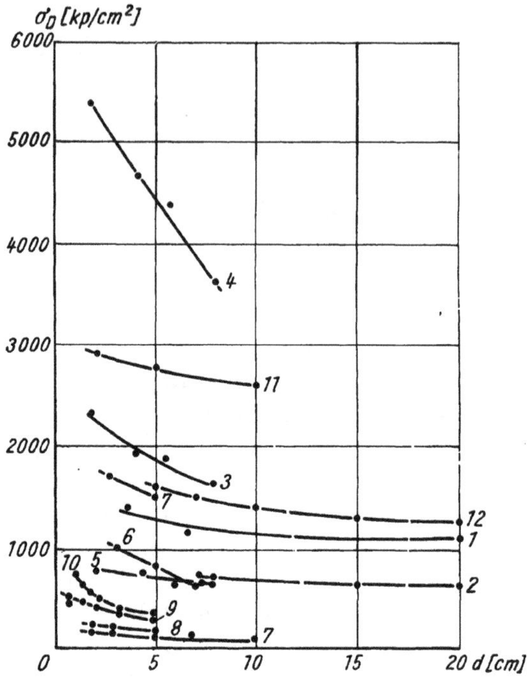

Bild 1

In einigen Fällen (Bild 2) erhielt man Kurven mit der entgegengesetzten Tendenz. Die Kurven zeigten eine Erhöhung der Festigkeit bei Vergrößerung der Probenabmessungen.

Die dritte Gruppe von Kurven (Bild 3) zeigt ein geneigtes oder flaches Maximum, so daß in einem bestimmten Bereich der Maßstabseffekt zu fehlen scheint.

Schematisch lassen sich alle 3 Gruppen durch die im Bild 4 gegebene Zusammenfassung darstellen.

Dieser erhebliche Widerspruch der experimentell erhaltenen Werte ist kein Zufall. Alle diese Werte verdienen das gleiche Vertrauen. Die Existenz unterschiedlicher Kurven wurde von KOJFMAN 1959 durch die Hypothese von zwei Maßstabseffekten erklärt [1], über die in den Diskussionen auf dem internationalen Symposium in Roll (USA) und auf dem Ländertreffen des IBG 1962 [14] schon kurz gesprochen wurde.

Diese Hypothese läßt sich wie folgt formulieren:

1. Es existiert nicht ein, sondern es bestehen zwei Maßstabseffekte;
2. unter dem Einfluß des Haupteffektes oder des Volumeneffektes, der vom Vorhandensein von Störungen im Probevolumen abhängt, verringert sich mit der Vergrößerung dieses Volumens die Festigkeit;

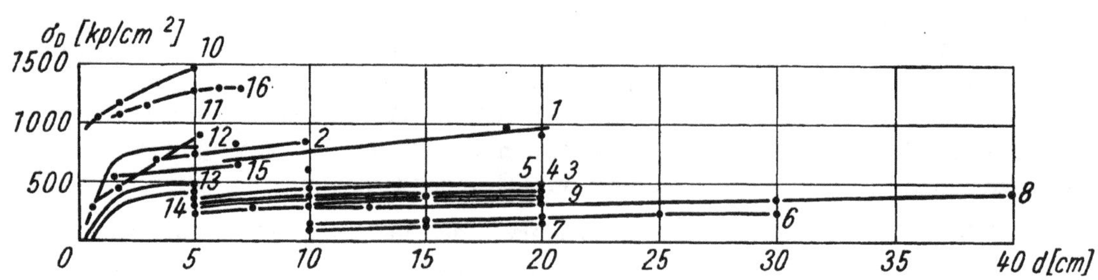

Bild 2

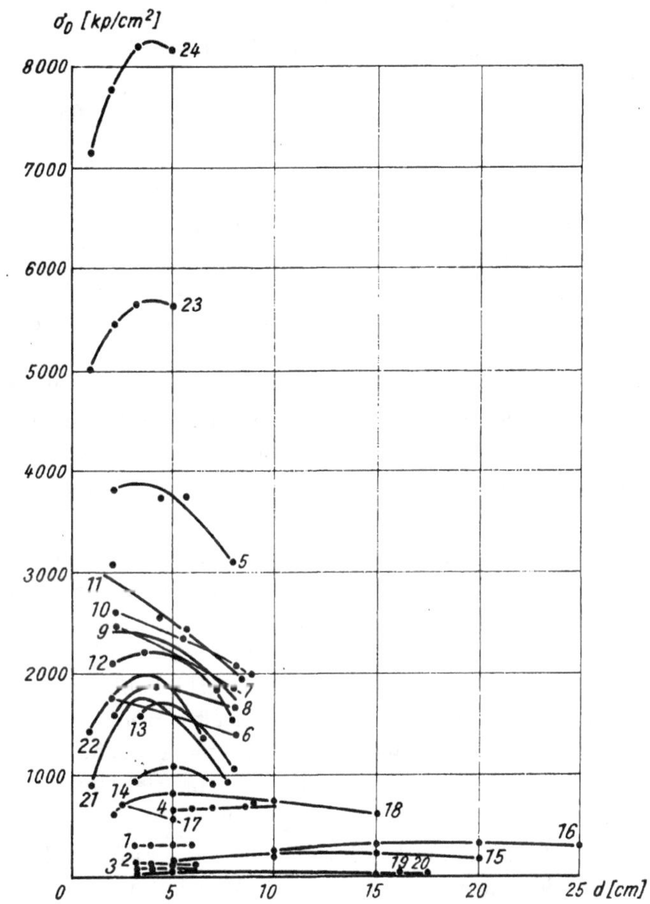
σ_D [kp/cm²]
8000
7000
6000
5000
4000
3000
2000
1000
0
5
10
15
20
25 d [cm]

Bild 3

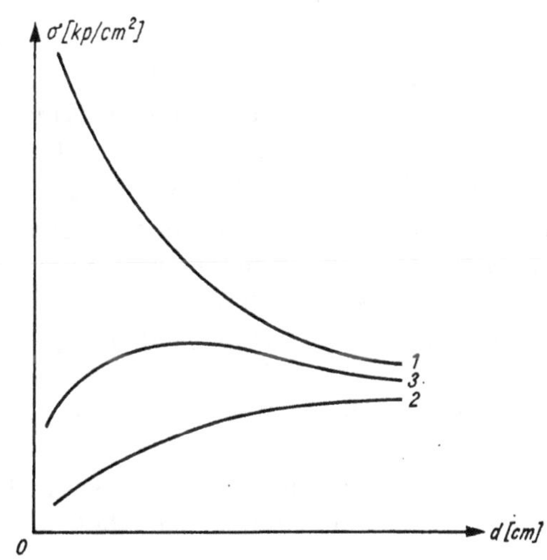
σ [kp/cm²]
1
3
2
0
d [cm]

Bild 4

3. unter dem Einfluß eines Zusatzeffektes, des Oberflächeneffektes, wächst mit der Vergrößerung der Probeabmessungen die Festigkeit;
4. beide Effekte wirken gleichzeitig. Überwiegt der Volumeneffekt, dann gehen die Kurven nach unten (Bild 1). Ist der Oberflächeneffekt stärker, dann gehen gemäß Bild 2 die Kurven nach oben. Wenn sich beide Effekte gegenseitig aufheben, dann erhält man Kurven von der in Bild 3 aufgeführten Gestalt.

Wir wollen die Hypothese näher erläutern. Der Haupteffekt entspricht der statistischen Festigkeitstheorie. Er hängt ab vom Vorhandensein von Rissen, Poren und Inhomogenitäten im Probevolumen. Die Festigkeit des Probekörpers oder seiner Teile wird durch die größten dieser Störungen bestimmt. Die Wahrscheinlichkeit des Auftretens solcher großen Störungen steigt mit der Volumenvergrößerung, d. h. mit der Zunahme der linearen Abmessungen des Körpers.

Bei der Probenahme und der weiteren Bearbeitung des Materials zu Probekörpern führen große Klüfte bereits zur Zerstörung der Probe vor Beginn des eigentlichen Versuches. Für die Untersuchungen werden folglich nur Proben ohne große „Defekte" verwendet, die dann erhöhte Festigkeit aufweisen. Eine Erhöhung der Probeabmessungen bewirkt das Eintreten des Volumeneffektes, d. h. die Festigkeit sinkt (Bild 1).

Der Zusatzeffekt — der Oberflächeneffekt — hängt von der Änderung der Oberflächeneigenschaften der Proben bei ihrer Vorbereitung ab. Die mechanische Bearbeitung oder die Einwirkung von Feuchtigkeit kann zur Zerstörung der Oberflächenschicht führen. Bekanntlich steigt mit Verringerung der Abmessungen die relative Oberfläche der Proben; d. h., die Oberfläche pro Volumeneinheit wird größer. Eine Oberflächenbeschädigung wird sich bei kleinen Proben relativ stärker auswirken. Die Folge ist eine Herabsetzung der Festigkeit bei Verkleinerung der Proben (Bild 2). Dies wurde von einigen Forschern bei der Untersuchung von grobkörnigem Sandstein mit rauher Oberfläche oder bei der Untersuchung von Steinsalz infolge dessen hygroskopischer Eigenschaften festgestellt.

Der Oberflächeneffekt tritt nicht nur bei Laborversuchen auf, sondern auch in situ, und zwar in Abhängigkeit vom Beschädigungsgrad durch Maschinen und Schießarbeit.

Wenn sich bei der Probenherstellung die Festigkeit der Oberflächenschicht nicht verringert, sondern größer wird, z. B. durch die Ausbildung einer festen Rinde bei Zementproben, durch Oberflächenverhärtung bei plastischen Metallen während der mechanischen Bearbeitung usw., dann führt dieser Oberflächeneffekt zur Herabsetzung der Festigkeit mit Vergrößerung der Probekörperabmessungen, d. h., er ist dem Volumeneffekt analog (Bild 1).

Bei der gemeinsamen Wirkung beider Effekte wird bei kleinen Proben der Oberflächeneffekt stärker in Erscheinung treten. Bei Proben mittlerer Abmessungen heben sich beide Effekte auf, während bei großen Proben mit geringer relativer Oberfläche der Volumeneffekt überwiegt. Im Ergebnis erhält man Kurven gemäß Bild 3.

Ist der Oberflächeneffekt durch eine Verfestigung der Oberflächenschichten des Körpers begründet, dann führt das gemeinsame Wirken beider Effekte zu einer Verstärkung des Volumeneffektes, und die Kurven (Bild 1) sind steiler.

Die Hypothese zweier Maßstabseffekte gestattete folglich, die Widersprüche zwischen den Meßwerten und den Schlußfolgerungen der einzelnen Autoren sowie die entstandene Verwirrung zu beseitigen. Ferner ergibt sich die Möglichkeit für eine rationelle Erklärung der Meßergebnisse.

Vermeidet man den Oberflächeneffekt durch eine vorsichtige Bearbeitung der Probekörper, dann läßt sich der Volumeneffekt angenähert durch folgende Gleichung beschreiben (Bild 5):

$$\sigma_1 = \sigma_M \frac{d + m\,b}{d + b}\,, \tag{1}$$

wobei bedeuten:

σ_1 — Festigkeit bei gegebenen Abmessungen

σ_M — Verbandsfestigkeit

m — Verhältnis der Festigkeit extrem kleiner Probekörper (ohne Störungen) zur Verbandsfestigkeit bei Gesteinen mit beliebigen Störungen im Verband

d — Abmessung der Probe

b — Konstante, welche die Gesetzmäßigkeiten im Auftreten von Störungen charakterisiert

Offensichtlich wird für $d \to 0$:

$$\sigma_1 \leqq m\,\sigma_M;$$

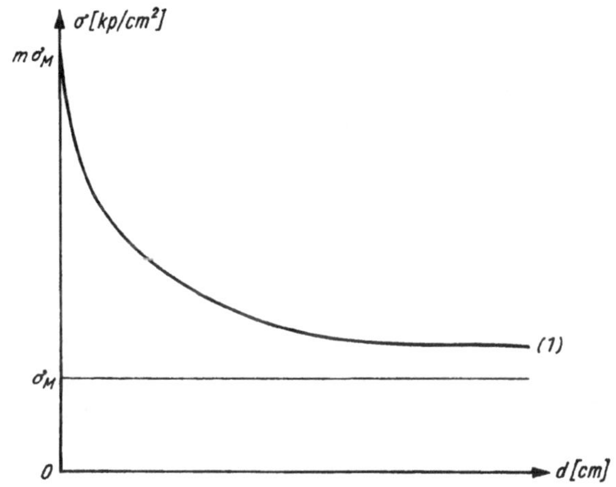

Bild 5

d. h., für extrem kleine Proben wird deren Festigkeit gleich der Verbandsfestigkeit für Gesteine ohne Störungen.

Für $d \to \infty$ kann man die anderen Glieder im Zähler und Nenner vernachlässigen.

Man erhält dann:

$$\sigma_1 \geqq \sigma_M;$$

d. h., mit Erhöhung der Abmessungen d nähert sich die Probenfestigkeit σ_1 asymptotisch der Verbandsfestigkeit σ_M.

Je größer die Klüftung im Verband ist, desto größer wird m und um so steiler wird die Kurve des Maßstabseffektes. Für $m = 1$ werden Zähler und Nenner in Gleichung (1) identisch. In solchen Fällen wird der Maßstabseffekt vollständig verschwinden, und die Festigkeit der Probe ändert sich nicht mit den Abmessungen.

Die Größe b stellt die Konstante des Volumeneffektes dar. Je größer b ist, desto flacher wird unter sonst gleichen Bedingungen die Kurve des Volumeneffektes. Gibt es in einem Gestein kleine Risse und Klüfte, dann ist b klein und die Festigkeit kleiner Proben nähert sich der Verbandsfestigkeit. Verfügt das Gebirge über große, aber seltene Störungen, dann wird b groß. Damit ist nur für große Probekörper eine Annäherung der Probenfestigkeit und der Verbandsfestigkeit zu erwarten.

Folglich werden die Größen m und b gemeinsam den Einfluß der Klüfte usw. im Gebirge ausdrücken. Die Größe m charakterisiert die allgemeine Intensität der Klüftung, die Größe b charakterisiert die differentielle Klüftigkeit, d. h. das Vorhandensein kleiner bzw. großer aber seltener Klüfte.

Der zusätzliche Einfluß des Oberflächeneffektes läßt sich durch folgende Gleichung ausdrücken:

$$\sigma_2 = \sigma_1 \frac{d + nc}{d + c}, \tag{2}$$

wobei bedeuten:

σ_2 — Festigkeit des Probekörpers mit den gegebenen Abmessungen d unter Berücksichtigung beider Effekte

n — eine Größe, welche die Veränderung der Oberflächenfestigkeit im Verhältnis zur Gesamtfestigkeit des Probekörpers berücksichtigt

c — eine Größe, welche die Dicke der Oberflächenschicht, deren Eigenschaften sich während der Bearbeitung verändert haben, berücksichtigt

Für $d = 0$ erhält man:

$$\sigma_2 = n\sigma_1;$$

d. h., die Probekörperfestigkeit σ_2 strebt bei Verringerung der Abmessungen gegen die Festigkeit der Oberflächenschicht. Für $d \to \infty$ erhält man analog m (1):

$$\sigma_2 = \sigma_1.$$

Für sehr große Volumina von Probekörpern schwächt sich der Oberflächeneffekt ab und die Probekörperfestigkeit σ_2 nähert sich asymptotisch der Verbandsfestigkeit.

Offensichtlich ist für $n = 1$ Zähler und Nenner in Gleichung (2) für beliebige d gleich; d. h., die Eigenschaften der Oberflächenschicht werden sich von den Eigenschaften des Gebirges nicht unterscheiden. Folglich entfällt für $n = 1$ die Wirkung des Oberflächeneffektes.

Verringert sich während der Bearbeitung des Probekörpers oder des Pfeilers die Festigkeit an der Oberfläche, dann muß man dies durch die Veränderung des Koeffizienten n ausdrücken $(1 > n > 0)$.

In diesem Falle ist der Zähler in Gleichung (2) stets kleiner als der Nenner und folglich ist $\sigma_2 < \sigma_1$.

Mit Vergrößerung der Abmessungen d wird die Festigkeit σ_2 solcher Proben anwachsen (Bild 6(2)). Für $n = 0$, d. h. bei völliger Zerstörung der Oberflächenfestigkeit, strebt die Festigkeit kleiner Proben $\sigma_2 \to 0$.

Wenn infolge mechanischer Bearbeitung der Gesteinsoberfläche oder infolge Einwirkung physikalisch-chemischer Faktoren auf diese Oberfläche die Oberflächenfestigkeit ansteigt, dann drückt sich dies durch $n > 1$ aus. Der Zähler in Gleichung (2) ist dann größer als der Nenner und die Festigkeit des Probekörpers σ_2 wird sich bei Vergrößerung der Abmessungen d verringern (Bild 6(3)). Dies geschieht analog der Wirkung des Volumenfaktors (Bild 5).

Eine Vereinigung der Gleichungen (1) und (2) ergibt:

$$\sigma_2 = \sigma_M \frac{d + mb}{d + b} \cdot \frac{d + nc}{d + c}. \tag{3}$$[1]

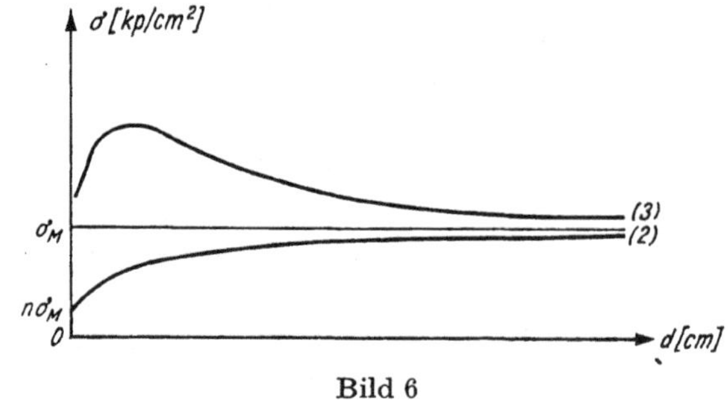

Bild 6

[1]) Die Ableitung der Gleichungen (1, 2 und 3) und ihre Analyse wurde von M. M. PROTODJAKONOV durchgeführt.

Bei geringen Abmessungen der Proben, d. h. bei $d \to 0$ wird Gleichung (3) zu

$$\sigma_2 \leqq m\, n\, \sigma_M .$$

Die Summenwirkung beider Maßstabeffekte wird folglich durch den Ausdruck $m \cdot n$ wiedergegeben. Überwiegt die Schwächung der Oberflächenschicht infolge Bearbeitung, erhält man $m \cdot n < 1$; d. h., die Festigkeit kleiner Probekörper σ_2 wird geringer als die Verbandsfestigkeit. Für $m \cdot n = 1$ sind beide Festigkeitswerte gleich; für $m \cdot n > 1$ ist die Festigkeit $\sigma_2 > \sigma_M$.

Eine Untersuchung der Gleichung (3) zeigt, daß sie ein Maximum in Abhängigkeit von den Werten der Koeffizienten m, n, b und c besitzt.

Mit Anwachsen von m, d. h. mit Anwachsen der Klüftigkeit des Gebirges, erhöht sich das Maximum der Summenkurve gemäß Gleichung (3) und verschiebt sich für Probekörper geringer Abmessung in Richtung der Ordinate. Folglich wird die Kurve steiler.

Eine Erhöhung des Koeffizienten für die differentielle Klüftigkeit b, d. h. das Vorhandensein großer aber seltener Klüfte bei der gleichen Klüftigkeit m, führt ebenfalls zu einer Erhöhung des Maximums der Summenkurve. Jedoch verschiebt sich die Kurve mehr nach rechts in Richtung auf große Abmessungen von Probekörpern.

Eine Erhöhung von n, d. h. eine Verbesserung der Bearbeitungsqualität der Oberfläche, wirkt in gleicher Weise wie der Faktor m. Die Kurve verschiebt sich nach links und wird steiler. Folglich führt eine Verbesserung der Oberflächenbearbeitung zu einem größeren Wirksamwerden des Maßstabseffektes.

Ein Anwachsen des Koeffizienten c, d. h. ein Anwachsen der Stärke der beschädigten Oberflächenschicht bei der Bearbeitung, bewirkt ein Absinken des Maximums der Kurve gemäß Gleichung (3) und ihr Verschieben in Richtung auf große Probekörperabmessungen. Der Volumeneffekt wird nicht so wirksam. Bei sehr großer Oberflächenzerstörung tritt eine sogenannte Inversion des Maßstabseffektes auf. Den Vorrang hat dann der Oberflächeneffekt.

Aus dem Vorhergehenden folgt, daß die angeführte Gleichung (3) die Beschreibung aller gemeinsamen Erscheinungen der Maßstabseffekte gestattet.

Ein Nachteil dieser Gleichung ist ihre relative Kompliziertheit. Zur Vereinfachung kann man bei sorgfältiger Anfertigung von Probekörpern den Einfluß des Oberflächeneffektes vernachlässigen und anstelle Gleichung (3) die einfache Gleichung für den Volumeneffekt benutzen. Allerdings enthält auch diese Gleichung 3 Parameter, welche die Gesteinseigenschaften σ_M, m und b beurteilen. Für nicht zu kleine Proben, wenn $d > b$ ist, läßt sich das 2. Glied im Zähler von Gleichung (1) vernachlässigen. Die vereinfachte Formel für den hauptsächlichen Maßstabseffekt (Volumeneffekt) lautet dann:

$$\sigma_1 = \sigma_M + \frac{a}{d}, \tag{4}$$

wobei bedeutet: $a = \sigma_M\, m b.$

Für $d = 0$ strebt hier die Festigkeit $\sigma_1 \to \infty$. Da dies nicht möglich ist, kann man diese vereinfachte Formel nur für relativ große Probekörper verwenden.

Die Gleichung (4) läßt sich graphisch lösen. Hierfür ist es notwendig, auf der Abszissenachse die Werte $1/d$ aufzutragen. Bei Auftragen der experimentellen Werte der Probekörperfestigkeit im Koordinatensystem $1/d$ und σ_1 und Durchziehen einer Geraden durch die erhaltenen Punkte kann man die Koeffizienten der Gleichung (4) finden. Die Anfangsordinate ist σ_M, der Winkelkoeffizient d.

Noch gröber ist die Gleichung des Volumeneffektes in der Form:

$$\sigma_1 = \frac{K}{d^e}. \tag{5}$$

Man erhält sie beim Auftragen der Versuchsergebnisse im doppellogarithmischen Maßstab. Für $d = 0$ wird die Festigkeit unendlich, für $d = \infty$ ist $\sigma_1 = 0$. Da dies physikalisch unmöglich ist, kann man Gleichung (5) nur für Probekörper mittlerer Abmessungen verwenden.

Die weiteren theoretischen Untersuchungen und die Durchführung von Massenexperimenten mit verschiedenen Gesteinen im Laboratorium durch M. I. KOJFMAN, S. E. CIRKOV u. a. im Bergbauinstitut A. A. SKOČINSKIJ gestatten eine Überprüfung der Richtigkeit der Hypothese über die Existenz zweier Maßstabseffekte und ihre Weiterentwicklung [15]. Hierbei wurden folgende zusätzlichen Thesen formuliert:

1. Da der Hauptgrund für das Auftreten des Maßstabseffektes im Vorhandensein von Klüften und Inhomogenitäten zu suchen ist, wird der Maßstabseffekt in stark zerklüfteten Materialien (Kohle) stärker sein als in homogenen Gesteinen ohne Klüftung (Marmor, Gabbro);
2. da bei Zugspannungen sich die Risse und andere Störungen stärker bemerkbar machen, bei Druck sich die Risse jedoch schließen und Störungen sich verringern, wird der Maßstabseffekt bei Zug und Biegung stärker sein als bei Druck.

Zur Illustration dieser Thesen sei eine Reihe von Versuchswerten angeführt (Tabelle 1—4).

Tabelle 1. Die Gesteinsfestigkeit bei einachsigem Druck, kp/cm²

Gestein	Querschnittsfläche in cm²							Anmerkung
	1	10	25	50	100	200	400	
Kalkstein	—	—	1600	1500	1400	1350	—	(1)
Muschelkalk	—	—	—	800	—	680	620	(2)
Granit	2900	2750	2500	—	—	—	—	(3)
Basalt	2950	—	2760	—	2500	—	—	(1)
Basalt	2350	—	1850	1700	—	—	—	(3)
Basalt-Andesit-Lava	—	980	800	660	—	—	—	(4)
Teschenit	—	1700	1500	—	—	—	—	(4)
Gabbro	1900	1830	1740	1600	—	—	—	(5)
Marmor	1580	1480	1420	1360	1300	—	—	(5)

Anmerkung: (1) — Angaben von M. I. KOJFMAN
(2) — Angaben von GABER
(3) — Angaben von H. BURCHARTZ, G. SAENGER und K. STÖCKE; Bearbeitung von M. I. KOJFMAN
(4) — Angaben von I. G. MELEKIDZE, Bearbeitung von M. I. KOJFMAN
(5) — Angaben von E. I. ILNICKAJA

Tabelle 2. Die Gesteinsfestigkeit bei Zug, kp/cm²

Gestein	Querschnittsfläche in cm²							Anmerkung
	0,5	1	2	3	5	10	25	
Granit	—	—	123	108	90	65	—	(1)
Gabbro	—	—	119	115	112	108	—	(1)
Dolomit	138	85	—	—	—	—	—	(1)
Marmor	—	—	—	44	43	41	34	(1)
Sandstein	—	33	21	14	—	—	—	(2)
Sandstein	—	30	16	13	—	—	—	(2)
Alevrolit	—	120	82	59	—	—	—	(2)
Alevrolit	83	72	53	—	—	—	—	(2)
Tonschiefer	—	—	69	65	58	45	—	(2)
Argillit	—	—	45	41	35	—	—	(2)
Argillit	—	—	19	18	17	15	—	(2)

Anmerkung: (1) — Angaben von G. S. SENATSKAJA, O. I. KVASINA und M. I. KOJFMAN
(2) — Angaben von S. E. CIRKOV, E. T. RAMZAEVA und M. I. KOJFMAN

Tabelle 3. Die Kohlenfestigkeit bei einachsigem Druck, kp/cm²

Kohle	Querschnittsflächen in cm²								Anmerkung
	1	5	10	25	50	100	200	400	
Anthrazit (Donbass)	—	575	505	350	240	—	—	—	(1)
Anthrazit (Donbass)	—	—	270	170	125	—	—	—	(1)
Anthrazit (Donbass)	—	75	65	40	—	—	—	—	(1)
Halbmattkohle (Kuzbass)	—	—	162	147	126	112	—	—	(2)
Kohle (USA)	—	—	—	345	300	245	185	135	(3)
feste Kohle (England)	740	630	550	500	—	—	—	—	(4)
weiche Kohle (England)	210	170	150	125	—	—	—	—	(4)

Anmerkung: (1) — Angaben von B. N. Abolenskij und M. I. Kojfman
(2) — Angaben von S. E. Cirkov, E. T. Ramzaeva und M. I. Kojfman
(3) — Angaben von Lavalle und Holland, Bearbeitung von M. I. Kojfman
(4) — Angaben von Ivans, Pomeroy und Bierenbaum, Bearbeitung von M. I. Kojfman

Tabelle 4. Die Zugfestigkeit von Kohle, kp/cm²

Kohle	Querschnittsfläche in cm²							Anmerkung
	5	10	25	50	100	200	400	
Anthrazit (Donbass)	33,0	22,0	13,0	—	—	—	—	(1)
Anthrazit (Donbass)	13,0	9,0	5,7	3,9	2,8	1,7	—	(1)
Anthrazit (Donbass)	15,0	7,5	3,7	2,4	—	—	—	(1)
Glanzkohle (Kuzbass)	—	16,0	10,5	7,5	5,0	—	—	(2)
Glanzkohle (Kuzbass)	—	—	3,5	2,8	2,0	1,2	0,7	(2)
Mattkohle (Kuzbass)	—	9,5	8,2	8,0	—	—	—	(2)
Mattkohle (Kuzbass)	—	7,8	6,4	5,5	—	—	—	(2)

Anmerkung: (1) — Angaben von B. N. Abolenskij und M. I. Kojfman
(2) — Angaben von S. E. Cirkov, E. T. Ramzaeva und M. I. Kojfman

Die Werte entsprechen dem wichtigsten Fall des Überwiegens des Volumeneffektes gegenüber dem Oberflächeneffekt. Die Festigkeit der Probekörper sinkt in solch einem Fall mit der Vergrößerung der Abmessungen. Es sind nicht nur Versuchswerte des Bergbauinstitutes A. A. Skotshinski angeführt, sondern auch Angaben aus der Literatur.

Die Versuche umfassen einen großen Bereich verschiedener Gesteine, von Glanzkohlen des Kusnezker Beckens bis zu sehr festen Graniten und Basalten. Der Bereich der Abmessungen war ebenfalls beträchtlich. Der Querschnitt der Proben variierte um das 50- bis 400fache. Hatte man früher das Auftreten des Maßstabseffektes nur bei einachsigem Druck untersucht, so wurden in den angeführten Untersuchungen außer Druck- auch Zugversuche (durch Zerdrücken) mit mehr als 2000 Einzelversuchen durchgeführt.

Damit die erzielten Werte untereinander besser vergleichbar sind, wurde einer Festigkeit von 100% ein Querschnitt von 25 cm² gleichgesetzt. Man kann dann die Festigkeit aller Gesteine als Prozentzahlen ausdrücken. Dies gestattete eine gesicherte Mittelung der Werte für eine Reihe von Gesteinen unter verschiedenen Belastungsarten.

Nach durchgeführter Berechnung wurden die in Tabelle 5 aufgeführten Ergebnisse erhalten.

Die Werte aus Tabelle 5 sind in den Bildern 7 und 8 graphisch dargestellt. Die erste Abbildung zeigt den Teil der Tabelle für Probekörper bis 25 cm² Querschnitt; die zweite zeigt den Tabellenteil für Querschnitte von 25 – 400 cm².

Analysiert man die Werte und die graphischen Darstellungen, dann kann man folgendes feststellen:

1. Bei Änderung des Probekörperquerschnittes von 10 bis 400 cm², d. h. um das 40fache, verringert sich die Gesteinsfestigkeit um das 1,6fache, bei Kohlen um das 3,5fache.
2. Bei Änderung des Querschnittes von 5—25 cm², d. h. um das 5fache, ändert sich die Zugfestigkeit für Gesteine um das 1,2fache. Bei Kohle ist es das 3fache.
3. Aus den zwei vorhergehenden Beispielen und aus den Abbildungen ist ersichtlich, daß für zerklüftete Kohlen der Maßstabseffekt stärker wirkt als für homogenes Gestein.
4. Bei Erhöhung des Probekörperquerschnitts von 5 auf 400 cm², d. h. um das 80fache, ändert sich die Druckfestigkeit um das 3,9fache; die Zugfestigkeit ändert sich um das 14,8fache. Folglich ist der Maßstabseffekt bei Zug ausgeprägter als bei Druck. Dies ist aus den Bildern 7 und 8 ersichtlich. Die Kurven für Zug sind steiler als bei Druck, und zwar sowohl für Gestein als auch für Kohle.

Tabelle 5. Die Gesteinsfestigkeit bei verschiedenen Probekörperdurchmessern in %

Querschnitt cm²	0,5	1	2	3	4	5	10	25	50	100	200	400
Druckbeanspruchung von Gestein	—	—	—	—	114	—	111	100	91	90	80	71
Druckbeanspruchung von Kohle	—	158	—	—	—	153	136	100	79	73	54	39
Zugbeanspruchung von Gesteinen	340	270	154	130	—	118	107	100	—	—	—	—
Zugbeanspruchung von Kohle	—	—	—	—	—	296	152	100	78	51	32	20

Die erzielten Resultate gestatten die Schlußfolgerung, daß die Hypothese über die zwei Maßstabseffekte gut durch Versuche zu bestätigen ist.

Da beim Übergang von relativ kleinen Laborproben zu den Bedingungen in situ (Pfeiler) der MOHRsche Kreis für einachsigen Druck sich nicht so merklich ändert wie der Kreis für einachsigen Zug, wird die MOHRsche Hüllkurve für Pfeiler einen steileren Verlauf nehmen als die für Laborproben (Bild 9). Deshalb kann die Hüllkurve für Pfeiler, die im Vergleich zur Hüllkurve für Laborproben in der Nähe des Koordinatensprungs niedriger liegt, im Gebiet allseitigen Drucks die „Laborkurve" überschneiden. Dies bedeutet, daß die Tragfähigkeit von Pfeilern u. ä., die sich unter allseitigem Druck befinden (starke Pfeiler in geringmächtigen Flözen), in einigen Fällen die Festigkeit von Laborproben übersteigt (gemeint ist hier die Festigkeit für den triaxialen Zustand).

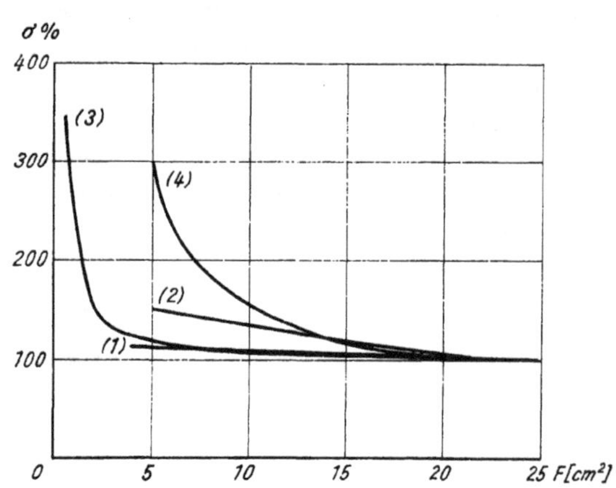

Bild 7

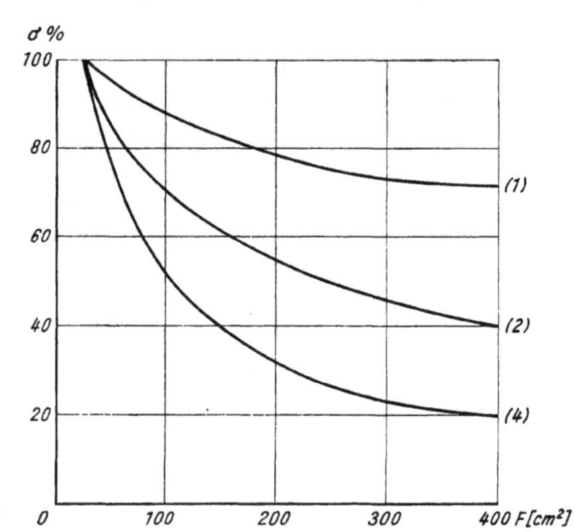

Bild 8

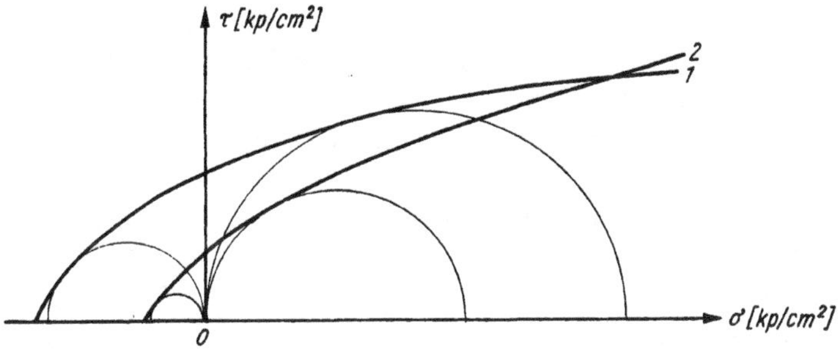

Bild 9

Ebenso können sich Kohlen mit unterschiedlicher differentieller Klüftigkeit in kleinen Proben und in großen Pfeilern verschieden verhalten. Kohlen mit ausgeprägten, aber seltenen Klüften werden für Proben überhöhte Festigkeitswerte liefern, während Kohlen mit kleinen Klüften bei geringerer „Laborfestigkeit" in Pfeilern größere Tragfähigkeit besitzen. Die Kurven des Maßstabseffektes für solche Kohlen sind schematisch in Bild 10 dargestellt.

Die zuletzt genannten Fragen bedürfen zusätzlicher Untersuchungen. Man muß bemerken, daß in der vorgelegten Arbeit der Maßstabseffekt für einander ähnliche Proben untersucht wurde.

Die Änderung der Festigkeit mit Änderung der Probekörperform (das Verhältnis Höhe : Grundfläche), die mit Reibungserscheinungen an den Probenenden zusammenhängt, wird hier nicht behandelt.

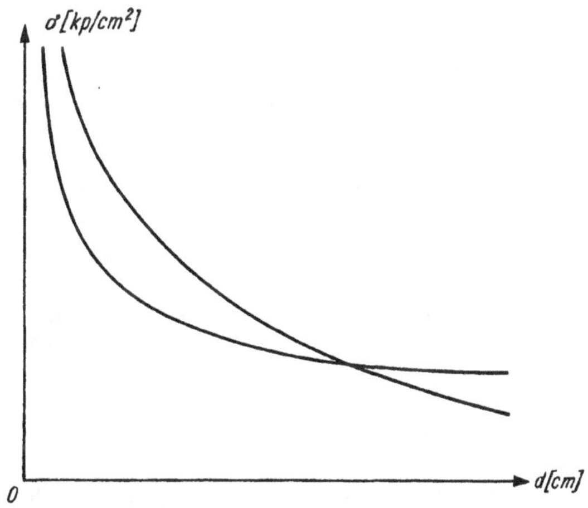

Bild 10

Schlußfolgerungen

1. Die Festigkeit von Gesteinen hängt von den Abmessungen der zu untersuchenden Probe ab. Deshalb kann man diesen Festigkeitswert, der aus Untersuchungen kleiner Proben stammt, nicht unmittelbar für die Festigkeitsberechnung in situ verwenden. Man muß hierbei den Maßstabseffekt berücksichtigen.
2. Die Ergebnisse experimenteller Untersuchungen des Maßstabseffektes sind bei den einzelnen Forschern unterschiedlich. Einige meinen, daß mit Erhöhung der Abmessung die Festigkeit abnimmt. Andere nehmen an, daß im Gegenteil die Festigkeit ansteigt, und wiederum andere stellen fest, daß die Festigkeit nicht von den Abmessungen abhängt.
3. In Wirklichkeit existiert nicht ein, sondern es bestehen zwei Maßstabseffekte; der Haupteffekt oder der Volumeneffekt und ein Zusatzeffekt oder der Oberflächeneffekt.

4. Die wichtigste Gesetzmäßigkeit des Auftretens des Maßstabseffektes in Gesteinen und Kohle ist die Verringerung der Festigkeit mit Vergrößerung der Abmessungen von Probekörpern, Bergfesten, Kontaktflächen usw. Der Haupteffekt wird durch die natürlichen Unzulänglichkeiten im Aufbau, in der Klüftung, in Porosität und Inhomogenität der Kohle und des Gesteins hervorgerufen.
5. Die von einigen Forschern bei einachsigem Druck gegenüber Punkt 4 beobachtete Gegensätzlichkeit muß man als Anomalie betrachten. Sie kann durch die Wirkung des zusätzlichen Oberflächeneffektes erklärt werden, der sich infolge Zerstörung der Oberflächenschicht einer Probe oder infolge „Schwächung" des Gesteins im Ergebnis einer mechanischen Bearbeitung oder durch Einwirkung des umgebenden Milieus einstellt.
6. Bei Trennung (Zug) tritt der Maßstabseffekt stärker in Erscheinung als bei Druck. Dies erklärt sich dadurch, daß sich bei Zug Risse und ähnliche Störungen ausbilden und das Gestein schwächen, während bei Druck das Gegenteil der Fall sein kann.
7. Besonders stark tritt der Maßstabseffekt in Kohlen, hervorgerufen durch die ausgeprägte Klüftigkeit, auf.

Literatur

[1] KOJFMAN, M. I.: Über den Einfluß der Abmessungen auf die Festigkeit von Gesteinsproben. Untersuchungen physikalisch-mechanischer Eigenschaften von Gesteinen in Anwendung auf die Gebirgsmechanik. Izd. Ak. Nauk SSSR, Moskva 1962.

[2] BAUSCHINGER, J.: Mitteilungen aus dem mechanisch-technischen Laboratorium der Technischen Hochschule München, 1876, 1884, 1892.

[3] SAPOŠNIKOV, N. A. und SALESKIJ, B. V.: Einiges Material zur Methodik der mechanischen Untersuchung von Gesteinen. Kommission zum Studium natürlicher Produktivkräfte der UdSSR. Material No. 67, Bausteine. Sammelheft No. 3. Izd. Ak. Nauk SSSR, Leningrad 1928.

[4] Natürliche Bausteine des Transkaukasus. Trudy Zakavkazkogo instituta sooruženija. Vyp. VII. Tiflis 1933.

[5] BURCHARTZ, H., SAENGER, G. und STÖCKE, K.: Technische Gesteinsprüfung. VDI Forschungsheft 358 (1933).

[6] MELEKIDZE, I. G.: Über den Einfluß von Form und Abmessungen von Proben auf ihre mechanischen Eigenschaften. Gornyj Žurnal 9 (1959).

[7] BARON, L. I. und KURLATOV, V. M.: Zur Frage des Einflusses des Maßstabseffektes beim Zerdrücken von Gesteinsproben. Untersuchungen für den Abbau von Kohlelagerstätten. Gosgortechizdat, Moskva 1959.

[8] STAMATIU, M. I. und TEODORESKU: Recherche sur la resistance aux efforts mecaniques du sel gemme romain. Congrès Internationale de Mines de la metallurgia et do la geologica appliquee. V session. Paris 1935.

[9] KUZNECOV, G. N.: Die mechanischen Eigenschaften der Gesteine. Ugletechizdat Moskva 1947.

[10] PENKOV, A. M. und VOPILKIM, A. A.: Die Berechnung von Bergfesten beim Abbau von Steinsalz. Izd. Ak. Nauk Ukrainskoi SSR, Kiev 1950.

[11] SIRKO, G. I.: Über die Berechnung von Zwischenpfeilern beim Kammerbau. Trudy naučno-issledovat. instituta galurgic. Vyp XXVIII Goschimizdat. Moskva 1953.

[12] KOJFMAN, M. I.: Die Festigkeit von Mineralbestandteilen hoher Standfestigkeit. Doklady Ak. Nauk SSSR Tom XXIX, No 7, 1940.

[13] ILNICKAJA, E. I. und PROTODJAKONOV, M. M.: Gewicht und Abmessungen von Proben bei der Bestimmung der vereinbarten Trennfestigkeit von Gesteinen. Untersuchung der physikalisch-mechanischen Eigenschaften von Gesteinen in Anwendung für die Gebirgsmechanik. Izd. Ak. Nauk SSSR, Moskva 1962.

[14] PROTODJAKONOV, M. M.: Diskussionen. Bericht über das 3. Ländertreffen des Internationalen Büros für Gebirgsmechanik. Akademie-Verlag, Berlin 1962.

[15] KOJFMAN, M. I.: Der hauptsächliche Maßstabseffekt in Gesteinen und in Kohle. Problemy mechanizacija gornych rabot. Izd. Ak. Nauk SSSR, Moskva 1963.

Einige felsmechanische Probleme über die Beziehungen zwischen Laboratoriumsergebnissen und dem Verhalten von Bauwerken

von Wm. R. Judd, Santa Monica[1])

Einführung

Die Verwendung der Ergebnisse von Laboratoriumsversuchen zur Voraussage des Verhaltens einer Gebirgsmasse trifft auf drei größere, miteinander im Zusammenhang stehende Schwierigkeiten.

An erster Stelle steht die Tatsache, daß von den entsprechenden Bearbeitern der heterogene Materialcharakter erkannt und berücksichtigt werden muß. Fels ist selten isotrop; er verhält sich sehr oft als ein nicht-elastisches Material; er tritt fast nie als kontinuierliche Masse auf. Ferner treten in Gebirgsmassen nur allzu häufig natürliche Spannungen auf, die nicht zahlenmäßig bestimmt werden können und deshalb nicht im Versuchsraum vorgegeben werden können.

Die zweite Schwierigkeit besteht darin, daß wir derzeit noch keine Möglichkeit haben, den Einfluß von umfassenden, geologischen Fehlern wie Störungen, Klüften, Bruchflächen, Falten usw. zahlenmäßig abzuschätzen. Wir sind dadurch nicht imstande, ihre Auswirkungen im Laboratorium zu berücksichtigen.

Die dritte, noch im Wege stehende Hürde ist der derzeitige Mangel an Erfahrungsdaten über das Verhalten von Gebirgsmassen unter Bauwerksbelastung. Unser Entwurf berücksichtigt nur selten die Bruchbedingung, da wir, wenn wir Laboratoriumsdaten für Entwurfszwecke verwenden, versuchen, vorsichtige Sicherheitswerte einzuführen. Hierdurch erhalten wir nur selten zahlenmäßige Angaben über das Verhalten des Bauwerkes. Mit anderen Worten, falls das Bauwerk nicht tatsächlich versagt, können seine Formänderungen zu klein sein, um erkannt zu werden, es sei denn, daß geeignete Meßinstrumente eingebaut und fortlaufende Aufzeichnungen über das Verhalten des Bauwerkes gemacht wurden. In meinen Forschungsarbeiten über unterirdische Hohlräume habe ich gefunden, daß entsprechende Meßeinrichtungen nur in den folgenden Bauwerken verwendet wurden: Tumut-1- und Tumut-2-Kraftwerke in Australien, Poatina Kraftwerk in Australien, Picote Kraftwerk in Portugal, Clear Creek Tunnel in den Vereinigten Staaten und vereinzelte Bogen- und Schwergewichtsstaumauern in den Vereinigten Staaten und Portugal.

Wenn die Daten von diesen wenigen Projekten gute Übereinstimmung zwischen den auf Ergebnissen von Laboratoriumsversuchen beruhenden Voraussagen und dem Verhalten der Gebirgsmassen unter den Bauwerkslasten zeigen würden, was sie nicht tun, dann erschiene von einem statistischen Gesichtspunkt die gegebene Probe jedoch viel zu klein, um als Grundlage für die Ableitung einer genauen Wechselbeziehung zu dienen.

---

[1]) Die in dieser Arbeit zum Ausdruck kommenden Ansichten sind die des Verfassers. Sie sollen nicht als Widerspiegelung der Ansichten des RAND Corporation und der amtlichen Meinung und Politik ihrer Förderer, sowohl in offizieller als auch privater Hinsicht gedeutet werden. Die Arbeiten werden durch die RAND Corporation aus Gefälligkeit gegenüber ihren Mitarbeitern vervielfältigt.

Vorliegende Arbeit wurde anläßlich des 5. Ländertreffens des Internationalen Büros für Gebirgsmechanik in Leipzig, DDR, 5. bis 9. 11. 1963, vorgetragen.

Die Verwendung von statistischen Methoden

Auf Grund der oben erwähnten Faktoren bin ich der Meinung, daß es der derzeitige Wissensstand in der Gebirgsmechanik verlangt, jedes Bauprojekt als Einzelfall zu untersuchen. Mit anderen Worten, ich halte es nicht für ratsam, die Ergebnisse von einem früheren Bauvorhaben für ein neues Projekt zu extrapolieren. Zum Beispiel, von einem rein geologischen Gesichtspunkt aus, haben wir beträchtliche Unterschiede in den Eigenschaften des Gebirges an jeder einzelnen geographischen Örtlichkeit gefunden. Daher können sich die physikalischen Eigenschaften des Gebirges an zwei verschiedenen Stellen nur wenig oder überhaupt nicht ähneln, auch wenn petrographische Untersuchungen zeigen, daß das Gestein an den beiden Stellen weitgehend übereinstimmt. Wir müssen erkennen, daß Widersprüche nicht nur zwischen Laboratoriums- und in-situ-Versuchen auftreten, sondern auch in vergleichbarer Bedeutung zwischen den verschiedenen Typen der Versuche im Prüfraum. Bild 1 zeigt z. B., daß, obgleich eine annehmbare Übereinstimmung zwischen statischen und dynamischen Laboratoriumsversuchen festgestellt werden kann, von Entwurfsüberlegungen aus die Übereinstimmung für Gesteine mit verhältnismäßig niedrigen Formänderungsmoduln nicht annehmbar ist. Eine seltsame Möglichkeit dieser Art von Wechselbeziehungen besteht darin, daß sich, während statistische und dynamische Laboratoriumsversuche halbwegs gute Übereinstimmung zeigen, eine regellose und zufällige Beziehung (Bild 2) ergibt, wenn wir versuchen dynamische Versuche im Laboratorium mit denen in situ zu vergleichen. Wie in Bild 3 gezeigt, tritt eine ähnliche Regellosigkeit auf, wenn wir versuchen, die Ergebnisse von dynamischen Prüfraumversuchen mit denen zu vergleichen, die auf der Grundlage von Meßergebnissen über das Verhalten von Gebirgsmassen unter statischen Bauwerkslasten ermittelt wurden.

Diese Unregelmäßigkeiten zeigen, daß es wünschenswert wäre, nicht nur die zahlenmäßige Auswirkung der geologisch bedingten Veränderlichen zu bestimmen, darüber Klarheit zu

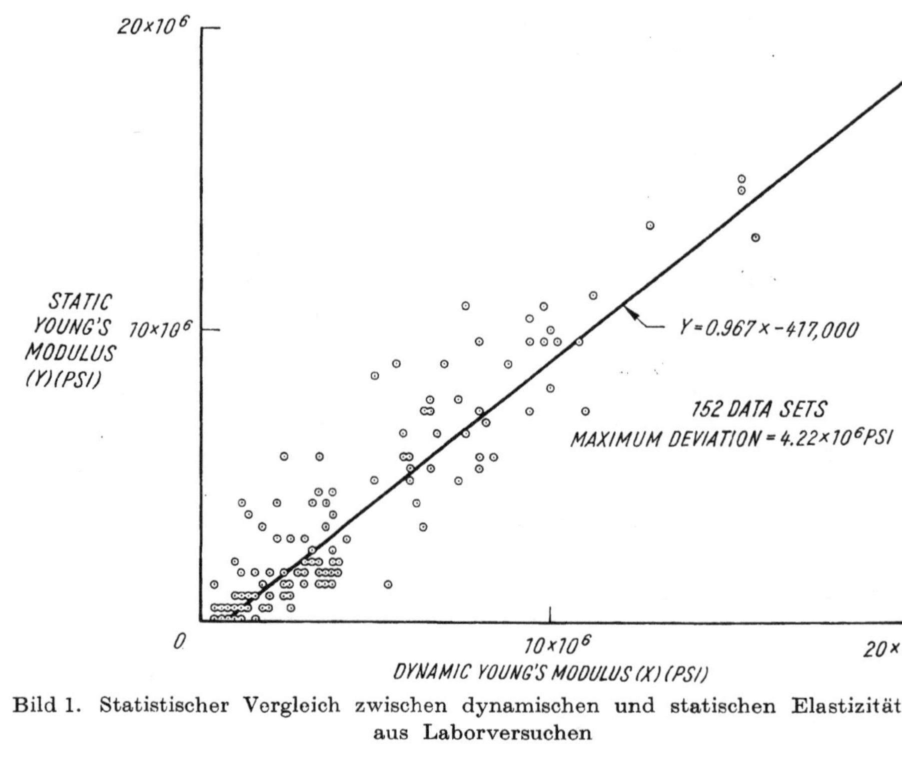

Bild 1. Statistischer Vergleich zwischen dynamischen und statischen Elastizitätsmoduln aus Laborversuchen

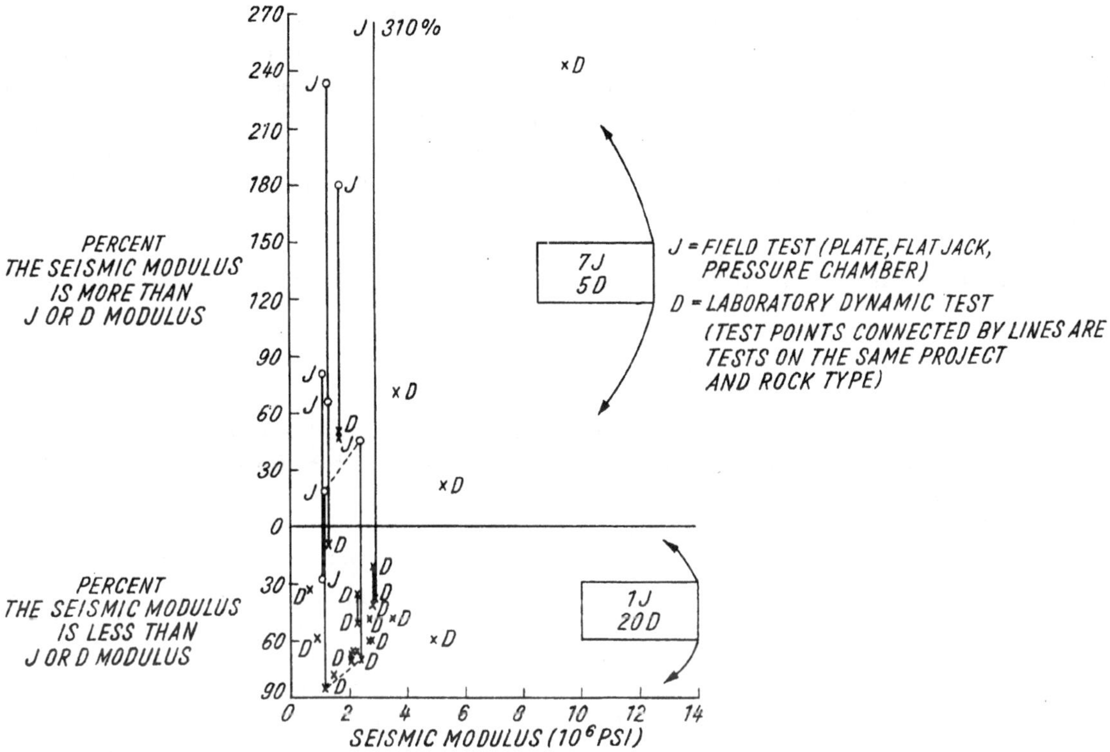

Bild 2. Vergleich zwischen dynamischen Elastizitätsmoduln aus Laborversuchen und seismischen Feldversuchen

schaffen, welche physikalischen Eigenschaften zu bestimmen sind, um die für die jeweiligen Ingenieurentwürfe notwendigen Angaben über Gebirgsmassen zu erhalten. Ein von mir beschrittener Weg zur Lösung des Problems besteht darin, alle verfügbaren physikalischen Daten über Gesteins- und Gebirgsmassen statistisch auszuwerten. Die ersten Ergebnisse dieser Studien habe ich im Jahre 1961 publiziert. Seit dieser Zeit haben wir uns mit dem Sammeln

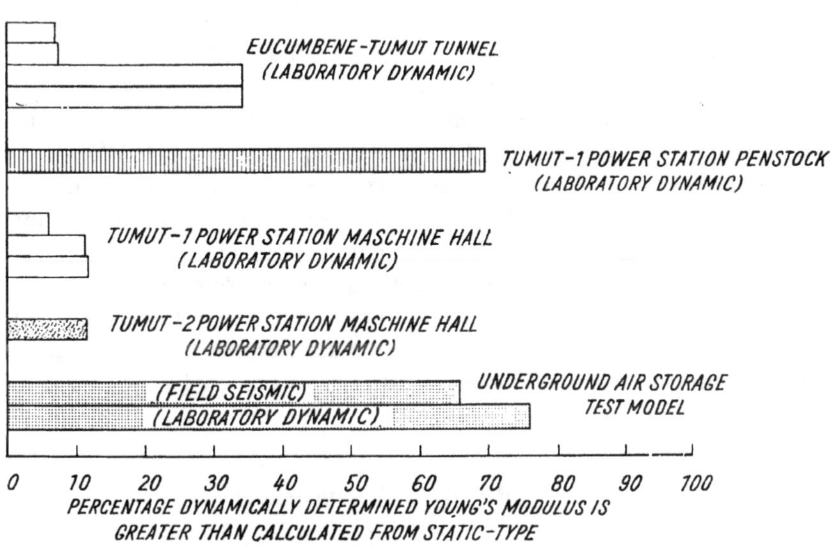

Bild 3. Vergleich zwischen dynamischen Elastizitätsmoduln aus Laborversuchen und Modellmessungen

von weiteren Daten und dem Vorbereiten von Programmen für die Auswertung mittels Elektronenrechenmaschinen befaßt. Diese Arbeiten haben sich als recht langwierig erwiesen, besonders infolge fehlender Standardisierung von Verfahren für Felsversuche. Wir hoffen jedoch, daß durch die Verwendung einer äußerst großen Anzahl von Datensätzen die Aussagekraft dieser Zahlen dazu neigen wird, die Fehler auszulöschen, die durch unzulängliche Versuchsstandardisierung eingeführt werden könnten. Es ist verfrüht, über bestimmte Folgerungen dieser Forschungsarbeit zu berichten. Es ergibt sich jedoch bereits heute, daß wir imstande sind, die eigentliche Maschinenarbeit noch vor Ende dieses Jahres zu beginnen. Das würde uns erlauben, unsere ersten Folgerungen frühestens im Jahre 1964 zu veröffentlichen.

Verlauf eines Projektes

Eine andere Möglichkeit zur Lösung einiger unserer Schwierigkeiten in bezug auf Wechselbeziehungen ergab sich unlängst im Zusammenhang mit einem Vorschlag zur unterirdischen Speicherung von Gasen unter hohen Drücken. Die Verfechter dieses Gedankens glaubten, daß beträchtliche wirtschaftliche Vorteile erzielt werden könnten, wenn der Entwurf unter Berücksichtigung der in-situ-Festigkeit der Gebirgsmasse durchgeführt würde. In den frühen Stadien der Studie hofften die Entwurfsingenieure, die notwendigen Festigkeitsangaben aus Ergebnissen von Prüfraumversuchen an kleinen Gesteinsproben zu erhalten. Das Gebirge war ein Dazitpophyr, welcher offensichtlich den größeren Teil einer Serie von vulkanischen Ergüssen darstellte. Kernbohrungen zeigten zahlreiche Klüfte im Gebirge, einige davon mit lichten Öffnungen von 6 mm und mehr. Die Versuche an Kernen ergaben, daß der Elastizitätsmodul des Gesteines von ungefähr 53 000 kp/cm² bis beinahe 570 000 kp/cm² schwankte, bei einem arithmetischen Mittel von annähernd 250 000 kp/cm². Eine Auswertung dieser Daten zeigte an, daß ein Entwurfsmodul von 175 000 kp/cm² einen angemessenen Sicherheitsgrad ergeben würde. Zusätzliche Betrachtungen ergaben jedoch, daß der Streubereich der vorliegenden Daten zu groß war, um einen sicheren Entwurf des Bauwerkes zu gewährleisten. Es erschien daher angebracht, den tatsächlichen Formänderungsmodul des Gebirges mittels Großversuch zu bestimmen.

Entwurfsgrundlage

Der Großversuch sollte an einem verkleinerten Modell des vorgeschlagenen Bauwerkes durchgeführt werden, und zwar unter den tatsächlichen Betriebsbedingungen. Wir wurden nun in ein etwas ungewöhnliches Entwurfsproblem verwickelt, d. h., wir sollten ein Versuchsmodell mit einem Sicherheitswert von 1,0 entwerfen. Mit anderen Worten, wir mußten ein Bauwerk entwerfen, welches während des Versuches fast, aber doch nicht ganz versagen würde. Um eine weitgehende Annäherung an diesen Sicherheitsgrad zu erlangen, wurde für das Gebirge ein Modul von 140 000 kp/cm² angenommen. Ferner wurde ein umfangreiches Programm für Zementinjektionen vorgesehen, um eine weitgehende Kontinuität des die Versuchskammer umgebenden Gebirges zu bewerkstelligen. Dieses Entwurfskonzept beruhte auf dem Grundsatz, daß das Gebirge, soweit als möglich, alle Spannungen aus den Versuchsdrücken aufnehmen würde. Die Verkleidung der Versuchskammer würde dabei lediglich als übertragendes Element dienen.

Der Entwurf der Versuchskammer

Da das spätere Bauwerk Gase unter Drücken bis zu 285 kp/cm² aufnehmen sollte, beschloß man, die beste Nachahmung dieser Betriebsbedingung durch innere Belastung des Versuchs-

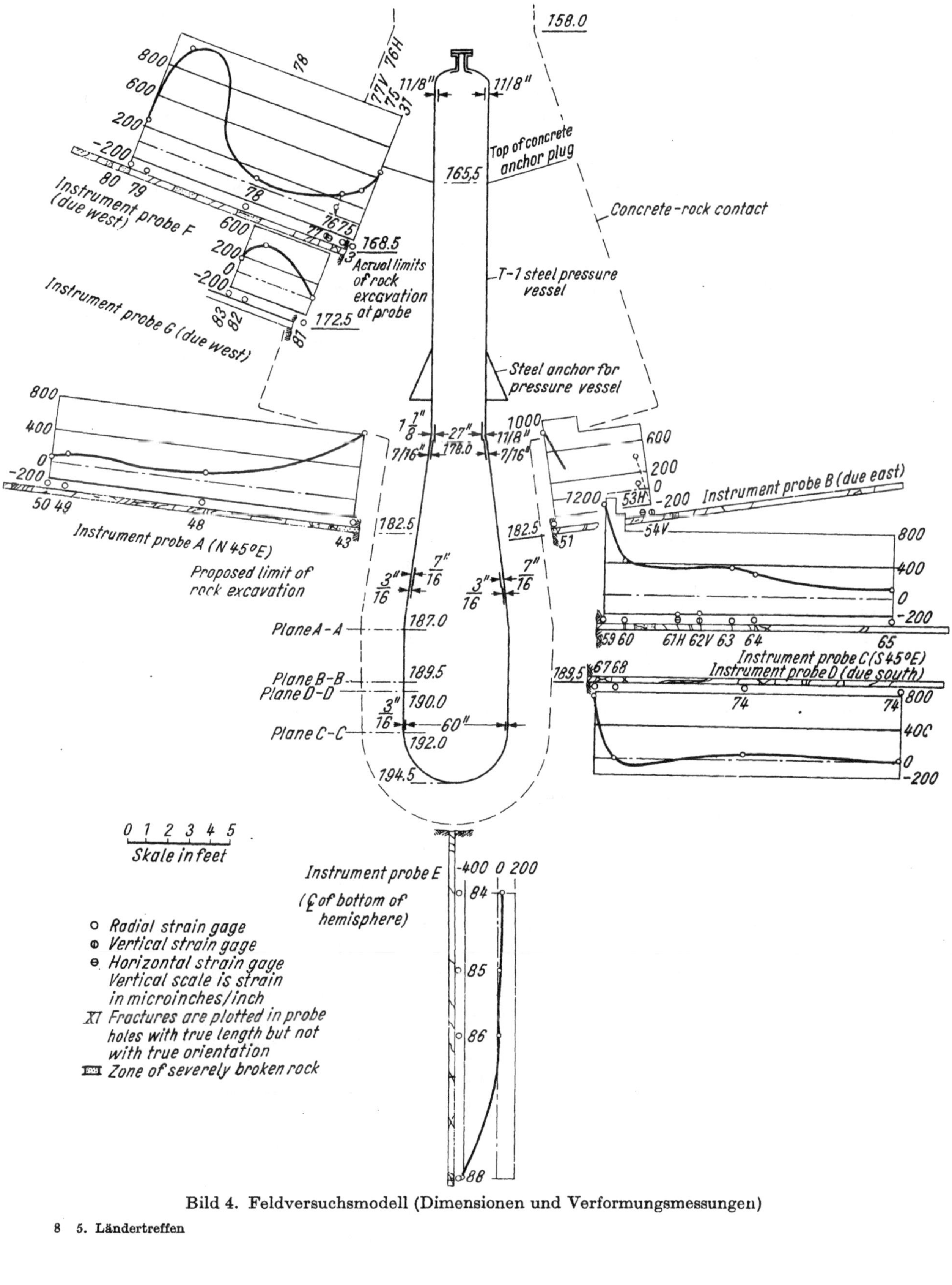

Bild 4. Feldversuchsmodell (Dimensionen und Verformungsmessungen)

modelles mittels Preßluft zu bewerkstelligen. Bild 4 zeigt den Aufbau der Versuchsanlage. Die eigenartige, flaschenförmige Gestalt resultiert aus vergleichenden Wirtschaftlichkeitsuntersuchungen, die verschiedene Formgebungen, von der vollkommenen Kugel bis zum vollkommenen Zylinder, verglichen. Die Kammer wurde durch Verschweißung von T-1-Stahlplatten hergestellt. Diese Stahlsorte hat den Vorteil von ungewöhnlicher Dehnbarkeit unter außergewöhnlich hohen Spannungen (Bild 5). Einer der Nachteile besteht darin, daß dieser Stahl unter Sprödbruch versagt, wobei die Bruchspannungen kaum vorhergesagt werden können.

Eine zweite Schwierigkeit beim Entwurf war eine gleichmäßige Druckübertragung zwischen Stahlverkleidung und dem umgebenden Gebirge bei kleinster Spannungsverminderung. Hierzu wurde der Stahlmantel mit einer 60 cm starken Verkleidung aus unbewehrtem, hochfestem Beton umgeben. (Das Leistungsverzeichnis forderte eine Betonfestigkeit von 350 bis 430 kp/cm².) Ein größerer Nachteil ergab sich aus der Verwendung von unbewehrtem Beton dadurch, daß, falls örtliche und unterschiedliche Deformation während des Versuches im Gebirge auftreten würden, starke und asymmetrische Risse im Beton zu erwarten waren. Darin lag eine ernstzunehmende Problematik, da der vorgeschlagene Versuchsverlauf Kammerdrücke bis zu 285 kp/cm² verlangte, die dann vollständig abgebaut und mehrere Male wieder aufgebracht werden sollten. Diese Wechselbelastung könnte übermäßige Rißbildung im Beton sowie daraus folgende Bewegungen von Betonfragmenten während der Druckabnahme ergeben. Des weiteren würden daraus Hohlräume zwischen dem Stahlmantel und dem Gebirge mit den entsprechenden verhängnisvollen Folgen resultieren. Obgleich ich eine mäßige Bewehrung des Betons vorgezogen hätte, um eine gleichmäßigere Spannungsverteilung im Falle von ernsthafter Rißbildung zu erreichen, wurde der vorliegende Entwurf auf der Grundlage angenommen, daß es Hauptzweck des Versuches sei, der Erforschung der in-situ-Eigenschaften des Gebirges unter hohen Spannungen zu dienen.

Eine ungewöhnliche Eigenart dieses Entwurfes ist der umgekehrte Betonkeil über dem unteren Teil der Kammer (Bild 4). Die Projektanten glaubten, daß dies der einzige Weg sei, die unter höchstem Versuchsdruck stehende Kammer im Baugrund zu halten, wobei die Kammer gegen ein entsprechendes Gewicht von Überlagerungsgebirge reagieren würde. Unglücklicherweise berücksichtigt diese Entwurfsannahme nicht die gegebene Sicherfestigkeit

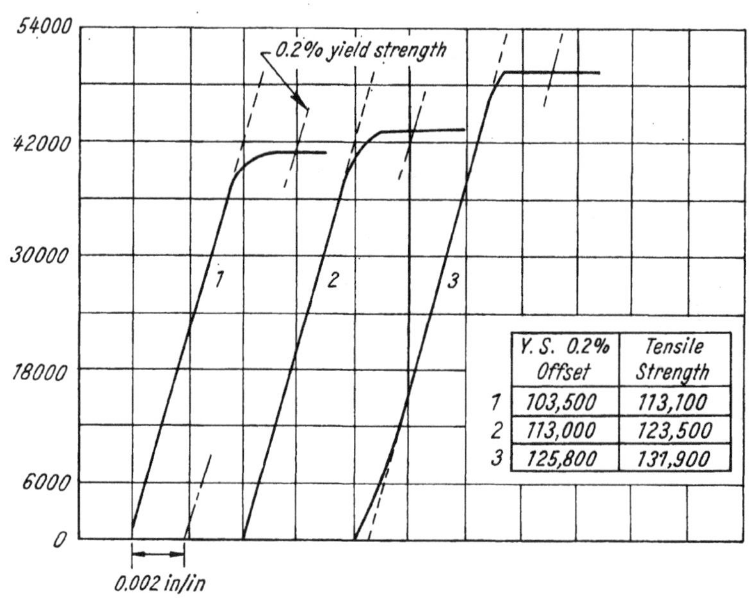

Bild 5. Spannungs-Formänderungskurven für T-1-Stahl

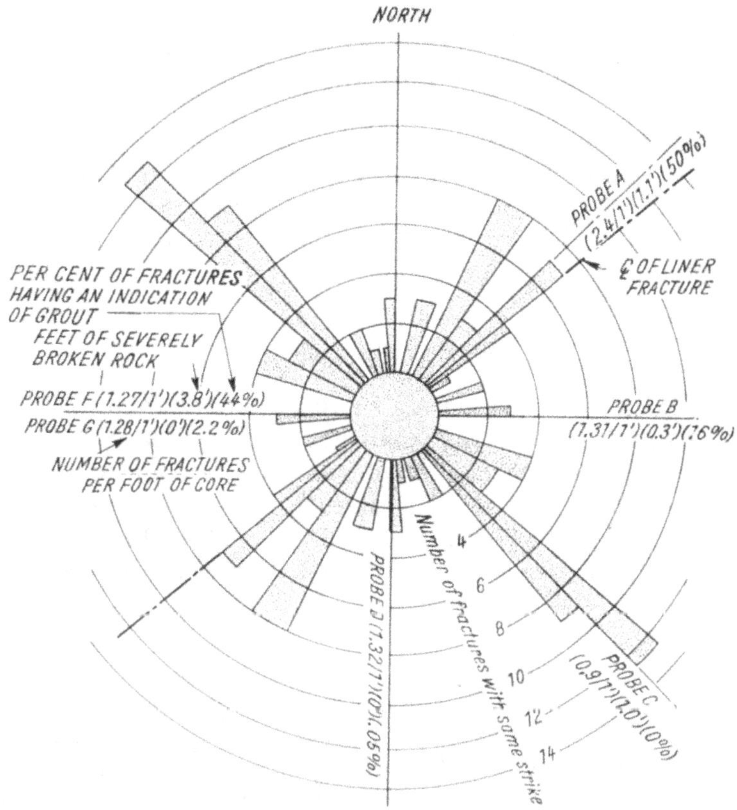

Bild 6. Streichrichtung und Häufigkeit der Klüfte in den Sondenbohrungen

des Gebirges. Spätere Studien ergaben beträchtliche Zweifel über den Nutzen eines „Ankers". Gesetzt den Fall, daß ein solcher wirklich notwendig ist, dann mag es wirkungsvoller sein, den Betonkeil umzukehren, obgleich dies beträchtliche Probleme beim Felsaushub ergeben würde.

Es wurde entschieden, daß die nützlichsten Entwurfsangaben über das Verhalten des Gebirges während des Versuches durch Deformation oder Formänderung messende Geräte erlangt werden könnten. Zu diesem Zweck wurden Bohrlöcher für die Aufnahme der die Formänderungsmesser enthaltenden Sonden in fünf Richtungen von der Versuchskammer aus gebohrt, siehe Bild 6. Die Sonden *F* und *G* sollten die Formänderungen infolge der Aufwärtsbewegung des Betonankers anzeigen. Obgleich es wünschenswert gewesen wäre, Meßinstrumente in den vier gegenüberliegenden Quadranten anzubringen, haben dies ungenügende Mittel nicht gestattet. Die Dehnungsmesser wurden an Kunststoffrohre geklebt und diese Sondeneinheiten wurden in die obenerwähnten Bohrlöcher eingebaut und verpreßt. Andere Arten von Dehnungsmeßstreifen wurden an der Innenseite des Stahlmantels befestigt und ebenfalls in Beton eingebettet. Vier, an Stahlstangen befestigte Extensometer wurden in einem horizontalen, sternförmigen Muster im Innern der Kammer angeordnet. Ein fünftes Extensometer war am unteren Ende einer senkrechten Stange angebracht, die sich vom oberen zum unteren Ende der Kammer erstreckte und durch die oben beschriebenen horizontalen Extensometer gestützt wurde.

Ein größeres Problem der Instrumentation war der Entwurf einer Einrichtung, die die Aufwärtsbewegung der gesamten Versuchsanordnung messen würde; das heißt, es war erwünscht zu bestimmen, ob sich die Konstruktion als Ganzes während des Versuches bewegen würde. Wassergefüllte Neigungsmesser wurden an der Oberfläche des Betonankers und an dem Verschluß der Stahlkammer angebracht. Sie waren mittels wassergefüllter Leitungen unmittelbar mit der Kontrollstation an der Oberfläche verbunden. Unglücklicherweise versagten diese Neigungsmesser, da sich die Viskosität des Wassers als zu hoch erwies, um noch genau auf die Bewegungen der Versuchsanordnung anzusprechen, die etwa 75 m vom Kontrollhaus entfernt lag. Dieses Teilproblem, die Bewegung eines Objektes im Raum zu bestimmen, ergäbe eine interessante Forschungsarbeit zur Entwicklung einer genauen, aber doch wirtschaftlichen Meßeinrichtung. Der thematische Rahmen erlaubt es nicht, auf Einzelheiten der Instrumentation einzugehen; Hinweise auf einige während des Versuches angetroffene Meßschwierigkeiten werden jedoch gegeben.

Die Versuchsergebnisse

Der Versuchsplan sah vor, den Druck bis zu 70 kp/cm² in 35-kp/cm²-Stufen zu steigern und dann in 17,5-kp/cm²-Stufen bis zum Endwert 285 kp/cm². Bei jeder Druckstufe sollten Ablesungen an allen Meßeinrichtungen getätigt werden. Der Maximaldruck von 285 kp/cm² wurde jedoch nicht erreicht, da die Stahlverkleidung bei einem Druck von 182 kp/cm² versagte und der Versuch beendet werden mußte. Da das obere Ende der Stahlverkleidung ungefähr in Höhe des Grundwasserspiegels lag, lief die Versuchskammer voll Wasser, als die Stahlverkleidung brach. Der explosionsartige Ausbruch der Druckluft durch die Bruchöffnung beschädigte die Wasserhaltungsanlage in der Kammer. (Eine Fontäne aus Druckluft und Wasser schoß ungefähr 22 m hoch über die Erdoberfläche!) Schließlich gelang es, das Wasser aus der Kammer zu pumpen und die beschädigten Bereiche der Versuchskammer in Augenschein zu nehmen. Bild 7 zeigt die Aufnahme eines Querschnittes der Bruchstelle auf einer Seite der Stahlverkleidung. Die Bruchlinie konnte von der Naht zwischen dem konischen und dem zylinderförmigen Teil der Verkleidung, dann unmittelbar entlang der Mantellinie des Zylinders, quer durch die untere Halbkugel und ungefähr den halben Weg aufwärts an der gegenüberliegenden Seite des Zylinders verfolgt werden. Es ist von Interesse, daß dieser Riß an keiner Stelle einer Schweißnaht folgte. Die größte Öffnungsweite befand

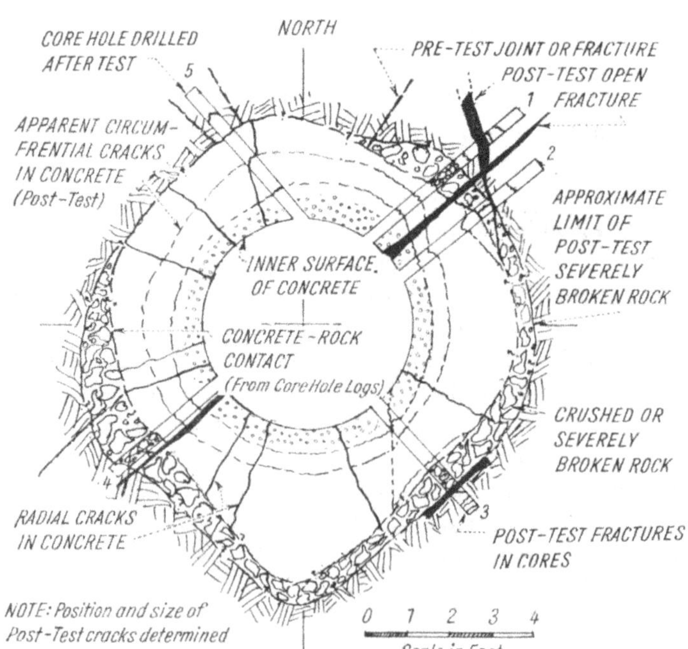

Bild 8. Geologische Verhältnisse nach dem Versuch (Schnittebene D—T)

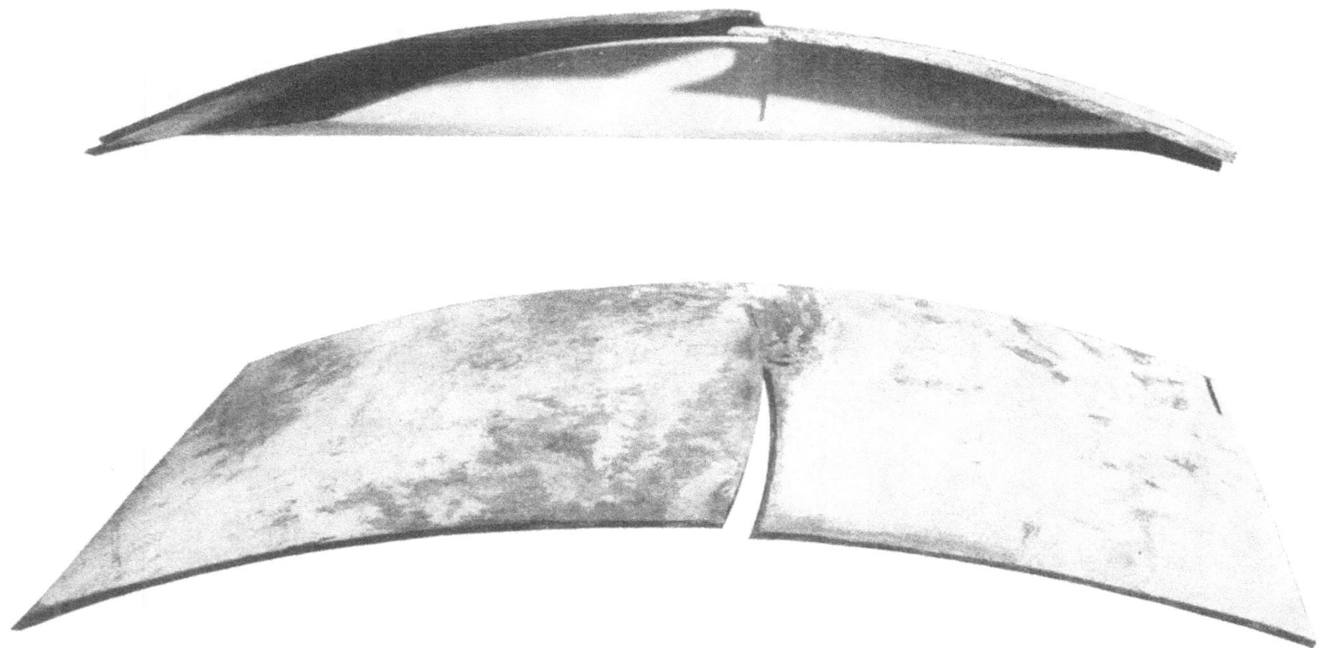

Bild 7. Abschnitt der T-1-Stahlverkleidung
Abschnitt mit Bruchstelle der T-1-Stahlauskleidung der Versuchskammer
(Hinweis: Die Bruchoberfläche links im Bild ist etwas höher als auf der rechten Seite.
Der Bruchwinkel liegt etwa unter 45° zur Oberfläche)

sich unmittelbar an der tiefsten Stelle der Halbkugel; sie betrug annähernd 80 mm. Charakteristisch für den Riß der Verkleidung war nicht die in Bild 7 gezeigte Fläche des Sprödbruches, sondern die Verschiebung der einen Hälfte der Verkleidung. Diese Verschiebung hatte auch im anschließenden Beton stattgefunden. (Tastmessungen zeigten, daß die ursprüngliche Stärke der Stahlverkleidung entlang der Bruchlinie ungefähr um 20% abgenommen hatte.) Ein ca. 30 cm breiter Streifen der Stahlverkleidung wurde entlang des gesamten Umfanges des Zylinders herausgeschnitten, um genaue Angaben über die Art und Weise der Brüche im Beton zu erhalten. Hierbei ergaben sich die in Bild 8 gezeigten radialen Bruchflächen im Beton.

Bohrkerne wurden sowohl aus dem Beton als auch aus dem anschließenden Gebirge entnommen (Bild 8), um den Zustand der Berührung zwischen Beton und Gebirge zu untersuchen. Die Kerne zeigten, daß das Gestein an einigen Stellen zerquetscht war; die Brüche im Beton waren dagegen nur sehr gering. Die wichtigste Entdeckung bei der Überprüfung der Kernbohrungen und der Bruchbereiche in der Verkleidung war die über das Bestehen der in Bild 8 angedeuteten offenen Klüfte. Es war das erste Anzeichen dafür, daß das oben erwähnte Injektionsprogramm nicht seinen Zweck erfüllt hatte. Wie in Bild 6 gezeigt ist, hat die genaue Untersuchung der aus den Sondenbohrungen und aus nach dem Versuch durchgeführten Bohrungen gewonnenen Kernen ergeben, daß weniger als 50% der Klüfte mit Verpreßgut gefüllt waren.

Ursache des Versagens

Seit der Beendigung des Versuches im November 1962 wurden die Ergebnisse fortlaufend ausgewertet. Es ist offentsichtlich, daß die größten Verformungen im südöstlichen Quadrant der Kammer auftraten, siehe Bild 9. Die anfänglichen geologischen Untersuchungen entdeckten keine außergewöhnliche Gefügeveränderung im die Kammer umgebenden Gebirge.

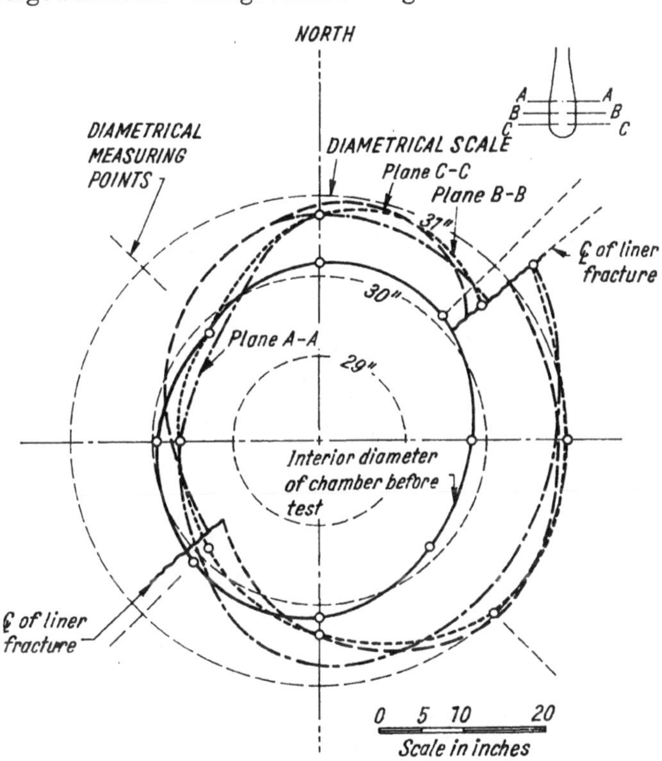

Bild 9. Geometrie der Verkleidung nach dem Bruch
(aus unmittelbaren Messungen von der Mittellinie der Kammer)

Die Aufnahme einer Kluftrosette zur Darstellung der Häufigkeit und der Streichrichtung der Klüfte zeigte jedoch, daß die größte Anzahl von Klüften eine nordwestlich-südöstliche Streichrichtung hatte. Wenn man sich hierauf im Geiste die Figur der Verformung der Kammer projiziert, dann wird es augenscheinlich, daß die Achse der größten Verformung parallel zur Streichrichtung der hauptsächlichen Kluftschar lag.

Man betrachte nun

1. die obenerwähnten, großen und offenen Klüfte, die nach dem Versuch mittels Bohrungen entdeckt wurden,
2. das ausgeprägte Zerquetschen des Gesteines in den nach nordöstlicher, südöstlicher und südwestlicher Richtung durchgeführten Bohrungen und
3. die außergewöhnlich hohen Formänderungen, die in den Meßstreifen der C-Sonde beobachtet wurden, die ebenfalls in südöstlicher Richtung eingebaut war.

Die Kombination dieser Faktoren läßt erkennen, daß das Versagen durch die plötzliche Bewegung eines oder mehrerer Felsblöcke des südöstlichen Quadranten hervorgerufen wurde. Diese Bewegung war erleichtert durch das nordwest-südöstliche Streichen des Kluftsystemes, die offene Kluft und die dadurch geringe Scherfestigkeit im nordöstlichen Quadranten und durch die offene Kluft im südöstlichen Quadrant, welche den Raum für die Bewegung von Felsblöcken schaffte. Es wird angenommen, daß diese Bewegung plötzlich eintrat, da die Formänderungswerte, die in Bild 10 gezeigt sind, keine Anzeichen einer sich schnell nähernden Bruchbedingung widerspiegeln. Im Gegenteil, es scheint so zu sein, daß das Gebirge sich bis zum Augenblick des tatsächlichen Versagens in erster Linie elastisch verhielt, mit geringem örtlichen plastischen Kriechen.

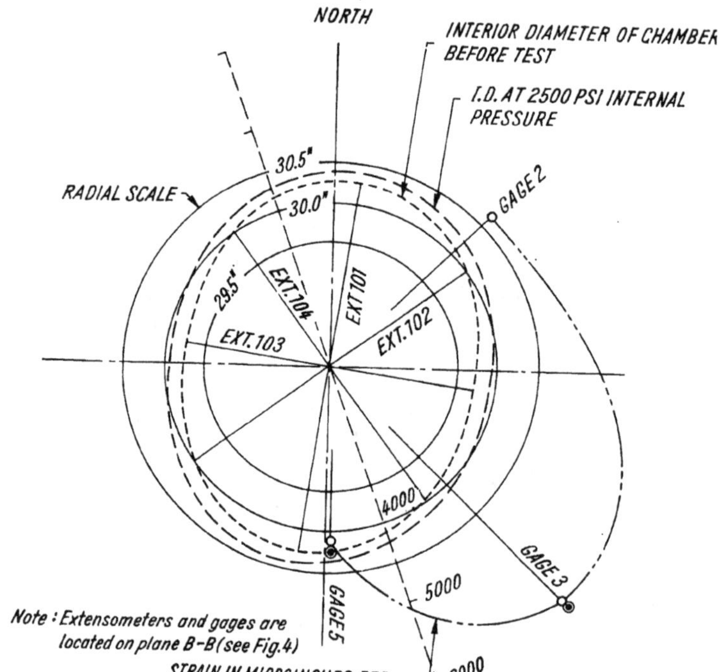

Bild 10. Geometrie der Auskleidung bei einem Kammerdruck von 175 kg/cm²
(aus Messungen mittels Extensometer und Dehnungsmeßstreifen)

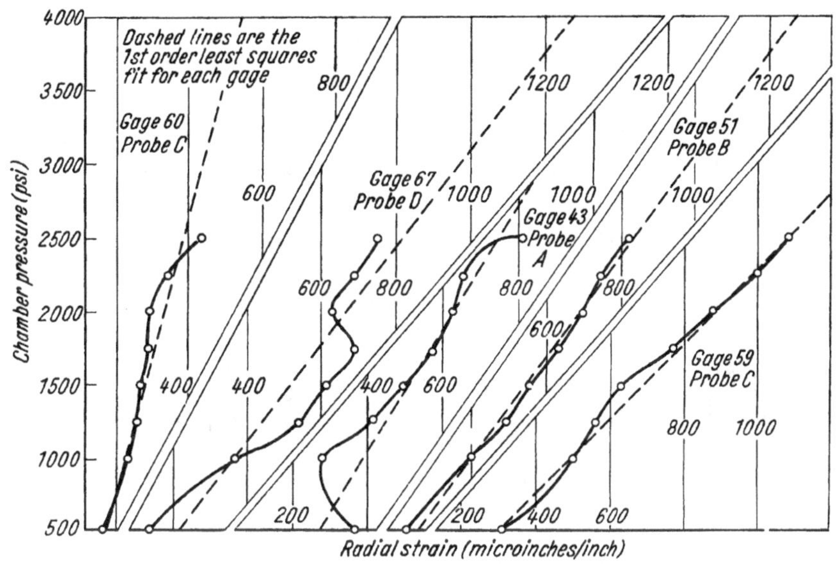

Bild 11. Formänderungsmessungen an ausgewählten Meßstellen im Gebirge

Ermittlung des Deformationsmoduls

Obgleich dieses Projekt eine einzigartige Gelegenheit bot, den Bruch einer Gebirgsmasse zu erforschen, muß daran erinnert werden, daß der Hauptzweck des Versuches die Bestimmung des Elastizitäts- oder Verformungsmoduls einer Gebirgsmasse war. Ein Blick auf Bild 11 zeigt die Schwierigkeiten, die der Bestimmung eines geeigneten Moduls entgegenstanden. Unglücklicherweise fielen vor und während des Versuches ungefähr 18% der Formänderungsmeßeinrichtungen im Fels aus, wobei die größten Verluste bei den für vertikale und radiale Formänderungen vorgesehenen Meßstellen eintraten. Änderungen in der Spannungsübertragung im Beton konnten nicht abgeschätzt werden, da alle Meßstellen im Beton mit einer Ausnahme nicht funktionierten. Die Ursachen für die defekten Meßstellen werden einer Wassersättigung der Einrichtungen zugeschrieben. Dieses Problem war schon vor dem Einbau bekannt; Versuche hatten jedoch gezeigt, daß ein wasserfester Gipszement (Hydromite) eine wasserdichte Abkapselung der Meßstreifen bewerkstelligen würde. Es bestand keine Möglichkeit, die Ursache der verschlechterten Wasserabdichtung der Meßstellen festzustellen.

Um zu dem Hauptzweck des Versuches zurückzukehren, muß gesagt werden, daß sich ein unerwünscht weiter Bereich für den Elastizitätsmodul ergab. Es wurde daher eine statistische Auswertung der Ablesungswerte durchgeführt. Viele Ablesungen wurden wegen ihrer unannehmbaren Veränderlichkeit in den Formänderungswerten nicht für die Auswertung verwendet. Es stellte sich übereinstimmend heraus, daß die Meßstellen mit annehmbaren Formänderungswerten im näheren Bereich der Beton-Fels-Grenze lagen. An den Ablesungen dieser einzelnen Meßstellen wurden statistische Annäherungen in erster bis vierter Ordnung mittels der Methode der kleinsten Quadrate durchgeführt. Die Ergebnisse dieser Untersuchungen sind in Bild 12 wiedergegeben. Um eine einzige Annäherung für den mittleren Modul für alle Meßwerte zu erhalten, wurde für 40 Ablesungen eine Berechnung nach der Methode der kleinsten Quadrate in der siebenten Ordnung für die elektronische Rechenmaschine programmiert. Die Ergebnisse der Berechnung zeigten, daß die beste Annäherung durch eine polynomiale Kurve der vierten Ordnung gegeben ist. Diese Kurve ist in Bild 13 dargestellt.

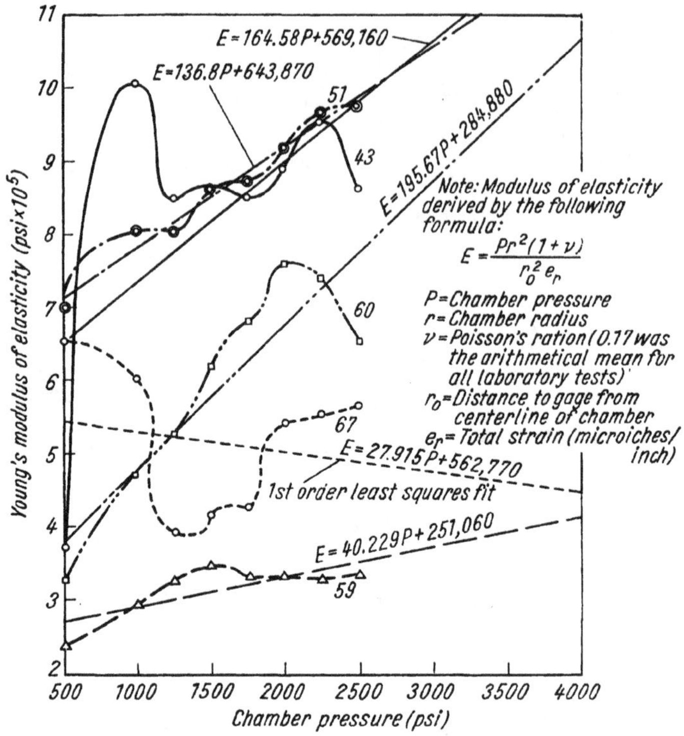

Bild 12. Vergleich von „E" für die Meßstellen 43, 51, 59, 60 und 67

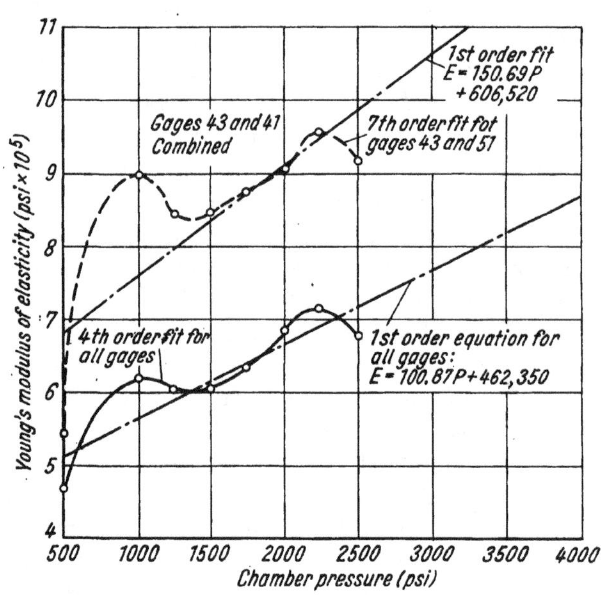

Bild 13. Polynom vierter Ordnung für die zusammengefaßten Messungen

Seismische Bestimmung des Moduls

Dieser Versuch war ferner geeignet, die verschiedenen Arten von Untersuchungsverfahren miteinander zu vergleichen. Die zur Verfügung stehenden Mittel waren jedoch nicht ausreichend, um herkömmliche in-situ-Verfahren wie Druckkissenversuche, Entlastungskernbohrungen, Lastplattenversuche oder Pressenversuche zusätzlich durchzuführen. Es wurde jedoch versucht, den Modul der Gebirgsmasse mittels seismischer Methoden zu bestimmen. Nachdem der Felsaushub beendet und das Gebirge verpreßt worden war, befestigte U.S. Geological Survey eine Schlagplatte aus Stahl auf dem Boden des Ankerblockes sowie Beschleunigungsmesser an den Felswänden der Versuchskammer. Die Beschleunigungsmessungen wurden verstärkt und photographisch an einem Oszillographen aufgezeichnet. Es war vorgesehen, Druck- und Schubschwingungen durch Hammerschläge auf die Stahlplatte zu erzeugen. Die Ergebnisse dieses Versuches sind im Bild 14 wiedergegeben. Es stellte sich heraus, daß seismische Schwingungen nicht zwischen Schlagplatte und Beschleunigungsmessern übertragen werden konnten. Der Bericht der U.S. Geological Survey stellt fest, daß „... das Gebirge zwischen den Empfangsstellen und den Schlagplatten derart geklüftet ist, daß die verhältnismäßig schwachen, durch die Hammerschläge erzeugten seismischen Schwingungen derart gedämpft werden, daß sie unter dem Empfindlichkeitspegel liegen.“ Messungen zwischen den Stellen der Beschleunigungsmesser konnten jedoch durchgeführt werden. Die negativen Ergebnisse dieses Versuches lassen erkennen, daß das Verpressen des geklüfteten Gebirges unzulänglich war. Unglückliche Umstände bedingten, daß diese Versuchsergebnisse erst zur Verfügung standen, nachdem die Kammer abgepreßt worden war. Es ist interessant zu überlegen, ob wir zusätzliche Verpressungsmaßnahmen durchgeführt hätten, wenn uns die negativen Ergebnisse der seismischen Versuche vor dem Einbau der Stahlkammer bekannt gewesen wären. Hier erinnerte ich mich an einen anderen dieser ironischen Vorfälle, die gelegentlich den Forscher plagen. Nach dem Versagen erkundigte ich mich, ob Berechnungen durchgeführt worden waren, bei welchen Ablesungen der an dem Stahlmantel befestigten Dehnungsmessern die Kriechgrenze des Stahles überschritten werden würde. Man sagte mir, daß solche Berechnungen gemacht worden wären, daß man aber, als diese Ablesungen registriert wurden, im Kontrollhaus die schnelle Entscheidung traf, den Versuchsdruck weiter zu steigern, „um herauszufinden, was wohl geschehen würde“. Wie weiter oben festgestellt wurde, haben wir dies herausgefunden.

Spannungsoptische Untersuchungen

Um auf andere Art und Weise die Methoden der Wechselbeziehungen zu erforschen, wurde beschlossen, den Großversuch in einer dreidimensionalen spannungsoptischen Untersuchung im Laboratorium nachzuahmen. Aluminium wurde zu einem maßstäblichen Modell der Versuchskammer geformt und dann in einen Kunststoffblock (epoxy resin Hysol) eingegossen. Nach dem Härten des Kunststoffes wurde der Aluminiumkern mittels Salzsäure entfernt und das Modell in einen Belastungsrahmen eingebaut, wie in Bild 15 gezeigt ist. Das Innere des Modelles wurde mit Öl gefüllt, verschlossen und ein Versuchsdruck auf die innere Flüssigkeit aufgebracht, der eine maßstäbliche Ähnlichkeit zu dem vorgeschlagenen Versuchsdruck von 285 kp/cm² hatte. Der bei dem spannungsoptischen Versuch tatsächlich aufgebrachte Druck war 29 kp/cm² für einen kubischen Block von 25 cm Seitenlänge und 20 kp/cm² für einen entsprechenden mit 15 cm Seitenlänge. Die sich ergebenden Spannungsbilder wurden in dem Kunststoff „eingefroren“, und eine zur senkrechten Achse der Kammer parallele Scheibe wurde dann aus der Mitte des Blockes herausgeschnitten. Als Ergebnis dieser Arbeit

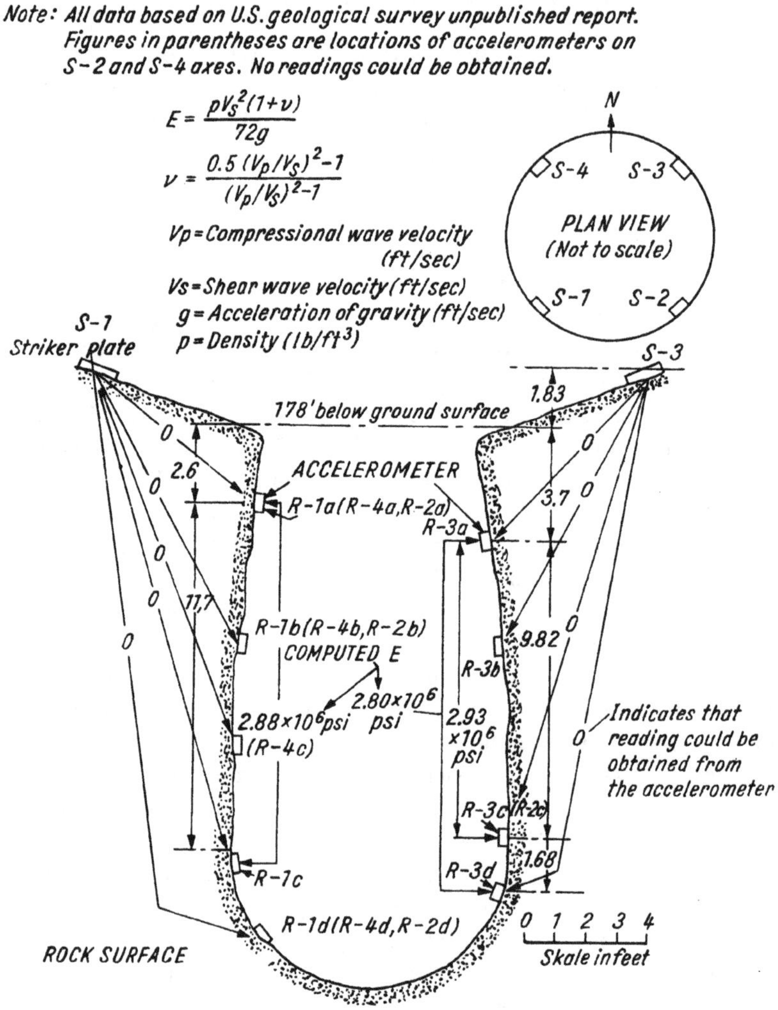

Bild 14. Bestimmung von „E" mittels seismischer Verfahren

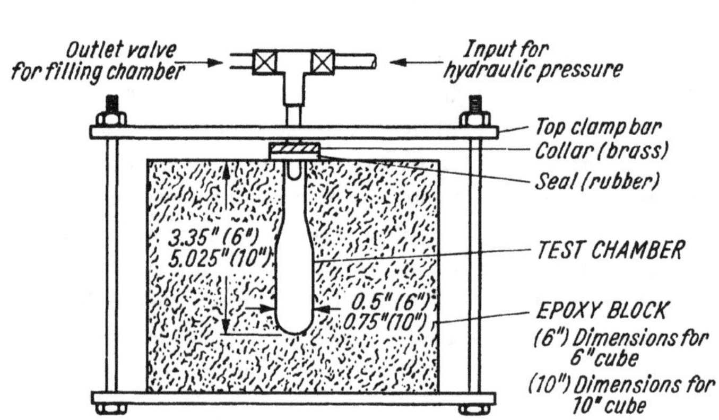

Bild 15. Aufbau des spannungsoptischen Modells

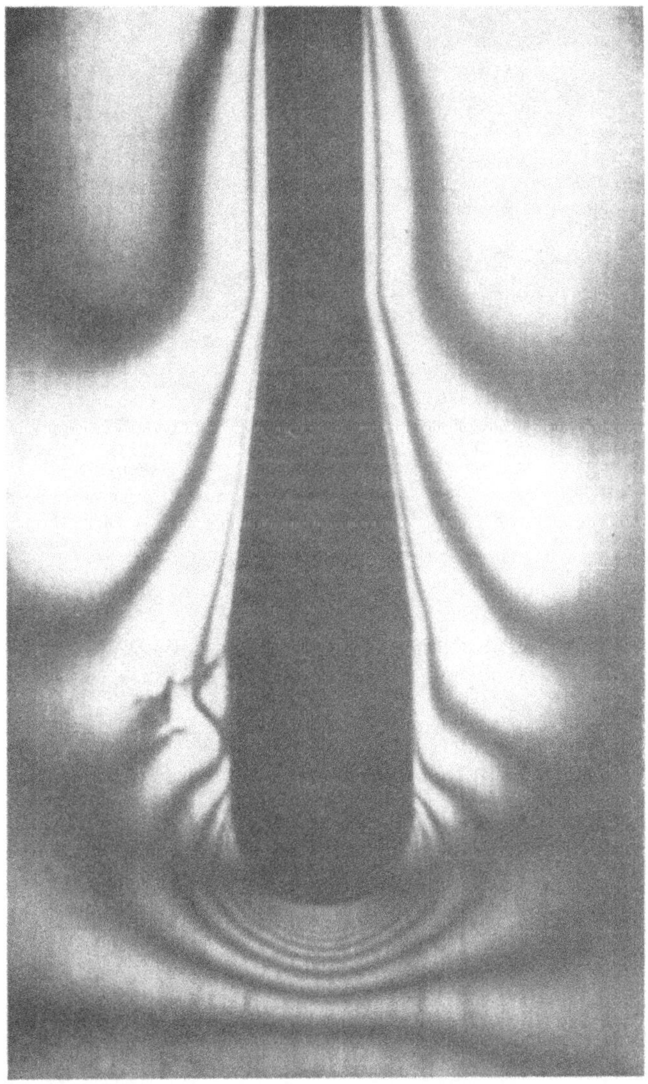

Bild 16. Eingefrorene Isoklinen in einem spannungsoptischen Modell

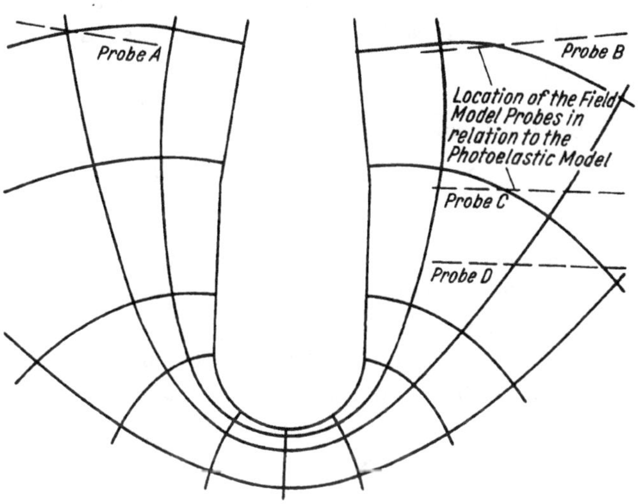

Bild 17. Spannungstrajektorien

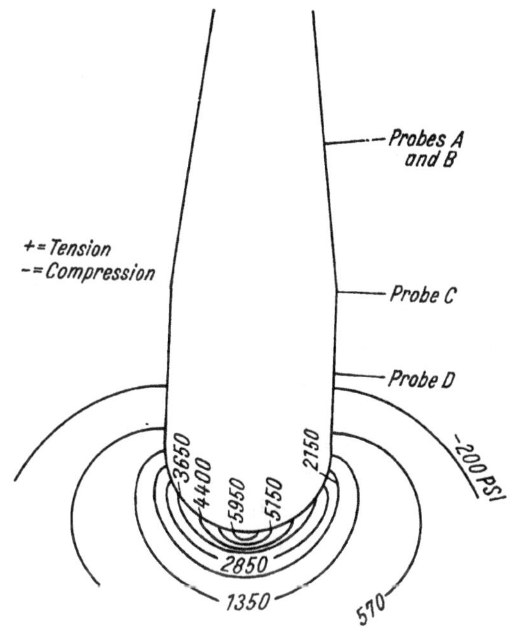

Bild 18. Verteilung der kritischen Spannungen

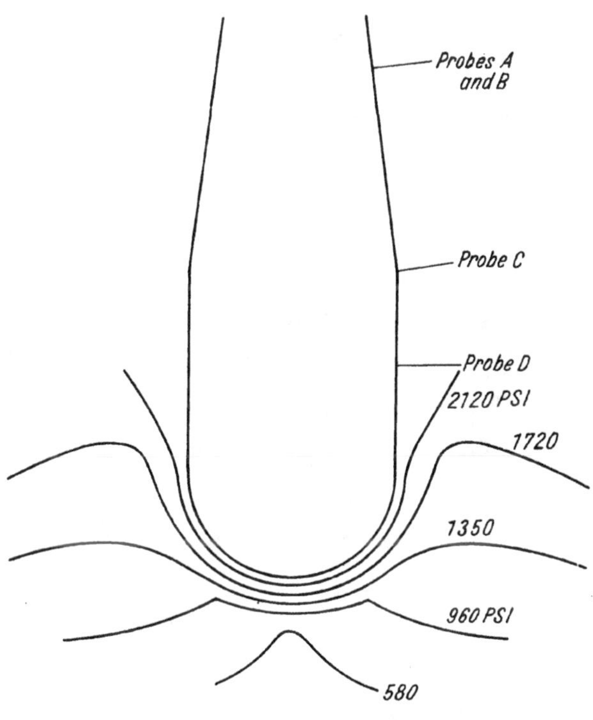

Bild 19. Verteilung der größten Druckspannungen

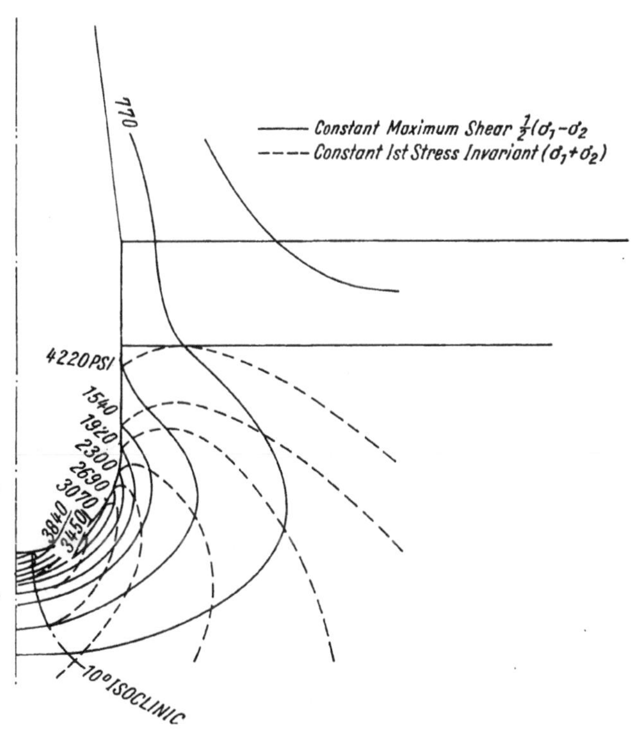

Bild 20. Verteilung der größten Schubspannungen

steht die Tatsache, daß die Methode des Modellbaues wenig Zeit in Anspruch nimmt und einen vor dem Versuch völlig spannungslosen Block ergibt. Bild 16 stellt eine Aufnahme des Spannungsbildes in dem 15-cm-Block dar. Wie ersichtlich, konnten nur drei Säume erzielt werden. Es war jedoch möglich, in dem 25-cm-Block elf Säume zu erhalten. Eine Auftragung der Spannungstrajektorien des großen Modelles ist in Bild 17 gezeigt. Da das Modell eine Gebirgsmasse darstellen sollte, wurde gefolgert, daß die Zugspannungen die kritischsten Spannungen darstellen würden. Die auf den spannungsoptischen Versuchen basierenden Berechnungen ergaben daher die in Bild 18 gezeigte Spannungsverteilung. All diese Spannungen sind mit einer Ausnahme Zugspannungen, wobei diese Ausnahme sehr niedrige Druckspannungen darstellt. Zusätzlich wurden noch die Verteilungen der größten Druckspannungen und der größten Schubspannungen aufgetragen. Diese Darstellungen sind in den Bildern 19 und 20 gezeichnet.

Der nächste Schritt in dieser Forschungsphase war es zu bestimmen, ob die Ergebnisse der spannungsoptischen Versuche mit denen des in-situ-Versuches verglichen werden können. Eine bisher noch ungelöste Schwierigkeit bei diesem Vergleich ist dadurch gegeben, daß wir von den spannungsoptischen Versuchen Spannungsverteilungen, von dem Großversuch jedoch Werte der Formänderung erhalten. Dieses besondere Beziehungsproblem wird derzeit noch untersucht, ein wichtiger Punkt hat sich jedoch bereits klar ergeben. Das spannungsoptische Modell zeigt, daß die größten radialen Spannungen um den halbkugelförmigen Boden der Versuchskammer auftreten sollten. Die Meßstellen der Sonde *E*, die senkrecht und zentrisch unter dem Boden der Versuchskammer eingebaut war, zeigten jedoch praktisch keine Formänderung in der Nähe der Kammer und beträchtliche Formänderungen in Zug in einem Abstand von ca. vier Kammerdurchmessern von dem halbkugelförmigen Boden entfernt.

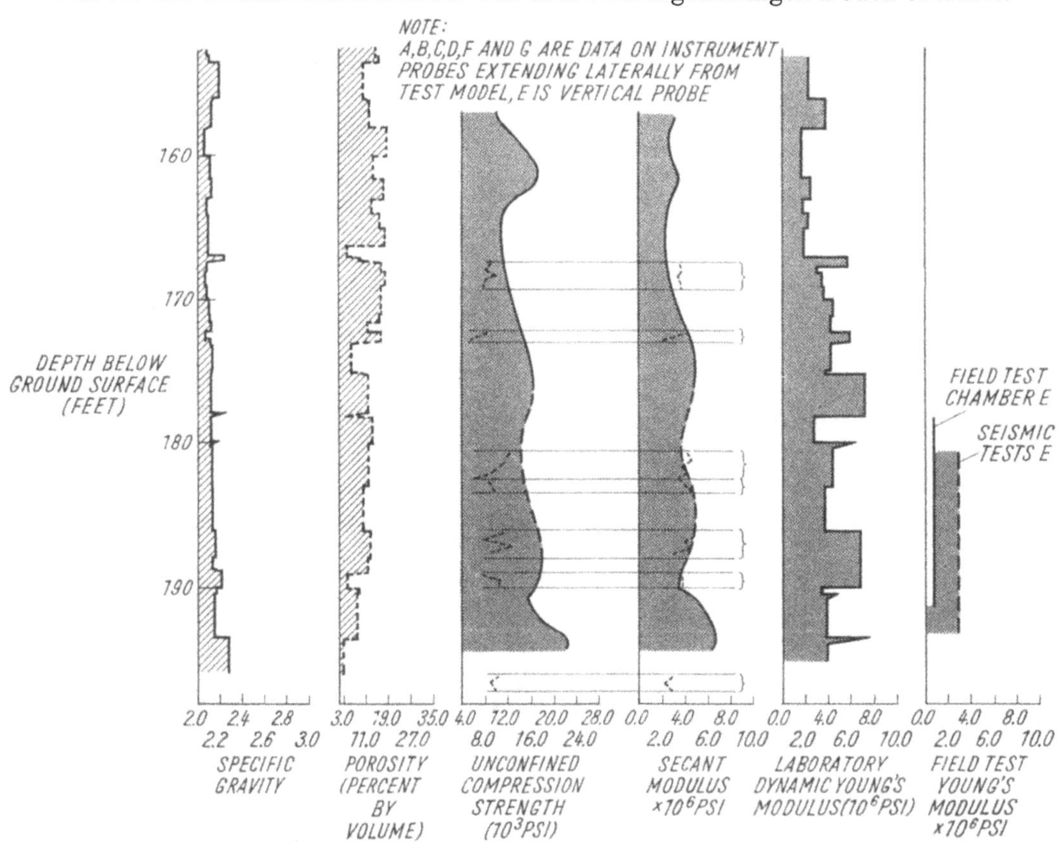

Bild 21. Vergleich der mit verschiedenen Methoden ermittelten Gesteinseigenschaften

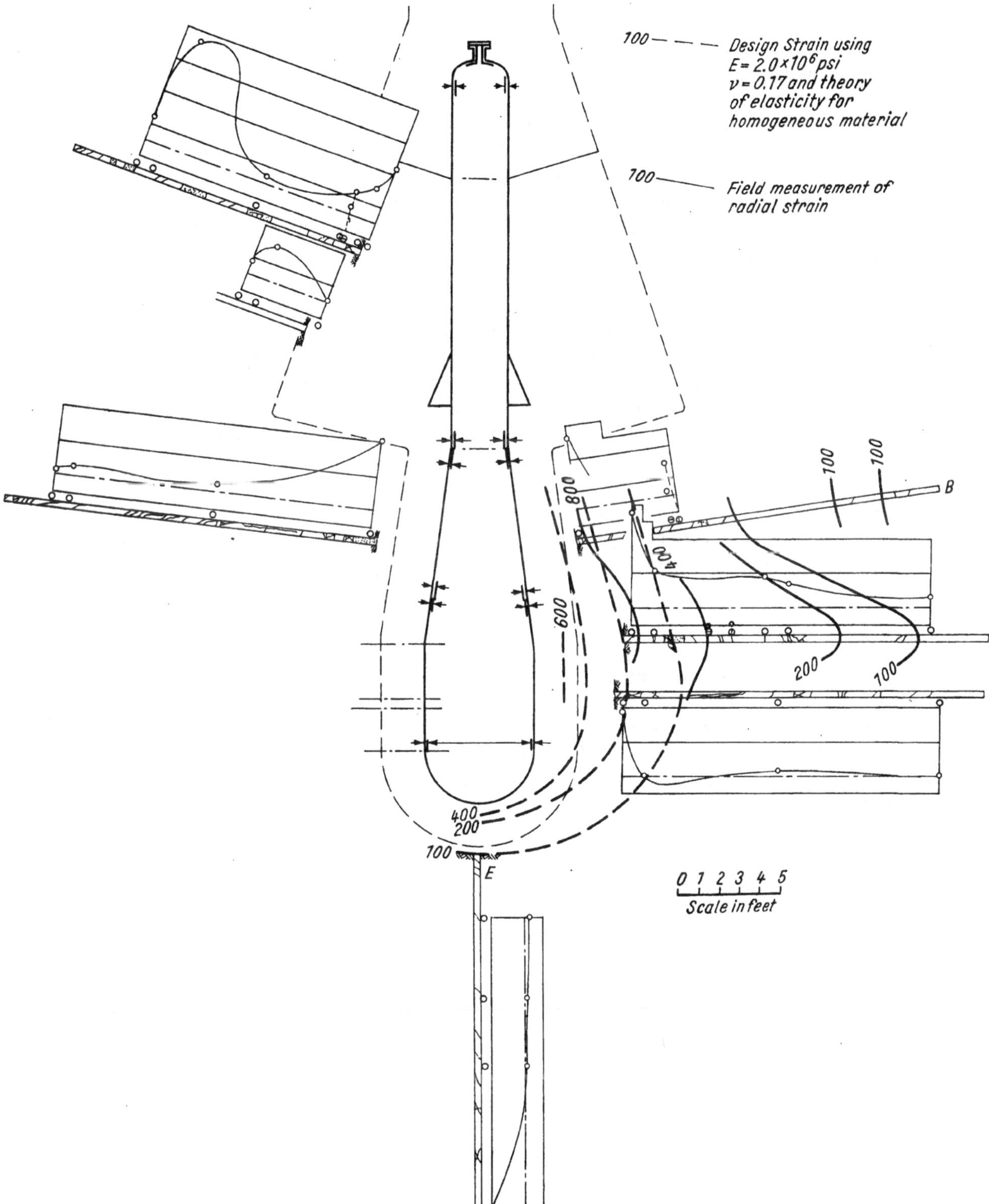

Bild 22. Vergleich der theoretischen radialen Formänderungen mit den tatsächlichen Formänderungen beim Großversuch – „E" angenommen zu 2×10^6 psi

Folgerungen

Eine nochmalige, sorgfältige Auswertung der bei diesem Forschungsprojekt erhaltenen Angaben macht deutlich, daß noch viele Schwierigkeiten überwunden werden müssen. Diese Schwierigkeiten enthalten nicht nur die Problematik des Vergleiches von Feld- und Laboratoriumsdaten, siehe Bild 21, sondern auch die Auswahl von geeigneten Geräten zur Erlangung von brauchbaren Feldmeßwerten. Der Verformungsmodul des Gebirges zum Beispiel, der sich aus dem Kammerversuch errechnet, ist annähernd eine Größenordnung kleiner als die entsprechenden, mittels Prüfraummethoden bestimmten Werte. Mit anderen Worten, es ergibt sich, daß ein annehmbarer Sicherheitsfaktor für Entwurfszwecke verlangen würde, den Entwurfsmodul zu $^1/_{10}$ des Laboratoriumswertes anzunehmen. Es ergibt sich ferner, daß, falls es notwendig ist, um sich auf Verpressen zur Erzeugung von monolithischen Gebirgsmassen und der sich daraus ergebenden Verbesserung der Formänderungseigenschaften zu verlassen, eine genügende Anzahl von Kernbohrungen und möglicherweise seismische Untersuchungen zur Überwachung der Wirksamkeit des Verpressvorganges notwendig sind. Die wichtigste Erkenntnis aus diesem Forschungsprojekt war die Tatsache, daß geologische Mängel in einer Gebirgsmasse einen äußerst entscheidenen Einfluß bei der Bestimmung des Verformungsmoduls dieser Masse darstellen. Zum Abschluß möchte ich meine Bemerkung vom Anfang nochmals betonen, daß ein dringender Bedarf nach weiteren Erfahrungswerten über das Verhalten von Gebirgsmassen unter Bauwerksbelastungen besteht. Nur solche Daten können es uns ermöglichen, genaue Methoden zum Vergleich von Prüfraumergebnissen mit den Reaktionen von Bauwerken zu ermitteln.

Anmerkungen

Ich möchte meine Wertschätzung gegenüber Herrn Dr. J. W. WORKMAN für seine äußerst wertvolle Beihilfe bei der Vorbereitung der Berechnungen und Illustrationen für die spannungsoptischen Ergebnisse ausdrücken; ferner Herrn K. JOHN für seine Unterstützung bei der Entwicklung der theoretischen Formänderungskurven für die Versuchskammer und Fräulein C. HUBER für die Ausarbeitung von statistischen Programmen für Elektronenrechenmaschinen danken.

Beziehungen zwischen den elastischen Eigenschaften der Gesteine und dem Festigkeitsverhalten

von F. Schuppe und K.-H. Höfer, Leipzig

Zusammenfassung

An Hand zweier Beispiele wird auf die Unterschiede zwischen Laborfestigkeit und Gebirgsfestigkeit hingewiesen. Eine Beziehung zwischen Schallgeschwindigkeitsdaten und Druck- bzw. Zugfestigkeitswerten für Laborproben wird angegeben und ihre Anwendbarkeit zur Beurteilung des Festigkeitsverhaltens des Gebirgskörpers diskutiert. Auf die Bedeutung von statischem und dynamischem E-Modul wird hingewiesen.

Bei allen Diskussionen über Fragen der Festigkeit des Gebirges, d. h. des gewachsenen Gesteins am Orte seiner natürlichen Lagerung, ist man sich über einen Punkt einig:

Gesteinsproben und Gestein in situ (d. h. der Gebirgskörper) haben unterschiedliche Festigkeitseigenschaften. Über die Hauptfaktoren, die das Festigkeitsverhalten bestimmen, herrscht ebenfalls noch Einigkeit. Diese Faktoren sind: Inhomogenität, Anisotropie, Klüftigkeit, Feuchtigkeit, Spannungszustand u. a.

Bei der Beantwortung der Frage: „Ist die Gebirgsfestigkeit höher oder niedriger als die Laborfestigkeit?“ scheiden sich die Geister. Ansgesichts der auftretenden Differenzen erscheint ein möglicher Ausweg der zu sein, Laboruntersuchungen ganz zu verwerfen, zumal bei Laboruntersuchungen selbst auch noch erhebliche Unterschiede in den Festigkeitswerten auftreten können, die offensichtlich nicht auf statistische Streuung zurückzuführen sind.

Als Beispiel sei die Abhängigkeit der Druckfestigkeit von Steinsalzproben von der Korngröße des Untersuchungsmaterials genannt (Bild 1).

Es handelt sich hier um eine Veränderung der Festigkeit mit veränderlichem Verhältnis

$$\frac{d}{\delta} = \frac{\text{Probendurchmesser}}{\text{mittlerer Korndurchmesser}}.$$

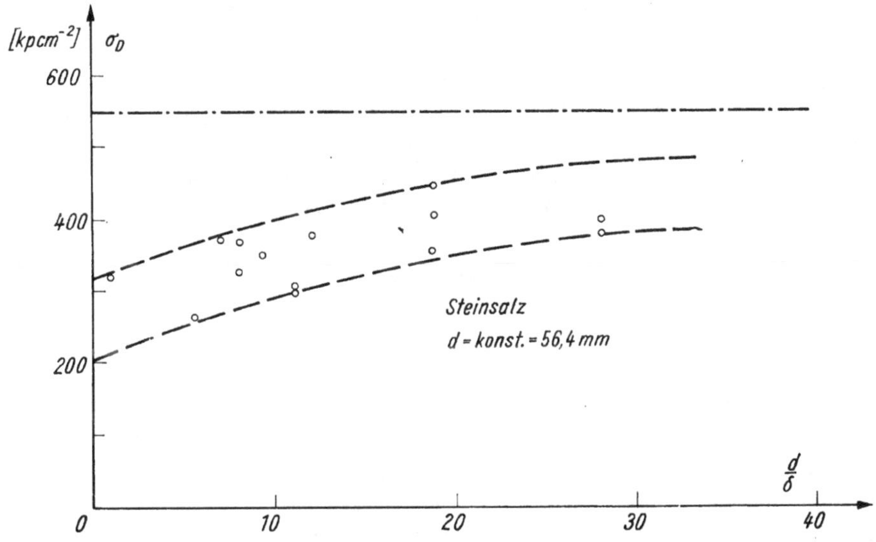

Bild 1. Relative Kornfeinheit $\frac{d}{\delta}$ und Druckfestigkeit

An Steinsalzproben von 56,4 mm Durchmesser und gleicher Höhe wurde eine Zunahme der Druckfestigkeit mit abnehmender Korngröße beobachtet. Dabei deutet sich asymptotisch eine obere Festigkeitsgrenze an (im vorliegenden Falle ca. 550 kpcm^{-2}). Die Korngröße wirkt sich auch auf das elastische Verhalten aus. Messungen des dynamischen E-Moduls an sehr homogenen Steinsalzproben ergaben eine deutliche Abnahme des E-Moduls mit wachsender Korngröße.

Beispiel:

mittl. Korndurchmesser δ [mm]	$E_{\text{dynamisch}}$ [kpcm^{-2}]
5	365000
7	326000
10	230000
12	226000

Aus den genannten Tatsachen zu schließen, daß Laboruntersuchungen also praktisch sinnlos seien, ist jedoch voreilig.

Abgesehen davon, daß nur Laborproben ein systematisches und einwandfreies Studium spezieller Gesteinseigenschaften gestatten, zeigt sich hier die Möglichkeit einer Korrelation zwischen Festigkeitsverhalten und elastischen Eigenschaften.

Derartige Untersuchungen zur Korrelation verschiedener physikalischer Eigenschaften wurden von JUDD und HUBER [1], WIBENGA und MANGUNWIDJOJO [2] bereits durchgeführt und erscheinen uns für die Praxis von Bedeutung.

Besonders zweckmäßig könnte eine Korrelation zwischen der Geschwindigkeit elastischer Wellen und der Festigkeit des betreffenden Materials sein. Es besteht hier u. U. die Möglichkeit — falls der Zusammenhang zwischen Schallgeschwindigkeit und Festigkeit statistisch gesichert ist — allein aus Schallgeschwindigkeitsmessungen in situ Angaben über die Festigkeit des Gesteins im Verband zu machen.

Selbst wenn man nur ungefähre Werte erhielte, wäre ein solches Verfahren sehr nützlich.

Von diesem Gedanken ausgehend, wurden speziell Druckfestigkeit (einachsig), Zugfestigkeit (einachsig) und Schallgeschwindigkeit (longitudinal) bzw. dynamischer E-Modul und POISSON-konstante an Proben ermittelt und einer speziellen Auswertung unterworfen.

Unsere bisherigen Ergebnisse deuten auf eine logarithmische Beziehung zwischen Druckfestigkeit und Schallgeschwindigkeit hin. Entsprechendes gilt für die Zugfestigkeit, hier ist jedoch die Streuung der Mittelwerte für die einzelnen Gesteine größer.

Bild 2 zeigt die Beziehung zwischen Longitudinalwellengeschwindigkeit und Druckfestigkeit. Ist ein statistisch gesicherter Zusammenhang vorhanden, so kann man mit dem gemessenen v_L-Wert in die Kurve eingehen und daraus den Festigkeitswert direkt entnehmen.

Bild 3 gibt eine logarithmische Darstellung derselben Werte, wie sie dem Bild 2 zugrunde liegen.

Bild 4 zeigt eine Beziehung zwischen Geschwindigkeit longitudinaler Wellen und der Zugfestigkeit in logarithmischer Darstellung.[1])

Bevor auf die Ergebnisse von Messungen am anstehenden Gebirge eingegangen wird, sei auf ein typisches Verhalten von dynamischem E-Modul und dynamischer POISSONkonstanten hingewiesen. Für alle bisher näher untersuchten Materialien (Steinsalz, Carnallit, Anhydrit, Eisenerz) ist charakteristisch, daß — innerhalb eines Gesteinstyps — bei wachsendem E-Modul die POISSONkonstante abnimmt. Für Steinsalz ist der Zusammenhang statistisch gesichert. Die beschriebene Tendenz zeigen auch in der Literatur mitgeteilte Werte sowie Meßwerte, die im Innern von Stützpfeilern im Salzbergbau erhalten wurden.

[1]) Die Zugfestigkeiten wurden von Markscheider Dipl.-Ing. H.-K. HEYNE bestimmt.

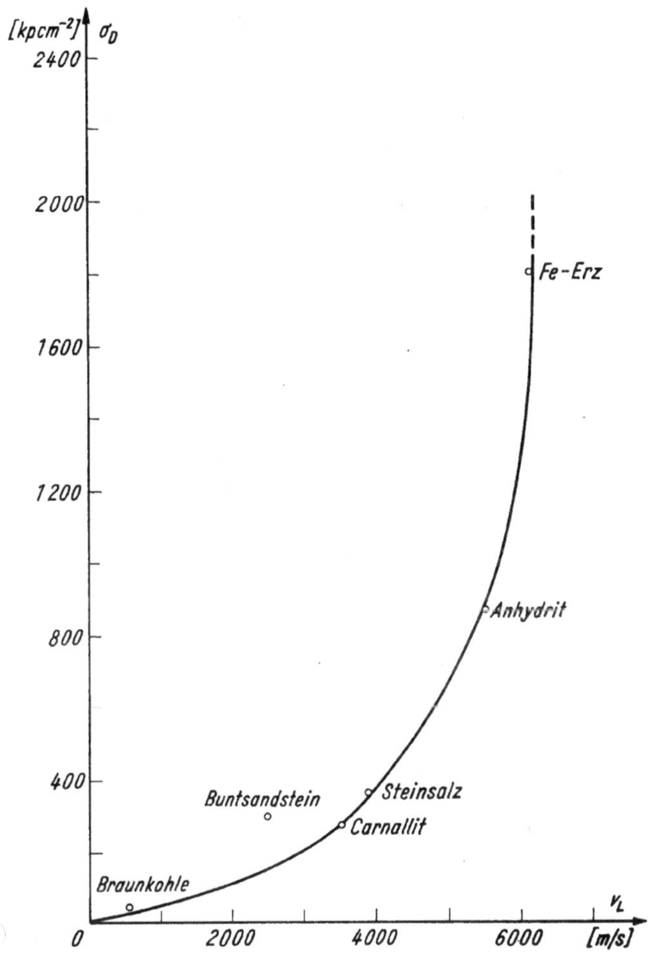

Bild 2
Druckfestigkeit und Schallgeschwindigkeit
(Mittelwerte)

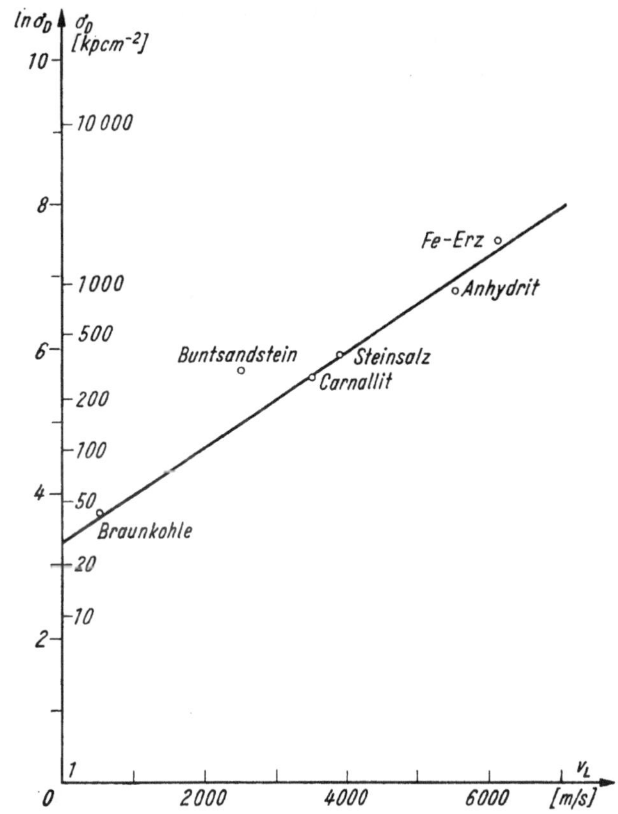

Bild 3
Druckfestigkeit und Schallgeschwindigkeit
(Mittelwerte)

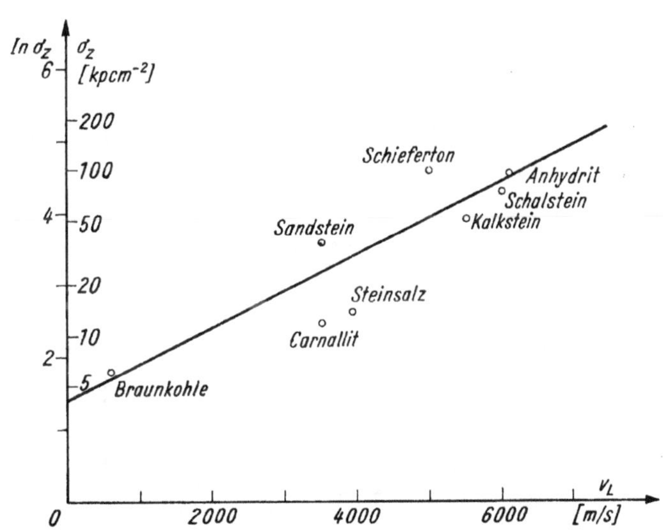

Bild 4. Zugfestigkeit und Schallgeschwindigkeit (Mittelwerte)

Die Randzone dieser Pfeiler (ca. 50 bis 150 cm tief) ist stets durch einen gleichsinnigen Verlauf von E und μ gekennzeichnet.

Diese Zone ist in allen Fällen überelastisch beansprucht worden, dabei sind verschiedene Stadien — von einfacher Gefügelockerung bis zur Schalenbildung — möglich. Für solche aufgelockerten Bereiche im Gebirgskörper ist neben dem genannten gleichsinnigen Verlauf von E und μ kennzeichnend, daß sowohl E als auch μ relativ niedrige Werte annehmen.

Vergleicht man die Werte des E-Moduls aus Probenmessungen mit solchen, die durch Messungen am Anstehenden erhalten wurden, so ergeben sich recht interessante Verhältnisse.

Zur Veranschaulichung des Sachverhaltes wurden zwei Gesteine hinsichtlich ihrer elastischen Eigenschaften miteinander verglichen. Es handelt sich hierbei um bewußt gewählte Extreme, die man unserer Meinung nach als charakteristische Typen auffassen kann.

Typ	Bezeichnung	Material	Hauptfaktor	$E_{Geb.}/E_{Lab.}$
1	klüftig und grobklastisch	Eisenerz	Klüftigkeit	0,1 — 0,2
2	plastisch	Steinsalz	Plastizität	1,0 — 1,7

Die graphischen Darstellungen zeigen diese Verhältnisse unter Berücksichtigung der Abhängigkeit E von μ.

Bild 5 zeigt Labor- und in-situ-Werte für ein oolithisches Eisenerz. In dieser Darstellung sind $E_{dyn.}$ und $\mu_{dyn.}$ zueinander in Beziehung gesetzt. Wie man sieht, sind die elastischen Konstanten nicht unabhängig voneinander, sie sind offensichtlich Funktionen anderer bisher unberücksichtigt gebliebener Größen, d. h. das Hookesche Gesetz ist hier nicht gültig.

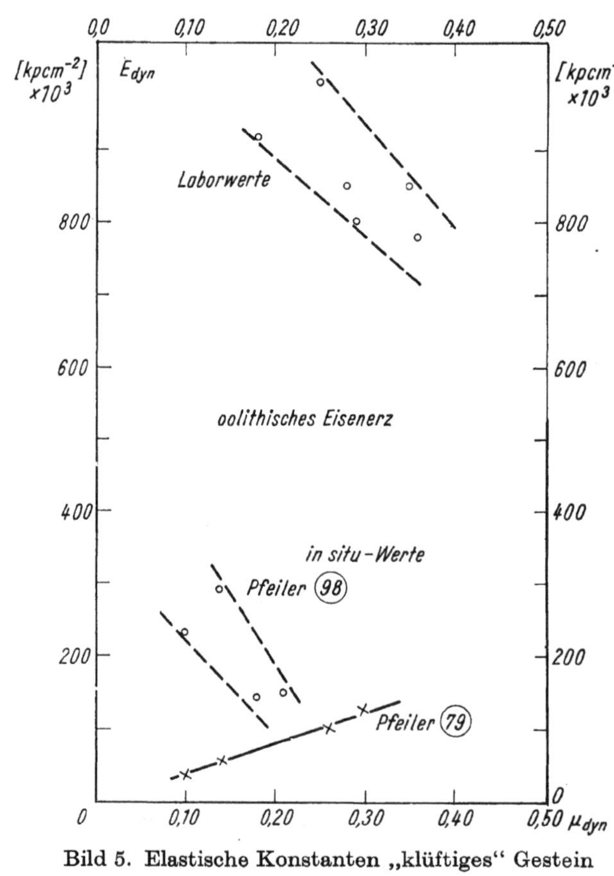

Bild 5. Elastische Konstanten „klüftiges" Gestein

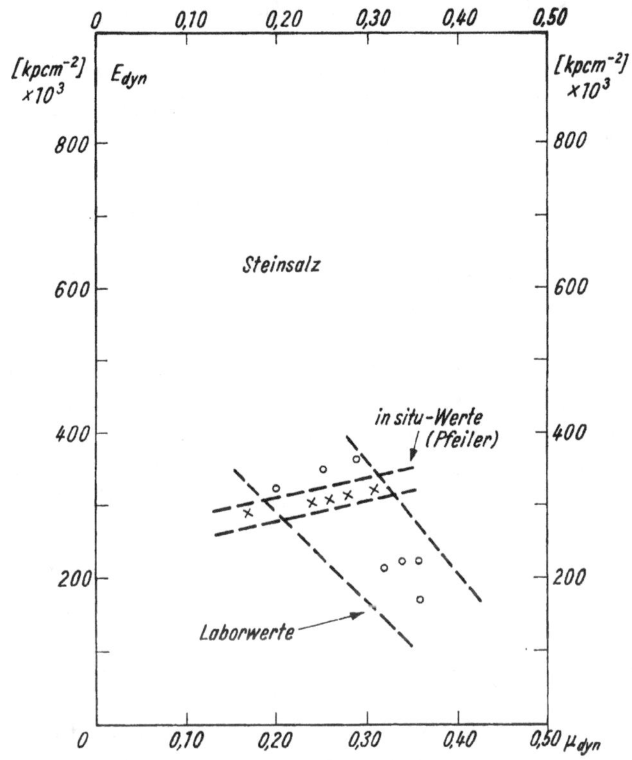

Bild 6. Elastische Konstanten „plastisches“ Gestein

Beim Eisenerz wurden 2 Pfeiler untersucht, die makroskopisch auf unterschiedlichen Beanspruchungsgrad hinweisen. Diese Unterschiede konnten durch die akustischen Messungen bestätigt werden.

Bild 6 gibt einen Vergleich der elastischen Konstanten für Proben- und in-situ-Werte von Steinsalz. Die Tendenzen sind hier ähnlich wie in Bild 5.

Geht man von den gemessenen Schallgeschwindigkeiten aus und setzt man versuchsweise die gefundene Beziehung zwischen Longitudinalwellengeschwindigkeit und Druckfestigkeit als für Proben und Gebirge gültig voraus, so erhält man für Eisenerz und Steinsalz folgendes Verhältnis von Gebirgsfestigkeit zu Laborfestigkeit:

Material	$\sigma_{D,\ \text{Gebirge}}/\sigma_{D,\ \text{Labor}}$
Eisenerz	0,08
Steinsalz	1,5

Hieraus ist ersichtlich, daß sowohl die Talsperren- und Tunnelbauer als auch die Bergleute — speziell die Salzbergleute — mit ihrer Anschauung über die Gebirgsfestigkeit recht haben, jeder im Hinblick auf sein spezielles „Baumaterial“. Für stark zerklüftetes Gebirge, wie es z. B. das von uns untersuchte Eisenerz darstellt, beträgt danach die Druckfestigkeit in situ ungefähr 1/10—1/12 der Festigkeitswerte von kleinen Laborproben (cm-Größe).

Kompaktes Material wie z. B. Steinsalz liegt in situ nach unseren Ergebnissen festigkeitsmäßig etwas über den Laborwerten. Ein Vergleich der Laborwerte mit den Untertagewerten ist hier durchaus zulässig.

Es sei darauf hingewiesen, daß der dynamische E-Modul von uns nicht etwa zur Berechnung statisch bedingter Verformungen vorgeschlagen wird, er stellt nur eine Hilfsgröße dar, die mit statischen Werten (z. B. Druckfestigkeit, Zugfestigkeit, statischem E-Modul u. a.) korreliert werden kann.

Für Talsperren- und Tunnelbau im klüftigen Gebirge wäre besonders eine Korrelation zwischen $E_{\text{dyn.}}$ bzw. v_L und $E_{\text{stat.}}$ wichtig. Liegt diese Beziehung einmal gesichert vor, so könnten die kostspieligen Großversuche an Baustellen z. T. durch eine einfache seismische Vermessung des Baugeländes abgelöst werden.

Es ist bekannt, daß dynamischer und statischer E-Modul für ein ideal-elastisches Material übereinstimmen. Hier wird unter ideal-elastisch ein Material ohne elastische Nachwirkung verstanden. Ein derartiges Material existiert in der Praxis nicht. Hier wäre die Korrelation problematisch: denn, berücksichtigt man die Tatsache, daß der statische E-Modul von der Spannung und von der Zeit abhängt, die für den jeweiligen Belastungsversuch kennzeichnend sind, so kann diesem statischen E-Modul nur eine sehr begrenzte Bedeutung zukommen.

Der erhaltene E-Modulwert hängt sehr stark von den Bedingungen ab, unter denen der Belastungs-Entlastungsversuch durchgeführt wird, und es ist kaum zu erwarten, daß diese Bedingungen auch für die natürlichen Beanspruchungsverhältnisse des Gebirgskörpers gelten. Eine direkte Korrelation zwischen elastischen Parametern und der Festigkeit erscheint uns günstiger.

Bei nichtelastischem Gebirge muß man wahrscheinlich dazu übergehen, neben den elastischen Parametern auch die Viskositäts- und Reibungsparameter bei der Korrelation zu berücksichtigen.

An dieser Stelle ist noch zu bemerken, daß bei stark anisotropem Material, wie es z. B. nach unseren Untersuchungen Werraanhydrit darstellt, für die Korrelation statt der Druckfestigkeit die Zugfestigkeit verwendet werden muß, da hier bei einer Beanspruchung senkrecht zur Schichtung die Druckfestigkeit Werte vortäuscht, die der tatsächlichen Beanspruchbarkeit nicht entsprechen und die auch nicht mit den in dieser Richtung gemessenen Schallgeschwindigkeitswerten übereinstimmen.

Bei geschichtetem Gestein sind senkrecht zur Schichtung Zugfestigkeit und Schallgeschwindigkeit erheblich kleiner als bei ungeschichtetem, isotropem Material. Die Druckfestigkeit weist dagegen keine wesentlichen Unterschiede bei Beanspruchung senkrecht zur Schichtung im Vergleich zum isotropen Material auf.

Literatur

[1] Judd, Wm. R. und Huber, C.: Correlation of Rock Properties by Statistical Methods. Mining Research Vol. 2, Pergamon Press 1962.

[2] Wibenga, B. A. und Mangunwidjoio, A.: Beziehungen zwischen den Gesteinsparametern. Gesteinszerstörung und Gebirgsmechanik (VI. Symposium f. Bohren, Sprengstoffe, Sprengarbeiten u. Untersuchung d. physikalisch-mechan. Eigenschaften der Gesteine in Roll (USA)), russ. Übers. Gosgortechizdat, Moskva 1962.

Modellversuche zum Einfluß der Gesteinszerklüftung auf die Pfeilerstandfestigkeit beim Kammerabbau

von G. N. Kuznecov, Leningrad

Die Frage nach der Beurteilung des Unterschiedes der Gesteinsfestigkeitskennwerte aus untertägigen Untersuchungen und aus Laborversuchen ist bis zum heutigen Tage ungenügend erforscht.

Die größte prinzipielle Schwierigkeit, die einer solchen Beurteilung im Wege steht, liegt darin, daß kleine Gesteinsproben, unter Laboratoriumsbedingungen untersucht, in der Regel nicht die makrostrukturellen Gesteinsmerkmale (Klüftung, Lösen, Kontaktflächen, Schlechten usw.) aufweisen, deren Vorhandensein in erheblichem Maße die Gesteinsfestigkeit im unverritzten Gebirge sowie in den durch Grubenbaue freigelegten Bereichen bestimmt.

Die gegenwärtig vorliegenden Kennwerte über die mechanischen Eigenschaften fester Gesteine [1, 2] gestatten die Behauptung, daß die Grenzzustände eines isotropen Gesteins für verschiedene Spannungszustände mit ausreichender Annäherung durch Konstruktion der Mohrschen Hüllkurve ermittelt werden können.

Jedoch ist für die Mehrzahl der Aufgaben, die mit der Bestimmung der Bedingungen der Gesteinszerstörung in unmittelbarer Umgebung von Grubenbauen verbunden sind, die Lösung auf Grundlage der Mohrschen Hüllkurve nicht ausreichend, weil sie nicht die Anisotropie der Gesteinseigenschaften im Gebirgsverband berücksichtigt, die durch die verschiedenen Schwächungsflächen (Klüftung, Schichtung, Schlechten usw.) hervorgerufen wird.

Diese Schwächungsflächen bilden gewöhnlich eine Gemeinschaft paralleler, auf bestimmte Weise räumlich orientierter Flächen.

Entsprechend dem Vorhandensein genannter Schwächungsflächen müssen auf das Festigkeitsdiagramm zusätzlich Grenzlinien aufgetragen werden, die den auf den Schwächungsflächen entstehenden Grenzspannungszuständen entsprechen.

Es ist offensichtlich, daß diese Linien in einem Gebiet liegen müssen, das den Festigkeitszustand des nicht durch die obengenannten Anisotropieelemente geschwächten Gesteinskörpers charakterisiert.

Gegenwärtig gibt es noch sehr wenig Versuchsergebnisse, die die Festigkeitseigenschaften der Gesteine unter Berücksichtigung der in ihnen vorhandenen Schwächungsflächen kennzeichnen. Jedoch können in erster Annäherung einige relative Festigkeitscharakteristiken genannt werden, die typisch für viele feste Gesteine sind.

Wenn wir die Bruchfestigkeit der monolithen Hauptmasse des Gesteins bei einachsigem Druck mit R_d bezeichnen, so erhalten wir in der Mehrzahl der Fälle für die Bruchfestigkeit bei einachsigem Zug R_z einen Wert $R_z = 0{,}08$ bis $0{,}12\ R_d$, während für den „Schichtenzusammenhang" C_0 die Größenordnung $C_0 = 0{,}2$ bis $0{,}25\ R_d$ gilt.

Der innere Reibungswinkel φ bei Gesteinszerstörung unter einachsigem Druck hat die Größenordnung $\varphi = 35°$ bis $43°$, während er bei dreiachsigem Druck und $\tau = \sigma$ $25°$ bis $35°$ beträgt.

Der Reibungswinkel an den Spaltflächen ist gewöhnlich von der gleichen Größe wie der innere Reibungswinkel des festen Körpers [3, 4].

Der Reibungswinkel an den Kontaktflächen, die dünne, einen Spiegel bildende Tonschichten aufweisen, verringert sich bis auf 20 bis 25°.

Die Reibung bei Schub auf den Schwächungszonen kann verschiedene Größen haben. Die höchste Reibung in der Größenordnung von 0,6 bis 0,9 C_0 kann an den durch Mikroanisotropie hervorgerufenen Schwächungsflächen (Feinstschichtung infolge der Gesteintextur) auftreten.

Die Reibung an den Kontaktflächen einzelner Schichten eines Gesteinspaketes kann jedoch sehr gering sein und in einigen Fällen sich dem Wert Null nähern.

Die Größe der Reibung an allen anderen Schwächungsflächen liegt gewöhnlich zwischen den beiden obengenannten äußersten Werten.

Bild 1 zeigt ein angenähertes Diagramm der Gesteinsfestigkeit unter Berücksichtigung der oben erwähnten Werte.

Wenn man einen solchen vollständigen „Festigkeitsausweis" des uns interessierenden Gesteins sowie Rechengrößen über den Spannungszustand des Gesteinskörpers in den „gefährlichen Punkten" hat und die räumliche Lage der einzelnen Schwächungsflächen in diesen Punkten weiß, so kann man mit Hilfe einfacher graphischer Konstruktionen unter Anwendung von stereographischen Netzen eine Überprüfung der Gesteinsfestigkeit unter Berücksichtigung der Schwächungsflächen vornehmen [5].

Dieser Weg ist jedoch praktisch deshalb schwer zu verwirklichen, weil die Bestimmung der Gesteinsfestigkeitscharakteristiken an den Schwächungsflächen unter natürlichen Bedingungen und unter Zuhilfenahme umfangreicher Belastungseinrichtungen durchgeführt werden muß, was technisch sehr kompliziert und aufwendig ist.

Außerdem trägt das Vorhandensein verschiedener Schwächungsflächensysteme im Gesteinskörper erhebliche Schwierigkeiten und begrenzte Aussagekraft in die theoretischen Berechnungen des Spannungszustandes des anstehenden Gesteins. Deshalb kann für die Lösung der Fragen der Standfestigkeit des Gesteins an den durch Grubenbaue freigelegten Flächen unter Verwendung der Gesteinsfestigkeitskennwerte aus Labor- und Grubenversuchen

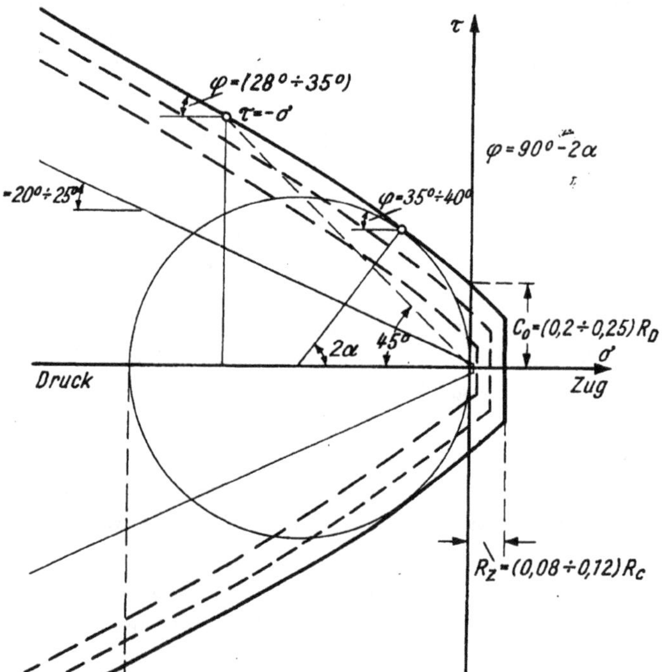

Bild 1. Kurven der Grenzzustände: ——— für die monolithische Gesteinsmasse; – – – – – – für die Mikro-Schichtflächen des Gesteins; — — — für die Lösen; ——— für die Kontaktflächen der Schichten

sowie ihre Gegenüberstellung mit theoretisch berechneten Werten des Spannungszustandes des Gesteins in keinem Falle zu richtigen Erkenntnissen und Schlußfolgerungen führen.

Die Untersuchung der Grenzzustände des anstehenden Gesteins unter natürlichen Bedingungen mit Hilfe besonderer Grubenversuche ist deshalb praktisch interessant und wissenschaftlich wertvoll. Derartige Untersuchungen können jedoch keinen Massencharakter besitzen, weil sie sehr teuer und kompliziert sind und einer Reihe von Einschränkungen unterworfen werden, die aus den Forderungen der Grubensicherheit resultieren.

Außerdem können solche Grubenversuche gewöhnlich nur begrenzte Aussagekraft besitzen, weil sie die Bedingungen für die Beeinträchtigung der Standfestigkeit des anstehenden Gesteins nur konkret für bestimmte Gesteinsverhältnisse, Grubenbauarten und -ausmaße untersuchen können.

Die Durchführung einer großen Anzahl miteinander vergleichbarer Grubenversuche in einem genügend großen Intervall verschiedener bergmännisch-geologischer Verhältnisse ist praktisch sehr schwer zu verwirklichen.

Deshalb kann die Durchführung von Versuchen solcher Art, auch wenn sie ein wertvolles Mittel zur Kontrolle von anderweitig ermittelten Schlußfolgerungen sind, nicht das Hauptmittel zum Erkennen allgemeiner Gesetzmäßigkeiten der untersuchten Erscheinungen und Grundlage für die Erarbeitung von Berechnungsmethoden der Standfestigkeit des anstehenden Gesteins unter Berücksichtigung der im Gestein vorhandenen natürlichen Schwächungsflächen sein.

Für das Erkennen der allgemeinen Gesetzmäßigkeiten des Einflusses von Klüften und anderen Schwächungsflächen auf die Standhaftigkeit des Gebirges ist die Anwendung verschiedener Modellverfahren und, insbesondere, die Anwendung von Modellversuchen mit äquivalenten Materialien am erfolgversprechendsten [6, 7].

Bei Modellversuchen mit äquivalenten Materialien besteht die Möglichkeit, im Modell sowohl die wichtigsten Festigkeitseigenschaften des Gesteins selbst als auch ein bestimmtes System von Schwächungsflächen, das den Gesteinskörper in einzelne Strukturblöcke unterteilt, darzustellen. Dabei ist es nicht schwer, auf dem Wege von Gesteinsprobenuntersuchungen die notwendigen quantitativen Festigkeitswerte für die im Modell dargestellten Schwächungsflächen zu bestimmen.

Die Anwendung kleiner Modelle gestattet es, relativ schnell einen großen Komplex von Versuchen durchzuführen, in denen verschiedenartige Kombinationen von Faktoren dargestellt werden müssen, die die Entwicklung der untersuchten Vorgänge bestimmen.

Gleichzeitig gestattet die Verwirklichung eines bestimmten Programms von Modellversuchen [6, 7], die Ergebnisse der durchgeführten Versuche in Form dimensionsloser Bezugswerte darzustellen, die für ein ausreichend breites Intervall von untertage vorhandenen Bedingungen gültig sind.

Die Gültigkeit der ermittelten Bezugswerte wird auf dem Wege der Gegenüberstellung der Ergebnisse von Modellversuchen mit Beobachtungen in Grubenbauen und den Ergebnissen besonderer untertägiger Versuche kontrolliert. Außerdem gestatten es die bei Modellversuchen festgestellten Gesetzmäßigkeiten und Bezugswerte, besondere untertägige Versuche besser vorzubereiten und zielstrebiger sowie wirtschaftlicher durchzuführen.

Einen großen Nutzen können ebenfalls fotoelastische Modellversuche bringen. — An solchen Modellen kann der Mechanismus der gegenseitigen Kraftwirkungen der den Gesteinskörper bildenden Strukturblöcke in verschiedenen typischen Grenzzuständen untersucht werden, die bei Modellversuchen mit äquivalenten Materialien festgestellt wurden.

Daraus geht hervor, daß die Anwendung von Modellversuchen ein untrennbarer Bestandteil des allgemeinen Komplexes der auf die Bestimmung der Einwirkung von Schichtung und Klüftung des Gebirges auf die Standhaftigkeit des anstehenden Gesteins gerichteten Untersuchungen sein muß.

In den letzten Jahren wurde die Untersuchung an Modellen zur Standfestigkeit zerklüfteter Gesteine in verschiedenen Grubenbauen in den Arbeiten des VNIMI umfassend angewendet [6, 8, 9].

Im wesentlichen wurden folgende Fragenkomplexe untersucht: Verhalten eines zerklüfteten Gebirgskörpers in Abbauen unter den Bedingungen eines fortschreitenden Kohlenstrebes (Bild 2); Grenzzustände der Standfestigkeit zerklüfteter Kammerfirsten bei verschiedenen Kammergrößen (Bild 3); Standfestigkeit von Tagebauböschungen; Standfestigkeit von Kammerpfeilern verschiedener Form und verschiedener Zerklüftung (Bild 4).

Nachstehend werden einige Ergebnisse von Modellversuchen mit äquivalenten Materialien erläutert, die zur Untersuchung der Standfestigkeit zerklüfteter Kammerpfeiler im VNIMI durchgeführt wurden. Die Modellversuche wurden von Ingenieur M. N. Budjko unter der Leitung des Verfassers ausgeführt.

Die Aufgabe der vergleichenden Beurteilung der Standfestigkeit zerklüfteter und nichtzerklüfteter Kammerpfeiler ist äußerst umfangreich, weil die Standfestigkeit der Pfeiler von einer großen Anzahl von Faktoren abhängig ist. Dazu gehören:

1. Mikroaufbau, Verformungs- und Festigkeitseigenschaften der den Pfeiler bildenden Gesteine;
2. Schichtenzusammenhang und Reibungszahlen an den Schwächungsflächen, die den Pfeiler in verschiedene Strukturblöcke teilen;
3. Festigkeitseigenschaften der Kontaktflächen des Pfeilers mit dem Hangenden und Liegenden;
4. Pfeilerform;
5. Form der Strukturblöcke;
6. absolute Ausmaße des Pfeilers und Verhältnis zu den Ausmaßen der Strukturblöcke;
7. räumliche Orientierung der Schwächungsflächen in bezug auf die Hauptachsen des Pfeilers;
8. gegenseitige Lage der Strukturblöcke (Konkordanz oder Diskordanz der Schwächungsflächen und der Schichtungsflächen des Pfeilers);
9. räumliche Lage der Pfeilerachsen und der den Pfeiler begrenzenden Flächen am Hangenden und Liegenden;
10. Charakter der Belastung des Pfeilers in der Zeit (schnelle oder langsame Belastung oder langdauernde Einwirkung einer konstanten Last);
11. Pfeilerverformung unter den Bedingungen einer gegebenen Last oder unter den Bedingungen einer gegebenen Deformation.

Gegenwärtig ist das Versuchsprogramm zur Untersuchung des Einflußes und der gegenseitigen Einwirkung aller obengenannten Faktoren noch nicht voll verwirklicht.

Die durchgeführten Modellversuche an Pfeilern umfassen nur einen Teil der wirksamen Faktoren und ihrer möglichen Kombinationen. Jedoch gestatten es die vorliegenden Versuchsergebnisse, bereits jetzt einige Feststellungen und Schlußfolgerungen zu treffen, die allgemeinen Charakter besitzen und bei der Berechnung der notwendigen Pfeilerausmaße berücksichtigt werden können.

Alle Versuche wurden an Pfeilermodellen rechtwinklig-prismatischer Form durchgeführt, die aus einem großen, einen Schnitt durch ein Schichtgesteinspaket darstellenden Modell ausgeschnitten wurden. Auf diese Weise wurde die Identität der mechanischen Materialcharakteristiken des Modells in verschiedenen Versuchspfeilern gewährleistet.

Das Material der Modelle bestand überwiegend aus einem Gemenge von feinem Quarzsand und feinem Glimmerstaub. Diese Gemenge wurden mit Hilfe verflüssigten Paraffins gekittet. Nach der Abkühlung erhielten wir ein hartes und ausreichend sprödes Material mit einer Druckfestigkeit von $R_d = 1{,}5 - 2{,}0$ kp/cm² und einer Zugfestigkeit von $R_z = 0{,}5 - 0{,}6$ kp/cm².

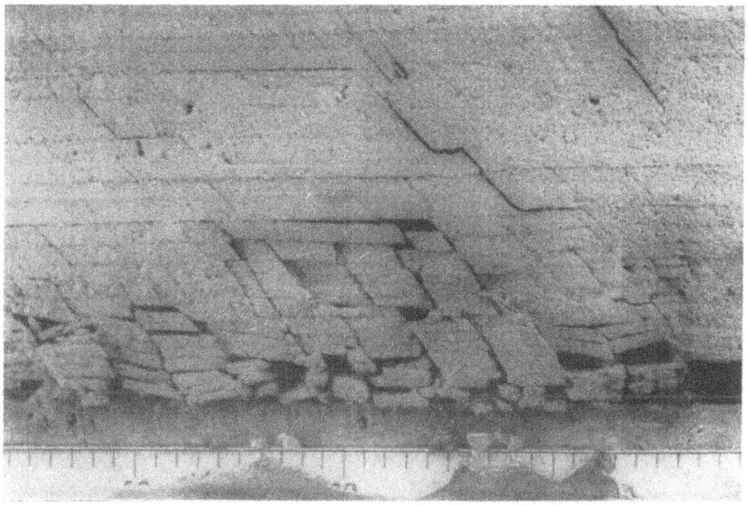

Bild 2. Zerstörung des zerklüfteten Hangenden am Abbaustoß

Bild 3. Verbruch des Hangenden bei maximaler Spannweite der Kammer

Tafel 5

a)

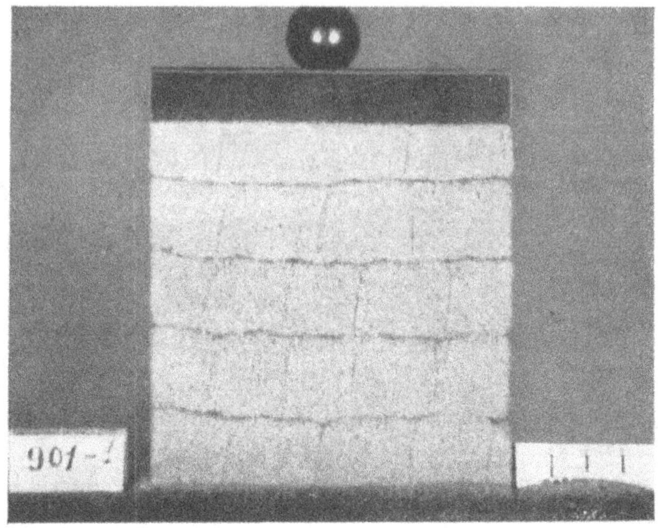

b)

Bild 4. Modell eines zerklüfteten Pfeilers
a) bei Beginn des Versuches
b) im Augenblick der Zerstörung

Der Winkel der inneren Reibung war $\varphi = 29-30°$, $\tan\varphi = 0{,}55-0{,}57$. Der Reibungswinkel an den Schichtflächen war $\varphi = 27°$, $\tan\varphi = 0{,}50$.

Die die Schichten des Modells schneidende Klüftung wurde durch entsprechendes Zerschneiden der Modellschichten bei ihrem Aufbau und vor dem Erkalten durchgeführt [6]. Im Ergebnis dieser Durchtrennung verringerte sich die Reibung an den Klüften um das 10- bis 12fache im Vergleich zur Reibung im ungestörten Material.

Da die künstlich geschaffenen Kluftflächen nicht geschmiert wurden, blieb der Reibungswinkel auf diesen Flächen etwa gleich dem inneren Reibungswinkel des Modellmaterials und betrug $\varphi = 29-30°$. Die Pfeilermodelle wurden auf einer Presse untersucht, die eine vorgegebene gleichleibende Verformungsgeschwindigkeit des Modells erzeugte.

Die Kraftmeßvorrichtung der Presse war mit elektrischen Widerstandstensometern ausgerüstet, die mit einer selbstschreibenden Elektronenbrücke vom Typ EMP-209 gekoppelt waren. Diese Anordnung gestattete die kontinuierliche Registratur der gekoppelten Werte der Druckverformung des Modells und der in ihm auftretenden Druckspannungen.

Die Charakteristik der zufälligen Variationen in den bestimmten Festigkeitswerten der Probekörper zeigt Bild 5 in Form eines Diagramms, in dem auf der Abszissenachse die Variationskoeffizienten von Festigkeitsbestimmungen einzelner Gruppen homogener Probekörper und auf der Ordinatenachse die Anzahl der Fälle, die den verschiedenen Variationskoeffizienten entsprechen, ebenfalls in % der Summe der errechneten Variationskoeffizienten ausgedrückt, aufgetragen sind. Aus diesem Diagramm geht hervor, daß in den durchgeführten Versuchen eine ausreichende Identität der Eigenschaften in jeder Gruppe homogener Probekörper erreicht wurde, d. h., daß in der Mehrzahl der Fälle der Variationskoeffizient 10% nicht überstieg.

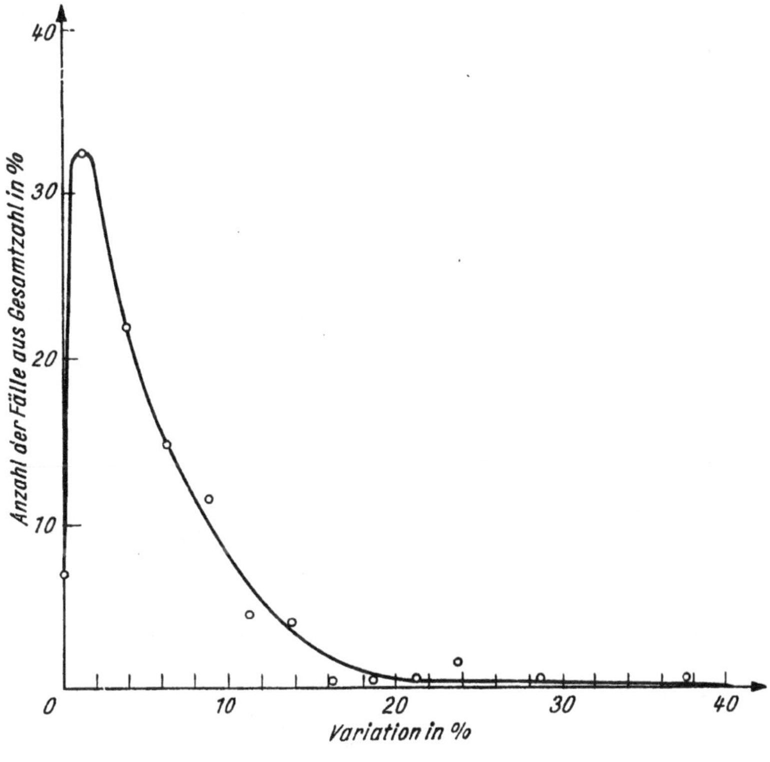

Bild 5. Graphische Darstellung der Verteilung der Variationskoeffizienten

In den durchgeführten Modellversuchen wurde untersucht:

1. der Einfluß des Verhältnisses $h:a$ auf die Standfestigkeit des Pfeilers (h = Pfeilerhöhe; a = Pfeilerbreite auf Sohle);
2. der Einfluß der natürlichen Klüftung mit verschiedener Orientierung der Klüfte bezüglich der Schichtungsflächen des Pfeilers;
3. der Einfluß der Form der Pfeilergrundfläche auf dessen Standfestigkeit, d. h. das Verhältnis $b:a$ (b = Pfeilerlänge; a = Pfeilerbreite).

Bild 6 zeigt die hauptsächlichsten Bauvarianten der untersuchten Pfeilermodelle und zwar:

Variante A — geschichtete Pfeiler ohne Klüftung;
Variante B — Klüfte unter einem Winkel von 90° zur Pfeilerschichtung;
Variante C — Klüfte unter einem Winkel von 60° zur Pfeilerschichtung;
Variante D — Klüfte unter einem Winkel von 45° zur Pfeilerschichtung.

Die Kluftdichte wurde durch den Wert $\Delta a:\Delta h$ ausgedrückt, wobei Δa die horizontale Entfernung zwischen benachbarten Kluftflächen und Δh die Mächtigkeit der von Klüften durchzogenen Schicht ist. Der Wert $\Delta a:\Delta h$ kennzeichnet also die Größe der einzelnen Strukturblöcke, aus denen der Pfeiler besteht.

In den durchgeführten Versuchen wurden die Werte $h:a$, $\Delta a:\Delta h$, $\Delta h:a$ und $b:a$ wie folgt variiert:

1. $h:a$ wurde gleich 0,5; 1; 2,
2. $\Delta a:\Delta h$ durch gleich 0,5; 1; 2,
3. $\Delta h:\Delta a$ wurde gleich 0,25; 0,20; 0,10,
4. $b:a$ wurde gleich 1, 2; 3; 5 gesetzt.

Umfangreiche Untersuchungen wurden an Pfeilermodellen mit quadratischer Grundfläche, d. h. bei $a = b$ durchgeführt.

Der Einfluß der Pfeilerhöhe auf die Pfeilerstandfestigkeit wurde sowohl bei vorhandener als auch bei fehlender Klüftung, bei verschiedener räumlicher Lage der Klüfte und verschiedenem Kluftabstand untersucht. Bild 7 zeigt die graphische Darstellung der gewonnenen Ergebnisse.

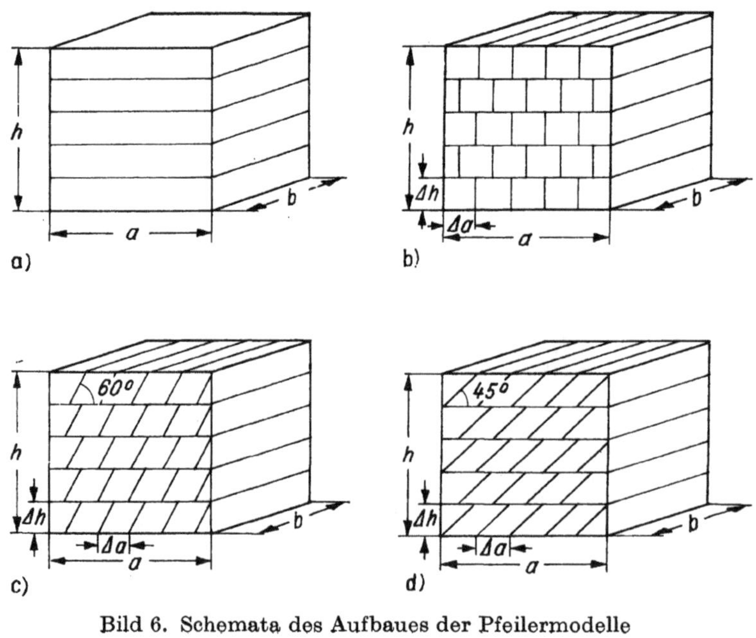

Bild 6. Schemata des Aufbaues der Pfeilermodelle

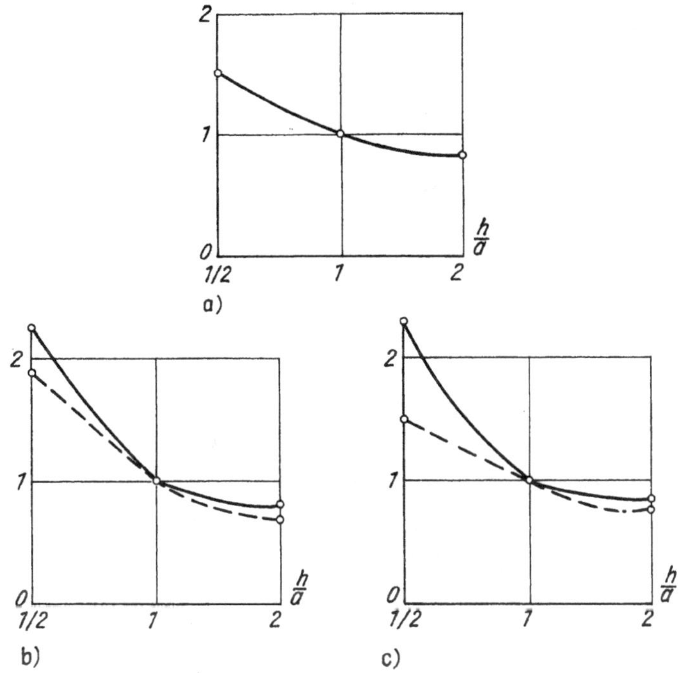

Bild 7. Zeichnerische Darstellung des Einflusses des Verhältnisses Pfeilerhöhe zu Pfeilerbreite auf die Tragfähigkeit des Pfeilers (quadratische Grundfläche) a) Unzerklüftet b) Zerklüftung unter einem Winkel von 60° c) Zerklüftung unter einem Winkel von 90°

——— Mittlere Entfernung zwischen benachbarten Spalten $\Delta a = 0{,}5\ \Delta h$

------ Mittlere Entfernung zwischen benachbarten Spalten $\Delta a = 0{,}2\ \Delta h$

Auf der Abszissenachse ist das Verhältnis $h{:}a$, auf der Ordinatenachse die relative Pfeilerfestigkeit dargestellt, wobei in allen Fällen für jede bezüglich der Klüftung homogene Pfeilergruppe als Maßeinheit der Pfeilerfestigkeit die Festigkeit eines Pfeilers kubischer Form angenommen wurde.

Die graphische Darstellung zeigt, daß der Einfluß des Verhältnisses $h{:}a$ im Intervall von 0,5 bis 2 sowohl in nichtzerklüfteten als auch in unter 90° zur Schichtung zerklüfteten Pfeilern, deren Strukturblöcke das Verhältnis $\Delta a{:}\Delta h = 2$ aufweisen, nahe Null ist und den bekannten Beziehungen entspricht, die durch die Zörnsche Zahl gegeben sind.

Haben die Strukturblöcke jedoch eine Form, die durch das Verhältnis $\Delta a{:}\Delta h = 0{,}5$ bestimmt ist, wie auch in allen Fällen, wo die Klüftung unter einem Winkel von 60° zur Schichtung verläuft, wird eine intensivere Vergrößerung der Tragfähigkeit des Pfeilers dann beobachtet, wenn die Pfeilerhöhe kleiner als die Pfeilerbreite ist.

Dieses Ergebnis ist völlig gesetzmäßig, weil in niedrigen Pfeilern ein großer Teil des Pfeilers sich im dreiachsigen Spannungszustand befindet.

Der dreiachsige Spannungszustand erhöht seinerseits den Pfeilerwiderstand gegenüber Schubkräften längs der Spalten. Deshalb wirkt sich der Einfluß des dreiachsigen Druckes um so günstiger aus, je ungünstiger vom Gesichtspunkt der Pfeilerstandfestigkeit aus die Lage der Spalten ist.

Die Bilder 8 und 9 zeigen den Einfluß verschiedenartig gelagerter Klüftung auf die Verringerung der Pfeilerstandfestigkeit. Bild 8 zeigt die Verhältnisse für Pfeiler, deren Klüftungsdichte durch das Verhältnis $\Delta a{:}\Delta h = 0{,}5$ gekennzeichnet ist, während Bild 9 für Pfeiler mit einem Verhältnis $\Delta a{:}\Delta h = 2$ gilt, das heißt, daß im ersten Fall die Form und die Lage der Strukturblöcke geringere Standfestigkeit bedingt als im zweiten.

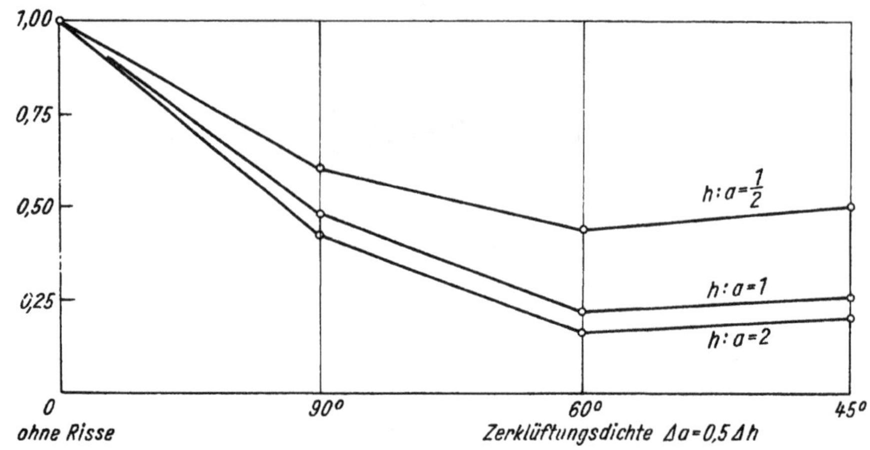

Bild 8. Veränderung der Festigkeit der Pfeilermodelle unter Druck bei verschieden orientierter Zerklüftung

Jedes Bild erhält drei Kurven, die drei verschiedenen Pfeilerformen entsprechen Pfeilern mit $h:a = 0{,}5$; kubischen Pfeilern mit $h:a = 1$ und hohen Pfeilern mit $h:a = 2$. Für jede Pfeilerform ist als Maßeinheit die Festigkeit eines gleichartigen, jedoch nicht geklüfteten Pfeilers angenommen.

Aus den erwähnten Bildern folgt, daß die größte Verringerung der Pfeilertragfähigkeit durch eine unter 60° zur Schichtung verlaufende Klüftung hervorgerufen wird. Dabei ist die Verringerung der Pfeilerfestigkeit bei sonst gleichen Bedingungen größer bei Strukturblöcken, die ein Verhältnis $\Delta a:\Delta h = 0{,}5$ aufweisen. Insbesondere tritt die größte Festigkeitsverminderung bei $\Delta a:\Delta h = 0{,}5$; $h:a = 2$ und einem Klüftungswinkel von 60° auf. Sie beträgt ungefähr 0,16 der Festigkeit eines unzerklüfteten Pfeilers gleicher Form.

Die schon mehrfach erwähnten graphischen Darstellungen geben uns die Möglichkeit, in der Praxis die Größenordnung der Verringerung der Pfeilertätigkeit bei verschiedenartiger Zerklüftung einzuschätzen. Die Bilder 10 und 11 zeigen Diagramme der Pfeilerverformung in Abhängigkeit vom Vorhandensein und von der räumlichen Orientierung der Klüftung entsprechend dem im Bild 6 dargestellten Schemata.

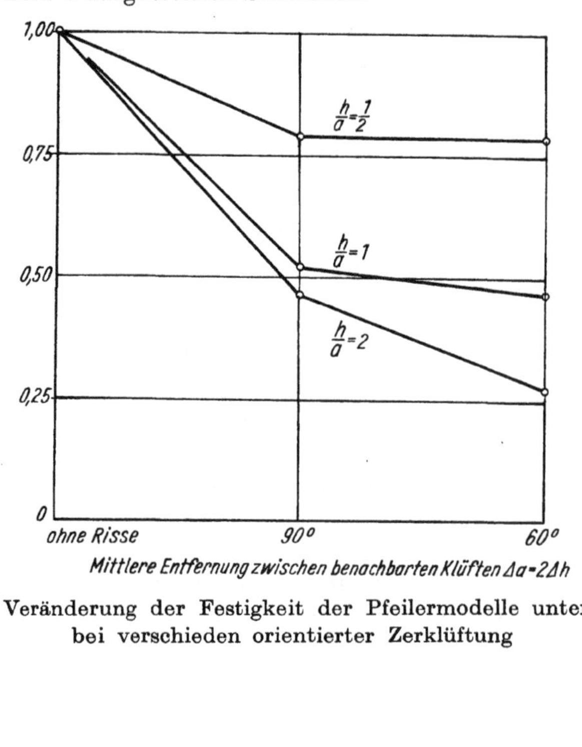

Bild 9. Veränderung der Festigkeit der Pfeilermodelle unter Druck bei verschieden orientierter Zerklüftung

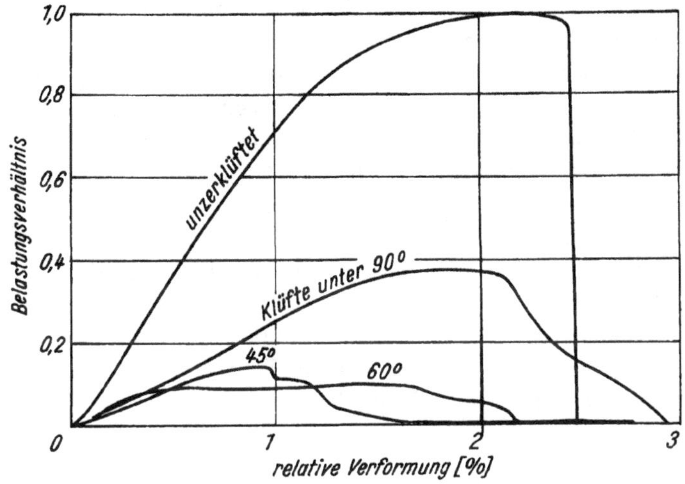

Bild 10. Pfeilerverformung in Abhängigkeit von der Zerklüftung und ihrer Orientierung (quadratische Pfeilergrundfläche) $\frac{h}{a} = 2$ bei $h = 17$ cm Mittlerer Abstand zwischen benachbarten Spalten $\Delta a = 0{,}5\Delta h$

Die Kurven in Bild 10 entstanden als Ergebnis der Untersuchung hoher Pfeiler mit einem Verhältnis von $h{:}a = 2$, die in Bild 11 sind Untersuchungsergebnis niedriger Pfeiler mit einem Verhältnis $h{:}a = 0{,}5$.

Auf der Abszissenachse sind die Werte der relativen Druckverformung der Pfeiler, auf der Ordinatenachse die relativen Werte der entsprechenden Pfeilerbelastungen aufgetragen. Dabei ist als Belastungseinheit die Bruchfestigkeit eines unzerklüfteten Pfeilers angenommen.

Ein Vergleich der Diagramme läßt erkennen, daß die ausgeprägteste Zerstörung unzerklüftete hohe Pfeiler aufweisen.

Wie oben gezeigt wurde, ist bei Vorhandensein einer Klüftung die Festigkeitsgrenze wesentlich geringer, jedoch verläuft die Zerstörung des Pfeilers in diesem Falle bei konstanter Verformungsgeschwindigkeit allmählich und nicht plötzlich. Besonders ist die Allmählichkeit des Zerstörungsvorgangs bei niedrigen Pfeilern spürbar, wie aus Bild 11 ersichtlich ist.

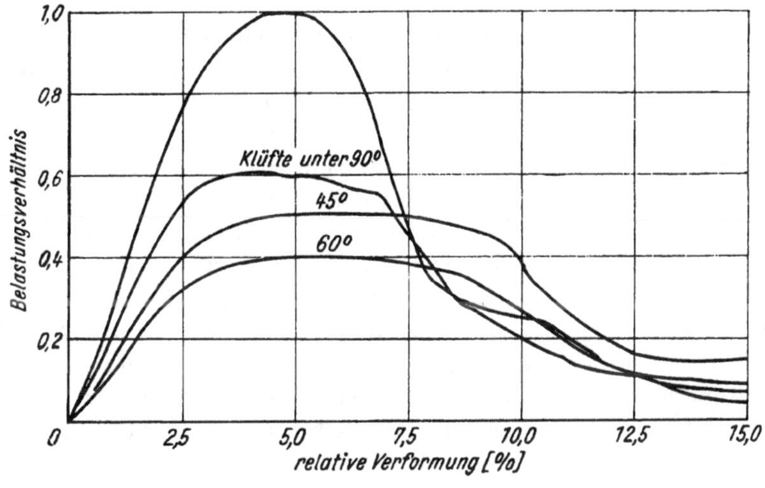

Bild 11. Pfeilerverformung in Abhängigkeit von der Zerklüftung und ihrer Orientierung (quadratische Pfeilergrundfläche) $\frac{h}{a} = \frac{1}{2}$ bei $h = 4$ cm Mittlerer Abstand zwischen benachbarten Spalten $\Delta a = 0{,}5\ \Delta h$

Aufmerksamkeit erfordert auch der Umstand, daß die dem Grenzzustand des Pfeilers entsprechende relative Druckverformung in niedrigen Pfeilern erheblich größer ist als in hohen Pfeilern. Diese Erscheinung macht weitere eingehende Untersuchungen notwendig.

Zur Untersuchung des Einflusses der Pfeilerlänge auf seine Standfestigkeit bei verschiedener räumlicher Lage der Klüftung wurde eine Versuchsserie an Pfeilern rechtwinkliger Form durchgeführt, bei denen das Verhältnis $b:a$ in den Grenzen von 1 bis 3,5 variiert wurde.

Bild 12 zeigt Typenschemata des strukturellen Aufbaus der untersuchten Pfeilermodelle. In einer Reihe von Fällen (Schema 12a) war das Streichen der in den Pfeilerschichten erzeugten Klüfte rechtwinklig zur langen Seite der Pfeilergrundfläche, in anderen Fällen (Schema 12b) parallel zu dieser orientiert.

Es wurden weiter vergleichende Versuche mit geklüfteten und nichtgeklüfteten Pfeilern durchgeführt, wobei die Klüfte mit der Schichtung Winkel von 90 bzw. 60° bildeten. Die Bilder 13 und 15 illustrieren diese Versuchsergebnisse.

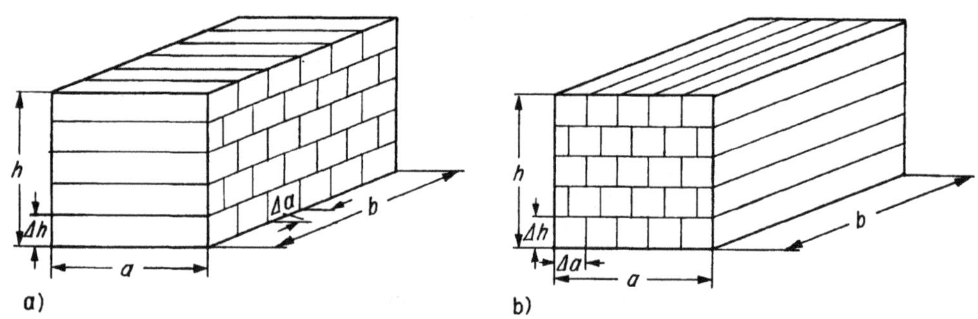

Bild 12. Schemata der Pfeilermodelle bei $b > a$

Diese Diagramme führen zu folgenden Schlußfolgerungen:

1. In nichtgeklüfteten Pfeilern führt eine Vergrößerung des Verhältnisses $b:a$ von 1 auf 3,5 nicht zu einer wesentlichen Erhöhung der Bruchfestigkeit (oder der durchschnittlichen Bruchspannung) des Pfeilers, besonders wenn die Pfeilerhöhe größer als die Pfeilerbreite ist ($h:a = 2$).
2. In geklüfteten Pfeilern hängt die Bruchfestigkeit stark von der Orientierung der Schwächungsflächen bezüglich der Pfeilerlänge ab.

Aus Bild 14 geht hervor, daß bei einem Streichen der Klüfte senkrecht zur langen Pfeilerseite deren Vergrößerung zu einer erheblichen Erhöhung der Bruchfestigkeit des Pfeilers führt. Bei einer Vergrößerung des Verhältnisses $h:a$ von 1 auf 3,5 erhöht sich die Pfeilerfestigkeit fast auf das zweifache.

In höheren Pfeilern, jedoch bei analoger Klüftung, führt die Vergrößerung der langen Pfeilerseite zu einer etwas geringeren Erhöhung der Bruchfestigkeit.

Umgekehrt bewirkt eine Vergrößerung der langen Pfeilerseite bei einem Streichen der Klüftung parallel zur Pfeilerlängsachse fast keine Erhöhung der Bruchfestigkeit des Pfeilers. Bild 15 hat Gültigkeit für den Fall, daß das Streichen der Klüfte rechtwinklig zur langen Pfeilerseite verläuft und die Klüftung einen Winkel von 60° mit der Schichtung bildet. Der aus diesem Bild ersichtliche allgemeine Charakter des Anwachsens der Pfeilerbruchfestigkeit bei Vergrößerung des Verhältnisses $b:a$ ist analog den in Bild 14 gezeigten Verhältnissen, die bei einem Winkel von 90° zwischen der Klüftung und der Pfeilergrundfläche gültig sind.

Diese Ergebnisse haben wesentliche Bedeutung bei der Wahl der rationellen Anlage der Pfeilerlängsachsen und bei der Beurteilung der Pfeilertragfähigkeit in Abhängigkeit von der räumlichen Orientierung der in den Pfeilern vorhandenen natürlichen Klüftung.

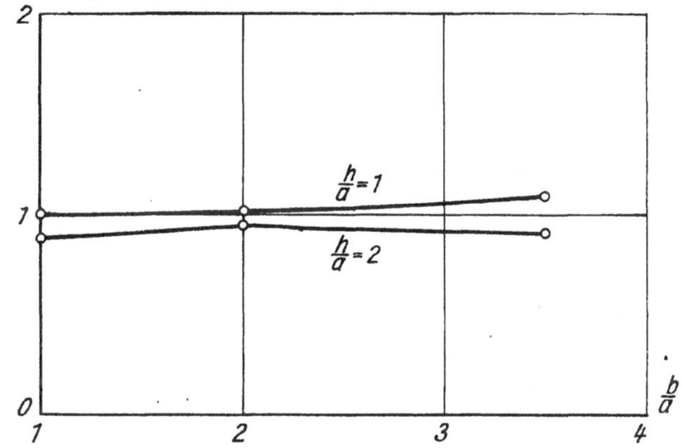

Bild 13. Einfluß der Pfeilerlänge auf die Pfeilerstandfestigkeit bei Fehlen einer Zerklüftung

Außer den bereits genannten Ergebnissen von Modellversuchen sollen noch einige Ergebnisse genannt werden, die von dem wissenschaftlichen Mitarbeiter der Uraler Filiale des VNIMI, D. N. Kim [9], erzielt wurden. Diese Versuche, die in ihrer methodischen Anordnung ähnlich den bereits beschriebenen waren, wurden durchgeführt, um die charakteristischen Merkmale der strukturellen Schwächung geklüfteter Gesteine auf dem Wege der Modellierung festzustellen, und zwar im Zusammenhang mit der Standfestigkeit von Tagebauböschungen.

Zur Feststellung des Ausmaßes der strukturellen Schwächung des Gebirges in Abhängigkeit von der Art der Klüftung wurden Strukturprismen mit quadratischer Grundfläche und einer Höhe, die doppelt so groß wie die Seite der Grundfläche war, angefertigt. Die Schemata der untersuchten Strukturprismen zeigt Bild 16. Außer diesen Prismen wurden auch monolithe, d. h. unzerklüftete, untersucht. Der Grad der strukturellen Schwächung λ wurde nach dem Verhältnis der Bruchfestigkeit des Strukturprismas zur Bruchfestigkeit des monolithen Prismas beurteilt.

Zum Unterschied von den oben beschriebenen Untersuchungen wurde die Klüftung der Prismen nicht durch Zerschneiden des Prismenmaterials, sondern durch Zusammensetzen

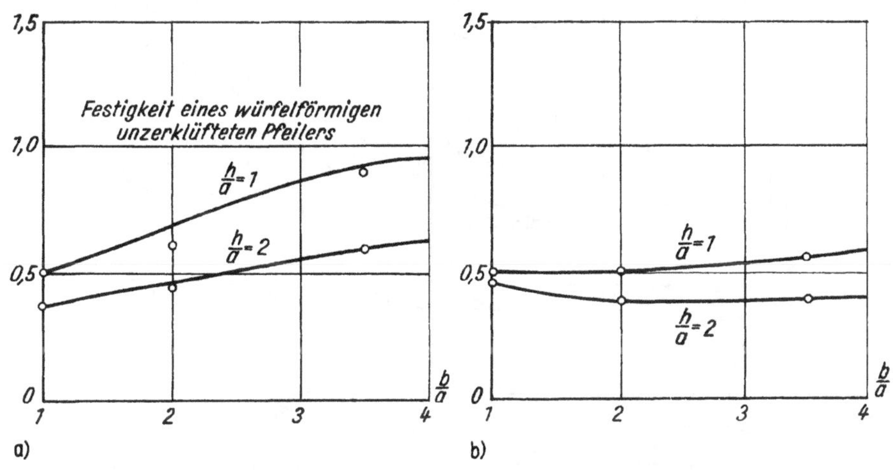

Bild 14. Änderung der Pfeilerfestigkeit in Abhängigkeit von der Form der Pfeilergrundfläche bei verschiedener Orientierung der Zerklüftung. Mittlerer Abstand zwischen benachbarten Spalten $\Delta a = 2\,\Delta h$
a) Zerklüftung unter einem Winkel von 90° zur Pfeilergrundfläche (Streichen der Zerklüftung rechtwinklig zur Pfeilerlängsachse) b) Zerklüftung unter einem Winkel von 90° zur Pfeilergrundfläche (Streichen der Zerklüftung parallel zur Pfeilerlängsachse)

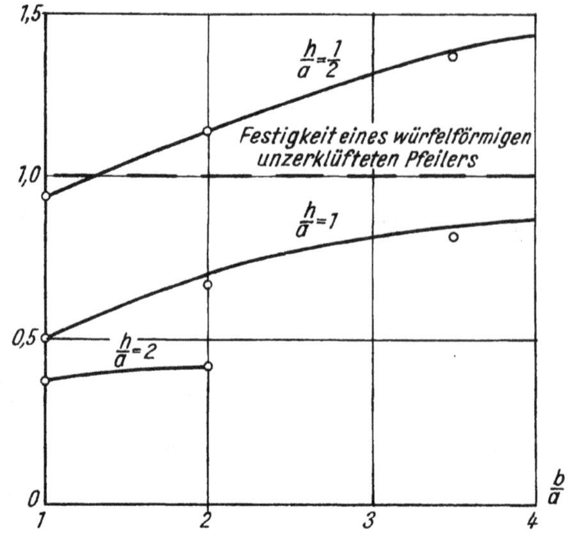

Bild 15. Abhängigkeit der Pfeilerfestigkeit von der Form der Pfeilergrundfläche bei einer Zerklüftung unter 60° zur Pfeilergrundfläche (Streichen der Klüfte rechtwinklig zur Pfeilerlängsachse) Mittlerer Abstand zwischen benachbarten Spalten $\Delta a = 2\,\Delta h$

der Prismen aus vorher gefertigten Blöcken rechtwinklig-, quadratisch- und dreieckig-prismatischer Form geschaffen.

Wie aus Bild 16 ersichtlich ist, konnten durch verschiedenartige Kombinationen der Blöcke verschiedene Kluftsysteme geschaffen werden, in denen die Klüfte parallel, rechtwinklig oder schiefwinklig zur Pfeilerachse verliefen. Außerdem wurden in einigen Fällen (Schema e, Bild 16) Kluftkörper mit einer wesentlich geringeren Festigkeit als der der sie umgebenden Blöcke verwendet. Alle Blöcke wurden vorher aus einem Sand-Gips-Gemenge angefertigt;

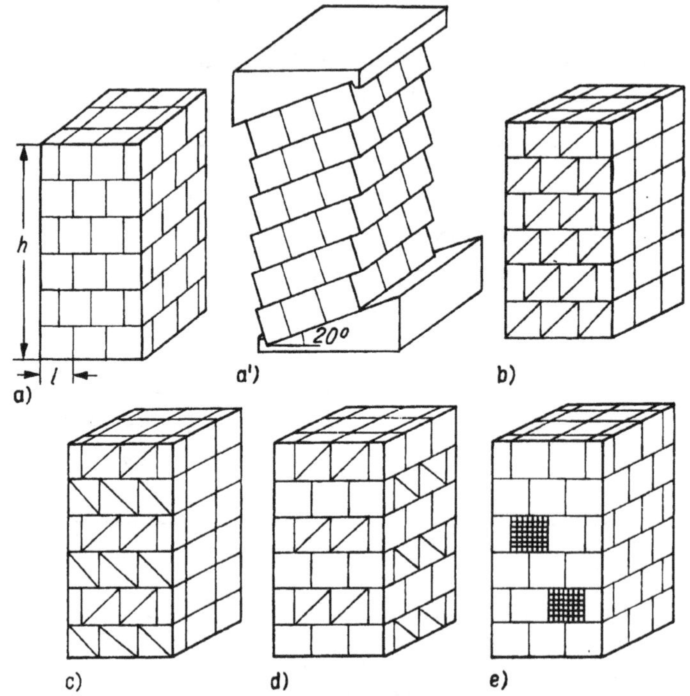

Bild 16. Schemata von Strukturprismen

die einzelnen Blockserien wiesen stark unterschiedliche Druckfestigkeit (von 16 bis 128 kp/cm²) auf. Der Winkel der inneren Reibung des Blockmaterials und der Reibungswinkel an den Berührungsflächen der einzelnen Blöcke waren gleich und betrugen 30—34°. Ein Zusammenhang zwischen den einzelnen Blöcken fehlte praktisch.

Die wichtigsten Versuchsergebnisse D. N. Kims sind folgende:

1. In den nach Bild 16, Schema a, zusammengestellten Strukturprismen hat eine Vergrößerung des Verhältnisses der Prismenhöhe H zur Größe des Einzelblocks 1 praktisch keinen Einfluß auf den Grad der strukturellen Schwächung λ, der in der Größenordnung von 0,50 liegt. Dieser Wert λ stimmt mit den ermittelten Werten für die Festigkeitsverminderung der Pfeilermodelle mit einem Verhältnis $h:a = 2$ und Klüften, die die Gesteinsschichten normal schneiden, überein (Bild 8 und 9). Das heißt, daß bei rechtwinkliger Form der Strukturblöcke und ihrer Anordnung in Schachbrettform das völlige Fehlen des Zusammenhangs an den Berührungsflächen der Blöcke die Standfestigkeit des zerklüfteten Pfeilers nicht vermindert.
2. Bei einem strukturellen Aufbau entsprechend den Schemata a und a' hat eine Verringerung der Materialfestigkeit in homogenen Prismen keinen praktischen Einfluß auf den Wert λ. In den nach den Schemata b, c und d zusammengestellten und eine beliebige Klüftung aufweisenden Strukturprismen wurde eine Verringerung des Wertes λ in dem Maße beobachtet, wie die Festigkeit des Materials kleiner wurde.
3. Bei Vorhandensein von Blöcken geringerer Festigkeit im Strukturprisma wird λ kleiner, wobei die Zerstörungsherde räumlich mit den Blöcken geringerer Festigkeit zusammenfallen.
4. Bei einer Vergrößerung des prozentualen Gehalts geneigter Klüfte im Strukturprisma wurde λ kleiner und erreichte bei einer beträchtlichen Anzahl geneigter und in eine Richtung verlaufender Klüfte den Wert 0,06. Daraus folgt, daß bei Vorhandensein geneigter Klüfte das Fehlen der Reibung längs der Klüfte zu einer ausgeprägten Verminderung der Standfestigkeit des gesamten Prismas im Vergleich zu Klüften mit vorhandener, wenn auch noch so geringer, Reibung führt (Bilder 8 und 9).

Die geschilderten Versuchsergebnisse haben vorläufigen Charakter und lösen keinesfalls die Aufgabe der Bestimmung der Kammerpfeilerstandfestigkeit in Abhängigkeit von ihrem inneren Aufbau in vollem Umfange.

In die weiteren Untersuchungen muß der ganze Komplex der oben aufgezählten Faktoren und ihrer verschiedenartigsten, auf die Pfeilerstandfestigkeit einwirkenden Kombinationen einbezogen werden. Es müssen auch Untersuchungen erarbeitet werden, die mit den anderen Fragen der Standfestigkeit zerklüfteter Gesteine in Grubenbauen verbunden sind.

Gegenwärtig werden im VNIMI die Untersuchungen der oben dargelegten Fragen fortgesetzt, wobei alle bereits geschilderten Modellierungsmethoden sowie besondere untertägige Beobachtungen, Untersuchungen der Gesteinseigenschaften im Gebirgsverband mit Hilfe von hydraulischen Winden und besondere untertägige Versuche zur Anwendung kommen.

Die richtige Weiterführung der geschilderten Komplexuntersuchungen in verschiedenen Forschungsinstituten, der breite Erfahrungsaustausch sowie die Analyse der Versuchsergebnisse gestatten uns, die Lösung wichtiger, mit dem Einfluß des makrostrukturellen Gesteinsaufbaus auf die Standfestigkeit des anstehenden Gesteins verbundener Fragen in Angriff zu nehmen.

Literatur

[1] Kuznecov, G. N.: Mechanische Gesteinseigenschaften. Ugletechizdat, Moskau 1947.

[2] Ruppeneit, K. W.: Mechanische Gesteinseigenschaften. Ugletechizdat, Moskau 1956.

[3] Fisenko, G. L.: Bestimmung des Schichtenzusammenhangs und des Winkels der inneren Reibung halbfelsiger Gesteine. Untersuchungen zu Fragen des Markscheidewesens. Sammelband des VNIMI Nr. 27, Ugletechizdat 1953.

[4] Protodjakonov, M. M. und Boblikov, W. S.: Hypothese der Zerstörung von Kohle und Gestein beim dreiachsigen Spannungszustand. Arbeiten des Bergbauinstituts der Akademie der Wissenschaften der UdSSR, Bd. 2, Verlag der Akademie der Wissenschaften der UdSSR, 1955.

[5] Kuznecov, G. N.: Grenzzustände fester Gesteine unter Berücksichtigung der räumlichen Orientierung natürlicher Schwächungsflächen. Sammelband zu Fragen der Untersuchung des Gebirgsdrucks und der Gebirgsbewegungen, Bd. 18 VNIMI, Leningrad 1961.

[6] Kuznecov, G. N., Budjko, M. N., Filippowa, A. A. und Škljarskij, N. F.: Untersuchung der Gebirgsdruckerscheinungen am Modell. Ugletechizdat, Moskau 1959.

[7] Kuznecov, G. N.: Die Modellierung von Gebirgsdruckprozessen mit Hilfe äquivalenter Materialien. Bericht über das 3. Ländertreffen des Internationalen Büros für Gebirgsmechanik. Abhandlungen der Deutschen Akademie der Wissenschaften zu Berlin. Akademie-Verlag, Berlin 1962.

[8] Nesterenko, G. T.: Methodik und einige Ergebnisse der Untersuchung der Parameter des Kammer-Pfeiler-Systems der „Methode der Bestimmung der Ausmaße von Stützpfeilern und Schweben". Sammlung von Aufsätzen, Verlag der Akademie der Wissenschaften der UdSSR, Moskau 1962.

[9] Kim, D. N.: Untersuchung der strukturellen Schwächung zerklüfteter Gesteine durch Modellierung ihrer Festigkeitseigenschaften im Laboratorium. Arbeiten des Bergbauinstituts der Uraler Filiale der Akademie der Wissenschaften der UdSSR, 5. Folge, Swerdlowsk 1963.

Gebirgsmechanische Probleme in gefügeanalytischer Sicht

von A. Watznauer, Freiberg/Sa.

Das Rahmenthema des 5. Ländertreffens enthält implizite die Forderung nach der Kenntnis des Realzustandes eines Gesteinskörpers, da nur dieses Wissen den Ausgangspunkt für die Beurteilung des Verhaltens eben jenes Gesteinskörpers im Falle eines künstlichen Eingriffes bilden kann. In vielen Fällen ist die Situation auch heute noch so, daß man erst nach einer Katastrophe weiß, welcher Zustand wirklich vorlag, und daß der Grund eines Versagens des Bauwerkes nicht in den technischen Maßnahmen, sondern in der Unkenntnis darüber liegt, welche Maßnahmen notwendig gewesen wären.

Verfolgt man die Entwicklung der Gebirgsmechanik als Wissenschaft, gebirgsmechanische Beobachtungen und Gedanken liegen als solche viel weiter zurück und sind schon bei Agricola in eine lose zusammenhängende Form gebracht, so tauchen zwei charakteristische Probleme auf. Es sind Probleme, die heute, schärfer denn je, in dem Sinne Hindernisse sind, als sie sich z. Z. noch einer Lösung ganz oder z. T. widersetzen.

Das erste Problem besteht darin, daß unsere gebirgsmechanischen Ansätze von der Annahme eines homogenen oder eines nur in bestimmten Grenzen inhomogenen Körpers ausgehen, dem man in bezug auf die zu untersuchende Eigenschaft — dies kann Scherfestigkeit, Zerreißfestigkeit oder ein ähnlicher Formänderungswiderstand sein — ein isotropes Verhalten zuschreibt.

Das zweite Problem besteht darin, daß es unmöglich ist, eine bestimmte Größe, sei es Spannung oder ähnliches, zu messen, ohne durch den Meßvorgang die zu messende Größe selbst zu ändern.

Die Entwicklung gebirgsmechanischer Vorgänge fordert aber, wenn man das reale Verhalten des Gebirgskörpers erfassen will, beides. Der Gebirgskörper ist inhomogen in seinem stofflichen Aufbau, anisotrop in seinem Verhalten, und jeder Meßvorgang überlagert das interessierende primäre oder bereits überlagerte sekundäre Feld durch ein sekundäres, im zweiten Falle tertiäres.

Eine große Anzahl von Versuchen, dieser Schwierigkeiten Herr zu werden, geht von Kräften aus. Dies ist selbstverständlich, denn Kräfte kann man messen, und der Ingenieur muß Meßwerte haben, um rechnen zu können. Sein Ziel besteht letzten Endes darin, so zu bauen, daß er gewünschte Wirkungen erzielt oder unerwünschte Auswirkungen eines vorliegenden Zustandes vermeidet.

Die oben erwähnten, bisher auf mechanischem oder mathematischem Wege nicht bewältigten Probleme machen die Erfüllung des Ingenieurwunsches — abgesehen von einfach gelagerten Einzelfällen — oft unmöglich oder zwingen zu Annahmen bzw. Vereinfachungen, die im Gebirgskörper nicht verwirklich sind. In diesen Fällen greift man zum Modellversuch, dessen Problematik und Aussagefähigkeit Thema des 3. Ländertreffens bildete.

Die Problematik des Modellversuchs liegt dabei meines Erachtens hauptsächlich darin, daß der für den späteren Fall in der Natur bzw. für das ablaufende Ereignis maßgebliche Faktor im Modell oft gar nicht oder nur unvollkommen enthalten ist. Talsperren-Katastrophen zeigen dies immer wieder mit aller Deutlichkeit, und auch der Bergbau als Tief- und Tagebau kennt eine Reihe solcher Fälle.

Es ist nun für ein Problem zur Gewinnung neuer Einblicke oft nützlich, den Standpunkt der Betrachtung mehr oder weniger radikal zu ändern. Ich möchte dies versuchen, indem ich die dynamische Betrachtungsweise durch eine kinematisch-symmetrologische ersetze.

Die Kraft ist eine aus der Beschleunigung einer Masse abgeleitete Größe. Bei gebirgsmechanischen Vorgängen tritt an Stelle der Masse der Formänderungswiderstand, an Stelle der Beschleunigung die Verschiebung. Primär ist also die Verschiebung. Wenn ich von der Verschiebung ausgehe, ist also die Betrachtungsweise keine dynamische, sondern eine kinematische. Mein Ziel ist es, auf diesem Wege Einblicke über substantielle Inhomogenitäten und anisotropes Verhalten in Gesteinspartien zu gewinnen, die einer direkten Beobachtung nicht zugänglich sind. E. Clar [3] ist einen ähnlichen Weg für Oberflächennähe gegangen und dabei zu gebirgsmechanisch wichtigen Aussagen gekommen. Ich glaube, daß sich der Versuch, auch über das Verhalten des Gesteinskörpers in größerer Tiefe Auskunft zu erhalten, lohnt.

Um Mißverständnisse soweit wie möglich auszuschalten, seien einige Begriffe so definiert, wie sie im weiteren verwandt werden sollen.

Von übergeordneten Termini seien folgende herausgegriffen: *Homogenität/Inhomogenität* soll sich bei Körpern auf dessen *stofflichen Aufbau* beziehen. *Kontinuität/Diskontinuität* gibt die Gültigkeit bzw. das Fehlen des *Prinzips der Nachbarschaft* an, d. h. berücksichtigt die Verbandsverhältnisse. *Isotropie/Anisotropie* weist auf das *Verhalten* gegenüber einem Eingriff hin.

Für die speziellen Belange der kinematischen Betrachtung der Gefügekunde seien als hier wichtig folgende erwähnt:

Unter *Gefüge* sollen die Raumdaten im Innern eines homogenen Bereiches verstanden werden.

Unter einem *homogenen Bereich* sei ein solcher verstanden, bei dem jeder Teil gegen einen anderen durch Translation, Rotation oder komplex ausgetauscht werden kann, ohne daß er als solcher eine Veränderung erfährt. Diese homogenen Bereiche sind gefügeanalytisch erkennbar und umfassen im Gesteinskörper mm^3 bis km^3, wobei der Maßstab der Betrachtung (E. Clar [3]) eine wesentliche Rolle spielt.

Bei Beurteilung des nur statistisch erfaßbaren Gefügezustandes ist der Homogenitätszustand durch die Angabe seiner *Genität*, sein Isotropiezustand durch die Angabe seiner *Tropie* näher faßbar.

Unter *Deformationsebene* wird jene Ebene einer ebenen, affinen Deformation verstanden, in der ein Massenpunkt verschoben wird. Die Richtung der Verschiebung bezeichnet man mit a; senkrecht auf der Deformationsebene steht die Richtung b; a und b werden durch eine senkrecht auf der Ebene ab stehende Koordinate c zu einem Achsenkreuz ergänzt.

Es ist nun eine Erfahrung der Gefügeanalyse, daß bei Verwendung des genannten Achsenkreuzes als Bezugssystem die Zahl der möglichen Deformationsbilder eine beschränkte ist, daß sich diese symmetrologisch typisieren lassen und daß diese Regelungen dem sie erzeugenden gefügebildenden Akt symmetriegleich sind, vorausgesetzt, daß der gefügeprägende Prozeß einaktig ist.

Einige Beispiele sollen dies erläutern.

Bild 1 zeigt den Grundzustand. Er läßt keinerlei Symmetrie erkennen, wobei bemerkt sein muß, daß die durch eine voll ausgefüllte Fläche gekennzeichneten Maxima nicht persistent sind, d. h. bei Wiederholung des erzeugenden Vorganges (Pfeilschüsse auf eine Scheibe) nicht an gleicher Stelle wiederkehren.

Bild 2 ist das Gefügebild eines Granulits. Die Symmetrie ist rhombisch. Es erscheint ein Doppelgürtel, der ein Scherflächenpaar (bei vollständiger, räumlicher Erfassung zwei Paare) andeutet, das megaskopisch nicht erkennbar ist, sich aber im Bruchverhalten bemerkbar macht und der Schieferungsebene mechanisch durchaus äquivalent wird.

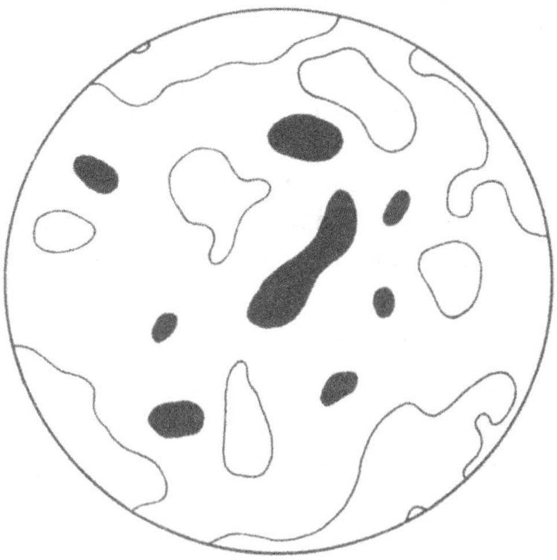

Bild 1. isotrop

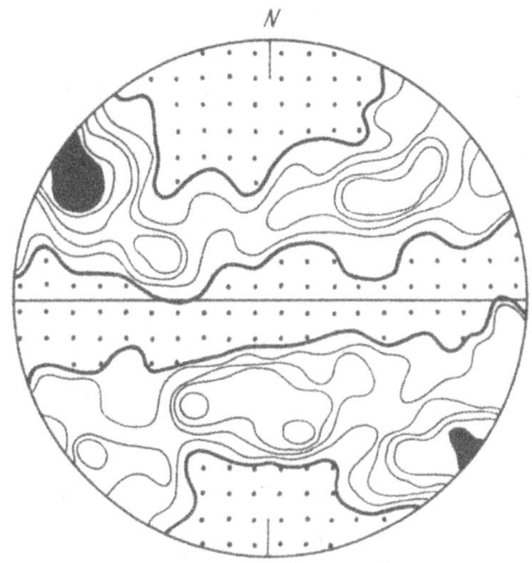

Bild 2. rhombisch

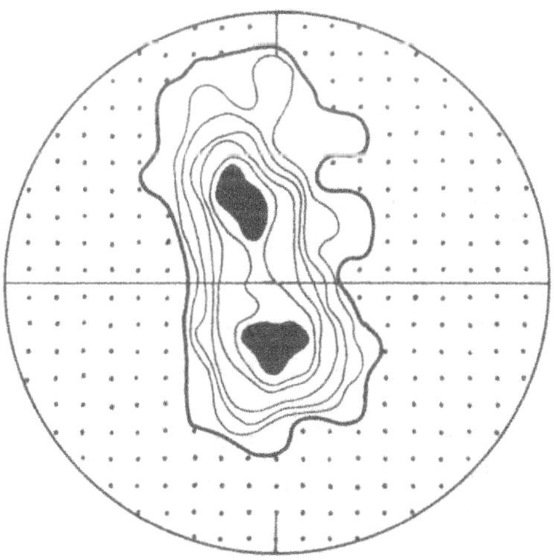

Bild 3. monoklin

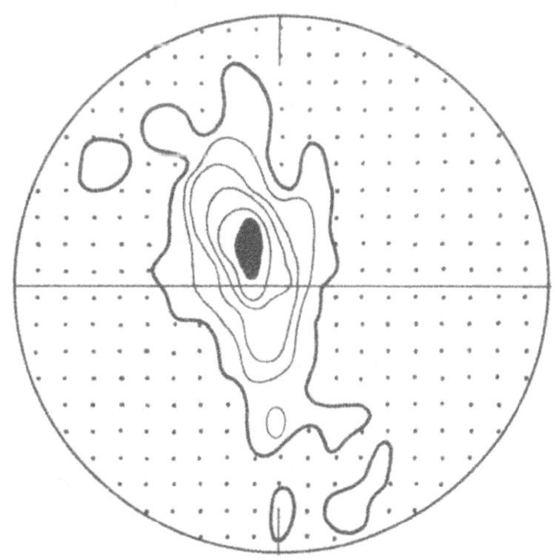

Bild 4. wirtlig

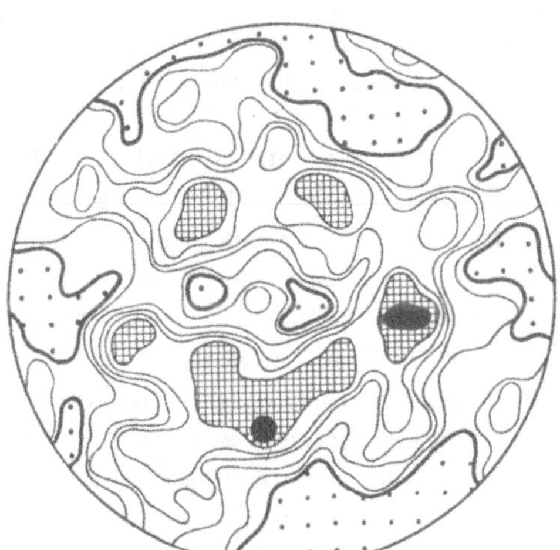

Bild 5

In Bild 3, das durch Übergänge mit Bild 2 verbunden ist, tritt nur eine Scherfläche (Schieferung) in Erscheinung, die das Bruchverhalten bestimmt.

Bild 4 zeigt eine für Mylonite typische wirtelige Symmetrie, welche die Zerfallsfreudigkeit des Gesteins auch dann erkennen läßt, wenn diese am Handstück nicht bemerkbar ist. In allen drei Fällen sind die Maxima persistent.

Alle diese phänomenologischen Schlüsse lassen sich auch aus dem makroskopischen Flächen- und Achsengefüge ziehen und sind auch aus Schüttungen nicht bindiger Böden bekannt. Sie sind aber in unseren Fällen aus Gesteinen abgeleitet, denen diese mechanischen Unstetigkeitsflächen als sichtbare Elemente zumindest zum Teil fehlen.

Wie weit tektono-mechanische Elemente sichtbar gemacht werden können, zeigt Bild 5.

Es handelt sich um einen „richtungslos"-körnigen Granit aus dem Erzgebirge, der nach einer sorgfältigen Gefügeanalyse im Diagramm einen Kleinkreis erkennen läßt, der anzeigt, daß ihm eine deutlich bevorzugte Richtung aufgeprägt ist, die mit den im Steinbruch-Betrieb bekannten Flächen bester Teilbarkeit nichts zu tun hat, wohl aber diese in bisher ungeklärter Weise beeinflußte.

Da die Einregelung des Quarzes, abgesehen von den Fällen, wo diese nach der Kornform geschieht, im allgemeinen eine solche seines Elastizitätsellipsoids in das Spannungsfeld zur Zeit seines Wachstums darstellt, kann man die Gefüge als „eingefrorene Spannungsoptik" auffassen und die Diagramme — seien sie über das Korn- oder Flächengefüge gewonnen — sinngemäß auswerten.

Die gefügekundliche Analyse läßt sich durch Hinzuziehung anderer Minerale, durch Achsenverteilungsanalysen u. ä. noch weiter verfeinern, doch soll hier auf ein näheres Eingehen verzichtet werden. Erwähnt sei aber, daß es gelingt, den Grad der Regelung zahlenmäßig zu erfassen, doch darf dieser mit der mechanischen Wirksamkeit des Gefüges, die z. Z. noch nicht exakt definiert oder faßbar ist, nicht identifiziert werden.

Wie bereits eingangs erwähnt wurde, gelten die Regelungsbilder für den gesamten homogenen Bereich. Erfahrungsgemäß nimmt deren Größe gegen die Tiefe im allgemeinen zu, wobei als Tiefe die Bildungstiefe des Gefügebildes gilt. Bei Kenntnis der geologischen Geschichte des Gesteinskörpers kann also mit erheblicher Sicherheit das Vorhandensein und die Zahl von Scherflächen bzw. deren Fehlen für Gesteinspartien vorausgesagt werden, ohne daß an diesen Stellen unmittelbar eine Probenahme erfolgen muß.

Existente Scherflächen sind nun im allgemeinen — von den Fällen mechanisch-unwirksamer Vorzeichnungen bzw. anaphtoretischer Erscheinungen sei hier abgesehen — Flächen herabgesetzter Scherfestigkeit. Eine zusätzliche Beanspruchung durch Be- oder Entlastung wird in einem von vorgegebenen Scherflächen durchsetzten Gestein diese Gefügeflächen in Bewegung setzen, bevor die Scherfestigkeit außerhalb dieser im Bereich der Hauptschubspannung überschritten wird, d. h., daß Flächen wirksam werden, die nicht in der Hauptschubspannung liegen. Rechnerische Ansätze und Modelle, die diese Möglichkeit außer acht lassen, müssen zu schwerwiegenden Konstruktionsfehlern führen.

Eine weitere bereits vielfach benützte Auswertung von Gefügediagrammen der genannten Art besteht darin, daß sich abbrechende Massen, wie Bergstürze u. a. dadurch erkennen und abgrenzen lassen, daß in ihrem Bereich die Gefüge-Elemente abrupt gegen die ihrer Umgebung verstellt sind, und zwar lange bevor die Masse erkennbar in Bewegung kommt.

Es wurde nun unter Benutzung des SANDERschen Beltoporie-Begriffes die Gefügeanalyse auch auf die Erscheinung des Bruches als solchen ausgedehnt. Ich hatte vor einigen Jahren hier die Frage gestellt: Was wissen wir überhaupt vom Bruch?

Gesteine sind, von den Gläsern abgesehen, polykristalline Systeme. Das stets vorhandene Porenvolumen — es schwankt von rd. 1% bis zu 50% — zeigt, daß im Gestein Hohlräume vorhanden sind, die teils in abgekapselter oder offener Form vorliegen, teils als Inter- bzw.

Bild 6. Feinkörniger Sandstein

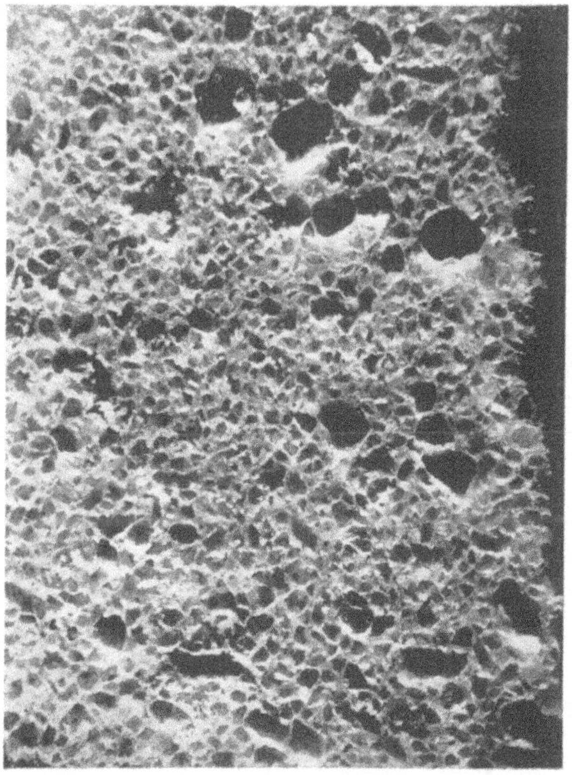

Bild 7
Porenraum des gleichen Sandsteines wie Bild 6

Intragranulare und teils als mechanisch erzeugte Sprünge und Risse aufzufassen sind. Die Ölgeologie hat dieses Problem weitestgehend bearbeitet.

Es ist nun bemerkenswert, daß ein Bruch — sei es ein Trenn- oder Scherbruch — sehr selten durch ein Mineral geht, sondern in den meisten Fällen, beim Trennbruch praktisch immer, beim Scherbruch im Anfangsstadium längs der Intergranularen, d. h. zwischen den Mineralkörnern verläuft. Wenn also der Poren- bzw. Intergranularraum als Gesamtraum genommen eine Orientierung, d. h. Regelung, besitzt, muß in dieser bevorzugten Richtung eine verminderte Bruchfestigkeit vorliegen. Das ist für schiefrige Gesteine bekannt, wird aber gewöhnlich darauf zurückgeführt, daß in diesen Flächen die Minerale mit mehr glatten Flächen aneinandergrenzen, während sie senkrecht dazu verzahnt verwachsen sind. Starke Kornverzahnungen, wie sie beim ophytischen Gefüge vorliegen, sind selbstverständlich von großem Einfluß auf die Festigkeitseigenschaften, aber die Zähigkeit von Glimmerhornfelsen, deren Mineralverwachsungsflächen eben sind, aber ungeregelt im Raum liegen, lassen deutlich den Einfluß der Porenraum-Regelung auf die technologischen Eigenschaften erkennen.

Belikov [1] ist diesem Problem nachgegangen. Es ist vielleicht gewagt, — aber ich könnte mir hier eine gewisse Verbindung zur Praxis des Erschütterungsschießens im südafrikanischen Bergbau denken. Gewiß ist es hauptsächlich eine Spannungsauslösung, die durch das Schießen erreicht wird, aber gleichzeitig wird durch Rißbildung auch eine „Entregelung", d. h. Homogenisierung des sonst scharf geregelten Porenraumes der Gesteine erreicht und so der Auswirkung prädestinierter Schwächeflächen entgegengearbeitet.

Versuche, den Porenraum eines Gesteines abzubilden, sind sehr alt. Die Methoden unter Verwendung flächenhafter Schnitte können hier übergangen werden. In neuerer Zeit herrschen Tränkverfahren mit organischen Kunststoffen vor. Die Anforderungen an die Tränkflüssigkeiten sind allgemein bekannt und können unerwähnt bleiben. Es wird gearbeitet mit:

Aus der Literatur bekannte, zu Tränkungsversuchen verwendete Kunststoffe:	Im Geologischen Institut der Bergakademie Freiberg zu Tränkungsversuchen verwendete Kunststoffe:
Kanadabalsam, Kunststoffe auf Styrolbasis, Kunststoffe auf Phenolbasis, Polyurethane, Diallylphtalate, Epoxydharze, Mischung aus Epoxyd, Butylglycidyläther und Diäthylentriamin.	Piacoll-K-2-Pulver mit Piacryl-MM-Flüssigkeit, Diallylphtalat mit Dibenzoylperoxyd, Monomeres Styrol mit Dibenzoylperoxyd.

Ein Ergebnis, das mein Mitarbeiter Herr K. Bünger erzielt hat, zeigt Bild 6 und 7. Bild 6 zeigt die Mineralkomponenten eines Sandsteines im Anschliff, Bild 7 den Porenraum des gleichen Gesteines nach Tränkung und Wegätzen der mineralischen Bestandteile.

Durch diese Arbeiten soll zweierlei erreicht werden:
erstens, den Einfluß der Porengröße und der Porenraum-Regelung, also des Porenraumgefüges, auf die Festigkeitseigenschaften zu erfassen, bzw. dessen Veränderung während der Beanspruchung zu verfolgen, und
zweitens, einen Anhaltspunkt zu gewinnen über die Auswirkung des Porenwasserdruckes im Falle ungeregelten und geregelten Porenraumes bzw. über dessen mechanische Auswirkung im Wechsel des Füllens und Leerens dieser Hohlräume (J. Handin [4]).

Die Gefügeanalyse ist eine junge methodische Disziplin. Sie wird ihre theoretische Weiterentwicklung in bezug auf ihre substantielle Seite aus dem Bereich der technischen Mechanik und der Physik der Festkörper, in bezug auf ihren geometrischen Aspekt aus der Topologie erfahren, aber schon heute ist sie in der Lage, Aussagen über den Realzustand eines Gebirges zu machen, deren Bedeutung für die Projektierung und Durchführung felsmechanischer Aufgaben wichtig ist.

Literatur

[1] Belikov, B. P.: Elastizitäts- und Festigkeitseigenschaften von Gesteinen. Aus: Trudy inst. geol. Rudnych mestorožd., petrografii miner. i gecchimii, Akad. Nauk SSSR, o.O. **43** (1961) 48–110.

[2] Cavanaugh, I. I. und Knutson, C. F.: Laboratory technique for plastic satovetoin of poroos rocks. Aus: Bull. Amer. Assoz. Petrol. Geol. Vol. **44**, Nr. 5 (1960) 628–630.

[3] Clar, E.: Gefüge und Verhalten von Felskörpern in geologischer Sicht. Aus: Felsmechanik und Ingenieurgeologie, Vol. **I/1**, Wien 1963.

[4] Handin, J.: Experimental deformation of sedimentary rocks and confining pressure: pove pressure tests. Aus: Bull. Amer. Assoz. Petr. Geol. Vol. **47**, Nr. 5 (1963).

Der Einfluß von Struktur, Textur und mineralogischer Zusammensetzung auf das Festigkeitsverhalten des Staßfurtsteinsalzes (Na 2)

von G. Rosetz, Freiberg/Sa.

Zusammenfassung

Am Beispiel eines Profils durch das Staßfurtsteinsalz wird bewiesen, daß man diesen stratigraphischen Horizont nicht als eine Einheit betrachten darf. Von geologischer Seite sind in dieser Richtung schon feinstratigraphische Untersuchungen erfolgt. Diese Untersuchungen wurden durch Festigkeitsbetrachtungen ergänzt.

Die unterschiedliche strukturelle Zusammensetzung des Staßfurtsteinsalzes zeigt sich in den durch Laborversuche gewonnenen unterschiedlichen Festigkeitswerten. Von entscheidender Bedeutung sind dabei die Größe und die Form des Einzelkorns im Verhältnis zur Probengröße.

Der Einfluß der Textur läßt sich am Beispiel der tonig-anhydritischen Lagen nachweisen. Neben der Ausbildung dieser Lagen spielt die räumliche Orientierung eine große Rolle.

Außer Struktur und Textur beeinflußt die mineralogische Zusammensetzung die Festigkeit. Das betrift besonders die hangenden und liegenden Teile des Staßfurtsteinsalzes. Ungefähr ab 5% wirken Kieserit und Anhydrit festigkeitserhöhend.

Einleitung

Es gibt bereits eine Fülle von Literatur über Festigkeitsuntersuchungen am Steinsalz. Teils wurden die Kristalle, teils das Gestein auf das Festigkeitsverhalten hin untersucht. Leider vermißt man bei den meisten Arbeiten genaue petrographische Angaben über das untersuchte Gestein. Da in jüngster Zeit in einigen Schachtröhren Schäden im Bereich des Staßfurtsteinsalzes auftraten, die eventuell auf die unterschiedliche Ausbildung des Steinsalzes zurückzuführen sind, schien es sinnvoll, eine größere Anzahl von Proben des Staßfurtsteinsalzes, die nach petrographischen Gesichtspunkten zusammengestellt wurden, auf das Festigkeitsverhalten hin zu untersuchen.

1 Geologische Übersicht und Verbreitung des Na 2

Das Staßfurtsteinsalz (Na 2) gehört zum 2. salinaren Zyklus des Zechsteins (Staßfurt-Serie). Im Liegenden grenzt es an den Basalanhydrit und im Hangenden bildet das Staßfurtsteinsalz den Übergang zum Flöz Staßfurt. Seine primäre Mächtigkeit wird von Schulze [7] für das Gebiet zwischen Flechtinger Höhenzug und Finne mit 200—500 m angegeben. Diese primäre Mächtigkeit ist an vielen Stellen durch tektonisch bedingte Fließvorgänge reduziert worden. Löffler [5] gibt im Normalprofil für das Na 2 folgende Mächtigkeiten an:

Roßlebener Sattel	485 m
Ascherslebener Kalisalzgebiet	400—478 m
Teutschenthaler Sattel	300—500 m
Bernburger Gebiet	300—800 m
Staßfurt-Egelner Sattel	über 500 m

Gegliedert wird die mächtige Serie des Na 2 in eine Anhydrit-, Polyhalit- und Kieseritregion. Die Polyhalit- und Kieseritregion bilden den Übergang zum Flöß Staßfurt. Neuere feinstratigraphische Arbeiten (Lahne, Seidel, Nachsel) bemühen sich um eine detailliertere Einteilung. In regional eng begrenzten Gebieten läßt sich das Ältere Steinsalz z. T. mit recht gutem Erfolg untergliedern. Strukturelle und texturelle Unterschiede bilden dafür oftmals die Grundlage. Diese auf struktureller und textureller Grundlage erfolgten Neugliederungen des Na 2 haben auch für Festigkeitsbetrachtungen eine große Bedeutung, zumal man bisher das Na 2 als einen einheitlichen, in seiner Festigkeit kaum unterschiedlichen, stratigraphischen Horizont aufgefaßt hat. Die folgenden Ergebnisse von Laboruntersuchungen sollen zeigen, in welcher Größenordnung die Festigkeitsunterschiede im Na 2 liegen und welche petrographischen Faktoren diese Unterschiede bedingen.

1.1 Probenahme und Verarbeitung

Die Proben zu den Laboruntersuchungen stammen aus folgenden Schachtanlagen:

Roßleben (am Roßlebener Sattel),
Berlepsch (am Staßfurt-Egelner Sattel),
Plömnitz (Bernburger Gebiet),
Nienstedt (Sangerhäuser Gebiet).

Sie wurden zum größeren Teil durch Loch-an-Loch-Bohrungen aus dem Verband gelöst, ein kleinerer Teil herausgesägt. Ferner wurde darauf geachtet, daß die Probeblöcke orientiert entnommen wurden. Mit einer Bandsäge erfolgte die Zerkleinerung der großen Blöcke zu kleinen Quadern, die auf einer Drehbank zu Zylindern bzw. Scheiben weiterverarbeitet wurden. Um alle Ergebnisse miteinander vergleichen zu können, mußte den Proben eine einheitliche Größe, die auf Grund der petrographischen Ausbildung ausgewählt wurde, gegeben werden. Die Probengröße war für die Zylinder 70 mm (Höhe = Durchmesser), für die Scheiben der Durchmesser 70, die Dicke 20 mm.

1.2 Versuchsdurchführung

Für die Beschreibung des Festigkeitsverhaltens der Salzproben wurden 2 Parameter ausgewählt:

1. σ_D Druckfestigkeit,
2. σ_z Zugfestigkeit.

1.2.1 Die Bestimmung der Druckfestigkeit erfolgte im „einachsigen" Druckversuch ohne Schmierung der Endflächen. Auf einer 50-t-Zug-Druck-Prüfmaschine wurde die Bruchlast bestimmt. Die Belastungsgeschwindigkeit war bei allen Versuchen gleich und betrug 5 bis 10 kp/cm² · s.

1.2.2 Aus dem Scheibendruckversuch wurde die Zugfestigkeit ermittelt. Nach Heyne/Höfer [3] sind zwischen dem Scheibendruckversuch und den klassischen Zugversuchen keine größeren Unterschiede bei der Bestimmung der Zugfestigkeit vorhanden. Die Berechnung der Zugfestigkeit erfolgt nach der Formel:

$$\sigma_z = \frac{2\,P}{\pi \cdot F} \qquad [\text{kp/cm}^2]\,.$$

Darin bedeuten:

P = Bruchlast in kp
F = Bruchfläche der diametral auf Druck belasteten Kreisscheibe in cm²

$$F = d \cdot h$$

Bild 1. Tonig-anhydritische Lagen im Steinsalz

Bild 2. Langprismatische Anhydritkristalle im Steinsalz (40× Vergrößerung, + Nicols)

d = Durchmesser der Scheibe
h = Dicke der Scheibe

Die Belastungsgeschwindigkeit betrug etwa 25 kp/s.

1.3 Auswertung der Ergebnisse

Für die Einzelergebnisse einer Meßreihe steht, um bessere Vergleichsmöglichkeiten zu haben, das arithmetische Mittel. Da aber die Streuung der Einzelwerte um den Mittelwert für die folgenden Betrachtungen von großer Bedeutung ist, wird als Maß für diese Streuung bei jedem Mittelwert die mittlere quadratische Abweichung angegeben.

Betrachtet man die bisher veröffentlichten Druckfestigkeitswerte von Steinsalzproben aus dem Na 2, so findet man Werte von 200—400 kp/cm². Abgesehen von unterschiedlichen Versuchsbedingungen kommen solche Streuungen durch die Unterschiedlichkeit des Probematerials zustande. Einige mineralogisch-petrographische Faktoren, die das Festigkeitsverhalten des Steinsalz beeinflussen, sollen in den folgenden Abschnitten näher untersucht werden.

2 Einfluß der mineralogischen Zusammensetzung

Das Staßfurtsteinsalz ist in seiner mineralogischen Zusammensetzung nicht sehr variabel. Außer Halit kommen in etwas größeren Mengen lediglich Anhydrit, Polyhalit und Kieserit vor. Alle anderen Mineralien sind, von lokalen Anreicherungen abgesehen, nur accessorisch vorhanden. Von 65 Steinsalzproben wurden Vollanalysen angefertigt, um den Einfluß der mineralogischen Zusammensetzung auf die Druckfestigkeit beurteilen zu können. Dabei wurde festgestellt, daß Anhydrit bis zu 3% keinen systematischen Einfluß auf die Festigkeit des Steinsalzes ausübt. Ähnliches gilt auch für den Kieserit. Sind mehr als 5% Anhydrit oder Kieserit an der Zusammensetzung des Steinsalzes beteiligt (dies trifft im allgemeinen nur für die liegenden und hangenden Partien des Na 2 zu), so kann man in jedem Fall eine Erhöhung der Festigkeit erwarten. Allerdings hängt die Größe der Festigkeitserhöhung von der räumlichen Anordnung des Anhydrits bzw. Kieserits ab. Der Polyhalit scheint nach den vorliegenden Analysen die Festigkeit des Steinsalzes nicht wesentlich zu beeinflussen. 3 Proben mit einem hohen Polyhalitgehalt (24%) hatten mit 374 kp/cm² eine nur wenig über dem Durchschnitt liegende Druckfestigkeit.

2.1 Einfluß tonig-anhydritischer Lagen auf die Festigkeit von Steinsalz

Wie aus den mineralogischen Analysen zu entnehmen ist, kann bis zu einem bestimmten Prozentanteil keine systematische Abhängigkeit zwischen Zusammensetzung und Festigkeit gefunden werden. Zum überwiegenden Teil ist der Anhydrit im Steinsalz in den tonig-anhydritischen Lagen, den sogenannten „Jahresringen“, angeordnet (Bild 1). Diese Lagen können eine unterschiedliche Stärke (von 2—10 mm) und Ausbildung haben. Von geschlossenen Lagen über stark zerrissene bis zu anhydritischen Schlieren sind Übergänge vorhanden. Der Abstand zwischen den einzelnen Lagen kann gleichfalls stark wechseln. Mikroskopische Untersuchungen an den tonig-anhydritischen Lagen verdeutlichen, daß der Anhydrit in den untersuchten Proben 2 typische Ausbildungen zeigt:

1. größere, langprismatische Kristalle, die eine deutliche Einregelung erkennen lassen, die Länge der Prismen kann bis 2 mm betragen (Bild 2);
2. wolkenförmig angeordnete, kleine Kristalle mit einer Korngröße von 0,1—0,4 mm (Bild 3).

Beide Strukturtypen treten teilweise zusammen auf.

An Hand einiger Versuchsserien sollte geprüft werden, welchen Einfluß die tonig-anhydritischen Lagen auf die Festigkeit von Steinsalz haben. Aus einem großen Probeblock wurden orientiert Proben entnommen, die entweder keine oder eine tonig-anhydritische Lage hatten. Die Mächtigkeit der tonig-anhydritischen Lage betrug 5 mm; der Anhydrit kam sowohl in größeren Kristallen (0,8—1,5 mm) als auch in wolkenförmig angeordneten, kleinen Kristallen (0,1—0,3 mm) vor.

Druckfestigkeit für:

	‖ zur Schichtung	45° zur Schichtung
1. Proben mit tonig-anhydritischer Lage	382 ± 3 kp/cm²	395 ± 7 kp/cm²
2. Proben ohne tonig-anhydritische Lage	234 ± 2 kp/cm²	324 ± 15 kp/cm²

Zugfestigkeit für:

	‖ zur Schichtung	45° zu Schichtung
1. Proben mit tonig-anhydritischer Lage	16,4 ± 2,3 kp/cm²	14,7 ± 2,1 kp/cm²
2. Proben ohne tonig-anhydritische Lage	7,3 ± 2,0 kp/cm²	15,8 ± 3,8 kp/cm²

Die Ergebnisse der Druckfestigkeitsuntersuchungen zeigen deutlich den Einfluß der tonig-anhydritischen Lagen auf die Festigkeit des Steinsalzes. Die Druckfestigkeitswerte erhöhten sich um 20—50%. Bei den Zugfestigkeitsuntersuchungen ist die Abhängigkeit bei den Versuchsserien parallel zur Schichtung deutlich, während die Werte für die Untersuchungen bei einem Winkel von 45° zur Schichtung stark streuen und keine einheitliche Abhängigkeit zeigen.

Teilweise sind die tonig-anhydritischen Lagen zerrissen und bilden dünne 3—4 cm lange schlangenförmige Schnüre. Bei einer Probenserie mit steigendem Gehalt an den beschriebenen Anhydritschnüren stieg die Druckfestigkeit von 328 kp/cm² bis zu 408 kp/cm² und die Zugfestigkeit von 11,4 auf 26,3 kp/cm². Damit dürfte erwiesen sein, daß die tonig-anhydritischen Lagen die Festigkeit des Steinsalzes wesentlich beeinflussen können.

Im Gebirgsverband wird sich der Einfluß der tonig-anhydritischen Lagen durchaus von dem in den Proben unterscheiden. Makroskopische Beobachtungen an Schadensstellen von Schachtröhren im Bereich des Staßfurtsteinsalzes weisen darauf hin, daß unter der komplexen Beanspruchung durch gebirgsmechanische Kräfte und durch die Lösungstätigkeit feuchter Wetter die tonig-anhydritischen Lagen die Verbandsfestigkeit herabsetzen. Die zur Klärung dieser Probleme laufenden Untersuchungen sind jedoch noch nicht abgeschlossen.

3 Die Abhängigkeit der Festigkeit von der Korngröße

Das Steinsalz besitzt als chemisches Sediment eine unmittelbare Kornbindung. Man kann deshalb eine Abhängigkeit der Festigkeit von der Korngröße erwarten. Außer der Korngröße spielt natürlich auch die Kornform eine ausschlaggebende Rolle. Für diese Versuchsserien wurden Proben ausgewählt, bei denen die Kornform angenähert isometrisch war. Die relativ große Streuung der Werte der Festigkeitsuntersuchungen kann man vielleicht dadurch erklären, daß das von den verschiedenen Probenahmearten stammende Material in geologischen Zeiten eine teilweise unterschiedliche tektonische Beanspruchung erfahren hat.

mittlerer Korndurchmesser [mm]	Druckfestigkeit [kp/cm²]	Zugfestigkeit [kp/cm²]
1—5	433 ± 23	17,1 ± 1,2
5—10	372 ± 10	15,3 ± 1,5
10—30	284 ± 38	13,9 ± 4,6
Einkristalle	247 ± 32	12,0 ± 2,0

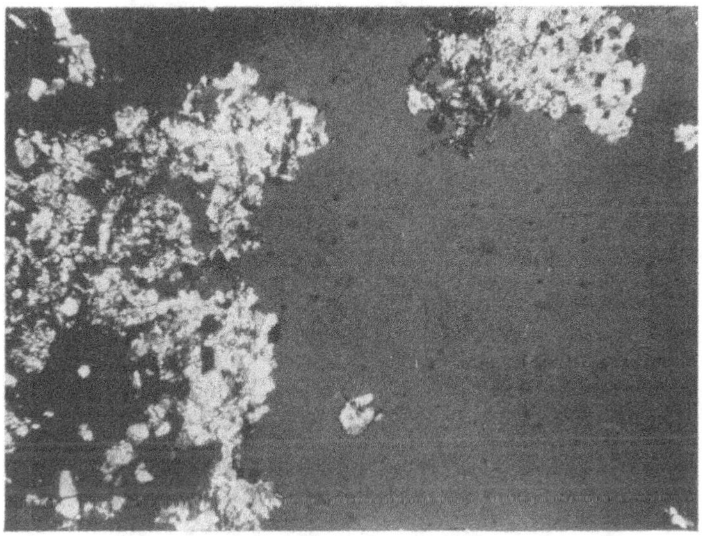

Bild 3. Wolkenförmig angeordnete Anhydritkristalle im Steinsalz (40× Vergrößerung, + Nicols)

Bild 4. Bruchkegel eines Einkristalls (Aufsicht)

Tafel 9

Bild 5. Bruchkegel eines Einkristalls (Seitenansicht)

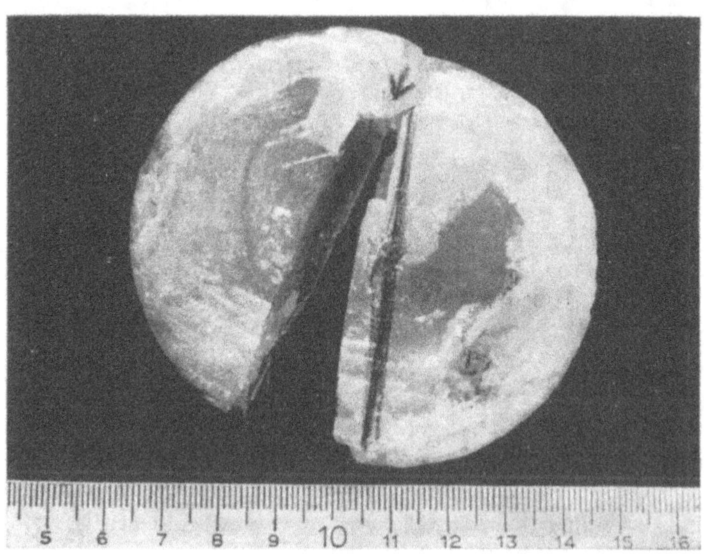

Bild 6. Grobkristalline Steinsalzprobe (Belastungsrichtung parallel zur Spaltbarkeit eines großen Kristalls)

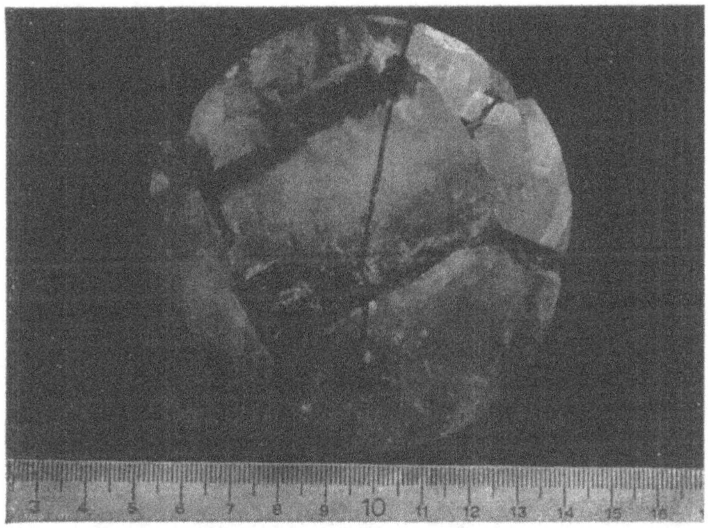

Bild 7. Grobkristalline Steinsalzprobe
(Belastungsrichtung und Spaltbarkeit im Winkel von $\sim$40 Grad)

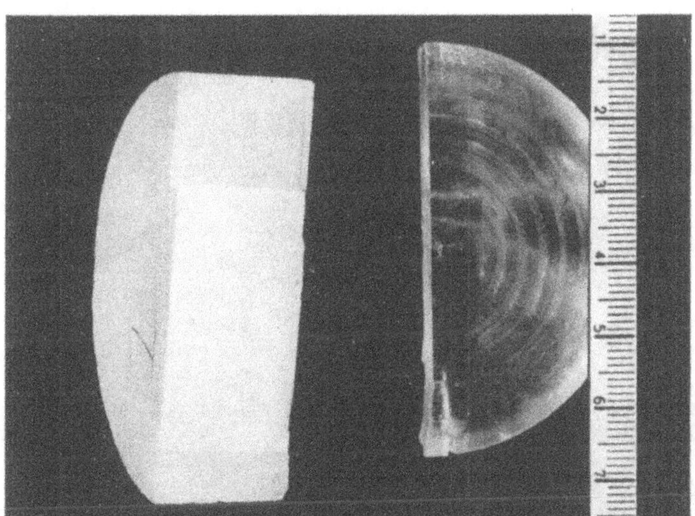

Bild 8. Monokristalline Steinsalzprobe
(Belastungsrichtung parallel zur vollkommenen Spaltbarkeit)

Tafel 11

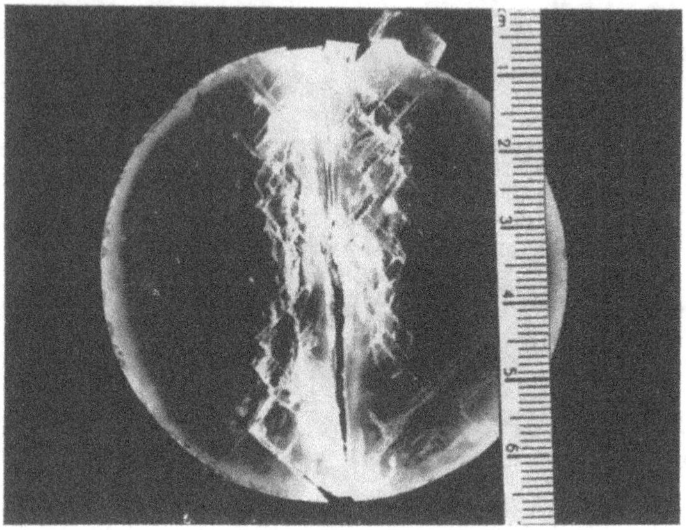

Bild 9. Monokristalline Steinsalzprobe (Belastungsrichtung im Winkel von ~45 Grad zur vollkommenen Spaltbarkeit)

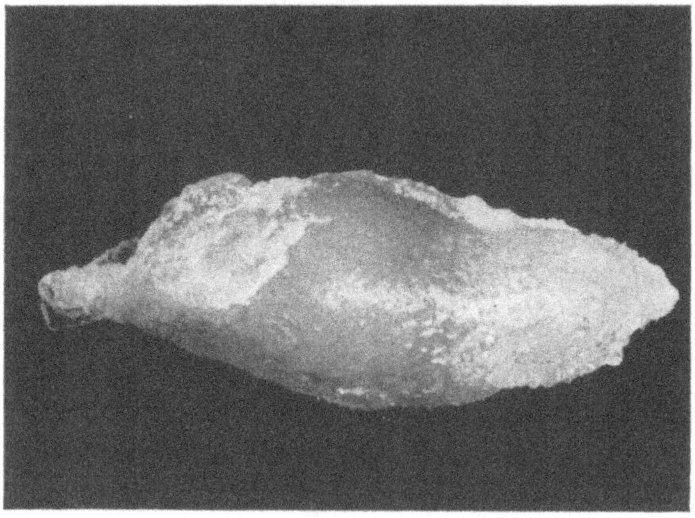

Bild 10. Augenförmig ausgebildetes Steinsalz

Die Probengröße der Einkristalle war recht unterschiedlich. Die Kristallspaltstücke hatten eine Kantenlänge von 2—5 cm. Außerdem zeigten einige Proben kleine Laugeneinschlüsse. Diese beiden Faktoren bedingen die recht starke Streuung der Festigkeitswerte.

Aus den Ergebnissen kann man ableiten, daß mit zunehmender Korngröße der Einfluß der Spaltbarkeit steigt. Diese bereits von TERTSCH [10] mitgeteilte Beobachtung läßt sich am Steinsalz besonders gut nachweisen, da Halit eine vollkommene Spaltbarkeit nach den Würfelflächen besitzt. Sehr schön kann man den Einfluß der Spaltbarkeit an dem bei der Bestimmung der „einachsigen" Druckfestigkeit (ohne Schmierung der Endflächen) entstehenden Doppelkegel erkennen. Die Bilder 4 und 5 zeigen den aus Einkristallen beim Druckversuch entstandenen Kegel mit seinen Spaltrissen parallel zu den Würfelflächen. Wie stark die Spaltbarkeit gerade bei dem Scheibendruckversuch die Ergebnisse beeinflussen kann, soll an einem Beispiel gezeigt werden. Die Korngröße ist für zwei Scheiben gleich, während der Wert der Zugfestigkeit für die eine Probe 9,1 kp/cm² und für die andere 19,6 kp/cm² beträgt. Bei der Probe 1 erfolgte die Belastung für den in der Mitte der Scheibe befindlichen großen Kristall in Richtung der vollkommenen Spaltbarkeit (Bild 6), während bei der Probe 2 zwischen Richtung der vollkommenen Spaltbarkeit und der Belastung ein Winkel von ca. 40° bestand (Bild 7). Es ist deshalb ganz natürlich, daß bei der Zugfestigkeit für die Probeserie mit einem mittleren Korndurchmesser von 10—30 mm ein Streubereich von über 30% festgestellt wurde. An aus Einkristallen gedrehten Scheiben wurde die Tatsache des Einflusses der Spaltbarkeit auf die Zugfestigkeit nochmals überprüft. Dabei zeigte es sich, daß bei der Belastung in Richtung der vollkommenen Spaltbarkeit (010) die Zugfestigkeit 50% geringer ist als in Richtung (011). Die Bilder 8 und 9 von den Bruchflächen verdeutlichen das Ergebnis.

3.1 Einfluß der Kornform

Auf die Abhängigkeit der Festigkeit von der Kornform ist bereits hingewiesen worden. Diese Behauptung kann durch Versuche bestätigt werden. Das Probematerial hatte eine anisometrische Kornform. Der Schnitt durch die Körner zeigte eine elliptische Form, dabei waren allerdings die Korngrenzen unregelmäßig; das Verhältnis von größter Länge zu größter Breite war 2 : 1. An den Proben konnte man ein deutliches Fließgefüge erkennen. Die Druckfestigkeit wurde in drei Richtungen ermittelt.

Belastung der Proben:

1. senkrecht zur Schichtung	456 ± 3 kp/cm²,
2. parallel zur Schichtung/senkrecht zur Fließrichtung	446 ± 1 kp/cm²,
3. parallel zur Schichtung/parallel zur Fließrichtung	426 ± 1 kp/cm².

Das Ergebnis dieser Probeserien zeigt deutlich, daß die durch die Schichtung bedingte Anisotropie in ihrer Intensität von der durch die Kornform hervorgerufenen erheblich übertroffen wird. Die Größe dieser Anisotropieerscheinungen hängt natürlich von dem Verhältnis Korngröße zu Probengröße ab. Bei den untersuchten Proben war es 1 : 12.

3.2 Festigkeit bei ungleichkörnigen Gesteinen

Lokal treten in bestimmten Horizonten des Na 2 in mittelkörnigem Salz „Augen" auf, die gleichfalls aus Steinsalz bestehen (Bild 10). Diese Augen sind mindestens 5mal größer als die übrigen Körner und zeigen eine deutliche Einregelung parallel zur Schichtung. Das Festigkeitsverhalten dieses ungleichkörnigen Gesteins sollte mit dem von gleichkörnigem verglichen werden. Dabei mußte berücksichtigt werden, daß die Korngröße gleich und die Kornform wenigstens ähnlich sein muß.

Druckfestigkeit [kp/cm²]:

	‖ zur Schichtung	⊥ zur Schichtung
ungleichkörniges Steinsalz	358 ± 9	460 ± 5
gleichkörniges Steinsalz	433 ± 12	456 ± 1

Die Versuche senkrecht zur Schichtung lassen keine eindeutigen Schlüsse zu. Wahrscheinlich ist ein Einfluß dieser Augen auf die Druckfestigkeitswerte (⊥ zur Schichtung) nicht vorhanden, weil sich die Stärke der Augen nicht wesentlich von der übrigen Korngröße unterschied. Ein völlig anderes Bild geben die Versuche parallel zur Schichtung. Parallel zur Längsachse der Inhomogenitäten befindet sich eine Richtung der vollkommenen Spaltbarkeit. Dieser Einfluß der Spaltbarkeit mindert die Druckfestigkeit (‖ zur Schichtung) des ungleichkörnigen im Verhältnis zum gleichkörnigen Salz.

4 Einfluß der Schichtung

Bei Sedimentgesteinen spielt die sich durch die Schichtung ergebende Anisotropie auch bei Festigkeitsbetrachtungen eine große Rolle. Bereits Stamatiu hat eine Differenz von 20% zwischen den Versuchswerten parallel und senkrecht zur Schichtung gefunden. Bei den vorliegenden Untersuchungen war die Druckfestigkeit parallel zur Schichtung gleichfalls geringer, minimal 5%, maximal 15%.

4.1 Einfluß der Lagerung (Sattel/flache Lagerung)

Um beurteilen zu können, wie stark der Einfluß größerer tektonischer Bewegungen auf die Festigkeit von Steinsalz ist, wurden Proben, die aus der Flanke eines Sattels gewonnen wurden, mit den aus mehr oder weniger flacher Lagerung gewonnenen verglichen. Sowohl bei der Druck- als auch bei der Zugfestigkeit traten bei den Versuchen senkrecht zur Schichtung keine nennenswerten Unterschiede auf. Im Gegensatz dazu konnten größere Unterschiede bei den Versuchen parallel zur Schichtung festgestellt werden. Während bei den Probeserien aus flacher Lagerung die Werte für die Druckfestigkeit parallel zur Schichtung nur bis maximal 15% kleiner waren, zeigen die Proben aus der Sattelflanke über 16% kleinere Werte. Noch deutlicher ist der Unterschied bei den Zugfestigkeitswerten. Für die Proben aus der Sattelflanke sind die Zugfestigkeitswerte parallel zur Schichtung 25—40% kleiner als die senkrecht zur Schichtung. Die beschriebenen Ergebnisse lassen die Vermutung zu, daß durch die Faltung eine Auflockerung des Gefüges besonders innerhalb der Schichtung stattgefunden hat.

An Hand verschiedener struktureller und textureller Unterschiede im Na 2 wurde der Einfluß derselben auf die Festigkeit des Steinsalzes geprüft. Einige dieser Ergebnisse gelten nicht nur für das Na 2, sondern lassen sich in mehr oder weniger veränderter Form auch auf andere Steinsalzhorizonte übertragen. Die Aufgabe bestand darin, Relativwerte zu ermitteln, um die sich aus den petrographischen Verschiedenheiten ergebenden Festigkeitsunterschiede für das Na 2 beurteilen zu können.

5 Festigkeitsprofil des Na 2

Am Beispiel eines lokal eng begrenzten Gebietes soll gezeigt werde, daß sich das Na 2 in petrographischer Hinsicht stark unterscheidet. Diese petrographischen Unterschiede bilden sich, wie im vorangegangenen Teil bewiesen wurde, auch im Festigkeitsverhalten ab. Auf Grund der günstigen Grubenaufschlüsse und der bereits erfolgten feinstratigraphischen Aufnahmen (LAHNE [4]) bietet sich die Schachtanlage Plömnitz für solche Untersuchungen an. Im großen läßt sich das Na 2 in diesem Gebiet in 6—7 Zonen aufteilen

Kurze petrographische Charakteristik der Zonen vom Liegenden zum Hangenden (die Einteilung erfolgt in Anlehnung an LAHNE [4]).

Zone A 1/2: mittlerer Korndurchmesser 5—10 mm, im Liegenden dichte Folge von in der Mächtigkeit wechselnden Anhydritschnüren, teilweise Einlagerung von größeren Kristallen; zum Hangenden hin werden die Abstände zwischen den tonig-anhydritischen Lagen größer.

Zone A 2/3: wechselnde Korngröße, mittlerer Korndurchmesser 5—10 mm, tonig-anhydritische Lagen sind zu kurzen Schnüren zerrissen, z. T. augenförmige Einlagerungen aus Halit.

Zone A 4: mittlerer Korndurchmesser 15 mm, keine Einlagerung von größeren Kristallen, tonig-anhydritische Lagen sind zu kurzen Schnüren zerrissen, die etwa gleiche Abstände und Stärken haben.

Zone B: stark wechselnde Korngröße, mittlerer Korndurchmesser, 2—5 mm, wenig tonig-anhydritische Schnüre. Der Anhydrit tritt teilweise in Form von starken Lagen ($\sim$ 2 cm) oder Bänken ($>$ 5 cm) auf. Zur Zone *B* gehört ein Kristallsalzhorizont von fast monomineralischem Charakter, außerdem eine Schicht mit sogenanntem „mürben" Salz.

Zone C: mittlerer Korndurchmesser 1—5 mm, tonig-anhydritische Lagen nicht vorhanden, dafür treten z. T. lagenförmige Zonen mit Anhydrit, Kieserit und Polyhalit auf, der mittlere Korndurchmesser für Anhydrit, Kieserit und Polyhalit beträgt 0,1—0,6 mm.

Zone D: mittlerer Korndurchmesser 5—10 mm, Kornform oft anisometrisch, tonig-anhydritische Lagen fehlen, dafür treten aber starke Löser auf, die hauptsächlich aus Anhydrit und Kieserit zusammengesetzt sein können.

In der folgenden Tabelle sind die Festigkeitsdaten für die einzelnen Zonen zusammengestellt:

Festigkeitsprofil des Na 2 von Plömnitz

Zonen	Druckfestigkeit [kp/cm²]		Zugfestigkeit [kp/cm²]	
	⊥ zur Schichtung	‖ zur Schichtung	⊥ zur Schichtung	‖ zur Schichtung
D	456 ± 2	433 ± 12	16,3 ± 0,8	16,5 ± 0,2
C	*n. b.*	408 ± 3	18,4 ± 2,4	20,9 ± 1,0
*B**	460 ± 5	358 ± 10	13,7 ± 2,4	15,5 ± 3,6
A 4	383 ± 4	367 ± 1	13,7 ± 1,2	15,2 ± 0,6
A 2/3	365 ± 3	355 ± 4	15,8 ± 4,0	14,5 ± 1,9
A 1/2	418 ± 10	366 ± 31	14,6 ± 0,1	17,1 ± 3,4

* zur Zone *B*:

Kristallsalzlage (Monokristalle)	247 ± 32	12,0 ± 2,0
„mürbes" Salz	136 ± 30	5,7 ± 1,2

Das Festigkeitsprofil zeigt, daß die durch feinstratigraphische Untersuchungen festgelegten Zonen in ihrem Festigkeitsverhalten zum Teil beträchtliche Unterschiede aufweisen.

Die über dem Basalanhydrit befindliche Zone (*A* 1/2) besitzt eine recht hohe Festigkeit, die auf die Anhydriteinlagerungen zurückzuführen ist. In den Zonen *A* 2/3 und *A* 4 ist die an Hand von Laborproben bestimmte Festigkeit des Na 2 geringer. Sehr unterschiedlich ist die Zone *B* ausgebildet. In ihr kommen zwei Lagen (die Kristallsalzlage und das „mürbe" Salz) mit ausgesprochen geringer Festigkeit vor. Nach dem Hangenden (Zone *C* und *D*) zu erhöhen sich die Druck- und Zugfestigkeitwerte; das Salz hat einen höheren Anhydrit- und Kieseritgehalt. Mit diesem Festigkeitsprofil soll gezeigt werden, daß die Auffassung von einem einheitlichen, in seiner Festigkeit kaum unterschiedlichen Horizont, wie es das Staßfurtsteinsalz darstellen soll, nicht aufrechterhalten werden kann.

Bei den bisherigen Laboruntersuchungen an Gesteinen wurden im allgemeinen die geologischen und petrographischen Kennzeichen nicht stark genug beachtet. Als Ergebnis vorliegender Arbeit kann festgestellt werden, daß die geologischen und petrographischen Faktoren die in Laborversuchen ermittelten Druck- und Zugfestigkeitsdaten zum Teil recht wesentlich beeinflussen. Auch in der Verbandsfestigkeit scheint sich der Einfluß einer unterschiedlichen petrographischen Ausbildung eines stratigraphischen Horizontes bemerkbar zu machen. Deshalb sei an dieser Stelle nochmals darauf hingewiesen, daß man bei allen Festigkeitsuntersuchungen an Gesteinen die sich durch den Einfluß von Struktur, Textur und mineralogischer Zusammensetzung ergebende Inhomogenität und Anisotropie beachten muß.

Literatur

[1] Borchert, H.: Nb. Jb. für Min. Mh. (1958) 97/106.
[2] Gimm, W. und Fink, D.: Gutachten, Freiberg 1962 (unveröffentlicht).
[3] Heyne, K.-H. und Höfer, K.-H.: Bergakademie **15** (1963) 367/378.
[4] Lahne, H.: Dipl. Arbeit, Jena 1958 (unveröffentlicht).
[5] Löffler, J.: Freiberger Forschungsheft C 97 /III, 1962.
[6] Nachsel, G.: Vortrag, 10. Jahrestagung der Geologischen Gesellschaft in der DDR, Leipzig 1963.
[7] Schulze, G.: Freiberger Forschungsheft C 83, 1960.
[8] Seidel, G.: Geologie **10** (1961) 952/972.
[9] Stamatiu, M.: Habilitationsschrift, Freiberg 1936.
[10] Tertsch, H.: Tscherm. min. petr. Mitt., 3. F (1954) 225/231.

Die Bestimmung des Elastizitätsmoduls einer Gesteinsmasse durch Deformationsmessungen für punktförmige Belastungen in einem Versuchsstollen

von L. Goffi, Bergamo

1. Vorbemerkungen

Im Rahmen der technischen Probleme, die sich bei der Durchführung großer Bauwerke ergeben, bei denen umfangreiche Gesteins- oder Erdmassen in Betracht kommen (Fundamente für Dämme oder für große Gebäude, Ausschachtungen für Stollen usw.), erhebt sich immer dringender die Frage einer genaueren Kenntnis der Parameter, die mit den geomechanischen Eigenschaften im Zusammenhang stehen.

Insbesondere dann, wenn man es mit einer Gesteinsmasse zu tun hat, d. h. mit einem Material, dem man innerhalb bestimmter Grenzen ein Verhalten zusprechen muß, das dem eines elastischen Kontinuums vergleichbar ist, sind die wesentlichen geomechanischen Eigenschaften, die dabei eine Rolle spielen und deren Kenntnis daher bei der Planung zweckmäßig ist, die Bruchbelastung des Gesteins[1]), seine Elastizitätsgrenze und sein Elastizitätsmodul.

Die laboratoriumsmäßige Forschungsarbeit an Proben des zu untersuchenden Gesteins kann leicht alle diese Elemente liefern, die jedoch nur einen willkürlichen Hinweis dafür ergeben, ob man den Wert dieser Parameter, die man an Proben von begrenzten Abmessungen erhalten hat, auf die Gesamtcharakteristik der Gesteinsmasse in ihrem Verband in Anwendung bringen will.

Es ist klar, daß die Bauwerke, die oben erwähnt wurden, einen großen Teil der zusammenhängenden Gesteinsmasse in Mitleidenschaft ziehen, und daß man für die Planung und die Ausführung der Bauwerke selbst gerade über das Gesamtverhalten eines solchen Komplexes informative Elemente benötigt.

Neben den Laboratoriumsuntersuchungen müssen daher auch solche an Ort und Stelle vorgenommen werden, die geeignet sind, experimentelle Elemente zu beschaffen, die sich auf eine genügend große Zone des Gebirges beziehen, und zwar in dessen natürlicher Anordnung und Lagerung.

Diese Untersuchungen an Ort und Stelle werden hauptsächlich dazu vorgenommen, um die elastischen Eigenschaften des Gesteins zu bestimmen und insbesondere den Parameter, den man in einem zusammenhängenden elastischen und isotropen Medium den *Elastizitätsmodul des Gesteins* nennt, den man aber in dem konkreten Falle besser als den *globalen Elastizitätsmodul* des betreffenden Gesteins bezeichnen sollte.

Eine Untersuchungsmethode, die von G. Oberti erarbeitet und von ihm seit 1947 beim Bau des Dammes von Pieve di Cadore in Anwendung gebracht wurde, besteht darin, daß man in die Gesteinsmasse einen Versuchsstollen mit kreisförmigem Querschnitt treibt. In diesem Stollen legt man eine zylindrische Kammer mit einem Innendurchmesser von 1,70 m und in einer Länge von 5 m mit hydraulischer Abdichtung und mit einer Verkleidung so an, daß sie mittels Längsabdichtungen vom Gebirge isoliert ist. Die Unterdrucksetzung der Kammer verursacht eine Vergrößerung ihres Durchmessers, die mit geeigneten Instrumenten aufgenom-

[1]) Von besonderem Interesse ist die Bestimmung der Hüllkurve des Gesteinsmaterials, die dessen Verhalten in bezug auf seine Bruchbelastung wiedergibt, und zwar unter den verschiedensten Verhältnissen ein-, zwei- und dreiachsiger Belastung.

men wird und unter Berücksichtigung der ebenen Elastizität mit dem Elastizitätsmodul in Wechselbeziehung gebracht werden kann.

Zu diesem Verfahren, das in bezug auf das angeschnittene Problem bei weitem als das zuverlässigste und vollständigste gilt, kommt noch ein anderes Verfahren, das zwar einfacher und schneller auszuführen ist, dafür aber auch begrenzter in bezug auf den Umfang der damit erfaßten Gesteinszone. Es besteht darin, daß man mittels einer oder mehrerer Winden entsprechende Punkte in der Ebene eines geraden Abschnitts der einander entgegengesetzten Erzeugenden eines zylindrischen Tunnelstollens einer Belastung aussetzt, und daß man die Deformation an den Vorrichtungen selbst mißt.

Wir haben nun die Absicht, eine theoretisch genaue Deutung der Messungen zu bringen, die man mit diesem experimentellen Verfahren erhält, um im Rahmen der Annäherung der Elastizitäts-, Kontinuitäts- und Isotropiehypothesen zur quantitativen Bestimmung des globalen Elastizitätsmoduls für die Gesteinsmasse zu kommen, die Gegenstand der Untersuchung ist.

2. Allgemeines

Wir nehmen an, daß wir es mit einem unbestimmten dreidimensionalen zusammenhängenden Körper („Kontinuum") zu tun haben, der als elastisch und isotrop vorausgesetzt wird, und in den ein Stollen mit kreisförmigem Querschnitt und geradliniger Achse hineingearbeitet wurde.

Wir nehmen ferner an, daß wir in der Ebene einer beliebigen geraden Strecke ein diametrales Belastungspaar (siehe Bild 1) zur Einwirkung bringen. Diese Belastungen wirken auf die

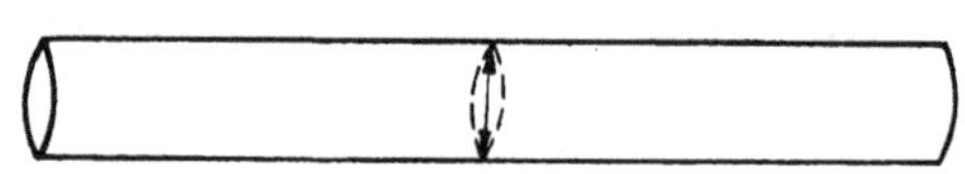

Bild 1

Wände des Tunnels an entsprechenden Stellen der einander entgegengesetzten Belastungsvorrichtungen.

Das statische Problem der Ermittlung der Beanspruchungen und der Deformationen im elastischen Zustand ist dann vollkommen bestimmt, wenn man außer der Geometrie des Systems und des Belastungsbereiches ihr Verteilungsgesetz entsprechend den Punkten, wo die Belastungen zur Einwirkung kommen, kennt. Auf Grund der Gesamtdefinition des Problems ergibt sich daraus, daß der statische Zustand der Beanspruchungen und der Deformationen sowie jede Größe, die daraus abgeleitet wird, wie zum Beispiel die Verschiebung bestimmter Punkte des zusammenhängenden elastischen Körpers („Kontinuums"), eindeutig bestimmt werden mittels der Werte der beiden elastischen Konstanten, und dies sind bei der Isotropiehypothese der Young-Modul E und der Poisson-Koeffizient ν.

Wir wollen nun beispielsweise annehmen, daß w_0 eine bestimmte Komponente der Verschiebung eines Punktes des zu untersuchenden unendlichen, isotropen und zusammenhängenden elastischen Körpers (Kontinuums") ist (w_0 kann zum Beispiel die radiale Komponente der Verschiebung eines „Belastungspunktes" des zylindrischen Tunnels infolge der Anwendung der Belastungen sein); es besteht offenbar ein ganz bestimmter Zusammenhang zwischen w_0 und den anderen Parametern des Problems, nämlich den geometrischen Abmessungen L, der in Anwendung gebrachten Belastung P und den Elastizitätskonstanten des Materials. Man kann daher wie folgt schreiben:

$$w_0 = w_0(L, P, E, \nu) . \tag{1}$$

Wenn man nun einen direkten Versuch unternimmt, bei dem der Wert für w_0 meßbar ist, so wird die Gleichung (1) eine Beziehung zwischen den elastischen Konstanten des Materials herstellen, die dann in dem Ausdruck (1) die einzigen Unbekannten sind. Ausdruck (1) kann in folgende Form umgewandelt werden:

$$E = E(\nu)\,. \tag{2}$$

Um zu seiner analytischen Formulierung zu kommen, ist es jedoch erforderlich, die Elastizitätsgleichungen zu formulieren und zu lösen, welche die Beziehungen zwischen den verschiedenen Größen bestimmen.

An das Problem kommt man theoretisch in seiner allgemeinen Form mittels der Gleichgewichtsgleichungen und Kompatibilitätsbedingungen der dreidimensionalen Elastizitätstheorie heran, aber seine Lösung ist äußerst schwierig wegen der mathematischen Umstände, die sich der Erreichung des beabsichtigten Zieles entgegenstellen.

Nun wollen wir zeigen, wie es möglich ist, auch zu einer Formulierung des Ausdruckes (2) zu kommen, ohne das Problem in seiner komplizierten Gesamtheit in Angriff nehmen zu müssen, sondern vielmehr dadurch, daß man die Aufgabe auf die Lösung eines Problems ebener Elastizität zurückführt, und zwar durch geeignete Deutung flexometrischer Messungen, die man experimentell gewonnen hat.

Das Problem der ebenen Elastizität ist das der Errechnung der diametralen Deformationen, die die Stellen der Umgrenzung eines kreisförmigen Loches in einer (unendlichen) elastischen Ebene unter der Einwirkung von einander diametral entgegengesetzten Kräften erleiden, welche auf die genannte Umgrenzung einwirken. Zur Lösung dieses Problems wird auf die nachfolgenden Abschnitte der vorliegenden Studie verwiesen.

3. Die theoretische Formulierung des Verfahrens

In diesem Abschnitt wird an das Problem in seiner mehr theoretischen Gestaltung herangegangen unter der Annahme, daß auf einen geradlinigen, unendlichen Tunnel mit kreisförmigem Querschnitt und dem Radius „a" ein Belastungspaar in Anwendung gebracht wird, das sich auf zwei einander diametral entgegengesetzte Stellen ein und desselben geraden Abschnitts konzentriert (Bild 1).

Es wird angenommen, daß Messungen der radialen Durchbiegungen an zwei Stellen vorgenommen werden, auf die punktförmige Belastungen einwirken (Bild 2).

Die sich ergebenden Deformationen können nach dem ersten Prinzip der Wechselseitigkeit als Einflußlinien der Komponente der radialen Verlagerung in A und A' durch Kräfteeinheiten gedeutet werden, die radial auf die Erzeugenden selbst einwirken.

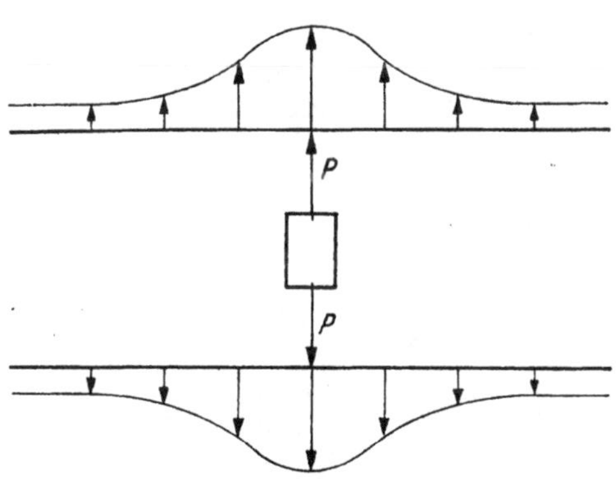

Bild 2

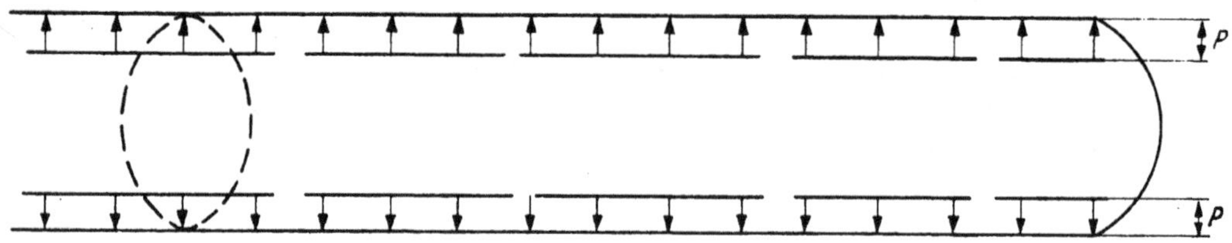

Bild 3

Wenn wir daher beabsichtigen, eine lineare gleichmäßige Belastung p an den beiden einander entgegengesetzten Vorrichtungen des Tunnels zur Druckübertragung (Bild 3) in Einwirkung zu bringen, so würden die Verschiebungen von A und A' infolge dieser Gestaltung der Belastungen folgendes ergeben:

$$w_A = p \cdot \Omega_A \text{ und } w_{A'} = p \cdot \Omega_{A'} .$$

Hierbei sind Ω_A und $\Omega_{A'}$ die Flächeninhalte der Diagramme der beiden Deformationsanteile.

Bei der Hypothese eines in einem unendlichen und isotropen Medium vorgesehenen Tunnels werden die beiden Erzeugenden, von denen die Rede ist, auf Grund der Symmetrie die gleichen radialen Verlagerungen erleiden, und daher wird $\Omega_A = \Omega_{A'}$ sein. Nun ist der Flächeninhalt $\Omega_A = \Omega_{A'}$ in der Tat dann meßbar, wenn man zwei einander radial entgegengesetzte Punkte eines kreisförmigen zylindrischen Tunnels beispielsweise mittels einer hydraulischen Winde einer Belastung aussetzt und die radialen Verformungen der entsprechenden Erzeugenden mißt.

Man nehme nun an, daß diese radiale Verlagerung der Erzeugenden für den Fall analytisch berechnet werden soll, in welchem die Erzeugenden des Tunnels von zylindrischer Form gleichmäßig einer Belastung p je Längeneinheit ausgesetzt werden (Bild 3). Die analytische Berechnung läßt sich in diesem Falle ohne übermäßige Schwierigkeiten ausführen, da sie sich auf das Problem der ebenen Elastizität einer unendlichen gelochten Platte von Einheitsstärke zurückführen läßt, welche zwei symmetrischen konzentrierten Belastungen $P = p \cdot l$ ausgesetzt wird, die in radialer Richtung einwirken — Problem der ebenen Verformungen mit verhinderter Querdehnung (Bild 4). Der analytische Ausdruck der Verschiebung von A oder A' in radialer Richtung erhält dann folgende Form:

$$\overline{w}_A = \overline{w}_{A'} = p \cdot f(E, \delta, a) , \tag{3}$$

das heißt, daß man ihn allgemein als Produkt der linearen Belastung p für eine Funktion des Elastizitätsmoduls E, des Poisson-Koeffizienten δ und des Radius a des kreisförmigen Loches schreiben kann.

Nachdem, was vorher behauptet wurde, muß nun gelten:

$$\overline{w}_A = \overline{w}_{A'} = w_A = w_{A'} ,$$

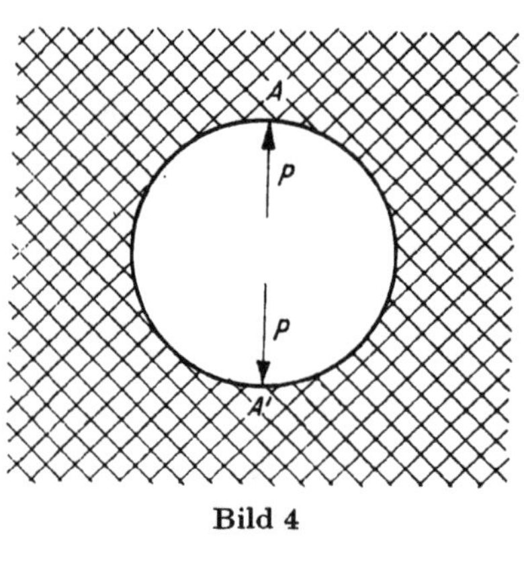

Bild 4

d. h.:

$$p \cdot \Omega_A = p \cdot f(E, \nu, a) , \tag{4}$$

$$\Omega_A = f(E, \nu, a) . \tag{5}$$

Diese letztere Beziehung gestattet es uns, den Wert des Elastizitätsmoduls E als Funktion der geometrischen Elemente des Tunnels und von Meßelementen auszudrücken, die man durch den Belastungsversuch an Ort und Stelle erhalten hat:

$$E = E(a, \Omega_A, \nu) . \tag{6}$$

Die Unsicherheit des Wertes für ν kann von vornherein als von nur geringem Einfluß auf die Bestimmung des Wertes des Elastizitätsmoduls E angesehen werden.

4. Die praktische Anwendung des Verfahrens

Die im vorliegenden Abschnitt erläuterten Prinzipien werden auf den konkreten Fall der Messung des globalen (Gesamt-)Elastizitätsmoduls einer Gesteinsmasse in Anwendung gebracht, und zwar durch einen Versuch im Tunnel, wenn die beiden Kräfte P, welche die einander entgegengesetzten Erzeugenden des Tunnels belasten, nicht mehr als punktförmig angesehen werden, sondern der wirklichen Situation entsprechend als auf Flächen verteilt betrachtet werden, die der Einfachheit halber als rechtwinklig mit den Abmessungen h und b (Bild 5) angenommen werden.

Außerdem möge $2\,\varepsilon$ der Zentriwinkel sein, der durch den Bogen mit der Länge h gebildet wird, woraus sich ergibt:

$$\varepsilon = \frac{h}{2\,a} ;$$

wir nehmen an, daß dieser Winkel klein ist und daß die Verteilung des Druckes auf das Gestein entsprechend der Einwirkungsfläche der Belastung, wenn sie auch in den Ebenen parallel zur Achse des Tunnels nicht notwendigerweise gleichmäßig ist, dies aber in ihren senkrechten Ebenen ist.

Diese Hypothese von der Verteilung der Belastung erlaubt es uns, durch einfache intuitive Schlußfolgerung vorauszusehen, daß die Fläche der Deformation der einzelnen Erzeugenden, welche von dem Winkel $2\,\varepsilon$ begrenzt werden, nicht in Abhängigkeit von der Art der Verteilung der linearen Belastung auf der Erzeugenden selbst schwanken wird. Daher ist es möglich, ausgehend von der Hypothese von der Gleichmäßigkeit der Drücke auf die Richtstrecken der Ausbreitungsbasis der Belastung, die Belastungssituation des Tunnels nach dem Schema von Bild 6 zu studieren, d. h. mit gleichmäßigen linearen Belastungen auf zwei einander diametral entgegengesetzten Umfangsbögen mit der Länge h.

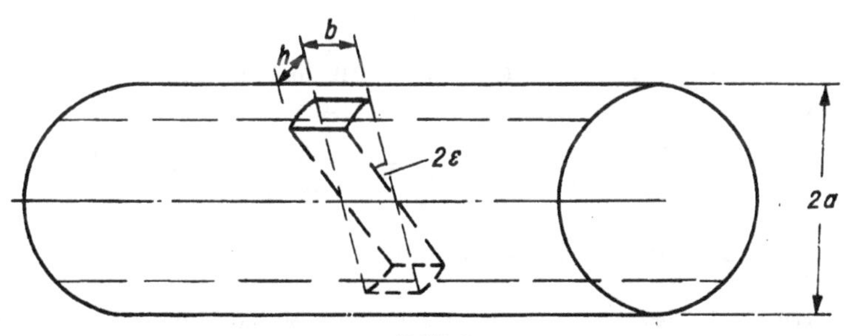

Bild 5

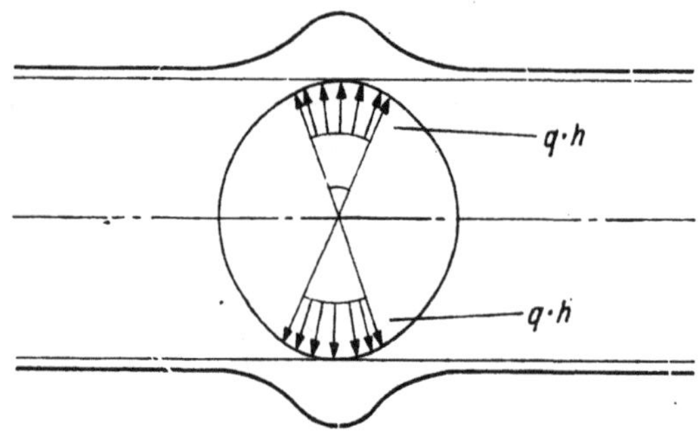

Bild 6

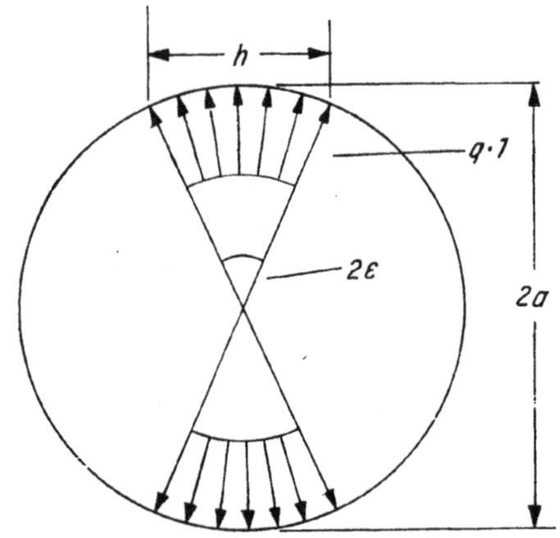

Bild 7

Entsprechend der Erörterung im vorhergehenden Abschnitt und der Gleichung (4) werden wir daher schreiben können:

$$q \cdot h \cdot \frac{\Omega}{P} = q \cdot l \cdot \varphi(E, \nu, a, \varepsilon) . \tag{7}$$

Unter Ω/P ist die Fläche der Deformation der Erzeugenden zu verstehen, die experimentell abgeleitet wird, bezogen auf den Einheitswert der Belastung. Wegen der Kleinheit des Winkels ergibt sich, daß die Deformation der mittleren Erzeugenden als für alle Erzeugenden geltend angenommen werden kann, die sich in dem Öffnungswinkel $2\,\varepsilon$ befinden.

Mit $\varphi(E, \nu, a, \varepsilon)$ wird der theoretische Ausdruck der radialen Deformation bezeichnet, die in einer unendlichen Ebene mit kreisförmigen Loch hervorgerufen wird (Problem der ebenen Elastizität mit verhinderter Querdeformation), und zwar durch ein einander diametral entgegengesetztes und gleichmäßig verteiltes Belastungspaar (lineare Einheitsbelastungen) auf Öffnungsbögen des Zentriwinkels $2\,\varepsilon$ (Bild 7).

Da die Fläche Ω der experimentellen Deformation auf der mittleren Erzeugenden in Übereinstimmung mit der Belastungssohle gemessen wird, so wird der theoretische Wert für $\varphi(E, \nu, a, \varepsilon)$ auf den mittleren Punkt A und A' des Belastungsbogens in dem Problem der ebenen Elastizität von Bild 7 bezogen.

Der analytische Ausdruck für $\varphi(E, \nu, a, \varepsilon)$ ergibt sich dann wie folgt[1]):

$$\varphi(E, \nu, a, \varepsilon) = \frac{h}{4\,\pi\,\mu} \left\{ (l + \lambda) \left(l - \log \frac{\varepsilon}{2} \right) - (\lambda - l) \cdot \frac{\pi\,\varepsilon}{4} \right\} .$$

Hierbei sind μ und λ die Lamé-Konstanten, die sich in folgender Form schreiben lassen:

$$\begin{cases} \mu = \dfrac{E}{2\,(1 + \nu)} , \\ \lambda = 3 - 4\,\nu . \end{cases}$$

Wenn man, wie bereits bekannt, $\varepsilon = h/2a$ setzt, so nimmt der Ausdruck (7), der als Funktion von E erklärt wurde, folgende Form an:

$$E = \frac{P}{\Omega} \cdot \frac{1 + \nu}{2\,\pi} \left\{ 4\,(1 - \nu) \left(1 - \log \frac{h}{4\,a} \right) - (1 - 2\,\nu) \frac{\pi\,h}{4\,a} \right\} . \tag{8}$$

Die Gleichung (8) ergibt die Lösung des Problems.

[1]) Wir sprechen Herrn Dr. F. Buzzetti vom Polytechnikum Mailand unseren besten Dank aus für die mathematische Lösung des Problems der ebenen Elastizität.

Zum 5. Ländertreffen des Internationalen Büros für Gebirgsmechanik vorgelegte Arbeiten

Übergang von räumlichen zu ebenen und linearen Verhältnissen bei den Elastizitäts-Grundgleichungen des orthogonal-anisotropen (orthotropen) elastischen Körpers und von der Benutzung der beiden linearen Zustände zur Ermittlung der technischen Konstanten

von I. CH. GANEV, Sofia

Unter Annahme eines rechtwinkligen Koordinatensystems, dessen Achsen mit den Hauptrichtungen der Orthotropie übereinstimmen, lauten die für den Raum gültigen Elastizitäts-Grundgleichungen für den orthotropen elastischen Körper bekanntlich

$$\left.\begin{aligned}
A_{11}\frac{\partial^2 u}{\partial x^2}+A_{44}\frac{\partial^2 u}{\partial y^2}+A_{66}\frac{\partial^2 u}{\partial z^2}+(A_{12}+A_{44})\frac{\partial^2 v}{\partial x\,\partial y}+(A_{13}+A_{66})\frac{\partial^2 w}{\partial x\,\partial z}+\gamma_x&=\varrho\frac{\partial^2 u}{\partial t^2}\,,\\
A_{44}\frac{\partial^2 v}{\partial x^2}+A_{22}\frac{\partial^2 v}{\partial y^2}+A_{55}\frac{\partial^2 v}{\partial z^2}+(A_{23}+A_{55})\frac{\partial^2 w}{\partial y\,\partial z}+(A_{21}+A_{44})\frac{\partial^2 u}{\partial y\,\partial x}+\gamma_y&=\varrho\frac{\partial^2 v}{\partial t^2}\,,\\
A_{66}\frac{\partial^2 w}{\partial x^2}+A_{55}\frac{\partial^2 w}{\partial y^2}+A_{33}\frac{\partial w}{\partial z^2}+(A_{31}+A_{66})\frac{\partial^2 u}{\partial z\,\partial x}+(A_{32}+A_{55})\frac{\partial^2 v}{\partial z\,\partial y}+\gamma_z&=\varrho\frac{\partial^2 w}{\partial t^2}\,.
\end{aligned}\right\}\qquad(1)$$

Die darin auftretenden konstanten Beiwerte A_{mn}, die sogenannten technischen Konstanten, sind dem nach den Spannungen aufgelösten verallgemeinerten HOOKEschen Gesetz

$$\left.\begin{aligned}
\sigma_x &= A_{11}\,\varepsilon_x+A_{12}\,\varepsilon_y+A_{13}\,\varepsilon_z\,,\\
\sigma_y &= A_{21}\,\varepsilon_x+A_{22}\,\varepsilon_y+A_{23}\,\varepsilon_z\,,\\
\sigma_z &= A_{31}\,\varepsilon_x+A_{32}\,\varepsilon_y+A_{33}\,\varepsilon_z\,,\\
\tau_{xy} &= A_{44}\,\gamma_{xy}\,,\\
\tau_{yz} &= A_{55}\,\gamma_{yz}\,,\\
\tau_{zx} &= A_{66}\,\gamma_{zx}
\end{aligned}\right\}\qquad(2)$$

entnommen. Des weiteren bedeuten γ_x, γ_y und γ_z die Komponenten der spezifischen Massenkraft, und ϱ ist die Massendichte des Körpers.

Der Übergang zum ebenen und linearen Verformungszustand geschieht bekanntlich in einfachster Weise, wenn berücksichtigt wird, daß z. B. der zur XY-Ebene parallele ebene Verformungszustand durch $w = \text{const}$ und $\frac{\partial}{\partial z} = 0$ und z. B. der zur X-Achse parallele lineare Verformungszustand zusätzlich durch $v = \text{const}$ und $\frac{\partial}{\partial y} = 0$ gekennzeichnet wird.

So entstehen aus (1):

a) das für den zur XY-Ebene parallelen ebenen Verformungszustand des orthotropen elastischen Körpers gültige Gleichungssystem:

$$\left.\begin{aligned}
A_{11}\frac{\partial^2 u}{\partial x^2}+A_{44}\frac{\partial^2 u}{\partial y^2}+(A_{12}+A_{44})\frac{\partial^2 v}{\partial x\,\partial y}+\gamma_x&=\varrho\frac{\partial^2 u}{\partial t^2}\,,\\
A_{44}\frac{\partial^2 v}{\partial x^2}+A_{22}\frac{\partial^2 v}{\partial y^2}+(A_{21}+A_{44})\frac{\partial^2 u}{\partial y\,\partial x}+\gamma_y&=\varrho\frac{\partial^2 v}{\partial t^2}\,,\qquad \gamma_z=0\,,
\end{aligned}\right\}\qquad(3)$$

wobei gilt:

$$\left.\begin{aligned}
\sigma_x &= A_{11}\,\varepsilon_x+A_{12}\,\varepsilon_y\,;\\
\sigma_y &= A_{21}\,\varepsilon_x+A_{22}\,\varepsilon_y\,;\qquad \tau_{xy}=A_{44}\,\gamma_{xy}\,;\\
\sigma_z &= A_{31}\,\varepsilon_x+A_{32}\,\varepsilon_y\,;
\end{aligned}\right\}\qquad(4)$$

und

b) das für den zur X-Achse parallelen linearen Verformungszustand des orthotropen elastischen Körpers gültige Gleichungssystem:

$$A_{11}\frac{\partial^2 u}{\partial x^2}+\gamma_x=\varrho\frac{\partial^2 u}{\partial t^2}, \qquad \gamma_y=0, \qquad \gamma_z=0, \tag{5}$$

wobei

$$\sigma_x=A_{11}\,\varepsilon_x; \qquad \sigma_y=A_{21}\,\varepsilon_x; \qquad \sigma_z=A_{31}\,\varepsilon_x \text{ ist.} \tag{6}$$

Für den Übergang zu dem z. B. zur XY-Ebene parallelen ebenen Spannungszustand, bei welchem alle zur Z-Achse parallelen Spannungen verschwinden, gelten die Bedingungen:

$$\sigma_z=A_{31}\,\varepsilon_x+A_{32}\,\varepsilon_y+A_{33}\,\varepsilon_z=0,$$
$$\tau_{yz}=A_{55}\,\gamma_{yz}=0 \quad \text{und} \quad \tau_{zx}=A_{66}\,\gamma_{zx}=0$$

oder

$$A_{31}\frac{\partial u}{\partial x}+A_{32}\frac{\partial v}{\partial y}+A_{33}\frac{\partial w}{\partial z}=0, \qquad \frac{\partial v}{\partial z}+\frac{\partial w}{\partial y}=0 \quad \text{und} \quad \frac{\partial w}{\partial x}+\frac{\partial u}{\partial z}=0. \tag{7}$$

Die Elimination der partiellen Ableitungen von w nach x, y und z und der partiellen Ableitungen von u und v nach z aus dem Gleichungssystem (1) und den Bedingungsgleichungen (7) liefert dann für den zur XY-Ebene parallelen ebenen Spannungszustand das Gleichungssystem:

$$\left.\begin{aligned}
\left(A_{11}-\frac{A_{13}A_{31}}{A_{33}}\right)\frac{\partial^2 u}{\partial x^2}+A_{44}\frac{\partial^2 u}{\partial y^2}+\left(A_{12}-\frac{A_{13}A_{32}}{A_{33}}+A_{44}\right)\frac{\partial^2 v}{\partial x\,\partial y}+\gamma_x&=\varrho\frac{\partial^2 u}{\partial t^2},\\
A_{44}\frac{\partial^2 v}{\partial x^2}+\left(A_{22}-\frac{A_{23}A_{32}}{A_{33}}\right)\frac{\partial^2 v}{\partial y^2}+\left(A_{21}-\frac{A_{23}A_{31}}{A_{33}}+A_{44}\right)\frac{\partial^2 u}{\partial y\,\partial x}+\gamma_y&=\varrho\frac{\partial^2 v}{\partial t^2},\\
\gamma_z&=\frac{\partial^2 w}{\partial t^2}.
\end{aligned}\right\} \tag{8}$$

Zugleich wird:

$$\left.\begin{aligned}
\sigma_x&=\left(A_{11}-\frac{A_{13}A_{31}}{A_{33}}\right)\varepsilon_x+\left(A_{12}-\frac{A_{13}A_{32}}{A_{33}}\right)\varepsilon_y,\\
\sigma_y&=\left(A_{21}-\frac{A_{23}A_{31}}{A_{33}}\right)\varepsilon_x+\left(A_{22}-\frac{A_{23}A_{32}}{A_{33}}\right)\varepsilon_y,
\end{aligned}\qquad \tau_{xy}=A_{44}\,\gamma_{xy}.\right\} \tag{9}$$

Für den weiteren Übergang zu dem z. B. zur X-Achse parallelen linearen Spannungszustand, bei welchem nachträglich alle noch vorhandenen zur Y-Achse parallelen Spannungen verschwinden, gelten die Bedingungen:

$$\sigma_y=\left(A_{21}-\frac{A_{23}A_{31}}{A_{33}}\right)\varepsilon_x+\left(A_{22}-\frac{A_{23}A_{32}}{A_{33}}\right)\varepsilon_y=0, \qquad \tau_{xy}=A_{44}\,\gamma_{xy}=0,$$

oder

$$\left(A_{21}-\frac{A_{23}A_{31}}{A_{33}}\right)\frac{\partial u}{\partial x}+\left(A_{22}-\frac{A_{23}A_{32}}{A_{33}}\right)\frac{\partial v}{\partial y}=0, \qquad \frac{\partial u}{\partial y}+\frac{\partial v}{\partial x}=0. \tag{10}$$

Die Elimination der partiellen Ableitungen von v nach x und y, und der partiellen Ableitungen von u nach y aus dem Gleichungssystem (8) und den Bedingungsgleichungen (10) liefert dann für den zur X-Achse parallelen linearen Spannungszustand das Gleichungssystem:

$$\frac{\begin{vmatrix}A_{11}&A_{12}&A_{13}\\A_{21}&A_{22}&A_{23}\\A_{31}&A_{32}&A_{33}\end{vmatrix}}{\begin{vmatrix}A_{22}&A_{23}\\A_{32}&A_{33}\end{vmatrix}}\frac{\partial^2 u}{\partial x^2}+\gamma_x=\varrho\frac{\partial^2 u}{\partial t^2}, \qquad \gamma_y=\varrho\frac{\partial^2 v}{\partial t^2}, \qquad \gamma_z=\varrho\frac{\partial^2 w}{\partial t^2}. \tag{11}$$

Zugleich wird:

$$\sigma_x = \frac{\begin{vmatrix} A_{11} & A_{12} & A_{13} \\ A_{21} & A_{22} & A_{22} \\ A_{31} & A_{32} & A_{33} \end{vmatrix}}{\begin{vmatrix} A_{22} & A_{23} \\ A_{32} & A_{33} \end{vmatrix}} \varepsilon_x \,. \tag{12}$$

Es leuchtet ein, daß sich die ersten zwei Gleichungen der Gleichungssysteme (3) und (8) für die beiden ebenen zur XY-Ebene parallelen Zustände, welche analog aufgebaut sind, durch die Werte der in ihnen auftretenden Koeffizienten unterscheiden. Dasselbe gilt auch für die ersten Gleichungen der Gleichungssysteme (5) und (11), für die beiden linearen zur X-Achse parallelen Zustände.

In diesen Unterschieden ist sicherlich in hohem Maße die Nichtübereinstimmung von Laboratoriumsversuchen mit Versuchen in situ begründet.

Es ist noch zu beachten, daß beim orthotropen Körper die Koordinatenachsen, welche mit den Hauptrichtungen der Orthotropie übereinstimmen, miteinander nicht gleichwertig sind. Die den beiden anderen möglichen ebenen und linearen Zuständen entsprechenden Formen der Gleichungen (3), (4); (5), (6); (8), (9) und (11), (12) entstehen dann aus denselben Gleichungen durch zyklische Vertauschung der Indizes 1, 2, 3 und 4, 5, 6 sowie der Buchstaben u, v, w und x, y, z.

Eine praktische Anwendung bei der experimentellen Bestimmung der technischen Konstanten A_{mn} $(m, n = 1, 2, 3)$ können die hier erhaltenen Ergebnisse für die beiden linearen Zustände finden. Dazu ist es nur notwendig, daß bei den Versuchen die beiden linearen Zustände mit zufriedenstellender Genauigkeit verwirklicht werden, was sicherlich ohne besondere Schwierigkeiten erreicht werden kann.

Werden der kürzeren Schreibweise wegen die Bezeichnungen

$$D = \begin{vmatrix} A_{11} & A_{12} & A_{13} \\ A_{21} & A_{22} & A_{23} \\ A_{31} & A_{31} & A_{33} \end{vmatrix}; \quad D_{11} = \begin{vmatrix} A_{22} & A_{23} \\ A_{32} & A_{33} \end{vmatrix}; \quad D_{22} = \begin{vmatrix} A_{11} & A_{13} \\ A_{31} & A_{33} \end{vmatrix}; \quad D_{33} = \begin{vmatrix} A_{11} & A_{12} \\ A_{21} & A_{22} \end{vmatrix} \tag{13}$$

eingeführt, so folgen aus den Gleichungen (6) und (12) die Beziehungen:

$$\sigma_{x_1} = A_{11}\, \varepsilon_{x_1}\,; \qquad \sigma_{y_1} = A_{22}\, \varepsilon_{y_1}\,; \qquad \sigma_{z_1} = A_{33}\, \varepsilon_{z_1} \tag{6'}$$

und

$$\sigma_{x_2} = \frac{D}{D_{11}}\, \varepsilon_{x_2}\,; \qquad \sigma_{y_2} = \frac{D}{D_{22}}\, \varepsilon_{y_2}\,; \qquad \sigma_{z_2} = \frac{D}{D_{33}}\, \varepsilon_{z_2}\,; \tag{12'}$$

wobei sich der Index 1 auf den linearen Verformungszustand, und der Index 2 auf den linearen Spannungszustand bezieht.

Die Elemente A_{11}, A_{22} und A_{33} der Hauptdiagonale der Determinante D lassen sich direkt aus den Gleichungen (6′) zu

$$A_{11} = \frac{\sigma_{x_1}}{\varepsilon_{x_1}}\,; \qquad A_{22} = \frac{\sigma_{y_1}}{\varepsilon_{y_1}} \qquad \text{und} \qquad A_{33} = \frac{\sigma_{z_1}}{\varepsilon_{z_1}}$$

bestimmen.

Für die Ermittlung von

$$A_{12} = A_{21}\,; \qquad A_{23} = A_{32} \qquad \text{und} \qquad A_{31} = A_{13}$$

kann dann in der folgenden Weise vorgegangen werden:

Werden die Experimente für die beiden linearen Zustände für gleiche Spannungen σ_x, σ_y und σ_z durchgeführt, so liefert die Gleichsetzung der rechten Seiten der zusammengehörigen

Gleichungen (6′) und (12′):

$$A_{11}\,\varepsilon_{x_1} = \frac{D}{D_{11}}\,\varepsilon_{x_2}\,; \qquad A_{22}\,\varepsilon_{y_1} = \frac{D}{D_{22}}\,\varepsilon_{y_2} \quad \text{und} \quad A_{33}\,\varepsilon_{z_1} = \frac{D}{D_{33}}\,\varepsilon_{z_2}\,. \tag{14}$$

Nach Einsetzen der Werte von D, D_{11}, D_{22} und D_{33} aus (13) und einiger Umformung entstehen aus (14) die Gleichungen

$$\left.\begin{aligned} A_{12}^2\,A_{33} + \left(1 - \frac{\varepsilon_{x_1}}{\varepsilon_{x_2}}\right) A_{23}^2\,A_{11} + A_{31}^2\,A_{22} - 2\,A_{12}\,A_{23}\,A_{31} &= A_{11}\,A_{22}\,A_{33}\left(1 - \frac{\varepsilon_{x_1}}{\varepsilon_{x_2}}\right), \\ A_{12}^2\,A_{33} + A_{23}^2\,A_{11} + \left(1 - \frac{\varepsilon_{y_1}}{\varepsilon_{y_2}}\right) A_{31}^2\,A_{22} - 2\,A_{12}\,A_{23}\,A_{31} &= A_{11}\,A_{22}\,A_{33}\left(1 - \frac{\varepsilon_{y_1}}{\varepsilon_{y_2}}\right), \\ \left(1 - \frac{\varepsilon_{z_1}}{\varepsilon_{z_2}}\right) A_{12}^2\,A_{33} + A_{23}^2\,A_{11} + A_{31}^2\,A_{22} - 2\,A_{12}\,A_{23}\,A_{31} &= A_{11}\,A_{22}\,A_{33}\left(1 - \frac{\varepsilon_{z_1}}{\varepsilon_{z_2}}\right). \end{aligned}\right\} \tag{15}$$

Werden noch die dimensionslosen Größen

$$\left.\begin{aligned} X &= \frac{A_{12}}{\sqrt{A_{11}\,A_{22}}}\,; \qquad Y = \frac{A_{23}}{\sqrt{A_{22}\,A_{33}}}\,; \qquad Z = \frac{A_{31}}{\sqrt{A_{33}\,A_{11}}}\,; \\ p &= \frac{\varepsilon_{x_1}}{\varepsilon_{x_2}}\,; \qquad q = \frac{\varepsilon_{y_1}}{\varepsilon_{y_2}}\,; \qquad r = \frac{\varepsilon_{z_1}}{\varepsilon_{z_2}} \end{aligned}\right\} \tag{16}$$

eingeführt, so entsteht aus (15) das Gleichungssystem:

$$\left.\begin{aligned} X^2 + (1-p)\,Y^2 + Z^2 - 2\,X\,Y\,Z &= (1-p)\,, \\ X^2 + Y^2 + (1-q)\,Z^2 - 2\,X\,Y\,Z &= (1-q)\,, \\ (1-r)\,X^2 + Y^2 + Z^2 - 2\,X\,Y\,Z &= (1-r)\,, \end{aligned}\right\} \tag{17}$$

dessen Auflösung nach X^2, Y^2 und Z^2 liefert:

$$\left.\begin{aligned} X^2 &= \frac{2\,p\,q}{\Delta_N}(X\,Y\,Z - 1) + 1\,, \\ Y^2 &= \frac{2\,q\,r}{\Delta_N}(X\,Y\,Z - 1) + 1\,, \\ Z^2 &= \frac{2\,r\,p}{\Delta_N}(X\,Y\,Z - 1) + 1\,, \end{aligned}\right\} \tag{18}$$

wobei

$$\Delta_N = p\,q + q\,r + r\,p - p\,q\,r \tag{19}$$

bedeutet.

Wird noch die zusätzliche Bezeichnung

$$M = \frac{2}{\Delta_N}(X\,Y\,Z - 1)\,, \tag{20}$$

d. h.

$$X\,Y\,Z = 1 + \frac{\Delta_N}{2}\,M \tag{20'}$$

eingeführt, so gehen die Gleichungen (18) in

$$X^2 = p\,q\,M + 1\,; \qquad Y^2 = q\,r\,M + 1\,; \qquad Z^2 = r\,p\,M + 1 \tag{18'}$$

über.

Werden nun die drei Gleichungen (18′) miteinander multipliziert, so entsteht nach Berücksichtigung der Gleichung (20′) die in bezug auf M kubische Gleichung

$$M\left\{p^2\,q^2\,r^2\,M^2 + \left[p\,q\,r\,(p+q+r) - \frac{(\Delta_N)^2}{4}\right] M + p\,q\,r\right\} = 0\,, \tag{21}$$

welche die drei Wurzeln

$$\left.\begin{aligned} M_{\mathrm{I,II}} &= \frac{-[4\,p\,q\,r\,(p+q+r) - \Delta_N)^2] \pm \sqrt{[4\,p\,q\,r\,(p+q+r) - (\Delta_N)^2]^2 - 64\,p^3\,q^3\,r^3}}{8\,p^2\,q^2\,r^2}, \\ M_{\mathrm{III}} &= 0 \end{aligned}\right\} \quad (22)$$

besitzt.

Die Natur der Sache bringt es mit sich, daß die Elemente A_{11}, A_{22} und A_{33} der Hauptdiagonale der Determinante D immer größer sind als ihre anderen Elemente $A_{12} = A_{21}$, $A_{23} = A_{32}$ und $A_{31} = A_{13}$. Demzufolge und auch infolge von (16) ist jede der drei Größen X, Y und Z kleiner als 1, und dasselbe gilt selbstverständlich auch von ihrem Produkt $Y\,X\,Z$. Zwangsläufig folgt aus (20′), daß M nur negativ sein kann, da bei den praktisch möglichen Werten von p, q und r zwischen 0 und 1, Δ_N immer positiv ist.

Die Wurzel $M_{\mathrm{III}} = 0$ ist also unbrauchbar, und die Wurzeln $M_{\mathrm{I,II}}$ sind nur verwendbar, wenn sie negativ sind. Wie aber aus der umgeformten Gleichung (22)

$$M_{\mathrm{I,II}} = -\frac{\left\{\sqrt{4\,p\,q\,r\,(p+q+r) - (\Delta_N)^2 + 8\,p\,q\,r\sqrt{p\,q\,r}} \mp \sqrt{4\,p\,q\,r\,(p+q+r) - (\Delta_N)^2 - 8\,p\,q\,r\sqrt{p\,q\,r}}\right\}^2}{16\,p^2\,q^2\,r^2} \quad (22')$$

erkannt werden kann, sind die Wurzeln $M_{\mathrm{I,II}}$ negativ, wenn die beiden Radikanden im Zähler auf der rechten Seite der Gleichung (22′) positiv sind.

Nach Ermittlung von M aus (22′) werden die Größen X, Y und Z aus den Gleichungen

$$X = \sqrt{p\,q\,M + 1}\,; \qquad Y = \sqrt{p\,r\,M + 1}\,; \qquad Z = \sqrt{r\,p\,M + 1} \quad (18'')$$

erhalten.

Zum Schluß wird aus den Gleichungen (16)

$$A_{12} = A_{21} = X\sqrt{A_{11}\,A_{22}}\,; \qquad A_{23} = A_{32} = Y\sqrt{A_{22}\,A_{33}}\,; \qquad A_{31} = A_{13} = Z\sqrt{A_{33}\,A_{11}} \quad (23)$$

bestimmt.

Da alle Elemente der Determinante D immer positiv sind, wurden die Quadratwurzeln in (18″) mit dem positiven Vorzeichen versehen.

Die so ermittelten Werte der technischen Konstanten A_{mn} können zur Bestimmung der Poissonschen Beiwerte wie folgt benutzt werden:

Die ersten drei Gleichungen des verallgemeinerten Hookeschen Gesetzes (2) lassen sich nach den Dehnungen auflösen und liefern:

$$\left.\begin{aligned} \varepsilon_x &= a_{11}\,\sigma_x + a_{12}\,\sigma_y + a_{13}\,\sigma_z \\ \varepsilon_y &= a_{21}\,\sigma_x + a_{22}\,\sigma_y + a_{23}\,\sigma_z \\ \varepsilon_z &= a_{31}\,\sigma_x + a_{32}\,\sigma_y + a_{33}\,\sigma_z \end{aligned}\right\}. \quad (24)$$

Hierin bedeuten

$$\left.\begin{aligned} a_{11} &= \frac{D_{11}}{D}, & a_{12} &= -\frac{D_{21}}{D}, & a_{13} &= \frac{D_{31}}{D}, \\ a_{21} &= -\frac{D_{12}}{D}, & a_{22} &= \frac{D_{22}}{D}, & a_{23} &= -\frac{D_{32}}{D}, \\ a_{31} &= \frac{D_{13}}{D}, & a_{32} &= -\frac{D_{23}}{D}, & a_{33} &= \frac{D_{33}}{D}. \end{aligned}\right\} \quad (25)$$

In den Gleichungen (25) bedeuten die D_{mn} die Unterdeterminanten der Elemente A_{mn} der Determinante D.

Nach der Ausrechnung aller in den Gleichungen (25) vorkommenden Determinanten unter Berücksichtigung der Gleichungen (23), und dann der Gleichungen (18′) und (20′), nehmen die Beiwerte a_{mn} des Gleichungssystems (24) die Werte an:

$$\left.\begin{aligned} &a_{11} = \frac{1}{A_{11}\,p}, \qquad a_{22} = \frac{1}{A_{22}\,q}, \qquad a_{33} = \frac{1}{A_{33}\,r}, \\ &a_{12} = a_{21} = -\frac{1}{\sqrt{A_{11}A_{22}}}\,\frac{\Delta_N - 2pq}{2pqr\sqrt{rpM+1}}, \qquad a_{23} = a_{32} = -\frac{1}{\sqrt{A_{22}A_{33}}}\,\frac{\Delta_N - 2qr}{2pqr\sqrt{qrM+1}}, \\ &a_{31} = a_{13} = -\frac{1}{\sqrt{A_{33}A_{11}}}\,\frac{\Delta_N - 2rp}{2pqr\sqrt{rpM+1}}. \end{aligned}\right\} \tag{26}$$

Da die nicht diagonalen Beiwerte a_{mn} ($m \neq n$) in den Gleichungen (24) immer negativ sind, müssen die Zähler in den rechten Seiten der Gleichungen (26) für $a_{12} = a_{21}$, $a_{23} = a_{32}$ und $a_{31} = a_{13}$ positiv sein:

$$\Delta_N - 2pq > 0\,; \qquad \Delta_N - 2qr > 0\,; \qquad \Delta_N - 2rp > 0\,. \tag{27}$$

Werden dann die Gleichungen (24) in die Form

$$\left.\begin{aligned} \varepsilon_x &= a_{11}\,\sigma_x + \frac{a_{12}}{a_{22}}\,a_{22}\,\sigma_y + \frac{a_{13}}{a_{33}}\,a_{33}\,\sigma_z, \\ \varepsilon_y &= \frac{a_{21}}{a_{11}}\,a_{11}\,\sigma_y + a_{22}\,\sigma_y + \frac{a_{23}}{a_{33}}\,a_{33}\,\sigma_z, \\ \varepsilon_z &= \frac{a_{31}}{a_{11}}\,a_{11}\,\sigma_x + \frac{a_{32}}{a_{22}}\,a_{22}\,\sigma_y + a_{33}\,\sigma_z \end{aligned}\right\} \tag{24′}$$

gebracht, so sieht man sofort ein, daß die Poissonschen Beiwerte durch

$$\left.\begin{aligned} \mu_{12} &= -\frac{a_{12}}{a_{22}}, \qquad \mu_{23} = -\frac{a_{23}}{a_{33}}, \qquad \mu_{31} = -\frac{a_{31}}{a_{11}}, \\ \mu_{21} &= -\frac{a_{21}}{a_{11}}, \qquad \mu_{32} = -\frac{a_{32}}{a_{22}}, \qquad \mu_{13} = -\frac{a_{13}}{a_{33}} \end{aligned}\right\} \tag{28}$$

gegeben werden.

Die letzte Gleichungsgruppe kann nach Berücksichtigung der Werte (26) von a_{mn} in die endgültige Form gebracht werden:

$$\left.\begin{aligned} &\mu_{12} = \sqrt{\frac{A_{22}}{A_{11}}}\,\frac{\Delta_N - 2pq}{2pr\sqrt{pqM+1}}, \qquad \mu_{21} = \sqrt{\frac{A_{11}}{A_{22}}}\,\frac{\Delta_N - 2pq}{2qr\sqrt{pqM+1}}, \qquad \frac{\mu_{12}}{\mu_{21}} = \frac{a_{11}}{a_{22}}, \\ &\mu_{23} = \sqrt{\frac{A_{33}}{A_{22}}}\,\frac{\Delta_N - 2qr}{2qp\sqrt{qrM+1}}, \qquad \mu_{32} = \sqrt{\frac{A_{22}}{A_{33}}}\,\frac{\Delta_N - 2qr}{2rp\sqrt{qrM+1}}, \qquad \frac{\mu_{23}}{\mu_{32}} = \frac{a_{22}}{a_{33}}, \\ &\mu_{31} = \sqrt{\frac{A_{11}}{A_{33}}}\,\frac{\Delta_N - 2rp}{2rq\sqrt{rpM+1}}, \qquad \mu_{13} = \sqrt{\frac{A_{33}}{A_{11}}}\,\frac{\Delta_N - 2rp}{2pq\sqrt{rpM+1}}, \qquad \frac{\mu_{31}}{\mu_{13}} = \frac{a_{33}}{a_{11}}. \end{aligned}\right\} \tag{29}$$

Bei allgemeiner Orthotropie sind die Poissonschen Beiwerte immer voneinander verschieden, und zwar nicht nur, wenn sie mit verschiedenen Indizes versehen sind, sondern auch wenn sie gleiche, aber vertauschte Indizes führen. Außerdem sind sie infolge der Ungleichungen (27) immer positiv.

Das Gebiet des Raumes (p, q, r), welchem die zwischen 0 und 1 liegenden Werte von p, q und r angehören, für welche die Bedingung $M_{\mathrm{I,II}} < 0$ erfüllt ist, kann bei transversaler Isotropie und bei voller Isotropie leicht übersehen werden. Die Untersuchung dieses Gebietes bei allgemeiner Orthotropie bleibt einer späteren Arbeit vorbehalten.

Bei *transversaler Isotropie*, welche bei geschichteten Medien vorhanden ist, fallen die Richtungen von zwei Koordinatenachsen mit elastisch gleichwertigen Richtungen zusammen. In diesem Fall sind zwei von den Größen p, q und r, z. B. die Größen p und q, einander gleich.

Bei $p = q$ wird erhalten

$$\Delta_N = p\,[2\,r + p\,(1 - r)]\,,$$

und die Bedingungsgleichungen (27) nehmen die Formen an:

$$\Delta_N - 2\,p\,q = \Delta_N - 2\,p^2 = p\,[2\,r - p\,(1 + r)] > 0\,,$$
$$\Delta_N - 2\,q\,r = \Delta_N - 2\,p\,r = p^2\,(1 - r) > 0\,,$$
$$\Delta_N - 2\,r\,p = p^2\,(1 - r) > 0\,.$$

Da für $0 < p < 1$ und $0 < r < 1$ die beiden letzten Ungleichungen immer befriedigt sind, so ist bei transversaler Isotropie die Befriedigung der drei Ungleichungen (27) mit der Befriedigung der einzigen Ungleichung

$$2\,r - p\,(1 + r) > 0 \tag{27'}$$

gleichbedeutend, welche das Gebiet der Ebene (p, r) bestimmt, dessen Punkte p, r den Anforderungen zur Erhaltung brauchbarer Lösungen entsprechen. Dieses Gebiet ist in Bild 1 gezeigt, wo es durch geneigte Schraffur hervorgehoben ist.

Die beiden Radikanden in der Gleichung (22'), deren positiven Wertgebieten die negativen Wertgebiete von $M_{\mathrm{I,II}}$ entsprechen, nehmen die Formen an:

$$4\,p\,q\,r\,(p + q + r) - (\Delta_N)^2 + 8\,p\,q\,r\sqrt{p\,q\,r} = p^3\left(1 + \sqrt{r}\right)^2\left[4\,r - p\left(1 - \sqrt{r}\right)^2\right],$$
$$4\,p\,q\,r\,(p + q + r) - (\Delta_N)^2 - 8\,p\,q\,r\sqrt{p\,q\,r} = p^3\left(1 - \sqrt{r}\right)^2\left[4\,r - p\left(1 + \sqrt{r}\right)^2\right].$$

Die Bedingungen für negative Werte von $M_{\mathrm{I,II}}$ lauten also

$$4\,r - p\left(1 - \sqrt{r}\right)^2 > 0\,,$$
$$4\,r - p\left(1 + \sqrt{r}\right)^2 > 0\,,$$

und sie sind offenbar erfüllt, wenn die Bedingung (27') erfüllt ist, wie das aus Bild 2 ohne weiteres erkannt werden kann.

Demzufolge gilt für Punkte p, r, welche dem brauchbaren Gebiet der Ebene (p, r) angehören:

$$M_{\mathrm{I,II}} = \frac{\left[\left(1 + \sqrt{r}\right)\sqrt{4\,r - p\left(1 - \sqrt{r}\right)^2} \mp \left(1 - \sqrt{r}\right)\sqrt{4\,r - p\left(1 + \sqrt{r}\right)^2}\right]^2}{16\,p\,r^2} \tag{30}$$

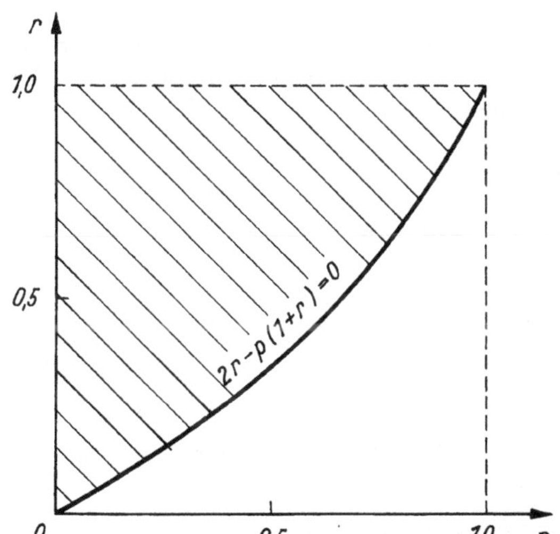

Bild 1

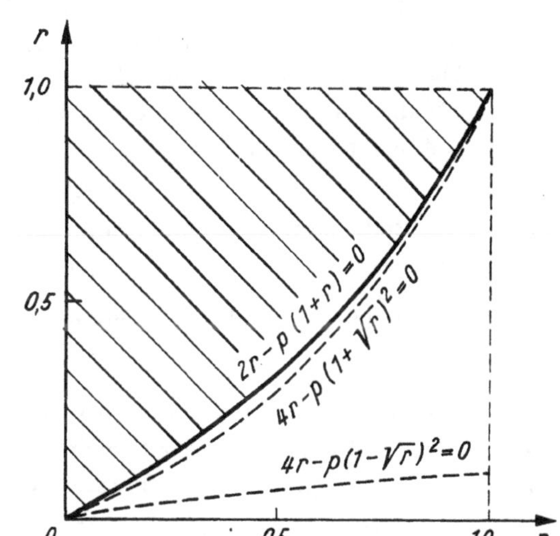

Bild 2

und

$$X^2_{\mathrm{I,II}} = p\,q\,M_{\mathrm{I,II}} + 1 = p^2\,M_{\mathrm{I,II}} + 1 = \frac{\left[\sqrt{4\,r - p\,(1-\sqrt{r})^2}\,\sqrt{4\,r - p\,(1+\sqrt{r})^2} \pm (1-r)\right]^2}{16\,r^2}$$

$$= \frac{\left\{\sqrt{p^2\,(1-r)^2 + 8\,r\,[2\,r - p\,(1+r)]} \pm p\,(1-r)\right\}^2}{16\,r^2}, \tag{31}$$

$$Y^2_{\mathrm{I,II}} = q\,r\,M_{\mathrm{I,II}} + 1 = p\,r\,M_{\mathrm{I,II}} + 1 = r\,p\,M_{\mathrm{I,II}} + 1 = Z^2_{\mathrm{I,II}}$$

$$= \frac{1-r}{16\,r}\left\{\left[\sqrt{4\,r - p\,(1-\sqrt{2})^2} \pm \sqrt{4\,r - p\,\left(1+\sqrt{r}\right)^2}\right]^2 + 4\,p\right\}. \tag{32}$$

Bei der Bestimmung der Poissonschen Beiwerte muß noch berücksichtigt werden, daß $A_{11} = A_{22}$ ist, wie das dem Gleichsein von p und q entspricht. Dann ist

$$\mu_{12} = \sqrt{\frac{A_{22}}{A_{11}}}\,\frac{\Delta_N - 2\,p\,q}{2\,p\,r\sqrt{p\,q\,M+1}} = \sqrt{\frac{A_{11}}{A_{22}}}\,\frac{\Delta_N - 2\,p\,q}{2\,q\,r\sqrt{p\,q\,M+1}} = \mu_{21} = \frac{\Delta_N - 2\,p^2}{2\,p\,r\,X} = \frac{2\,r - p\,(1+r)}{2\,r\,X}$$

und mit den Werten von $X_{\mathrm{I,II}}$ aus (31):

$$\left.\begin{aligned} \mu_{12,\mathrm{I}} = \mu_{21,\mathrm{I}} &= \frac{2\,[2\,r - p\,(1+r)]}{\sqrt{p^2\,(1-r)^2 + 8\,r\,[2\,r - p\,(1+r)]} + p\,(1-r)}, \\ \mu_{12,\mathrm{II}} = \mu_{21,\mathrm{II}} &= \frac{\sqrt{p^2\,(1-r)^2 + 8\,r\,[2\,r - p\,(1+r)]} + p\,(1-r)}{4\,r}. \end{aligned}\right\} \tag{33}$$

Es ist klar, daß die Werte mit dem Index I kleiner sind als die Werte mit dem Index II. Außerdem können die Werte mit dem Index I sogar gleich Null werden, wenn der Punkt p, r auf die in Bild 1 gezeigten Grenzhyperbel $2\,r - p\,(1+r) = 0$ zu liegen kommt.

Es kann ferner leicht festgestellt werden, daß

$$\mu_{13,\mathrm{I,II}} = \mu_{23,\mathrm{I,II}} = \sqrt{\frac{A_{33}}{A_{11}}}\,\frac{2\sqrt{r\,(1-r)}}{\sqrt{\left[\sqrt{4\,r - p\left(1-\sqrt{r}\right)^2} \pm \sqrt{4\,r - p\left(1+\sqrt{r}\right)^2}\right]^2 + 4\,p}}, \tag{34}$$

$$\mu_{31,\mathrm{I,II}} = \mu_{32,\mathrm{I,II}} = \sqrt{\frac{A_{11}}{A_{33}}}\,\frac{2\,p\sqrt{1-r}}{\sqrt{r}\sqrt{\left[\sqrt{4\,r - p\left(1-\sqrt{r}\right)^2} \pm \sqrt{4\,r - p\left(1+\sqrt{r}\right)^2}\right]^2 + 4\,p}}. \tag{35}$$

Aus den letzten zwei Gleichungen ist aber auch zu entnehmen, daß die übrigen Poissonschen Beiwerte mit dem Index I, welcher dem positiven Vorzeichen entspricht, kleiner sind als die Poissonschen Beiwerte mit dem Index II, welcher dem negativen Vorzeichen entspricht.

Bei *voller Isotropie* entsprechen allen drei Koordinatenachsen elastisch gleichwertige Richtungen. Dann ist $p = q = r$, und die für volle Isotropie gültigen Formeln entstehen aus den Formeln für die transversale Isotropie, wenn $r = p$ gesetzt wird.

Bei $p = q = r$ wird erhalten:

$$\Delta_N = p^2\,(3 - p),$$

und die drei Bedingungen (27) nehmen ein und dieselbe Form an:

$$p^2\,(1 - p) > 0,$$

aus welcher die einzige Bedingung für negative Werte von $M_{\mathrm{I,II}}$ folgt:

$$1 - p > 0, \tag{27''}$$

die offenbar für alle Werte von p zwischen 0 und 1 erfüllt ist.

Die beiden Radikanden in der Gleichung (22′), deren positive Wertegebiete die negativen Wertgebiete von $M_{\mathrm{I,II}}$ bedingen, nehmen die Formen an:

$$4\,p\,q\,r\,(p + q + r) - (\Delta_N)^2 + 8\,p\,q\,r\sqrt{p\,q\,r} = p^4\left(1+\sqrt{p}\right)^3\left(3-\sqrt{p}\right),$$

$$4\,p\,q\,r\,(p + q + r) - (\Delta_N)^2 - 8\,p\,q\,r\sqrt{p\,q\,r} = p^4\left(1-\sqrt{p}\right)^3\left(3+\sqrt{p}\right),$$

woraus ersichtlich ist, daß sie für alle möglichen Werte von p positiv sind. Deswegen ist

$$M_{\mathrm{I,II}} = -\frac{\left[(1+\sqrt{p})\sqrt{1+\sqrt{p}}\sqrt{3-\sqrt{p}} \mp (1-\sqrt{p})\sqrt{1-\sqrt{p}}\sqrt{3+\sqrt{p}}\right]^2}{16\,p^2}$$

$$= \frac{\left[\sqrt{1-p}\sqrt{9-p} \pm (1-p)\right]^2 - 16}{16\,p^2} \tag{36}$$

und

$$X^2_{\mathrm{I,II}} = Y^2_{\mathrm{I,II}} = Z^2_{\mathrm{I,II}} = \frac{\left[\sqrt{1-p}\sqrt{9-p} \pm (1-p)\right]^2}{16}. \tag{37}$$

Die sechs Poissonschen Beiwerte werden einander gleich und bekommen den gemeinsamen Wert

$$\mu_{\mathrm{I,II}} = \frac{\sqrt{1-p}\sqrt{9-p} \mp (1-p)}{4}. \tag{38}$$

Beim raumbeständigem elastischem Medium muß die Dehnung im linearen Verformungszustand gleich Null sein. Der entsprechende Wert $p = 0$ verwandelt dann die Gleichung (38) in

$$\mu_{\mathrm{I}} = \frac{\sqrt{1-0}\sqrt{9-0} - (1-0)}{4} = \frac{1}{2}, \qquad \mu_{\mathrm{II}} = \frac{\sqrt{1-0}\sqrt{9-0} + (1-0)}{4} = 1,$$

woraus ersehen werden kann, daß die Werte mit dem Index II, welche überhaupt größere Poissonsche Beiwerte ergeben, zum physikalischen Absurdum $\mu_{\mathrm{II}} = 1$ beim raumbeständigen isotropen elastischen Medium führen.

Infolge davon ist in allen Formeln mit doppelten Vorzeichen das obere Vorzeichen zu wählen.

Schlußbemerkungen

Abschließend sei noch hervorgehoben, daß die Möglichkeit, die beiden linearen Zustände mit zufriedenstellender Genauigkeit zu verwirklichen, bei den praktisch in Frage kommenden orthotropen Körpern — den Gesteinen — ohne weiteres gegeben ist. Insbesondere ist die Herstellung des linearen Verformungszustandes im Laboratorium durch Anwendung von Stahlformen als Fassungen für die Probekörper durchführbar. Da Stahl bekanntlich im Vergleich zu den Gesteinen weniger verformungsfähig ist, kann der lineare Verformungszustand für die Gesteine tatsächlich mit genügender Genauigkeit verwirklicht werden.

Gesteine sind aber die wichtigsten Materialien, welche als orthotrope Medien angesehen werden können. Die praktische Anwendung der hier entwickelten Theorien ist also in einem sehr großen Gebiet möglich.

Einheitliche Gleichung der Hüllkurve der größten MOHRschen Spannungskreise für rolliges, sprödes und plastisches Gestein

von M. M. PROTODJAKONOV, Moskau

Problemstellung

Bekanntlich werden die Festigkeitseigenschaften von Gesteinen bei unterschiedlichen Spannungszuständen am vollkommensten durch die Hüllkurve der größten MOHRschen Spannungskreise charakterisiert. G. N. KUZNECOV [1] schlug vor, eine solche Kurve, die das Wechselverhältnis zwischen der Scherfestigkeit (τ in kp/cm²) und den normalen Spannungen (σ in kp/cm²) darstellt, mit „Festigkeitsausweis“ des Gesteins zu bezeichnen. In letzter Zeit behaupteten einige Forscher [2], daß die Hüllkurve für die MOHRschen Kreise und der „Festigkeitsausweis“ nicht übereinstimmen würden. Mit diesem Standpunkt sind wir jedoch nicht einverstanden.

Alle Autoren stellen den Festigkeitsausweis für schüttige Gesteine im allgemeinen in Form einer Geraden dar, die unter dem normalen Böschungswinkel aus einem Koordinatenursprung austritt (Bild 1a), wobei der Tangens dieses Winkels gleich dem Reibungskoeffizienten der rolligen Teilchen ist [3]. Schüttiges Gestein kann nur einem allseitigen Druck oder einer Scherung mit Druck widerstehen, kann jedoch weder einachsigen Druck noch Zug aushalten. Die entsprechenden MOHRschen Kreise entstehen bei ihnen als Punkte.

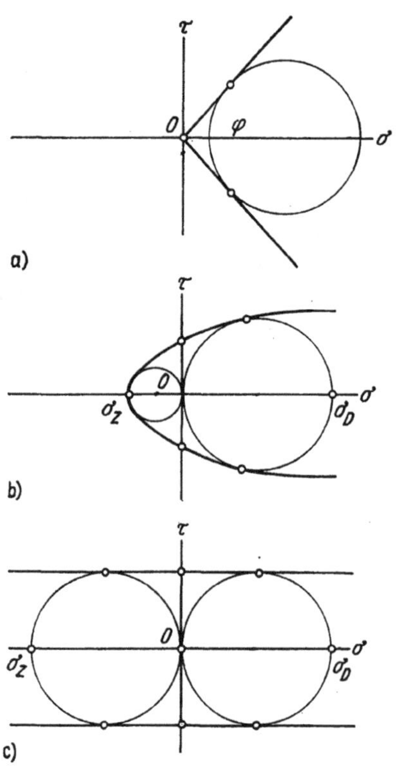

Bild 1. Hauptarten der Hüllkurven a) für rolliges Material b) für sprödes Gestein c) für plastische Körper

Für sprödes Gestein hat die Hüllkurve gewöhnlich folgendes Aussehen: (Bild 1b) [1, 4]. Man erhält für dieses Gestein einen wesentlich größeren Kreis bei einachsigem Druck als bei einachsigem Zug. Ferner wächst die Scherfestigkeit mit der Erhöhung der normalen Druckspannungen an, das Tempo dieses Anwachsens verlangsamt sich jedoch, und infolgedessen wölbt sich die Hüllkurve nach der Seite der ansteigenden Ordinaten hin und gleicht sich mit dem Anwachsen der Druckspannungen wieder aus.

Bei plastischen Gesteinen und Metallen verläuft die Hüllkurve praktisch horizontal, und es werden sowohl für einachsigen Druck als auch Zug fast die gleichen Kreise erhalten. In beiden Fällen werden diese Materialien von den Scherspannungen zerstört (Bild 1c).

In Übereinstimmung mit den Forschungsarbeiten G. V. UŽIKS [5] übersteigt die Zerreißfestigkeit plastischer Körper in bedeutendem Maße ihre doppelte, reine Scherfestigkeit. Eine Zerstörung plastischer Körper durch Zugspannungen ist nur unter den Bedingungen eines allseitigen Zuges möglich, da sie bei einachsigem Zug schon früher durch die Scherspannungen zerstört werden.

Aus dem bisher Dargelegten folgt, daß man gegenwärtig zu der Meinung gekommen ist, daß es für rollige, spröde und plastische Materialien (insbesondere Gesteine) *verschiedene* Arten von Hüllkurven gibt.

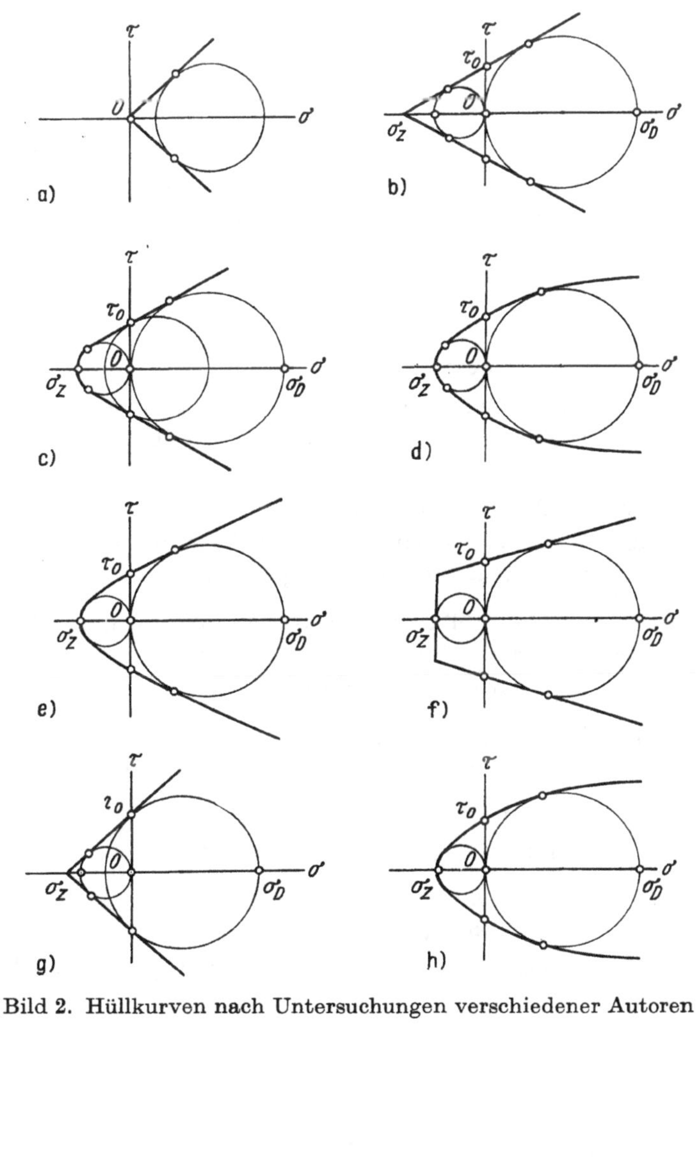

Bild 2. Hüllkurven nach Untersuchungen verschiedener Autoren

In Bild 2 sind die von verschiedenen Wissenschaftlern vorgeschlagenen Hüllkurven abgebildet. Die Gleichungen dieser Kurven sind dementsprechend genau so unterschiedlich.

Wie schon erwähnt, wird für schüttiges Gestein im allgemeinen eine gerade Proportionalität zwischen τ und σ angenommen (Bild 2a) [6].

Viele gebrauchen bei zusammenhängendem Gestein, bei dem die einzelnen Teilchen ineinandergreifen (verschieden von Null), die Gleichung einer Geraden, die oberhalb des Koordinatenursprungs entspringt (Coulombsche Gleichung) (Bild 2b). Prof. M. I. Slobodkin, der diese Gleichung benutzt [7], schreibt in späteren Arbeiten [8], daß die Hüllkurve nach Berührung der geradlinigen Hüllkurve mit dem Kreis des einachsigen Zuges auch weiterhin mit diesem Kreis übereinstimmt (Bild 2c).

Mehrere Wissenschaftler, wie beispielsweise G. N. Kuznecov [1], beschreiben die Hüllkurve mit einer Parabelgleichung (Bild 2d).

K. V. Ruppeneit [4] bedient sich der Gleichung eines Zykloides, das in eine geneigte Gerade übergeht (Bild 2e), obwohl er gleichzeitig darauf hinweist, daß sich die Hüllkurve bei hohen, normalen Druckspannungen ausgleicht und der horizontalen Asymptote annähert.

S. V. Serensen [9] verwendet eine Hüllkurve in Form zweier sich schneidender Geraden, wobei die geneigte Gerade nicht einmal den Kreis des einachsigen Druckes berührt, d. h. aufhört, eine Hüllkurve zu sein (Bild 2f).

Wie zahlreiche andere Autoren benutzt A. N. Zelenin eine geradlinige Hüllkurve. Er ist jedoch der Meinung, daß der Mohrsche Kreis bei einachsigem Druck nicht durch den Koordinatensprung hindurchgeht, da durch die Querausdehnung des Probekörpers Zugspannungen in ihm entstehen (Bild 2g).

F. R. Ulinič [10] ist der Meinung, daß die Hüllkurve auf der Seite der positiven Ordinaten gewölbt ist, die Abszisse unter einem rechten Winkel schneidet und in diesem Punkt einen Krümmungsradius besitzt, die gleich dem Radius des Mohrschen Kreises für einachsigen Zug ist (Bild 2h).

Verallgemeinern wir nun das soeben über die Form der Hüllkurve Gesagte, so erhalten wir Folgendes:

1. Alle Autoren sind mit folgender Festlegung einverstanden:

   a) Es existiert eine Grenzfestigkeit der Gesteine und anderer Materialien gegenüber gleichmäßigem, allseitigem Zug; durch gleichmäßigen, allseitigen Druck kann ein Gestein jedoch nicht zerstört werden.

   b) Die Scherfestigkeit von Gesteinen ist von der Größe und dem Vorzeichen der Normalspannungen abhängig. Mit dem Anwachsen der Druckspannungen steigt auch die Scherfestigkeit an, während sie bei Erhöhung der Zugspannungen bis zu Null abfällt.

2. Die meisten Autoren sehen die Hüllkurve als krummlinig an, die sich jedoch beim Anwachsen der Druckspannungen ausglättet. Nicht eine der vorgelegten Gleichungen gibt jedoch für die Hüllkurve horizontale Asymptoten an.

3. Die experimentellen Ergebnisse von O. Mueller, A. Nadai, K. V. Ruppeneit sowie unsere Resultate zeigen klar und deutlich, daß die Hüllkurven horizontale Asymptoten haben.

4. Alle Autoren betrachten die Hüllkurven für rollige, spröde und plastische Körper getrennt und versuchen nicht, eine einheitliche Form von Hüllkurven für sie zu finden.

5. Die zitierten Autoren gaben die mathematische Gleichung einer Hüllkurve und bemühten sich für gewöhnlich, eine formale Beschreibung der entsprechenden Kurve zu geben, jedoch erhielt man keinerlei Erklärung der physikalischen Gründe für das Erhalten gerade dieser Form der Hüllkurve.

Einheitliche Form der Hüllkurven für verschiedene Gesteine

Die Hüllkurve für rollige Körper, beispielsweise für Sand, wird in der Regel folgendermaßen konstruiert: Man ermittelt den natürlichen Böschungswinkel und zieht unter diesem Winkel eine Gerade durch den Koordinatenursprung. Wenn wir nun die faktischen Angaben über die Scherfestigkeit des Sandes bei unterschiedlichen Normalspannungen [11] zu Hilfe nehmen, so erhalten wir keine geradlinige, sondern eine krummlinige Hüllkurve (Bild 3).

Wenn wir die von G. V. UŽIK [5] ermittelten Versuchsangaben über Metalle, d. h. plastische Materialien, bei denen die Zerreißfestigkeit bedeutend höher liegt als die Scherfestigkeit, verwenden, so erhalten wir eine Hüllkurve, wie sie auf Bild 4 durch die gestrichelte Linie angegeben ist.

Somit wird für alle drei Gesteinstypen, rollige, spröde und plastische, eine Hüllkurve krummlinigen, d. h. *gleichen* Typs erhalten. Die verschiedenen Gesteinstypen entsprechen den *verschiedenen Abschnitten* einer solchen allgemeinen Kurve.

Die allgemeine Ansicht der Hüllkurve ist schematisch auf Bild 5a abgebildet.

Bei schüttigem Gestein fehlt die Bindung zwischen den Teilchen und somit ist ihre Zerreißfestigkeit gleich Null. In diesem Falle wird der Koordinatenursprung mit dem Schnittpunkt der Hüllkurve mit der Abszisse zusammenfallen (Bild 5b).

Für sprödes Gestein ist die geringe, jedoch über Null liegende Zerreißfestigkeit charakteristisch. Aus diesem Grunde wird der Koordinatenursprung in der Nähe des Schnittpunktes von Hüllkurve und Abszisse liegen, und die Hüllkurve selbst wird steil nach oben verlaufen (Bild 5c).

Bei plastischen Gesteinen ist die Zerreißfestigkeit bedeutend und somit wird sich der Koordinatenursprung in beträchtlicher Entfernung vom Schnittpunkt Hüllkurve-Abszisse

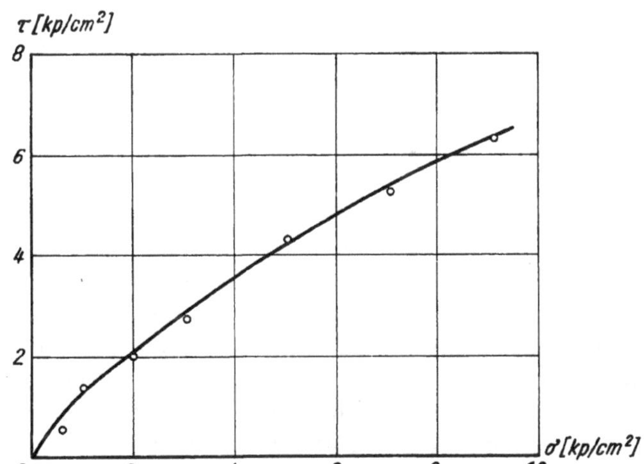

Bild 3. Hüllkurve für Sand

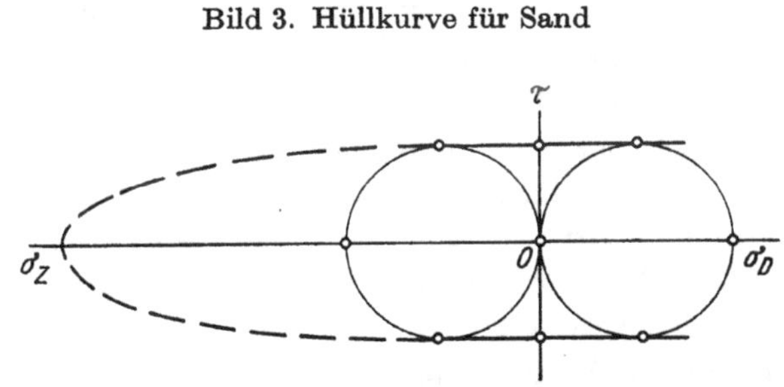

Bild 4. Hüllkurve für plastische Körper

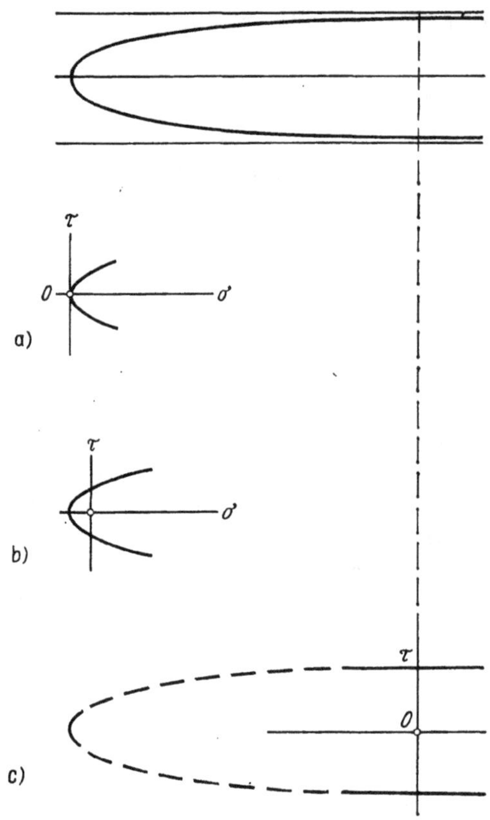

Bild 5. Allgemeiner Verlauf der Hüllkurve: a) für rolliges Material; b) für sprödes Gestein; c) für plastische Körper

befinden, und folglich werden die Hüllkurvenäste bei kleinen Abszissenwerten fast horizontal verlaufen (Bild 5d).

Der physikalische Sinn der soeben aufgezählten Besonderheiten der Hüllkurve kann folgendermaßen erklärt werden: Gesteine können nicht als kompakte Körper bezeichnet werden, sie weisen eine große Zahl innerer Defekte (Klüfte und Poren) und Inhomogenitäten auf [3, 6]. Aus diesem Grunde erweist nicht die gesamte Schubfläche, die berechnet wird, die Scherfestigkeit, sondern nur ein gewisser Teil davon. Außerdem entsteht neben jeder Störung des kompakten Gesteinskörpers und neben jeder Ungleichartigkeit eine örtliche Spannungskonzentration. Aus diesem Grunde werden die durchschnittlichen, errechneten Scherfestigkeiten τ, die durch Aufteilung der Scherfestigkeitskraft auf die geometrische Scherfläche des Probekörpers erhalten werden, wesentlich unter den tatsächlichen Scherspannungen τ_M liegen, die innerhalb des Gesteins entstehen und für seine Zerstörung verantwortlich sind.

Wenn ein abzuscherender Gesteinskörper senkrecht zur Scherfläche zusammengedrückt wird, so schließt sich ein Teil der vorhandenen Defekte, was zum Anwachsen der faktischen Scherfläche führt und folglich auch zur Erhöhung der für die Abscherung erforderlichen Kraft, bei deren Aufteilung auf die konstante, geometrische Scherfläche ein Ansteigen der errechneten Scherspannungen τ erhalten wird. Je höher die Druckspannungen σ, desto größer der Teil der sich schließenden Defekte, desto größer auch die faktische Scherfläche, die Scherfestigkeit und die mittleren Nominalscherspannungen τ.

Nach dem Maße der Erhöhung der Normalspannungen σ werden sich anfangs die leicht zu schließenden und danach immer mehr die schwer zu schließenden Defekte auswirken. Aus diesem Grunde wird das Anwachsen der faktischen Scherfläche verlangsamt vor sich gehen und zur Glättung der Kurve $\tau = f(\sigma)$ führen. Wenn alle Defekte geschlossen sind, so wird die faktische Scherfläche gleich der geometrischen Scherfläche des Probekörpers sein, und die mittleren Nominalscherspannungen τ entsprechen den tatsächlichen maximalen Scherspannungen τ_M. Bei weiterer Erhöhung der Normalspannungen σ bleibt nichts mehr zu verschließen, und aus diesem Grunde kann die Scherfestigkeit $\tau = \tau_M$ nicht mehr ansteigen. Folglich muß die Kurve $\tau = f(\sigma)$ eine horizontale Asymptote haben, was auch in der Wirklichkeit beobachtet wird.

Bei einer Änderung des Vorzeichens der Scherspannungen wird sich die Scherfläche nicht ändern, da die Kurve $\tau = f(\sigma)$ zwei, hinsichtlich der Abszisse symmetrische Äste haben muß.

Bei Kombinierung von Abscherung und Zug werden sich die im Gesteinsprobekörper vorhandenen Defekte mit dem Anwachsen der senkrecht zur Scherfläche wirkenden Zugspannungen vergrößern und es werden neue entstehen. Die faktische Scherfläche und die errechnete Scherfestigkeit τ werden abnehmen. Wenn die Zugspannungen σ_z ihren Grenzwert $\sigma_{z\,\text{allseitig}}$ erreichen und sämtliche Defekte voll geöffnet sind, so ist der Zusammenhang des Probekörpers in der Scherfläche vollständig gestört und eine Abscherung ist nicht mehr möglich. In diesem Falle erhält man somit $\tau = 0$, und der Probekörper wird durch Zerreißen zerstört. Die Kurve $\tau = f(\sigma)$ schneidet die Abszisse.

Der Abstand zwischen den horizontalen Asymptoten und der Abszisse τ_M wird die maximale Scherfestigkeit eines seiner Defekte ledigen Gesteins unter den Bedingungen eines ungleichmäßigen, allseitigen Druckes charakterisieren. Die Größe $\sigma_{z\,\text{allseitig}}$ wird die Grenzfestigkeit des Gesteins gegenüber allseitigem Zug darstellen.

Die Form der Hüllkurve $\tau = f(\sigma)$ wird das Gesetz der Verteilung von Defekten im Gestein nach dem Schwierigkeitsgrad ihrer Schließung bei Druck widerspiegeln.

Beim Vorherrschen leicht zu schließender Defekte wird die Kurve steil verlaufen, während sie bei schwer zu schließenden Defekten einen bedeutend flacheren Verlauf zeigen wird.

Die dargelegte Hypothese [6] von der Schließung bzw. Öffnung von Defekten im Gestein unter dem Einfluß von Druck- bzw. Zugspannungen ermöglicht es, die faktisch beobachteten Abhängigkeiten $\tau = f(\sigma)$ rationell zu erklären, ohne auf die künstliche Annahme einer inneren Reibung zurückgreifen zu müssen.

Die Hüllkurve $\tau = f(\sigma)$ wird unserer Meinung nach durch die folgenden Besonderheiten charakterisiert:

a) Die Kurve schneidet die Abszisse im Bereich der Zugspannungen, jedoch nicht im Druckbereich;

b) die Kurve schneidet die Abszisse unter einem rechten Winkel;

c) in diesem Punkt sind die Krümmungsradien und die des MOHRschen Kreises gleich Null;

d) die Symmetrieachse der Kurve ist die Abszisse;

e) die Kurve besitzt zwei Asymptoten, die parallel zur Abszisse verlaufen;

f) Biegungs- bzw. Knickpunkte sind in der Kurve nicht vorhanden.

Setzen wir die Gleichung der Kurve, die diesen Bedingungen entspricht, zusammen, so erhalten wir hinsichtlich des im Schnittpunkt von Kurve und Abszisse befindlichen Koordinatenursprungs die folgenden Formeln (Bild 6):

$$y = y_M \left(\frac{x^2}{x^2 + a^2}\right)^{3/8}. \tag{1}$$

Die Gleichungen der Koordinatenumbildung werden folgendermaßen aussehen:

$$y = \tau \quad [\text{kp/cm}^2], \qquad x = \sigma + \sigma_{z\,\text{allseitig}} \quad [\text{kp/cm}^2]. \tag{2}$$

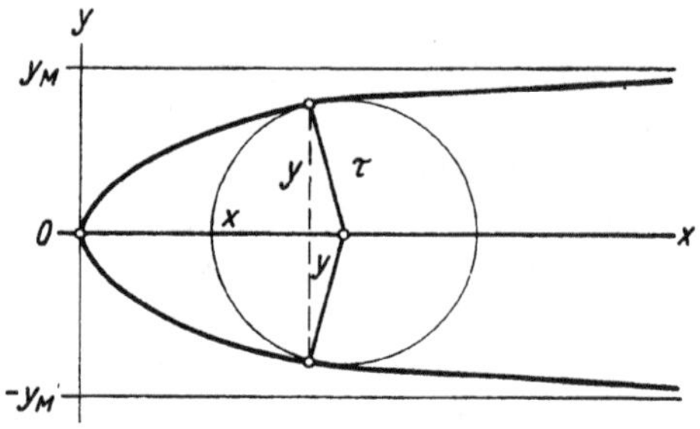

Bild 6. Hüllkurve und MOHRscher Kreis

Die Hauptparameter der Hüllkurvengleichung sind: $y_M = \tau_M$ [kp/cm²] = maximale Scherfestigkeit des Gesteinsmaterials mit geschlossenen Defekten (die seine Festigkeit charakterisieren).

a [kp/cm²] = ein Parameter, der die Verteilungsgesetzmäßigkeit der Defekte im Gestein nach dem Schwierigkeitsgrad ihres Schließens charakterisiert. Je kleiner a, desto leichter lassen sich die Defekte schließen, einen desto steileren Verlauf nimmt die Kurve. Bei $x = a$ erhält man $y = 0{,}77\ y_M$ [kp/cm²].

$\sigma_{z\,\text{allseitig}}$ [kp/cm²] = Gesteinfestigkeit bei allseitigem Zug. Je kleiner $\sigma_{z\,\text{allseitig}}$, desto spröder ist das Gestein. Bei spröden Gesteinen unterscheidet sich die Festigkeit gegenüber allseitigem und einachsigem Zug nur wenig.

Zum Zwecke der Erleichterung wandeln wir Gleichung (1) um:

$$\frac{x}{a} = k\,, \qquad \frac{y}{y_M} = l\,, \qquad \frac{y_M}{a} = s\,, \qquad \frac{\dot{y}}{s} = \frac{\dot{y}\,a}{y_M} = p\,, \qquad \frac{r}{y_M} = \frac{r}{s\,a} = q\,, \tag{3}$$

hierbei ist r der Radius des MOHRschen Kreises. Wir erhalten somit die folgenden dimensionslosen Gleichungen:

a) Hüllkurve

$$l = \left(\frac{k^2}{k^2 + 1}\right)^{3/8}. \tag{4}$$

b) Kurventangente

$$p = \frac{3}{4\,k^{1/4}\,(k^2 + 1)^{11/8}}. \tag{5}$$

c) Radius des MOHRschen Kreises

$$q = l\sqrt{1 + p^2\,s^2}\,. \tag{6}$$

Bei Untersuchungen einer Reihe von Gesteinen aus dem Donbass und dem Krivoj-Roger Becken wurden im Bergbauinstitut „A. A. SKOČINSKIJ" folgende Werte für die Hüllkurvenparameter erhalten (s. Tab. 1).

Tragen wir die Werte dieser Tabelle in Bild 7 ein, so sehen wir, daß sie in guten Wechselbeziehungen zueinander stehen. Ihre gegenseitige Abhängigkeit kann durch die angenäherte empirische Gleichung

$$\tau_M \cong 0{,}73\ a\ [\text{kp/cm}^2] \tag{7}$$

beschrieben werden.

Die Streuung der Versuchsangaben hinsichtlich dieser Geraden wird durch den Variationskoeffizienten (10%) charakterisiert, was mit der Streuung der durch die Ungleichartigkeit des Gesteins erhaltenen Angaben zu vergleichen ist. Aus diesem Grunde sind wir im Recht, die glaubwürdige Behauptung aufzustellen, daß auch bei anderen Gesteinen eine gerade Proportionalität zwischen τ_M und a beobachtet wird. Natürlich kann der Wert des Proportionalitätskoeffizienten bei Anhäufung zusätzlicher Angaben präzisiert werden (0,73).

Tabelle 1. Hüllkurvenparameter für einige Gesteine

Gestein	a [kp/cm²]	τ_M [kp/cm²]
Sandstein	114	143
Talkschiefer	114	99
Sandstein	158	126
Tonschiefer	217	174
Tonschiefer	224	239
Sandstein	241	168
Sandstein	308	195
Tonschiefer	346	182
Sandstein	436	416
Hornstein	915	664
Quarzit	938	714
Eisenerz	1072	956
Hornstein	1095	685
Sandstein	1265	659

Das Vorhandensein einer Abhängigkeit (7) verringert die Zahl der Hüllkurve charakterisierenden Parameter von drei auf zwei, was die Ermittlung dieser Parameter anhand der Versuchsangaben über die Gesteinsfestigkeit wesentlich erleichtert.

Setzen wir nun den Ausdruck (7) in Formel (3) ein, so erhalten wir:

$$k = \frac{x}{a}, \qquad l_1 = \frac{y}{a} \cong = 0{,}73\, l, \qquad s = \frac{\tau_M}{a} \cong 0{,}73, \qquad p_1 \cong 0{,}73\, p, \qquad q_1 = \frac{r}{a} \triangleq 0{,}73\, q\,.$$

Hierbei nehmen die dimensionslosen Gleichungen (4, 5 und 6) folgendes Aussehen an:

a) Hüllkurve

$$l_1 \cong 0{,}73 \left(\frac{k^2}{k^2+1}\right)^{3/8}. \tag{8}$$

b) Kurventangente

$$p_1 \cong \frac{0{,}73 \cdot 3}{4\, k^{1/4}\, (k^2+1)^{11/8}}. \tag{9}$$

c) Radius des MOHRschen Kreises

$$q_1 = l_1 \sqrt{1 + p_1^2}. \tag{10}$$

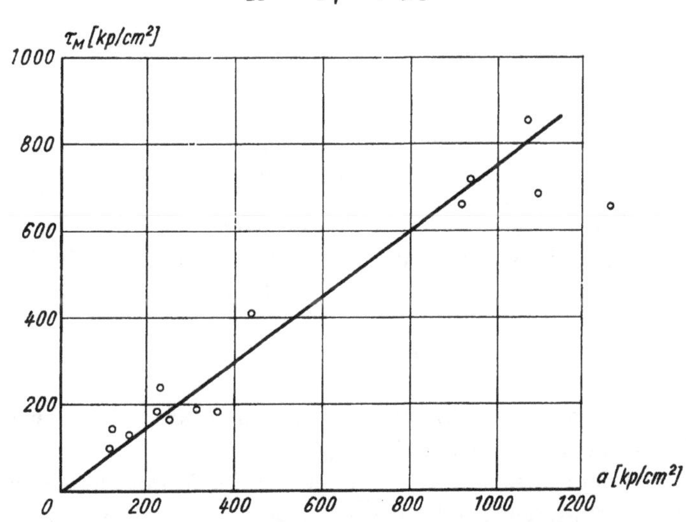

Bild 7. Wechselbeziehungen zwischen dem Parameter a und τ_M der Hüllkurve

Wenn wir die dimensionslosen Abszissen der Mittelpunkte der MOHRschen Kreise für einachsigen Zug und Druck durch k_1 und k_2 ausdrücken und die Radien dieser Kreise mit q_1 und q_2 bezeichnen, so erhalten wir:

$$k_1 = k + l_1 p_1 .$$

Die übrigen Größen werden offensichtlich folgende Form haben:

a) Zeitweilige Festigkeit gegenüber einachsigem Zug:

$$\frac{x_z}{a} = k_1 - q_1 .$$

b) Berührungspunkt der MOHRschen Kreise für einachsigen Zug und einachsigen Druck (gewöhnlicher Koordinatenursprung):

$$k_1 + q_1 = k_2 - q_2 .$$

c) zeitweilige Festigkeit gegenüber einachsigem Druck:

$$\frac{x_d}{a} = k_2 + q_2 .$$

Wenn wir eine Reihe von Größen durch die unabhängige Veränderliche (k) ausdrücken, so erhalten wir die Werte der übrigen dimensionslosen Größen, die in Tabelle 2 angeführt sind. Die Größe $k_2 + q_2$ wurden nach der Interpolationsmethode ermittelt.

Im Vergleich zu unserer Arbeit [11] wurden im Anfangsteil der Tabelle einige Präzisionen vorgenommen und außerdem wurde die Tabelle auf drei Größenordnungen der kleinen Größen (k) erweitert. Die Angaben verschiedener Tabellenteile wurden graphisch dargestellt.

Wenn man aus Versuchen die zeitweiligen Gesteinsfestigkeiten gegenüber einachsigem Zug und Druck kennt und diese Kurven benutzt, so sind die Parameter der Hüllkurve ohne Schwierigkeiten aufzufinden.

Es ist in der Tat offensichtlich, daß folgendes gilt:

$$\frac{\sigma_d}{\sigma_z} = \frac{q_2}{q_1} .$$

Wenn wir diese Beziehung auf der Ordinate der graphischen Darstellung von Bild 8 eintragen, so erhalten wir anhand der Kurve q_2/q_1 den Wert der dimensionslosen Abszisse k. Danach ermitteln wir ihre entsprechenden q_1- und q_2-Werte:

$$q_2 = \frac{\sigma_d}{2\,a}, \qquad q_1 = \frac{\sigma_z}{2\,a} .$$

Hieraus folgt:

$$a = \frac{\sigma_d}{2\,q_2} = \frac{\sigma_z}{2\,q_1} .$$

Des weiteren errechnen wir aus Gleichung (7) den Wert von $\tau_M = 0{,}73\,a$. Aus der gleichen graphischen Darstellung (Bild 8) erhalten wir die dimensionslose Abszisse des Berührungspunktes der MOHRschen Kreise für einachsigen Druck und einachsigen Zug:

$$k_1 + q_1 = k_2 - q_2 = \frac{\sigma_{z\,\mathrm{allseitig}}}{a} .$$

Bei Kenntnis der Größe a können wir hiervon ausgehend den Wert der zeitweiligen Festigkeit gegenüber allseitigem Zug ermitteln ($\sigma_{z\,\mathrm{allseitig}}$).

Wenn uns somit aus dem Versuch die Radiuswerte der MOHRschen Kreise für einachsigen Druck und Zug bekannt sind, können die Hauptparameter der Hüllkurve $\tau = f(\sigma)$ ohne weiteres ermittelt werden. Unter Verwendung dieser Parameter und der Gleichungen (8), (9) und

Tabelle 2. Werte der dimensionslosen Größen für Hüllkurven

k	l_1	k_1	$k_1 - q_1$	$k_1 + q_1$ $k_2 - q_2$	$k_2 + q_2$	q_1	q_2	q_2/q_1
0,000001	0,0000231	0,00040	—	0,00080	0,0398	0,00040	0,0200	49,9
0,000002	0,0000387	0,00057	—	0,00113	0,0482	0,00056	0,0235	41,8
0,000003	0,0000525	0,00070	—	0,00139	0,0537	0,00069	0,0262	37,8
0,000004	0,0000652	0,00081	—	0,00160	0,0580	0,00080	0,0282	35,3
0,000005	0,0000771	0,00090	—	0,00179	0,0616	0,00089	0,0299	33,5
0,000006	0,0000884	0,00099	—	0,00196	0,0648	0,00098	0,0314	32,3
0,000008	0,0001094	0,00114	—	0,00227	0,0700	0,00113	0,0337	29,9
0,00001	0,000130	0,00127	0,000007	0,00253	0,074	0,00126	0,0359	28,5
0,00002	0,000218	0,00181	0,000012	0,00361	0,091	0,00180	0,0435	24,2
0,00003	0,000295	0,00222	0,000017	0,00442	0,103	0,00220	0,0495	22,5
0,00004	0,000367	0,00257	0,000022	0,00512	0,112	0,00255	0,0533	20,9
0,00005	0,000433	0,00288	0,000026	0,00573	0,119	0,00285	0,0566	19,8
0,00006	0,000497	0,00316	0,000030	0,00629	0,125	0,00313	0,0596	19,0
0,00008	0,000617	0,00366	0,000038	0,00728	0,137	0,00362	0,0650	17,9
0,0001	0,00073	0,00410	0,000046	0,0082	0,147	0,00405	0,069	17,1
0,0002	0,00122	0,00586	0,000083	0,0116	0,180	0,00578	0,084	14,6
0,0003	0,00166	0,00723	0,000122	0,0143	0,204	0,00711	0,095	13,4
0,0004	0,00206	0,00840	0,000161	0,0166	0,224	0,00824	0,104	12,6
0,0005	0,00244	0,00946	0,000199	0,0187	0,239	0,00926	0,110	11,9
0,0006	0,00280	0,01040	0,000237	0,0205	0,252	0,01013	0,116	11,4
0,0008	0,00347	0,01210	0,000314	0,0239	0,275	0,01179	0,126	10,6
0,001	0,0041	0,0136	0,00039	0,0268	0,295	0,0132	0,134	9,88
0,002	0,0069	0,0199	0,00077	0,0390	0,372	0,0191	0,167	8,73
0,003	0,0094	0,0249	0,00115	0,0487	0,423	0,0238	0,187	7,86
0,004	0,0115	0,0293	0,00155	0,0571	0,463	0,0278	0,203	7,29
0,005	0,0137	0,0333	0,00195	0,0646	0,498	0,0313	0,217	6,92
0,006	0,0157	0,0370	0,00236	0,0716	0,531	0,0346	0,230	6,63
0,008	0,0196	0,0438	0,00316	0,0844	0,591	0,0406	0,253	6,23
0,01	0,0231	0,0500	0,0038	0,096	0,644	0,0462	0,274	5,93
0,02	0,0388	0,0764	0,0079	0,145	0,829	0,0685	0,342	4,99
0,03	0,0526	0,0991	0,0123	0,186	0,960	0,0868	0,387	4,46
0,04	0,0652	0,1197	0,0164	0,223	1,067	0,1032	0,422	4,09
0,05	0,0771	0,1389	0,0212	0,257	1,157	0,1177	0,450	3,82
0,06	0,0834	0,1576	0,0260	0,289	1,232	0,1317	0,471	3,58
0,08	0,1095	0,1918	0,0347	0,349	1,360	0,1571	0,506	3,22
0,1	0,129	0,224	0,045	0,403	1,46	0,179	0,528	2,94
0,2	0,215	0,365	0,094	0,636	1,83	0,271	0,596	2,20
0,3	0,286	0,487	0,145	0,829	2,10	0,342	0,629	1,87
0,4	0,347	0,594	0,196	0,992	2,29	0,398	0,649	1,63
0,5	0,399	0,690	0,247	1,133	2,45	0,443	0,660	1,49
0,6	0,444	0,779	0,300	1,258	2,59	0,479	0,666	1,39
0,7	0,482	0,868	0,358	1,378	—	0,510	—	—
0,8	0,511	0,949	0,416	1,482	—	0,533	—	—
0,9	0,540	1,037	0,480	1,594	—	0,557	—	—
1,0	0,563	1,118	0,543	1,693	—	0,575	—	—
1,2	0,602	1,292	0,684	1,900	—	0,608	—	—
1,4	0,631	1,471	0,836	2,105	—	0,634	—	—
1,6	0,647	1,654	1,004	2,304	—	0,650	—	—
1,8	0,660	1,842	1,180	2,504	—	0,662	—	—
2,0	0,672	2,034	1,361	2,707	—	0,673	—	—

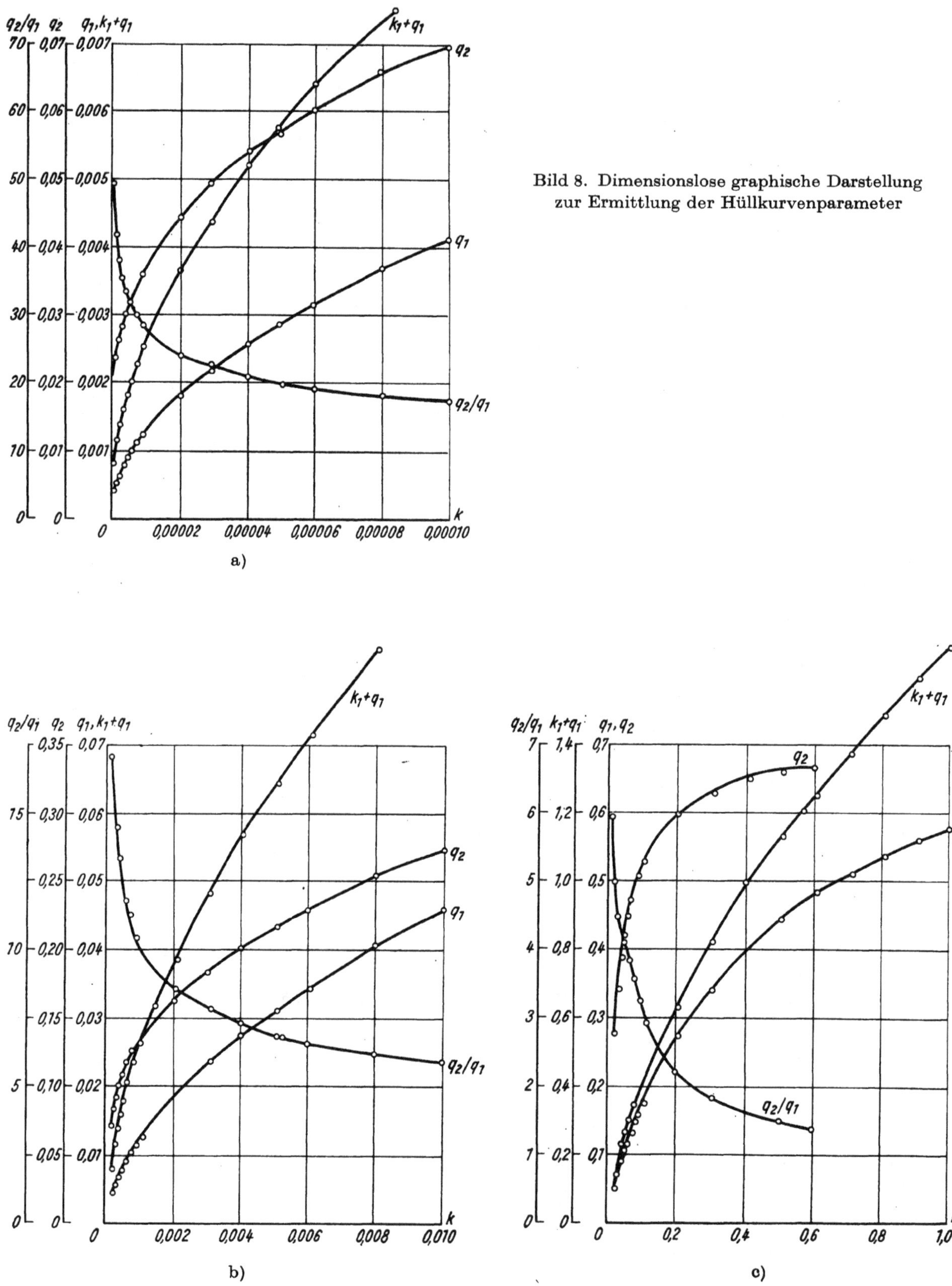

Bild 8. Dimensionslose graphische Darstellung zur Ermittlung der Hüllkurvenparameter

(10) oder der Tabelle 2 der dimensionslosen Größen kann die Gesteinsfestigkeit bei jeder beliebigen Spannungssituation berechnet werden.

Schlußbemerkung

1. Die Hüllkurven der maximalen MOHRschen Spannungskreise für rollige, spröde und plastische Gesteine können von einer einheitlichen Kurvengleichung beschrieben werden, die die folgenden Bedingungen erfüllt:
   a) Die Kurve schneidet die Abszisse im Bereich der Zugspannungen, nicht jedoch im Bereich der Druckspannungen;
   b) die Kurve schneidet die Abszisse unter einem rechten Winkel;
   c) der Krümmungsradius der Kurve und der Radius des MOHRschen Kreises sind in diesem Punkte gleich Null;
   d) die Abszisse ist die Symmetrieachse der Kurve;
   e) die Kurve besitzt zwei, parallel zur Abszisse verlaufende Asymptoten;
   f) Biegungs- bzw. Knickpunkte sind in der Kurve nicht vorhanden.
2. Eine solche Kurve wird hinsichtlich des Koordinatenursprungs, der im Schnittpunkt der Kurve mit der Abszisse liegt, durch die Gleichungen (1) und (2) beschrieben.
3. Die Hüllkurven für rollige, spröde und plastische Gesteine stellen verschiedene Abschnitte der einheitlichen Hüllkurve dar.
4. Für eine Reihe von Gesteinen des Donbass und des Krivoj-Roger Beckens ist das Verhältnis τ_M/a annähernd konstant und beträgt 0,73. Man kann die berechtigte Behauptung aufstellen, daß dieses Verhältnis auch für die anderen Gesteine annähernd das gleiche ist. Für andere Gesteine werden sich die Hüllkurven lediglich durch ihren Maßstab (τ_M in kp/cm^2) und die Verschiebung des Koordinatenursprungs (σ_M in kp/cm^2) unterscheiden.
5. Zur Erleichterung der Berechnungen ist es zweckmäßig, die Hüllkurvengleichung in ihrer dimensionslosen Form und Tabelle 2 zu verwenden.
6. Um die Parameter der Kurve anhand der MOHRschen Kreise für einachsigen Druck und Zug zu finden, muß man sich der graphischen Darstellung bedienen (Bild 8).

Literatur

[1] KUZNECOV, G. N.: Die mechanischen Gesteinseigenschaften. Moskva, Ugletechizdat, 1947.

[2] EVERLING, G.: Zur Definition der Schubfestigkeit. Glückauf 18 (1962).

[3] ZEIKOV, R. L.: Die Mechanik des aufgefüllten Grundbodens. Moskva, Mašgiz, 1952.

[4] RUPPENEIT, K. V.: Die mechanischen Gesteinseigenschaften. Moskva, Ugletechizdat, 1956.

[5] UŽIK, G. V.: Reißfestigkeit und Materialfestigkeit. Moskva. Verlag der Ak. d. Wiss. d. UdSSR, 1950.

[6] PROTODJAKONOV, M. M. und VOBLIKOV V. S.: Die Hypothese der Kohlen- und Gesteinszerstörung im räumlichen Spannungszustand. Arbeiten des. Inst. f. Bergbau der Ak. d. Wiss. d. UdSSR, Moskva, Verlag der Ak. d. Wiss. d. UdSSR, 1955.

[7] SLOBODKIN, M. I.: Grundlagen der analytischen Theorie des Kohlenschrämens. Moskva, Ugletechizdat, 1947.

[8] SLOBODKIN, M. I.: Einige theoretische Probleme der Gebirgsmechanik. Arbeiten des Tulsker Mechanischen Institutes, Ausgabe 12, Moskva, Ugletechizdat, 1958.

[9] SERENSEN, S. V.: Materialplastizität und Materialfestigkeit. Enzyklopädisches Handbuch „Maschinenbau", Band 1, Buch II, Moskva, Mašgiz, 1947.

[10] ULINIČ, F. R.: Einige Probleme der Theorie über die Sprödzerstörung von Gesteinen. Kohle- und Gesteinszerstörung, Moskva, Ugletechizdat, 1958.

[11] PROTODJAKONOV, M. M.: Verallgemeinerte Gleichung der Hüllkurven zu den MOHRschen Spannungskreisen. Untersuchung der physikalisch-mechanischen Gesteinseigenschaften in bezug auf die Aufgaben bei der Beherrschung des Gebirgsdruckes. Moskva, Verl. der Ak. d. Wiss. d. UdSSR, 1962.

WISSENSCHAFTLICHE AUSSPRACHE
DISKUSSION ZUM RAHMENTHEMA

DISKUSSIONEN

Herr Denkhaus

Meine Herren!

Man hat mir die Aufgabe gestellt, als erster Diskussionsleiter aufzutreten, und dazu gehört es, Ihnen eine kurze Zusammenfassung der hier vorgetragenen Referate zu geben. Die Diskussionen des heutigen Tages werden sich nur auf die zwölf Referate zum Rahmenthema erstrecken, während eine Besprechung der Berichte und Vorschläge der Arbeitsgruppen morgen stattfinden wird.

Das Rahmenthema handelte über den Unterschied zwischen Gesteinsfestigkeit und Gebirgsfestigkeit. Man könnte auch vom Unterschied zwischen den Festigkeiten des Einkörpers und des Vielkörpers mit dem Mehrkörper als Zwischenstufe oder vom Unterschied zwischen Kontinuum und Diskontinuum sprechen. Ich möchte versuchen, die Referate zum Rahmenthema in vier Thesen zusammenzufassen, wobei ich keinen Anspruch auf Vollständigkeit erhebe.

Erstens:

Es geht aus den Referaten hervor, daß völlige Einigkeit darüber besteht, daß sowohl die Festigkeit als auch die Verformungsmoduln, d. h. die Spannungs-Verformungs-Zeit-Beziehungen, nicht nur Funktionen der Substanz, sondern auch der Schwächestellen eines Körpers sind.

Mehrere Herren, z. B. Dreyer und Kvapil, haben weitere Einflußfaktoren der Festigkeit behandelt, wie die Belastungsdauer, Belastungsgeschwindigkeit, Belastungsart und Temperatur. Weiterhin wurde u. a. von den Herren Watznauer, Schuppe und Höfer sowie Rosetz auf Beziehungen hingewiesen, die zwischen der Festigkeit und den Verformungsmoduln einerseits und anderen Eigenschaften wie Schallgeschwindigkeit, Korngröße und Gefügeaufbau andererseits bestehen.

Zweitens:

Als wichtigster Einflußfaktor der Festigkeiten und Verformungsmoduln wurde die Größe der Probe erkannt und verschiedentlich diskutiert. Es sind hier die Referate Müller, Kvapil und Dreyer zu erwähnen. Die Erscheinung als solche, nämlich der Einfluß der Probengröße, wurde besonders analysiert und untersucht:

a) durch Herrn Protodjakonov auf analytisch-phänomenologischer Grundlage, wobei er zwischen zwei Faktoren, dem Einfluß der Schwächestellen im Inneren (sogenannter Raumeinfluß) und dem Einfluß der Schwächestellen an der Oberfläche der Probe, unterschied,

b) durch Herrn Mencl mit Hilfe eines Gedankenmodells,

c) durch Herrn KUZNECOV mit Hilfe eines echten Modells aus äquivalentem Material,

d) durch die Herren WATZNAUER und ROSETZ, die das Problem, ähnlich wie Herr MÜLLER, vom physikalisch-geologischen Standpunkt betrachteten.

Drittens:

Es wurde darauf hingewiesen, daß bestimmte Gebirge als Kontinuum behandelt werden dürfen. Dies brachte vor allem Herr DREYER am Beispiel des Salzes an der Werra zum Ausdruck. Selbst Herr MÜLLER, der in dankenswerter Weise oft auf den Einfluß der Klüfte auf die Festigkeit hingewiesen hat und das Gebirge als Diskontinuum betrachtet, hat die Möglichkeit, daß gewisse Gebirge kontinuierlich sein können, nicht zurückgewiesen. Herr DREYER warnt vor zu großen Proben und vertritt damit Kleinprobenversuche für kontinuierliche Gebirge; Herr MÜLLER fordert Großprobenversuche für diskontinuierliche Gebirge.

Eine dritte Gruppe, die Referate JUDD und das nicht verlesene Referat GOFFI, berichtet über wirkliche Großversuche, geht also einen Schritt weiter als Herr MÜLLER, der sich mit Großprobenversuchen befaßt. Die Großversuche sind Untersuchungen ganzer Grubenabteilungen mit Hilfe von Bewegungs- und Spannungsmessungen, Bruchbeobachtungen und geologischen Untersuchungen (auch von Herrn MÜLLER vertreten). Wir sollten solche Versuche als einen der wichtigsten Wege, wenn nicht den wichtigsten, in unserem Bemühen um die Festigkeit der Gebirge betrachten.

Viertens:

Viele Herren haben über Definitionen gesprochen. Ich halte das für sehr wichtig, denn es ist mir aufgefallen, daß gewisse Begriffe wie Kontinuität, Homogenität und Isotropie von verschiedenen Herren verschieden aufgefaßt werden.

Herr DREYER brachte Vorschläge für eine bessere Definition des Elastizitätsmoduls. Seine Ausführungen gelten wohl auch sinngemäß für die POISSONsche Konstante.

Es wurde auch besprochen, durch welche physikalische Größe die Festigkeit anzugeben sei. Die meisten Herren messen die Festigkeit durch Spannungsgrößen. Es wurde aber auch darauf hingewiesen, vor allem durch die Herren MÜLLER und WATZNAUER, daß es zweckmäßiger sein könnte, die Festigkeit in Verformungs- oder Verschiebungsgrößen anzugeben. Eine weitere Möglichkeit wäre eine Energiegröße, ein Produkt aus Spannung und Verformung.

Schließlich möchte ich noch hervorheben, was Herr MÜLLER sagte, nämlich daß es wichtig ist, bei der Angabe von Festigkeitswerten auch die Versuchsbedingungen zu spezifizieren. Herr MÜLLER schlägt vor, dies mit Hilfe von Indizes zu tun. Ob dies zweckmäßig ist, sollte diskutiert werden. Vielleicht darf ich die Arbeitsgruppe für Festigkeitsbestimmungen bitten, ein Formblatt zu entwerfen, in dem auch die Versuchsbedingungen angegeben werden und das dann alle Mitglieder benutzen sollten, wenn sie Versuchsergebnisse veröffentlichen.
Wir wollen nun mit der Diskussion beginnen.

Herr HOFFMANN

Herr DENKHAUS hat darauf hingewiesen, daß die Untersuchung der Gebirgsfestigkeit möglichst einfach sein soll, damit man den Anforderungen der Praxis schnell und zuverlässig nachkommen kann. Die Forderung der Einfachheit, Schnelligkeit und Zuverlässigkeit ist besonders wichtig im Steinkohlentiefbau, und zwar in den Flözbetrieben, in denen die Betriebspunkte von Tag zu Tag wandern.

Ich möchte Ihnen in wenigen Minuten klarmachen, wie ein wissenschaftlich interessierter Markscheider des Aachener Gebietes den vorgenannten Anforderungen gerecht geworden ist, um seinem Betrieb zu helfen. Ich darf darauf hinweisen, daß es im Steinkohlenbergbau des Aachener Reviers ein Steinkohlengebirge gibt, daß zu 90% aus Schieferton besteht, der sehr wasseranfällig ist und bei Wasseraufnahme infolge der Feinstglimmer, die im Schieferton enthalten sind, mehr oder weniger schnell zerfällt. Deshalb sind die Grubenausbaukosten außerordentlich hoch. Es handelt sich jetzt um die dringende Frage: Wie kann man im Flözbetrieb, also in Vorrichtungs- und Abbaustrecken, die Ausbaukosten möglichst schnell senken, um zu einem wirtschaftlicheren Betrieb zu kommen.

Den Untersuchungen des Doktoranden, Herrn SKUTTA, kam entgegen, daß nur ein verhältnismäßig dünner Schichtenverband um eine Abbaustrecke die Verformung des Ausbaues erzeugt. Die Mächtigkeit dieses aufgelockerten Verbandes in Streckennähe beträgt nur etwa 1 bis höchstens 5 m. Das übrige Gebirge hat auf die Deformation des Ausbaues und auf die Verminderung des Streckenquerschnitts keinen wesentlichen Einfluß mehr. Die Untersuchungen müssen mit einer feingeologischen Aufnahme des Flözes und seines Hangenden und Liegenden beginnen, und zwar unterteilt nach der Gesteinsart, ihrer Mächtigkeit, dem Gesteinswechsel und vor allen Dingen mit der Aufnahme der Unstetigkeitsflächen infolge der mineralischen und der fossilen Einlagerungen. Diese „Zollstockmessungen" werden zusammengefaßt in einem Flözschnitt, der etwa 5 m über dem Flöz und etwa 4 m unter dem Flöz enden kann. Bei der Aufnahme ist es sehr wichtig, auch die Abstände der Schichtlösen und der Klüfte zu messen. Bild 1 zeigt in graphischer Darstellung, daß die Lösenabstände in cm-Beträgen bei Sandschiefer von 70 cm in Flöznähe bis etwa 5 cm abfallen und dann wieder ansteigen. Ähnliches ergibt die Messung der Kluftabstände. Die Kluftabstände und die Lösenabstände ergeben bekanntlich den Kluftkörper, dessen Größe ein Maß für die Beweglichkeit des Schichtenverbandes ist. Ist der Kluftkörper klein, dann ist die Beweglichkeit des Schichtenverbandes groß, und damit werden natürlich die Druckwirkungen groß.

Weiterhin hat Herr SKUTTA die Festigkeit der einzelnen Proben, die er aus diesem Profil entnommen hat, mit dem Prallhammer untersucht. Der Prallhammer (Bild 2) ist hauptsächlich ein Betonprüfgerät, dessen Wirkungsweise ich in diesem Kreis wohl voraussetzen kann. Mit dem Prallhammer kann man bei Beton die Druckfestigkeit messen. Es besteht auch ein

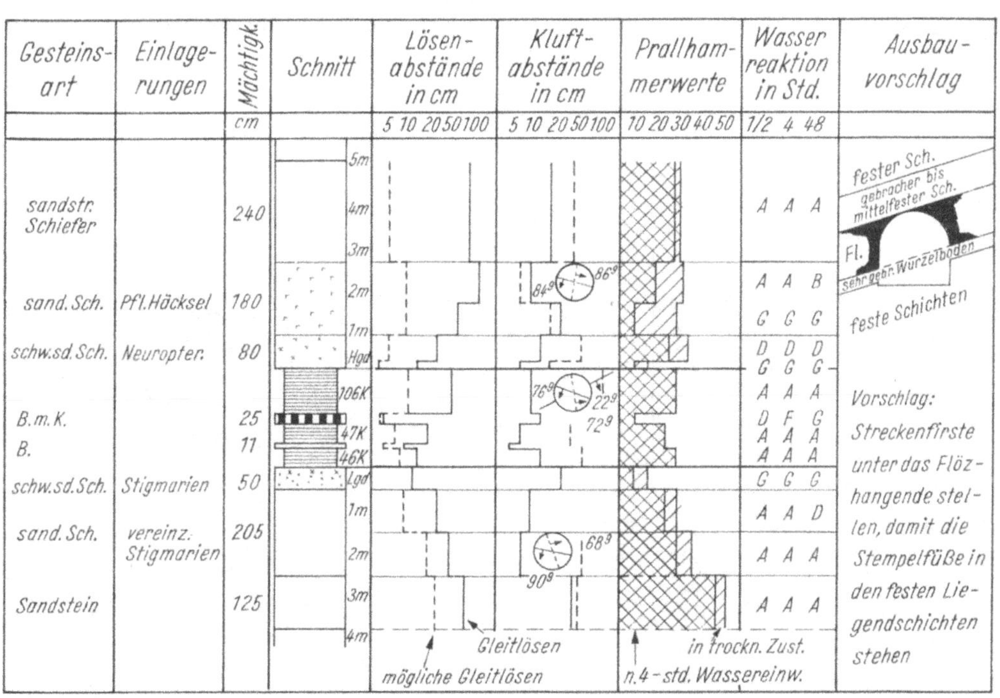

Bild 1. Gesteinsmechanische Untersuchungen von Flöz und Nebengestein nach SKUTTA

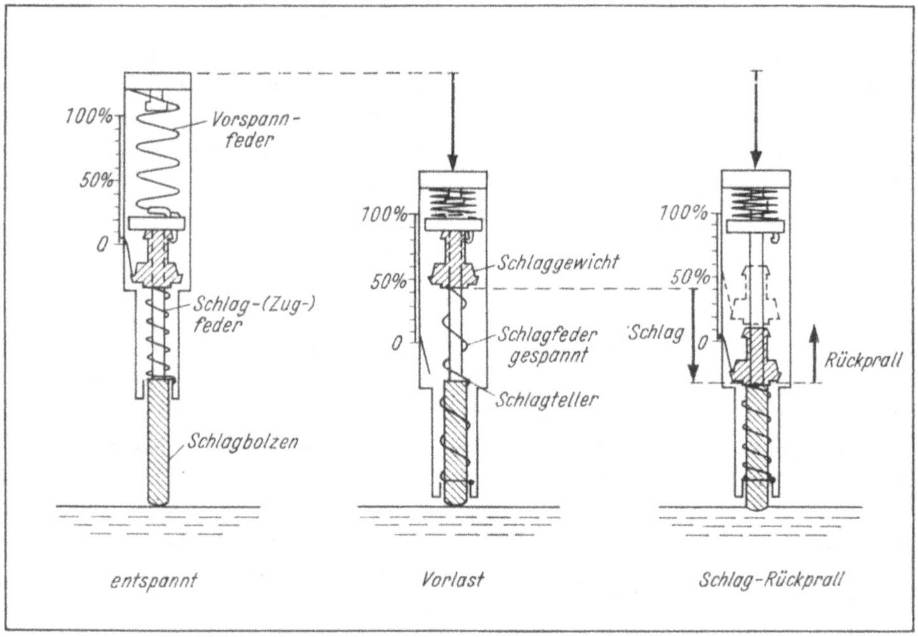

Bild 2. Betonprüfhammer; Arbeitsweise

Zusammenhang zwischen den Prallhammerwerten im Karbongestein und der Druckfestigkeit. Ich komme gleich noch darauf zurück.

Ferner hat Skutta die Wasserreaktion der einzelnen Gesteinsproben untersucht und die Intensität dieser Reaktion mit den Buchstaben A, B, C usw. bezeichnet (Bild 3).

Wenn die Probe A in Wasser nach vierstündiger Einwirkungszeit nicht zerfällt, haben wir ein Charakteristikum, das wir mit A bezeichnen. Kann man die Probe durch die Wirkung einer aufgebrachten Scherkraft zerteilen, dann haben wir die Reaktion B. Ist eine Scherkraft not-

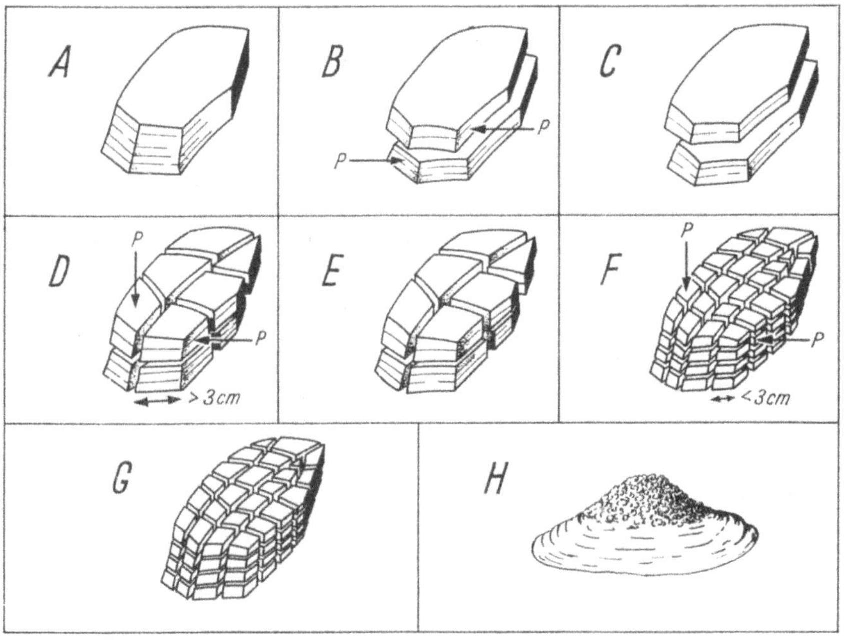

Bild 3. Erläuterungen zur Wasserreaktion der Karbongesteine

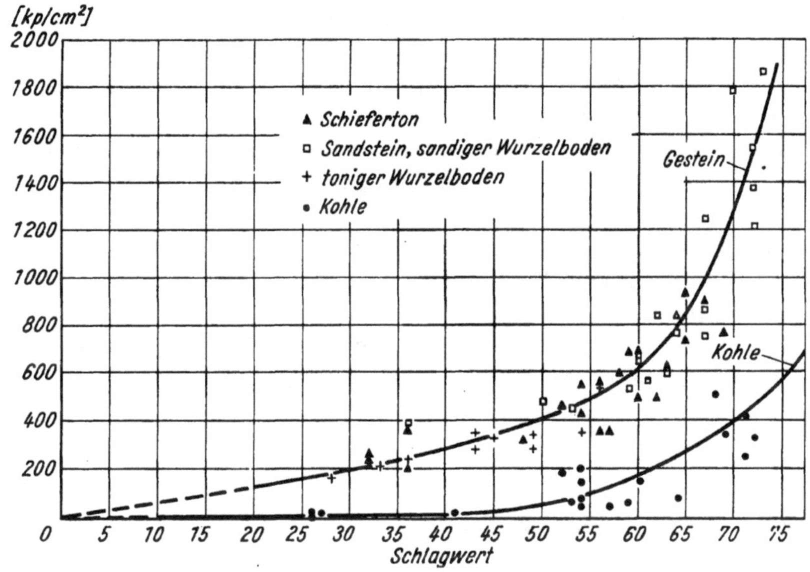

Bild 4. Druckfestigkeit in Abhängigkeit vom Schlagwert

wendig, dann haben wir die Reaktion C. Zerfällt in der Reaktion D die Gesteinsprobe in der Weise, daß etwa Bruchstücke größer als 3 cm entstehen, haben wir die Eigenschaft D. Des weiteren sind die Proben E, F, G zu nennen. Sie sehen also die Änderungen im Zustand nach vierstündiger Wasseraufnahme bis zur völligen Auflösung des Schiefertons. Alle Proben aus dem Profil wurden in dieser Weise berücksichtigt.

Bild 4 zeigt die Zusammenhänge zwischen der Druckfestigkeit und den Rückprallwerten des Prallhammers. Prallhammerwerte von 40 bis 45 mm ergeben in dieser Darstellung eine Druckfestigkeit von 300 kp/cm².

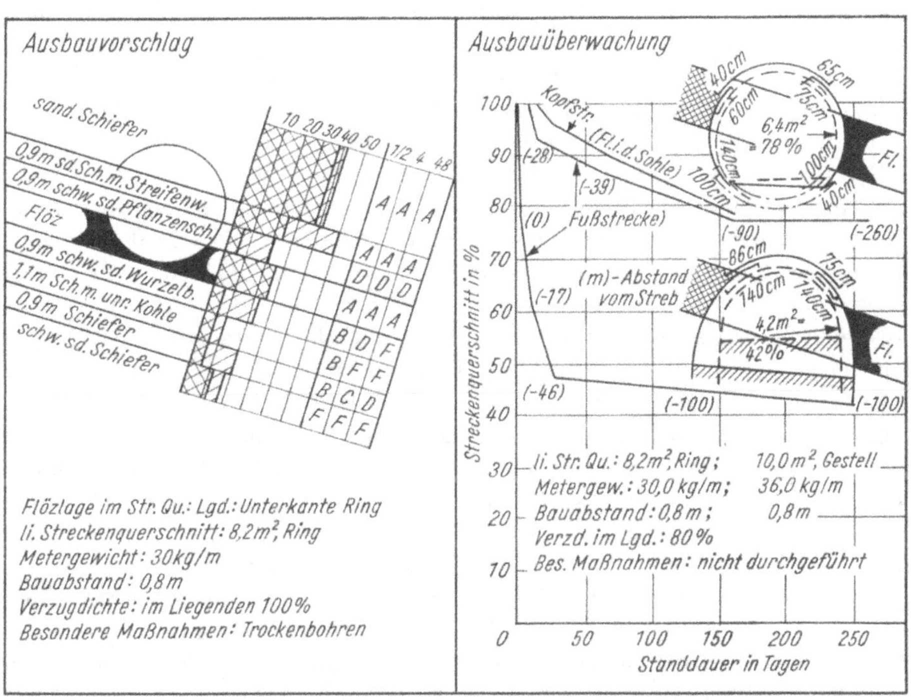

Bild 5. Ausbauvorschlag und Ausbauüberwachung

Sie sehen, daß man in etwa aus der Prallhammerfestigkeit auf die Druckfestigkeit der Gesteinsprobe schließen kann. Das Ergebnis der Untersuchungen ist die Entscheidung über die Ausbauform (Bild 5), die Größe des Ausbauquerschnitts und der Ausbaulage innerhalb des Flözprofils. Man muß die Ausbaufüße immer in feste Schichten setzen, damit sie halten. Die festen Schichten ergeben sich aus diesem Untersuchungsergebnis. Haben wir feste Schichten weder im Hangenden noch im Liegenden, muß ein geschlossener Ausbau durchgeführt werden.

Ich darf sagen, daß die Bergwerksgesellschaft von diesen Untersuchungen sehr angetan war, weil auf diese Art und Weise die Ausbaukosten sehr stark herabgesetzt werden konnten.

Mein Doktorand hat noch ein Weiteres getan. Er hat seine durchgeführten Ausbauvorschläge zur Querschnittsveränderung in Beziehung gesetzt. Die Verminderung des Streckenquerschnitts hat er nach einer fotografischen Methode festgehalten. Auf diese Art und Weise erhielt er eine gute Kontrolle über den Erfolg seiner durchgeführten Vorschläge.

Herr Ganev

Verehrter Herr Präsident! Verehrte Kollegen!

In den sehr wertvollen Referaten zum diesjährigen Rahmenthema „Die Festigkeit von Gebirgskörpern" wurden viele Ideen vorgebracht, die Wege aufzeigen, wie die Unterschiede im Festigkeitsverhalten der Gesteine im Laboratorium gegenüber dem Festigkeitsverhalten des Gebirgsverbandes, wenn nicht ganz beseitigt, so doch wenigstens bedeutend verkleinert werden können. Hierbei wird meist als Hauptentstehungsgrund dieser Unterschiede der verschiedene Aufbau der einzelnen zusammenhängenden Gesteine und des fast immer rissigen und zerklüfteten Gebirgsverbandes erkannt. Es wurden auch Methoden vorgeschlagen und erörtert, wie diesem Sachverhalt bei den Versuchen Rechnung getragen werden kann.

Nach meiner Meinung spielt hierbei auch die Art der rechnerischen Auswertung der Versuchsergebnisse eine nicht ganz untergeordnete Rolle, da bei den Versuchen die ebenen oder linearen Verformungszustände nicht immer streng auseinandergehalten werden. Dieser Sachverhalt kann mit Hilfe meines Referats „Übergang von räumlichen zu ebenen und linearen Verhältnissen bei den Elastizitäts-Grundgleichungen des orthogonal-anisotropen (orthotropen) elastischen Körpers und von der Benutzung der beiden linearen Zustände zur Ermittlung der technischen Konstanten" veranschaulicht werden.

In dem Referat, welches ich vorgetragen und erörtert habe, wollte ich zeigen, daß man eine Gruppe von Koeffizienten, welche unter allen Umständen gelten, aus Laboratoriumsversuchen bei linearen Verhältnissen errechnen kann, so daß man deren Wert in der Natur eigentlich nicht nachzuprüfen braucht, wenn es sich um Materialien handelt, welche als stetig anzunehmen sind.

Wie aus diesen theoretischen Ausführungen ersichtlich ist, können aus der Nichtbeachtung der Unterschiede der entsprechenden Verformungs- und Spannungszustände bedeutende Unterschiede zwischen verschiedenen Versuchsreihen und dann naturgemäß auch zwischen den Ergebnissen im Laboratorium und dem wirklichen Verhalten der Materialien in der Natur entstehen. Aus diesen theoretischen Ausführungen kann auch entnommen werden, daß es durchaus möglich ist, die Ergebnisse von Versuchsreihen im Laboratorium, welche parallel für lineare Verformungs- und Spannungszustände durchgeführt werden, zur Bestimmung von Wertgruppen zu benutzen, die für räumliche Verhältnisse gelten.

Es hat sich zwar gezeigt, daß die Versuchsergebnisse bei linearen Verhältnissen nur zur Ermittlung der Größen dienen können, welche im verallgemeinerten Hookeschen Gesetz die Normalspannungen mit den Dehnungen verbinden. Es darf aber offenbar mit vollem Recht erwartet werden, daß parallel laufende Versuchsreihen bei ebenen Verhältnissen auch die Größen ermitteln lassen, welche die Schubspannungen mit den Winkeländerungen verbinden,

Demzufolge ist zu erwarten, daß, wenn bei der Planung und Durchführung von Versuchen obige Gesichtspunkte genügend mitbeachtet werden, Endergebnisse erreicht werden können, welche die so unangenehme Nichtübereinstimmung im Festigkeitsverhalten der Gesteine im Laboratorium gegenüber dem Festigkeitsverhalten des Gebirgsverbandes bedeutend verkleinern.

Herr EVERLING

Herr Dr. MÜLLER hat sein Bedauern darüber ausgedrückt, daß er heute nicht mehr bei der Diskussion dabei sein kein. Er hat mich gebeten zwei kurze Bemerkungen für ihn vorzutragen:

1. Herr Dr. MÜLLER empfiehlt, als Einheit der Gesteinsfestigkeit kp/cm² und als Einheit der Gebirgsfestigkeit Mp/m² zu benutzen. Diese rein äußerliche Unterscheidung hilft dabei, auf den ersten Blick festzustellen, ob es sich um eine Laboruntersuchung oder um eine Untersuchung im Gebirge handelt. Technisch ist die Unterscheidung sehr sinnvoll, da ja die Abmessungen von Probekörpern, die wir im Laboratorium untersuchen, meist in der cm-Größenordnung liegen, während im Gebirge in der m-Größenordnung gearbeitet wird.
2. Zu dem Vortrag von Herrn Prof. PROTODJAKONOV bemerkte Herr Dr. MÜLLER, daß man wohl nicht die reinen Maßstabseffekte mit den Gesetzen der Kluftauswirkung zusammenwerfen dürfe. Er sagte, es handele sich doch um zwei vollkommen verschiedene Begriffsgruppen bei den Überlegungen, die Herr PROTODJAKONOW für Gesteinsproben sehr richtig und zutreffend angestellt hat, und bei den Überlegungen, die für das Gebirge anzustellen sind.

Ich vermute, daß Herr Professor PROTODJAKONOV hierzu etwas antworten wird, und es ist wirklich sehr zu bedauern, daß Herr Dr. MÜLLER nicht anwesend ist. Ich nehme aber an, daß Herr Prof. MENCL, der an derselben Stelle des Vortrages von Herrn PROTODJAKONOV gestern ähnliche Bedenken äußerte, die Gedanken von Herrn Dr. MÜLLER mit vertreten kann.

Herr LIEGEOIS

Es handelt sich um die Wahl der Vergleichseinheiten. Wir haben Messungen unter Tage mit einem sehr praktischen Ziel durchgeführt, nämlich Eindringversuche zur Gestaltung des Ausbaus. Wir gebrauchen bei diesen Messungen im allgemeinen die Einheit kp/cm², wobei es sich eigentlich nicht um eine Messung der Belastungen handelt, die durch das Gebirge ausgeübt werden. Ich habe über diese Frage noch nicht sehr eingehend nachgedacht, aber ich bitte doch zu überlegen, ob man einen derartigen Vorschlag generell annehmen kann.

Herr PROTODJAKONOV

Ich kann mich mit Dr. MÜLLER nicht einverstanden erklären, da das verschiedene Dinge sind. Es sind rein quantitative Unterschiede, und die Klüftigkeit zeigt sowohl im Probekörper als auch im Massiv einen Einfluß. Wir haben beispielsweise folgenden Versuch durchgeführt:

Wir haben Probekörper verschiedener Abmessungen im Labor untersucht. Die Probekörper besaßen eine kubische Form. Waagerecht haben wir das Volumen und auf der Ordinate die Festigkeit in kp/cm² abgetragen. Dieser Bereich umfaßt 6 bis 7 Ordnungen, d. h. 10^6 oder 10^7. Es ergibt sich eine gerade Linie. Wenn wir diese gerade Linie extrapolieren, dann können wir irgendwo die Festigkeit für die Probekörper erhalten, die der Festigkeit des Massivs entspricht.

Es wurden des weiteren Versuche zur Bestimmung der Festigkeit von Pfeilern, speziell von Kohlepfeilern, die eine Stärke bis zu $1^1/_2$ m aufweisen, durchgeführt. Wir haben die

Ergebnisse im Bereich der Streuungsgenauigkeit erhalten. Laborversuche haben wir in großer Zahl durchgeführt, jedoch Versuche im Gebirgsmassiv weniger. Auf alle Fälle ist ein solcher Versuch sehr hoffnungserweckend.

Der Einfluß des Maßstabseffekts wurde nicht nur an Gesteinen untersucht, es wurden auch Untersuchungsergebnisse an keramischen Materialien, an Metallen usw. ermittelt. Die Gesetze, die wir erhalten, waren überall gleich. Deshalb glauben wir, daß die Untersuchung des Maßstabseffekts eine der wichtigsten Methoden ist, um die Festigkeit im Gestein und im Gebirge zu untersuchen. Es werden bei Berücksichtigung des Maßstabseffekts zwar nicht alle Unterschiede ausgeschöpft, jedoch ist dieser Faktor einer der wichtigsten.

Es tut mir nur leid, daß Herr Dr. Müller nicht mehr anwesend ist, sonst hätten wir diese Dinge schon auf privater Ebene klären können.

Herr Mencl

Gegen die Verallgemeinerung der Konzeption, daß man von der Festigkeit im Maßstab des Laboratoriums zu jener im Maßstab unseres Arbeitsfeldes bloß auf dem Wege der Statistik kommen kann, ist es möglich, einfache Beispiele anzuführen. Ein derartiges Beispiel, welches gestern Dr. Müller im Sinne hatte, ist die Aufgabe der Stabilitätsermittlung einer Felsböschung, die durch eine Störungsfläche gekennzeichnet ist (Bild 1). Soweit wir mit unseren Untersuchungen im Innern des festen Gebirges bleiben, ist die Festigkeit groß. Aber auf der Diskontinuität fällt die Festigkeit plötzlich auf einen Bruchteil des statistisch festgestellten Wertes ab.

Prof. Kuznecov hat gestern sehr instruktive Beispiele der Unterschiede in der Tragfähigkeit von Pfeilern gezeigt, welche sich nur durch das System der Trennungsflächen unter-

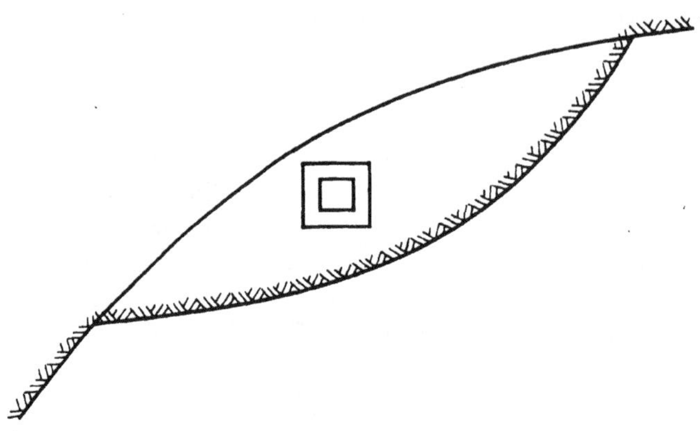

Bild 1

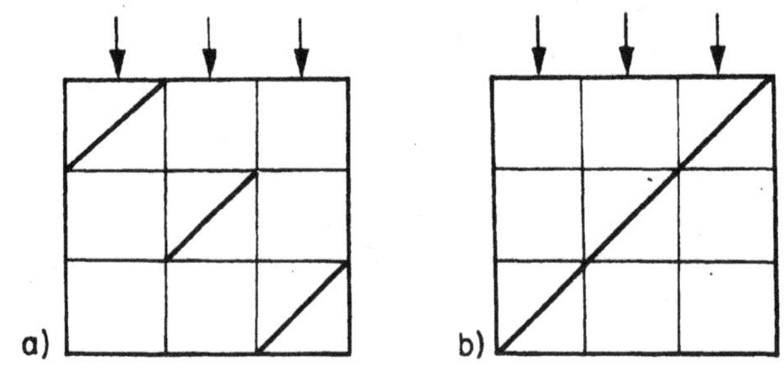

Bild 2

schieden haben. Zum Beispiel der Pfeiler a (Bild 2) hat gewiß eine größere Tragfähigkeit als Pfeiler b. Trotzdem wird uns die statistische Behandlung der großen Zahl der zufälligerweise entnommenen Proben, auch wenn deren Zahl sehr groß ist, für die beiden Pfeiler a und b dieselbe Gesamttragfähigkeit angeben.

Aber gerade die Versuche im Laboratorium von Prof. KUZNECOV zeigen, daß ein Weg vom Maßstab des Laboratoriums zum Maßstab des Arbeitsfeldes möglich ist.

Herr PROTODJAKONOV

Jetzt wird meine Aufgabe dadurch etwas erleichtert, daß ich mich mit den hier Anwesenden streiten kann. Ich untersuche den Einfluß des Maßstabseffekts.

Die sprunghaften Abweichungen der Streuung kann ich als Abweichungen von der Abglättungskurve betrachten. Ich bin der Meinung, daß man den Maßstabseffekt nicht nur in Beziehung auf einen einzelnen Block betrachten kann. Wenn wir uns nämlich ein Massiv aus Lagen, genau im Verhältnis zu den Schichten stehend, betrachten, dann würde das eine Idealisierung darstellen. Aber in Wirklichkeit ist es so, daß die eine etwas stärker als die andere ist, daß heißt, daß die Entfernung zwischen den Klüften keine konstante Größe darstellt. Wenn wir beispielsweise einen Körper herausnehmen, dann paßt er in die Klüfte hinein. Wenn ich einen anderen nehme, dann paßt er nicht zwischen die Klüfte. Deshalb muß man die Untersuchung des Maßstabseffekts auf der Grundlage der mathematischen Statistik führen.

Ich möchte das folgendermaßen darstellen: Wir haben einen genügend großen Block vorliegen. In diesem Block befinden sich einige größere Klüfte. Wenn wir beispielsweise diesen Block in dieser Richtung in 100 Blöcke und in der anderen Richtung ebenfalls in 100 Blöcke zersägen könnten und annehmen, daß hier das Material vollkommen homogen ist und nur eine Festigkeit aufweist und entlang der Klüfte überhaupt keine Festigkeit besitzt, das heißt die Festigkeit gleich Null ist, dann können wir die Gesamtzahl der kleinen kubischen Probekörper im Massiv berechnen. Wenn die Anzahl der Probekörper in dieser Richtung n ist, dann ist sie für den gesamten Block n^3. Nur die Probekörper, die auf die Kluftflächen fallen, weisen eine Festigkeit auf, die Null ist. Die Anzahl solcher Probewürfel ist proportional der Gesamtfläche der Kluftflächen geteilt durch die Fläche eines einzelnen Probekörpers: $n = \frac{F}{f}$. Dann ist die Wahrscheinlichkeit gegeben, einen Probekörper ohne Klüfte zu erhalten. Diese Probewürfel weisen die Festigkeit σ auf, und die Gesamtzahl der Probekörper weist die Festigkeit $\sigma = 0$ auf. Wenn wir diesen Begriff durch n^3 teilen, erhalten wir die Wahrscheinlichkeit des Auffindens eines Probekörpers mit der Festigkeit des Materials.

$$\left(\frac{\dfrac{n^3 - F}{f}}{n^3}\right) \to \sigma\,, \qquad \frac{\dfrac{F}{f}}{n^3} \to \sigma = 0\,.$$

Das ist der Ausdruck für die Wahrscheinlichkeit, daß wir einen Probewürfel mit der Festigkeit Null finden. Wir werden natürlich niemals in der Lage sein, die Festigkeit des gesamten Massivs zu untersuchen und dieses meinetwegen in Millionen Probekörper zu zersägen. Wir nehmen deshalb Proben aus diesem Massiv heraus, entweder nach einem vorher festgelegten oder angenommenen Gesetz oder wie es uns gerade einfällt. In diesem Falle erhalten wir ein typisches Beispiel für eine binomiale Verteilung, für die Möglichkeiten einer geringen Auswahl. Die Wahrscheinlichkeit bei dieser binomialen Verteilung entspricht den Formeln, die ich angeschrieben habe.

Wenn wir die Abmessungen der Probekörper vergrößern und große Probekörper untersuchen, dann sehen wir, daß sich die Gesamtzahl der Probekörper verringert und sich der prozentuale Anteil der Probekörper, die Ergebnisse aufzuweisen haben, vergrößert. Damit vergrößert sich die Wahrscheinlichkeit, Probekörper mit einer Festigkeit, die gleich Null ist, zu erhalten. Oder wenn dieser Probekörper nur teilweise entlang der Kluft verläuft, dann erhalten wir eine geringere Festigkeit. Wenn wir die Abmessungen der Probekörper und die mittlere Festigkeit in einem Koordinatensystem auftragen, dann erhalten wir für sehr kleine Probekörper eine hohe Festigkeit, und dann fällt die mittlere Festigkeit mit der Vergrößerung der Probekörperabmessungen ungefähr nach diesem Gesetz.

Den Mittelwert erhalten wir dann, wenn die mittleren Probekörperabmessungen den mittleren Abständen entsprechen.

Der mittlere Kluftabstand kann in dem einen Fall anders sein als beim anderen Kluftabstand. Deshalb erhalten wir nicht nur eine Kurve, sondern einen ganzen Kurvenbereich.

Die geringste Veränderlichkeit tritt auf im Bereich von großen Probekörpern, und die große Veränderlichkeit geht von Null bis zu einem Maximum im Bereich der Probekörper mit geringen Abmessungen.

Wenn wir künstliche Materialien untersuchen, die ganz streng angeordnet sind, dann erhalten wir folgendes: Eine konstante Festigkeit bis zu einem bestimmten Maß erreichen wir durch Abmessungen, die durch eine Probekörpergröße gegeben sind. Dann gehen wir zu einem Kluftsystem über und erhalten ein anderes System. Sämtliche Abweichungen können wir dabei nicht berücksichtigen, werden also die mittlere Kurve verwenden und dabei die Veränderlichkeitsgrenze dieses Gebietes berücksichtigen.

Deshalb kann ich mit den pessimistischen Anschauungen nicht einverstanden sein, die behaupten, daß Laboruntersuchungen keinerlei Beziehungen zu den Untersuchungen im Massiv besitzen. Gewöhnlich erhält man im Labor Ergebnisse für bestimmte Abmessungen des Probekörpers und man erhält sie auch für bestimmte Verhältnisse im Massiv.

Wenn wir natürlich keine weiteren Zwischenpunkte aufzuweisen haben, dann können wir natürlich diese beiden Punkte nicht verbinden. Einige gehen so vor, daß sie an einigen Punkten die Werte bestimmen und dann ein Verhältnis bilden, und nehmen an, daß im allgemein auch für das Gebirgsmassiv diese Verhältnisse zutreffend sind.

Diese Verhältnisse können unterschiedlich sein. Deshalb schlage ich vor, im Labor nur ein Teilstück dieser Kurve zu bestimmen und dann diese Kurve zu extrapolieren.

Natürlich können wir uns beim Extrapolieren etwas irren, aber in jedem Fall erhalten wir ein ungefähres Bild über die Verhältnisse im Massiv. Gerade Linien zu extrapolieren ist schwierig und sehr unsicher. Deshalb müssen wir zuerst den Gleichungstyp bestimmen und das Koordinatensystem so verändern, daß diese Kurve als Gerade dargestellt werden kann. Das tragen wir dann ein und können die Werte sicherer extrapolieren.

Herr Dreyer

Meine Herren!

Bei den bisherigen Vorträgen haben wir mehr oder minder voneinander abweichende Definitionen und Meßvorschriften der Gebirgsfestigkeit kennengelernt und stehen nunmehr vor der Aufgabe, das Gemeinsame zu verbinden, um zu einer einheitlichen Begriffsbildung zu gelangen. Bei diesem Bemühen muß man auch die im Schrifttum bereits verankerten Formulierungen berücksichtigen, wobei ich die durch Herrn Dr. Müller interpretierte Begriffsbestimmung der Felsmechanik und Ingenieurgeologie zur Diskussion stellen möchte. Hierbei gebe ich meinem Bedauern Ausdruck, daß Herr Dr. Müller bei der Diskussion nicht mehr anwesend ist, doch kann stellvertretend für ihn sein in diesem Jahr erschienenes Buch „Der Felsbau", 1. Band (1963) Ferdinand Enke Verlag Stuttgart, sprechen.

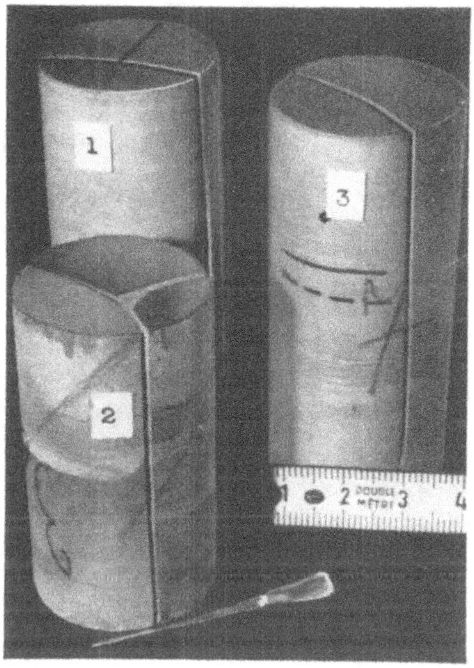

Bild 1

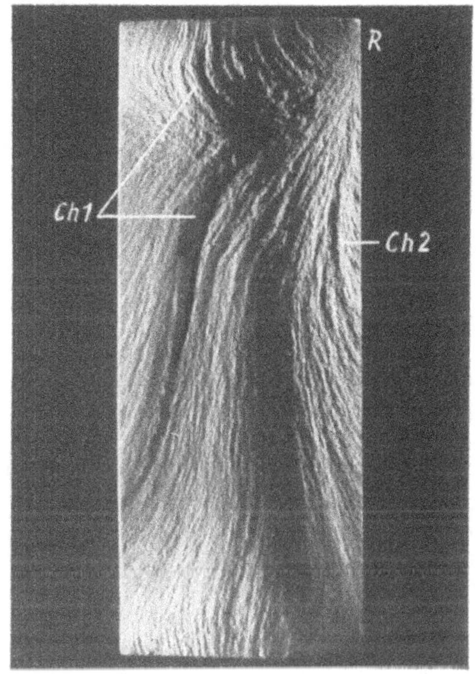

Bild 2

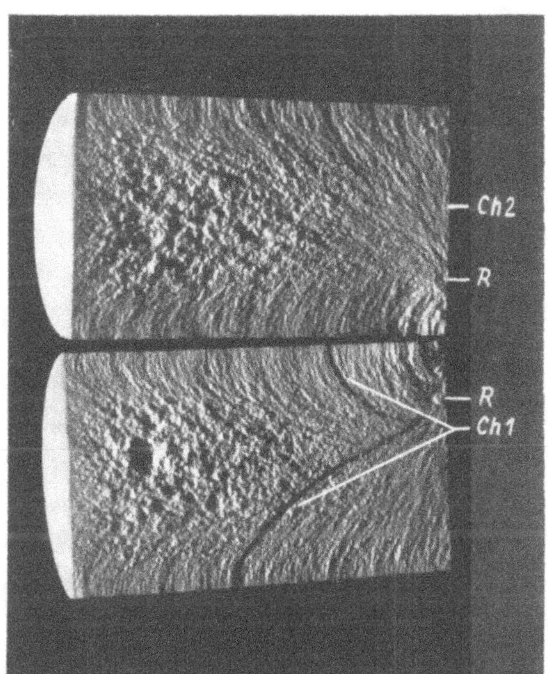

Bild 3

Ähnlich wie in der Gesteinsmechanik wird die Gebirgsfestigkeit zunächst in Gebirgsdruckfestigkeit, Gebirgszugfestigkeit, Gebirgsscherfestigkeit usw. untergliedert. Im Abschnitt ,,Gebirgsdruckfestigkeit“ heißt es eingangs auf Seite 26 wörtlich:

„Um die Gebirgsdruckfestigkeit in Analogie zur einachsig verstandenen Gesteinsdruckfestigkeit zu beschreiben und zu prüfen, hätte man im Gebirge einen im wesentlichen einachsigen Spannungszustand herzustellen. Ein solcher tritt annähernd an Restpfeilern eines Pfeilerabbaues oder an Pfeilern zwischen benachbarten Unter-Tage-Räumen, inhomogen auch an Teilen des Umfanges von Felshohlräumen auf. Würde man einen solchen Spannungszustand bis zur Bruchgrenze steigern, dann hätte man annähernd eine einachsige Gebirgsdruckfestigkeit ermittelt.“

Ich möchte an die hier anwesenden Vertretern der Felsmechanik und Ingenieurgeologie die Frage richten, inwieweit wir auf dieser Begriffsbestimmung aufbauen und inwieweit sie sich selbst mit der gegebenen Formulierung identifizieren können.

Herr Seldenrath

In verschiedenen Vorträgen ist über elastische und plastische Eigenschaften der verschiedenen Gesteinsarten gesprochen worden.

Denkhaus hat plastische Verformungen definiert als nicht umkehrbare Verformungen im Gegensatz zu völlig elastischen Verformungen.

Die meisten Gesteinsarten sind aber nicht rein elastisch, sondern zum Teil auch plastisch. Man hat versucht, diese Doppeleigenschaften mathematisch zu bestimmen oder dafür rheologische Modelle auszuarbeiten. Man ist jedoch kaum auf die physikalischen Eigenschaften des Gesteins, die meines Erachtens ausschlaggebend sind für Erklärung der Verformungserscheinungen, eingegangen.

Wenn man Gesteinsarten als sprödes Material betrachtet — gekennzeichnet durch explosionsartige Zertrümmerung bei einer bestimmten Belastung —, dann kann man zusammen auftretende elastische und plastische Verformungen beobachten.

Bei Laboratoriumsproben ist beobachtet worden, daß feinkörniges Gestein und Glas bei einachsiger Belastung meistens in axialer Richtung spalten.

Bild 1 gibt hiervon Beispiele für lithographischen Kalkstein (Solnhofen) [1].

Bild 2 zeigt ein Bild der Bruchfläche mit einem immer ausgeprägten Linienpatron, das keine Reibungserscheinungen zeigt. Es liegt tatsächlich ein Spaltbruch vor, der in Relation mit der bei Belastung immer auftretenden und wachsenden Querdehnung steht.[1]). Diese Art Bruchflächen sind typisch für spröde Materialien. Den Anfangspunkt des Bruches findet man rechts oben in Bild 2.

Bild 3 zeigt den gleichen Querdehnungsbruch bei einer brasilianischen Zugprobe. Auch wurde im Laboratorium beobachtet, daß viele Gesteinsarten bei einachsiger Druckbelastung während des Belastungsvorganges in ihrem Innern fortwährend explosionsartige Knalleffekte zeigten, die mit einem empfindlichen Bariumtitanatkristall leicht registriert und auf einem Bandrecorder zur späteren Analyse aufgenommen werden können (Mikroseismik).

Bild 4 zeigt im obersten Teil unter A, wie Verformungen im Idealfall (aber nicht realisierbar) sein sollen, unter B, wie die Verformungen tatsächlich aussehen, und unter C, wie die Spannungsverteilung nach der Berechnung von Filon [2] gegeben ist.

---

1) Ob die Ursache der axialen Spaltbrüche nur in der Querdehnung zu suchen ist, oder ob diese Spaltbrüche von einer „induzierten Zugspannung“ veranlaßt werden, so wie es im Report 1.07 angenommen ist, kann man vorläufig als Auffassungsfrage betrachten.

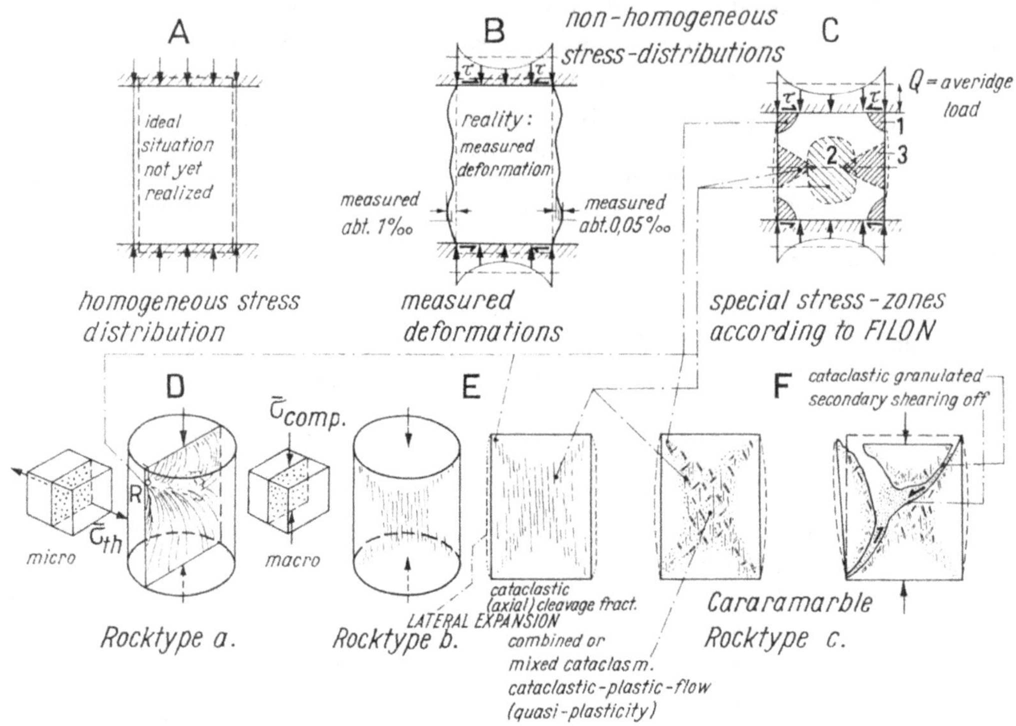

Bild 4

In diesem Bild bedeuten:

(1) sehr starke axiale Druckspannungszone,
(2) starke axiale Druckspannungszone,
(3) Zone wechselnder axialer Druckspannungen kombiniert mit ziemlich niedrigen Zugspannungen in lateraler Richtung.

Infolge dieser Spannungsverteilung unter einachsigem Druck im Gesteinszylinder findet explosionsartig Spaltenbildung statt, die fast bis zu mikroskopischen Dimensionen abläuft, und zwar hauptsächlich in der Richtung der einachsigen Hauptbelastung. Das hat eine Abschwächung des Materials zur Folge. Die jetzt anschließende weitergehende Durchbewegung kann sich zu zwei *Endphasen* entwickeln. Im allgemeinen sind die Endformen der Bruchbildung bei Probezylindern für feinkörniges Material und Glas, wo die typischen Dehnungsspalten nach Bild 2 auftreten, und für grobkörniges Material, wo meistens eine Konusbildung entsteht, nicht gleich. Diese Konusbildung erscheint ebenfalls explosionsartig entweder im oberen Teil oder im unteren Teil, unter Umständen auch oben und unten.

Also, abhängig von der unterschiedlichen Materialbeschaffenheit gibt es:

1. den *Extremfall* mit durchgehender Spaltung („Infiniteffekt"), anorganisches Glas oder feinkörniges Material wie lithographischer Kalkstein;
2. den *Normalfall* mit nicht durchgehender Spaltung, der durch den „Endflächeneffekt" (Konusbildung) verursacht wird, grobkörniges Material wie Granite, Quarzite usw.

Diese beiden Endphasen treten immer explosionsartig auf. In Bild 4 sind diese Vorgänge unter D, E und F schematisch angegeben.

Bild 5 zeigt parallele Spaltenbildung im Granit.

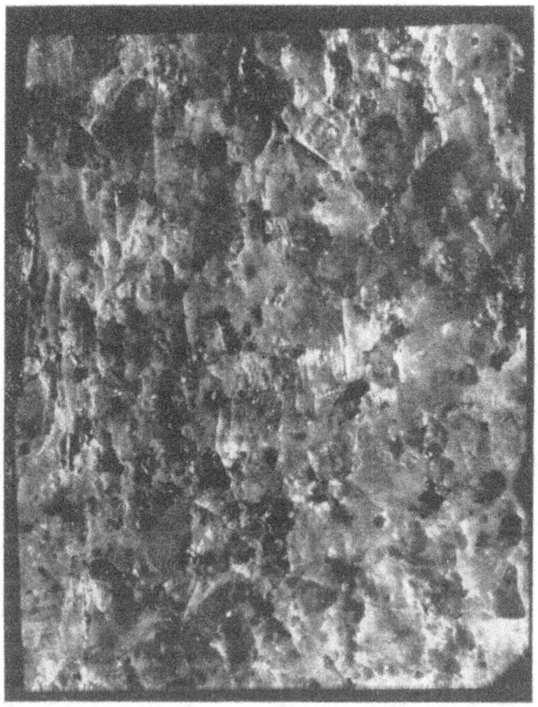

Bild 5

load axis = [111]
a
b
a
b
crystal cleavage planes (a)
[111]
surface of crystal
NaCl

Bild 6

Bild 7

Bild 6 zeigt einen Monokristall von Steinsalz, wo schon beim Abdrehen des Zylinders eine Kristallspaltung nach (100) entstanden war. Unter der Presse biegt diese Spaltfläche in die Richtung der Zylinderachse — also parallel zur Richtung der einseitigen Belastung — um.

Bild 7 zeigt zum Schluß, wie das, was im Laboratorium gefunden wurde (Bild 2 und 3), auch in der Wirklichkeit bei richtiger Beleuchtung im Bruchfeld eines Strebes an großen Gesteinsblöcken beobachtet werden kann. Diese Bruchflächen sind darum zweifellos Querdehnungsspalten.

Schlußbemerkung

Die meisten Gesteinsarten bestehen aus sprödem Material, das unter einseitiger Belastung beim Bruch Querdehnungsspalten bildet, die parallel zur Richtung der Belastung und nicht nach dem MOHRschen Gesetz orientiert sind.

Während des Belastungsvorganges bilden sich mikroskopisch kleine Risse, die eine pseudoplastische Verformung verursachen mit einer Volumenzunahme und dadurch bedingter relativ großer Querdehnung. Diese Spaltenbildung erklärt, warum m relativ abnehmen muß. Auch im Untertagebau können an Gesteinsblöcken eines Bruchfeldes diese Querdehnungsbrüche beobachtet werden.

Literatur

[1] Bilder aus Report 1.07 „The Axial Cleavage Fracture" Laboraty of Mining — Technological University Delft.

[2] FILON, L. N. G.: „On the Elastic Equilibrium of Circular cylinders under certain Pracitcal systems of load", Phil. Trans. Vol. 198 A, 1902, p. 147—1233.

Herr MENCL

Geehrte Herren!

Ich glaube, daß da ein Problem von großer Wichtigkeit für Ingenieure angeschnitten wurde. Erlauben Sie mir zu zeigen, daß man dieses Problem auch auf dem Wege der Mechanik zum Ausdruck bringen kann. Stellen wir uns z. B. einen dreiaxialen Versuch vor. Tragen wir auf der Abszisse (Bild 1) die relative Dehnung und auf der Ordinate die Spannungsdifferenz (σ_1 — σ_3) auf, so bekommen wir die bekannte Kurve, welche eine Verfestigung angibt, bei der ein quasi-plastisches Verhalten des Materials zur Geltung kommt. Wenn wir jedoch den Prüfungsverlauf bei einer Beanspruchung, die nur 60% der Festigkeit beträgt, einstellen (den Versuch also nicht zum Bruch führen) und dann die Probe einer anderen Beanspruchung aussetzen, z. B. der Zugbeanspruchung, so bekommen wir eine kleinere Zugfestigkeit als bei dem Material, welches vorher nicht beansprucht wurde.

In der Festigkeitslehre bezeichnet man diese Erscheinung als BAUSCHINGER-Effekt. Im strengen Sinne bedeutet BAUSCHINGER-Effekt jedoch etwas anderes; er betrifft die Fließgrenze. Dennoch glaube ich, daß man diese Bezeichnung auch in unserem Falle verwenden kann. Es zeigt sich, daß während der ersten Beanspruchung bereits die Struktur des Materials, ganz allgemein gesprochen, ein wenig verändert wurde. Der Felsmechaniker sollte also bei Arbeiten, bei denen das Material nicht bis zum Bruch beansprucht wird, nur mit solch zulässigen Spannungen rechnen, bei denen die Struktur des Materials keinen wesentlichen Abänderungen unterliegt. Anstelle der MOHRschen Kurve der Festigkeit des Materials M_1

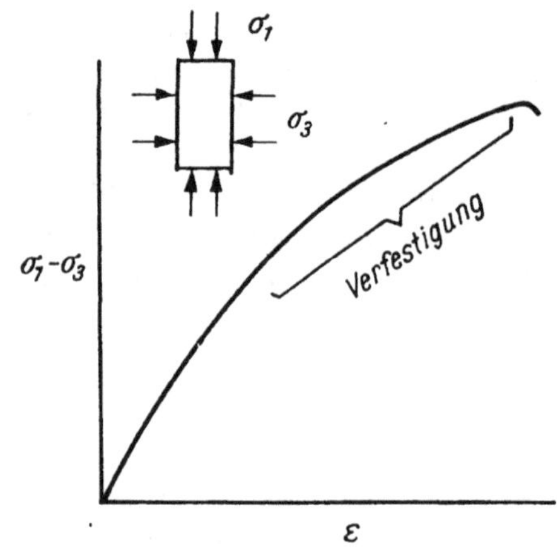

Bild 1

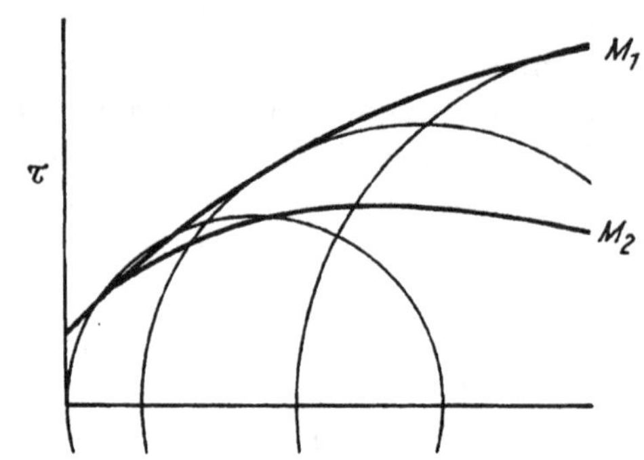

Bild 2

(Bild 2) erhalten wir dann die Kurve M_2. Man kann die Beschädigung der Struktur aber auch anhand der Veränderung der elektrischen Leitfähigkeit oder der Geschwindigkeit von Ultraschall nachweisen. Falls wir die Kurve M_2 anwenden, könnten wir mit einem niedrigeren Sicherheitsgrad rechnen, und manchmal werden wir zum gleichen Resultat kommen, wie wenn wir die Festigkeit der Kurve M_1 annehmen und mit einem größeren Sicherheitsgrad rechnen. Aber ich glaube doch, daß durch das Verfahren mit M_2 die Festigkeit den Bedingungen der unterirdischen Arbeiten besser anzupassen ist.

Was uns dabei interessieren könnte, ist die Frage, warum die Kurve M_2 nach oben ansteigt. Dazu erlaube ich mir, eine Frage an Herrn Prof. WATZNAUER zu stellen, und zwar, ob bei Silikatmineralien im allgemeinen Versetzungen im Kristallgitter festgestellt wurden. Bei uns gibt es Ingenieure und Geologen, die die Versetzungstheorie von Metallen auch für Mineralien weitgehend in Anwendung bringen möchten. Ein Streben, das ich — wenn man die Unterschiede im Kristallverband und Kristallgitter in Betracht zieht — sehr verwegen finde.

Zur Frage von Dr. DREYER möchte ich antworten, daß wir auch in der Gebirgsmechanik die klassische Terminologie der Festigkeitslehre einhalten sollten. Dort gibt es wirklich eine Zugfestigkeit, eine Schubfestigkeit usw. Falls man bestrebt ist, die Festigkeiten bei den verschiedenen Spannungszuständen durch einige wenige Parameter zu definieren, spricht man dann von einer Festigkeitstheorie des gegebenen Materials. Einen Versuch, eine derartige Theorie für Salz zusammenzustellen, hat Dr. DREYER gegeben.

Herr DE REEPER

In den hier abgehaltenen Referaten wurde bereits von mehreren Rednern hervorgehoben, daß die elastischen Konstanten eines Gebirges sich als Funktion der Spannung ändern. Zur Veranschaulichung wurden uns nachfolgende Diagramme gezeigt (siehe die Bilder 1a und 1b).

Dieses Ergebnis läßt sich z. B. bei einem einachsigen Druckversuch an einer Gesteinsprobe erreichen (Bild 2), wobei der E-Modul E_1 in der Belastungsrichtung σ_1 und die POISSONsche Konstante m_1 in der senkrecht dazu verlaufenden Richtung gemessen werden. Der mit σ_1 zunehmende Wert von E_1, entsprechend Bild 1a, läßt sich u. a. dadurch erklären, daß die Poren a in der Druckrichtung verkleinert bzw. geschlossen werden. Die Abnahme des m-Werts bei Zunahme von σ, vor allem bei größerer Belastung, läßt sich dadurch erklären, daß bestehende Poren und Risse sich in einer quer auf die Druckrichtung verlaufenden Richtung öffnen, während in der Druckrichtung neue Risse b hinzukommen (GRIFFITH). Dies bedeutet,

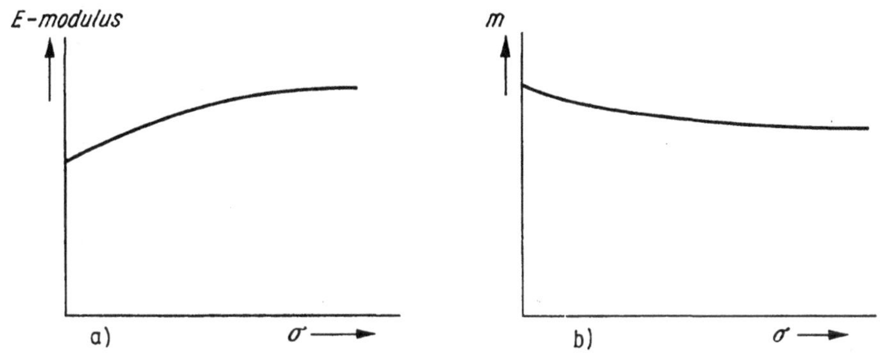

Bild 1

daß bei zunehmender Spannung σ die Volumenverringerung nicht proportional zu σ verläuft, sondern stets kleiner wird. Bei ausreichend hohem Druck kann man beim Anstieg des σ-Werts sogar eine Volumenvergrößerung des Probezylinders feststellen, was bedeutet, daß in diesem Falle $m < 2$ ist, wie in Bild 3 gezeigt wird.

Bringt man jetzt auf denselben Probezylinder unter Aufrechterhaltung der Belastung $\sigma_1 = \sigma_1'$ senkrecht zur σ_1-Richtung eine Last σ_2 auf (siehe Bild 4) und mißt man in den dazu gehörigen Richtungen die E-Moduln $E_2 \,//\, \sigma_2$ und die Poissonsche Konstante $m_2 \,//\, \sigma_1$, so findet man hierfür völlig andere Werte, wie qualitativ in den Bildern 5a und 5b gezeigt wird. Anfangs, also bei niedrigen Werten für σ_2, wird für den zugehörigen E_2-Modul ein bedeutend niedrigerer Wert als der zu σ_1' gehörige E_1'-Wert gemessen, weil das Material in dieser Richtung weicher geworden ist.

Weiter zeigt sich, daß die zu σ_2 gehörige Poissonsche Konstante m_2 anfangs von dem zu σ_1' gehörigen Wert m_1' abweicht, und zwar bedeutend größer ist als dieser Wert. Das bedeutet aber, daß man bei dieser Belastung σ_2 zunächst eine stärkere spezifische Volumenverringerung feststellt als am Ende der σ_1-Belastung. Faktisch ergibt sich, daß in den hier gemeinten Fällen die Struktur des Materials durch den ausgeübten Druck anisotrop geworden ist. Gleiches gilt für den in diesem Material auftretenden Zusammenhang zwischen Spannung und Deformation.

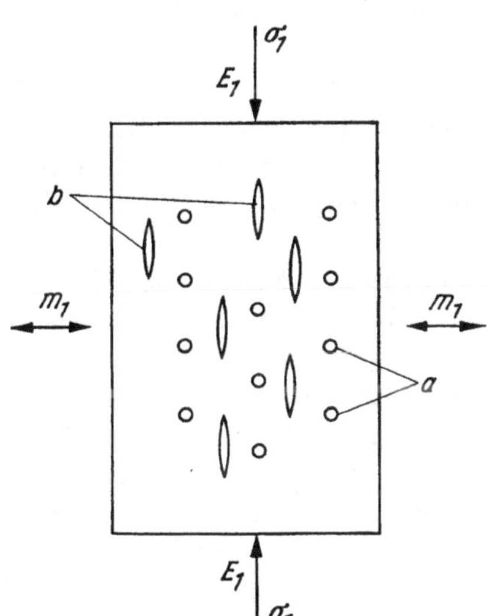

Bild 2

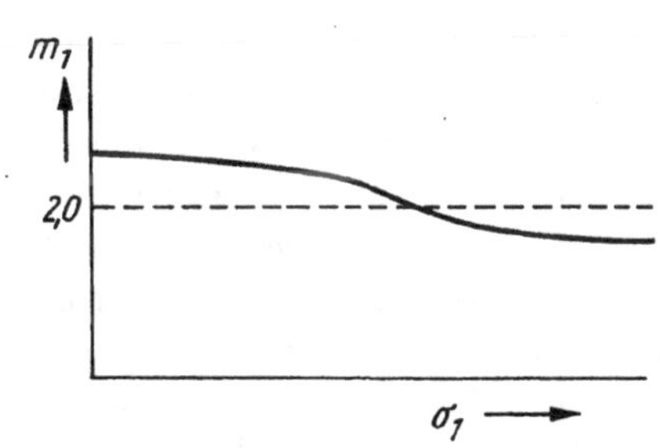

Bild 3

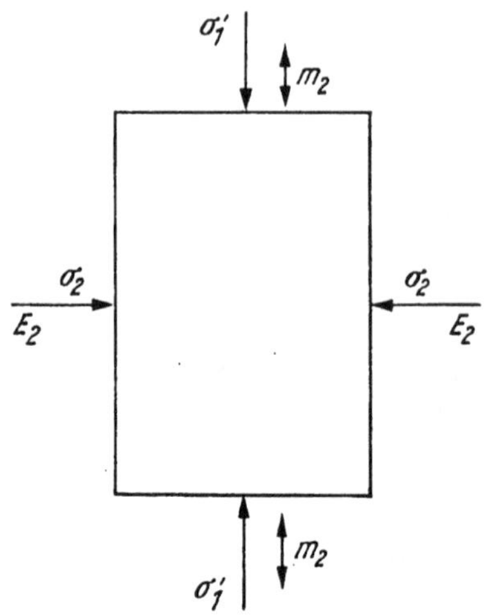

Bild 4

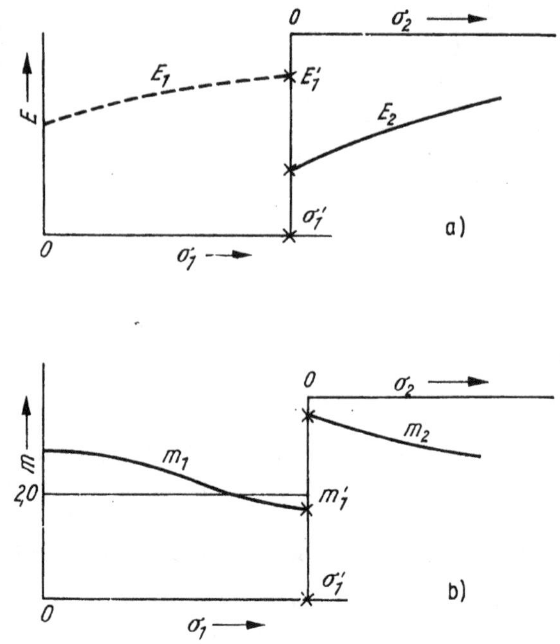

Bild 5

Die allgemeine Behauptung, daß bei großer Spannung der E-Modul größer und die Poissonsche Konstante m kleiner ist als bei niedriger Spannung, trägt also den verschiedenen Aspekten zu wenig Rechnung und kann mithin zu unrichtigen Folgerungen führen. Es ist notwendig, daß man hierbei einen Unterschied macht in den relativen Richtungen der gemeinten elastischen Kennzahlen.

Herr Potts

Herr Präsident, meine Herren!

Ich möchte zuerst zu dem Problem sprechen, das heute morgen auftauchte. Die Herren Prof. Mencl und Dr. Müller haben versucht, zukünftig die Festigkeitswerte, die entweder in situ oder im Laboratorium bestimmt werden, so zu unterscheiden, daß sie für die Messungen in situ die Einheit Mp/m² vorschlagen und für Laboratoriumsversuche kp/cm². Auf diese Weise würde man sofort sehen, ob die Resultate im Laboratorium oder im Gebirge selbst erzielt wurden. Ich bin der Ansicht, daß es wahrscheinlich eine gute Idee ist, in dieser Weise zu unterscheiden.

Herr Prof. Protodjakonov hat in seinen Ausführungen den Einfluß des Maßstabseffektes auf die Festigkeit von Proben, der entweder volumetrisch oder mit der Oberfläche des Probekörpers im Zusammenhang steht, behandelt und mathematisch formuliert. In seinen Gleichungen ist der Einfluß der inneren und der Oberflächenklüftung des Gesteinsmaterials berücksichtigt. Während der Diskussion mit Prof. Mencl und Dr. Müller hat Prof. Protodjakonov diesen Maßstabseffekt weiter erörtert und versucht, den Beweis zu führen, daß durch Laboratoriumsuntersuchungen ein Festigkeitskriterium für den Gebirgskörper erhalten werden kann. Nun müssen aber Bergingenieure die Frage stellen: Wenn wir dieses statistisch annehmbare Mittel erhalten haben und sowohl die Minima als auch die Maxima bestimmt haben, welchen der beiden Werte soll man nun benutzen? Sollen wir, wie Prof. Protodjakonov vorschlug, einen Sicherheitsfaktor in die Berechnung der Festigkeit einschließen, oder den

Mittelwert benutzen und einen Sicherheitsfaktor später bestimmen, nämlich dann, wenn die Resultate Anwendung finden sollen?

Um ein von mir bearbeitetes Problem zu illustrieren, das aber gleichermaßen auch das Ihrige ist, möchte ich auf zwei besondere Felduntersuchungen Bezug nehmen, bei denen das primäre Ziel gestellt war, Konstruktionsdaten für zukünftige Entwicklungen zu definieren.

Ich glaube, daß wir es alle für schwierig halten, besondere und unregelmäßige Erscheinungen zu bestimmen, wenn wir nicht zuerst die allgemeine Massenbewegung oder den Mechanismus der Felsbewegung ermittelt haben. Nachdem derartige Bewegungen in bezug auf die physikalischen Faktoren, auf Teufe, Schichtenfolge, allgemeine geologische Situation, bestehende Dimension des Grubenbaues und besonders auf die Geschwindigkeit des Abbaus bestimmt worden sind, kann man entscheiden, wo Anomalien liegen, die die Beziehung zwischen Zeit und Entfernung beinhalten. Erst dann können weitere Untersuchungen eingeleitet werden, um eben diese Anomalie, die das Problem verursacht, zu klären. Bild 1 zeigt einen geologischen Schnitt durch eine Kohlengrube in Südafrika. Beim Abbau des Kohlenflözes ereignete sich im Januar 1961 ein tragisches Unglück, worüber Herr HILL in seinem Beitrag weitere Einzelheiten geben wird. Es handelt sich hierbei um einen vollständigen Zusammenbruch von Pfeilern über einer Fläche von einer Quadratmeile. Und hier möchte ich Sie an die Ausführungen von Prof. PROTODJAKONOV und anderer Kollegen bezüglich des Einflusses von Struktur und Maßstab erinnern. Bei den von mir skizzierten Verhältnissen handelt es sich

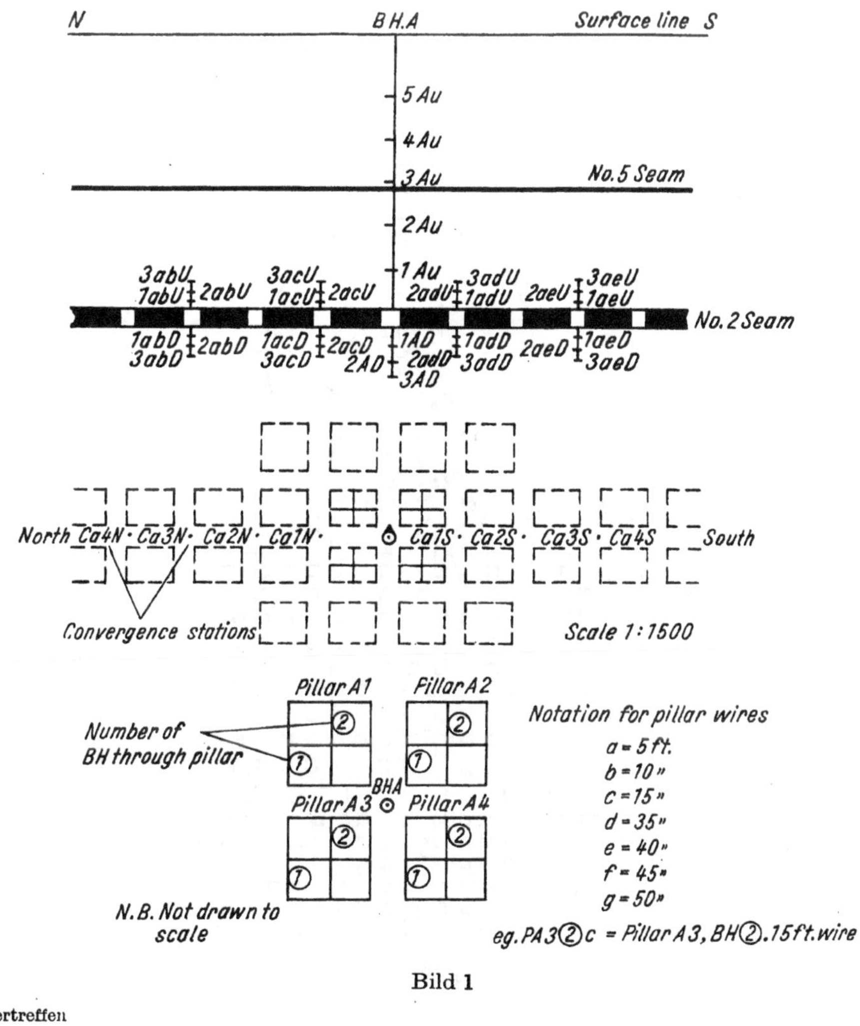

Bild 1

um das Problem eines Bruches in der Zeit. Vor $2^1/_2$ Jahren begannen wir in Südafrika ein Forschungsprojekt, um im Versuch das Bild des Gebirgskörpers auszuwerten und die gewonnenen Daten in Beziehunge zur Pfeilerbreite, Pfeilerlänge und Spannweite zu setzen.

Ich habe im „Technical Digest" von einer Konferenz gelesen, die in Leningrad abgehalten wurde. Die Herren PROTODJAKONOV, PANOV, AVERŠIN und KVAPIL empfahlen dort das Messen der Bewegung bis hinauf zur Oberfläche.

In der von mir erwähnten Kohlengrube werden zwei Flöze abgebaut. Das obere vier Fuß mächtige Flöz liegt in einer Teufe von 70 bis 150 Fuß; das untere zweiundzwanzig Fuß mächtige Flöz ist in einer Teufe von 150 bis 325 Fuß anzutreffen. Schon von dem Bild her kann man die klassische Form eines Teilabbaues erkennen (Bild 2).

Von der Oberfläche aus wurden Bohrungen nach untertage vorgenommen. Da wir keine Vorstellung von der Größe der kritischen Bauflächen hatten, wählten wir kreisförmige Flächen mit einem Durchmesser des doppelten Betrages der Teufenlage. Von der Oberfläche bis zum Flöz wurden Meßdrähte installiert, und in dem Maße, wie sich der Abbau entwickelte, haben wir untertage in zwei aufeinander rechtwinkligen Strecken gebohrt und gleichfalls Meßstellen eingerichtet. Es wurden nicht nur die Kammerkonvergenzen, sondern auch entlang der Strecken die seitliche Verschiebung gemessen. Die Versuchsanordnung wurde je nach dem Abbau in vier Varianten durchgeführt. Im ersten Fall handelt es sich darum, daß das untere Flöz unter dem oberen unverritzten Flöz abgebaut wird. Beim zweiten Fall wird das obere Flöz über unverritztem unterem Flöz abgebaut. In den beiden weiteren Fällen wird das Flöz

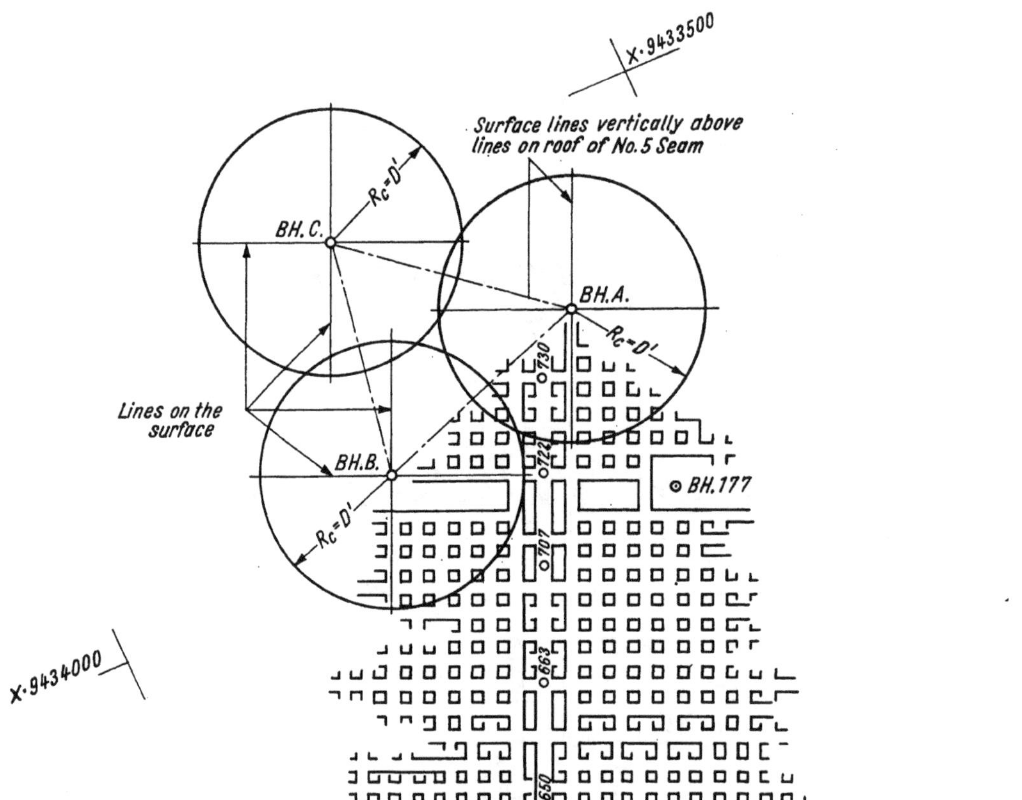

Bild 2

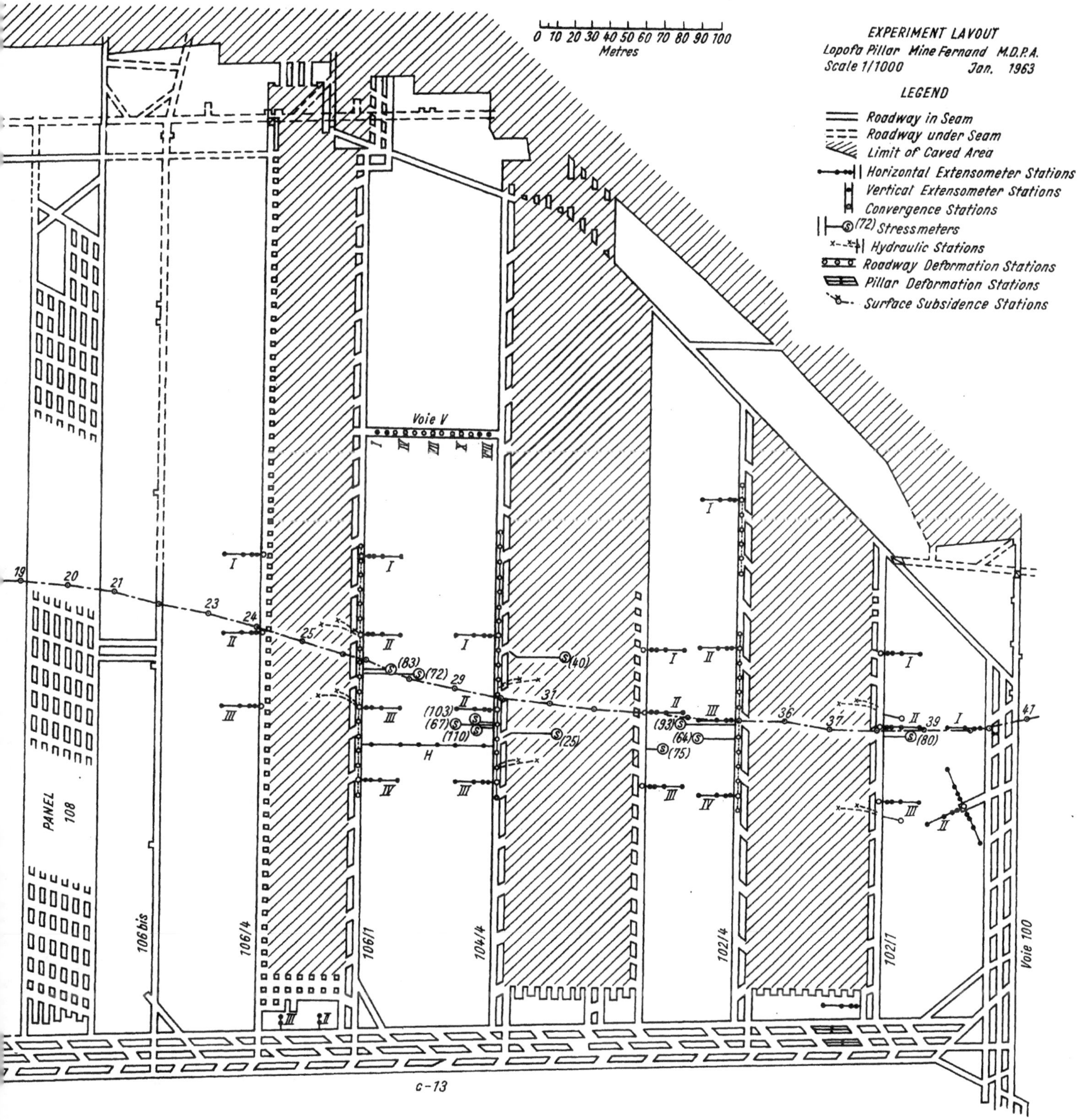
0 10 20 30 40 50 60 70 80 90 100
Metres
EXPERIMENT LAYOUT
Lopofa Pillar Mine Fernand M.D.P.A.
Scale 1/1000 Jan. 1963
LEGEND
Roadway in Seam
Roadway under Seam
Limit of Caved Area
Horizontal Extensometer Stations
Vertical Extensometer Stations
Convergence Stations
(72) Stressmeters
Hydraulic Stations
Roadway Deformation Stations
Pillar Deformation Stations
Surface Subsidence Stations
Voie V
PANEL 108
106 bis
106/4
106/1
104/4
102/4
102/1
Voie 100
c-13

Bild 3

unter bzw. über dem anderen, das bereits abgebaut wurde, in Verhieb gestellt. Dadurch mußten wir vier Bereiche, die mit je drei Bohrlöchern ausgestattet wurden, welche von der Oberfläche bis zum Flöz niedergebracht und mit einer feststehenden Basis verbunden wurden, mit Hilfe von 5500 Fuß Meßbändern und 27000 Fuß rostfreien Stahls ausrüsten. Eine andere wichtige Tatsache besteht darin, daß wir in jedem der vier Pfeiler ringsherum eines jeden Bohrloches die seitliche Verschiebung des Pfeilers während des Abbaues des gesamten Bereiches messen. Bis zum gegenwärtigen Zeitpunkt haben wir schon eine große Zahl von Meßergebnissen erhalten.

Mein Problem besteht nun darin, daß ich die Ergebnisse von Prof. PROTODJAKONOV anwenden möchte, wenn er sie auf die Zeit bezieht. Dazu muß ich noch erwähnen, daß wir bereits eine Muldensenkung gemessen haben. Die Verschiebung in den Pfeilern ist äußerst unregelmäßig, wobei die maximale Verschiebung an den Rändern und nicht im Zentrum liegt.

Bei einem anderen Projekt handelt es sich um ein Kaliwerk im Elsaß unter der Stadt Mulhouse (Bild 3). Das Bild zeigt, daß wir von den Strecken eine Reihe von Bohrlöchern mit 20 m Tiefe in die Pfeiler getrieben haben. Wir haben entlang der Strecken gemessen und an dem glatten Hangenden eine dynamische seitliche Verschiebung vor dem Stoß festgestellt. Die Untersuchungen wurden mit dem Abbau des Feldes Nr. 102 begonnen. Nach dem Abbau dieses Feldes gab es nur eine geringe Wirkung auf der anderen Seite. Spannungsmesser in den Pfeilern und im festen Gestein des Liegenden zeichneten eine Änderung der Spannungen im Gestein unter einem Pfeiler und schließlich im Alten Mann auf.

Ich glaube, daß sich Herr Dr. DREYER für die Resultate interessiert, besonders was die Zeitabhängigkeit der Prozesse betrifft. Aus zeitlichen Gründen habe ich nur diese beiden Beiträge gegeben, ohne Resultate anzuführen. Doch können Sie dadurch vielleicht unsere Probleme besser verstehen, die darin bestehen, das Material im Laboratorium zu prüfen und davon ausgehend die Auswirkung des Abbaufortschrittes zu finden und die Standfestigkeit, bezogen auf die Zeit, zu bestimmen, um die Breite des Feldes und das Tempo der Produktion zu erhöhen.

Herr KUZNECOV

Ich möchte noch einige Bemerkungen zu der Diskussion am Vormittag machen. Ich bin der Meinung, daß Prof. MENCL vollkommen richtig bemerkt hat, daß die Unterschiede bei den Ermittlungen der Festigkeit von Gebirgskörpern oft dadurch auftreten, daß man von verschiedenen Standpunkten an diese Fragen herangeht. Prof. PROTODJAKONOV geht von Laboratoriumsversuchen an kleinen Gesteinsproben aus; Prof. MENCL und Dr. MÜLLER betrachten die Dinge vom Standpunkt eines Ingenieurs, der unmittelbar unter Tage die Probleme zu lösen hat. Im Prinzip kann man sagen, daß sowohl die einen wie die anderen Recht haben.

Die Methoden, die Prof. PROTODJAKONOV dargelegt hat, sind zweifellos richtig und haben Perspektive. Jedoch können sie nicht die Gesamtheit aller Seiten zum Ausdruck bringen. Die Werte, die nach den Methoden, wie sie Prof. PROTODJAKONOV anwendet, ermittelt werden, geben insbesondere das Festigkeitsverhalten der Gesteine wieder, jedoch kann man die Frage der Standfestigkeit des Gebirgsverbandes im Grubenbau nicht ohne Berücksichtigung der Klüftigkeit und der Wirkung und Richtung der Schwächestellen lösen.

Man kann sagen, daß die beiden Fälle, die auf den Bildern 1 und 2 gezeigt sind, für den Ingenieur, der praktische Aufgaben zu lösen hat, unterschiedliche Bedeutung haben, da hier die Lage der Grubenbauten und die Lage großflächiger Klüfte verschieden sind. Nach Anwendung der Methode von Prof. PROTODJAKONOV erhalten wir für ein und dasselbe Gestein und für die verschiedenen Anordnungen der großflächigen Klüfte gleiche Werte. Die Einflüsse

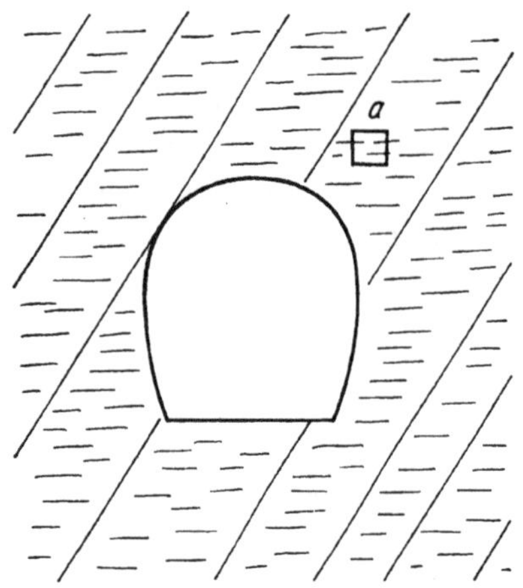

Bild 1

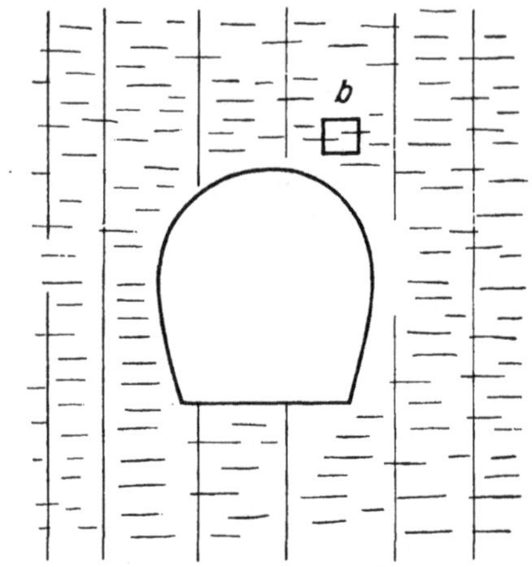

Bild 2

eben dieser Kluftscharen sowie die Verschiedenheit ihrer Richtung haben auf die Proben „*a*" und „*b*" (Bild 1 und 2), die gleich sind, keine Wirkung.

Derartige Untersuchungen über die Standfestigkeit von Grubenbauten unter Berücksichtigung der Klüfte müssen von verschiedenen Gesichtspunkten aus unter Zuhilfenahme unterschiedlicher Methoden betrachtet werden. Deshalb möchte ich ihre Aufmerksamkeit noch einmal auf die Thematik lenken, über die ich bereits in meinem Vortrag gesprochen habe, daß man derartige Fragen nicht nur auf der Grundlage der Untersuchung der Gesteinsproben oder auf der Grundlage der Untersuchung über die Anordnung der Klüfte lösen kann. In diesem Falle kann die Methode der Modellversuche die beiden erstgenannten Methoden verbinden. Unter Verwendung aller drei Methoden können wir zu einer Lösung kommen.

Ich möchte ferner noch etwas sagen zur Bemerkung von Prof. WATZNAUER, die die Unsicherheit der Ergebnisse der Modellversuche betraf. Ein solcher Zweifel an Ergebnissen aus Modellversuchen konnte früher häufig angetroffen werden. Jetzt, wo diese Arbeiten eine sehr breite Anwendung gefunden haben, kann man eine große Zahl von Beispielen anführen, wo man Modellversuchsergebnisse sicher für die Lösung praktischer Aufgaben verwenden kann und wo diese Ergebnisse eine gute Übereinstimmung mit den Beobachtungen in situ liefern. Man darf nur nicht vergessen, daß die Hauptaufgabe der Untersuchungen an Modellen häufig nicht darin besteht, einen ganz konkreten Fall zu modellieren.

Wenn man nur einen ganz konkreten Fall modelliert, dann kann man nicht immer eine vollständige Übereinstimmung zwischen Modell und Natur erhalten. Wenn man allerdings an Modellversuche die Aufgabe stellt, die grundlegenden Gesetzmäßigkeiten zu erklären, dann kann man zu sicheren Ergebnissen vom Standpunkt der praktischen ingenieurtechnischen Aufgaben kommen. Deshalb muß man die Methode der Grenzwerte von untersuchten Faktoren richtig anwenden.

Wenn wir im Modell die Eigenschaften der Gesteine nicht genau widerspiegeln können, wie sie in der Natur vorliegen, dann können wir zumindest immerhin eine ganze Versuchsserie an Modellen durchführen, wo in einigen Fällen die Werte der effektiven Faktoren zu niedrig nachgebildet sind und in anderen Fällen zu hoch. Wenn man deshalb die natürlichen Bedingungen in diesem Grenzbereich nimmt und im Ergebnis der Untersuchungen die Werte verwendet, die sich innerhalb dieses Bereiches befinden, dann können wir sicher genug — unter Berücksichtigung eines bestimmten Fehlers natürlich — verschiedenartige praktische Aufgaben lösen.

Herr Kiersch

Herr Vorsitzender, meine Herren!

Ich habe den Vorzug gehabt, auf dieser Konferenz und auf zwei vorhergehenden Tagungen im September Diskussionen über den europäischen Standpunkt zur Felsmechanik zu hören. Wenn Sie gestatten, so möchte ich die Gelegenheit benutzen, um einige Vorschläge zur Diskussion über felsmechanische Untersuchungen zu machen. Meine Bemerkungen beruhen auf wertvollen Erfahrungen über die Anlage von Ingenieurbauten in den Vereinigten Staaten, wo die erste Phase derartiger Untersuchungen in einer Ermittlung genauer Kenntnisse über die erdgeschichtliche Entwicklung des geologischen Bereiches sowie über die Baugrundbedingungen besteht.

Die geologische Einstellung zu felsmechanischen Untersuchungen

Ich möchte anhand von Bild 1 die geologische Stellungnahme zum Entwurf einer beliebigen Lagestudie und zur Ausführung spezieller Tests und Analysen der Felsmechanik demonstrieren. Jede solche Untersuchung befaßt sich mit einer labilen Gesteinsmasse, die wiederum nur Teil eines größeren labilen Elementes, nämlich der Erdkruste selbst ist. Bei der Untersuchung einer Bauwerksgründung kann diese labile Gesteinsmasse extrem veränderte Kennlinien der Festigkeit und der Rest-Spannungen besitzen, und zwar sowohl in Entfernungen der cm- und der m-Bereiche als auch in Ausmaßen von Kilometern.

Eine Durchsicht der Arbeiten europäischer Autoren über Felsmechanik zeigt, daß sehr häufig keine Bezugnahme auf die grundlegenden geologischen Verhältnisse erfolgt und ihren Einfluß auf:

1. die physikalischen Eigenschaften der Gesteinsmasse und
2. das zeitabhängige Verhalten der Masse (in Tagen, Monaten, Jahren) zu den veränderten Bedingungen, die sich durch technische Arbeiten ergeben.

Statt dessen werden gewöhnliche Annahmen gemacht, die auf früheren Erfahrungen mit ähnlich erscheinenden Gesteinsmassen basieren.

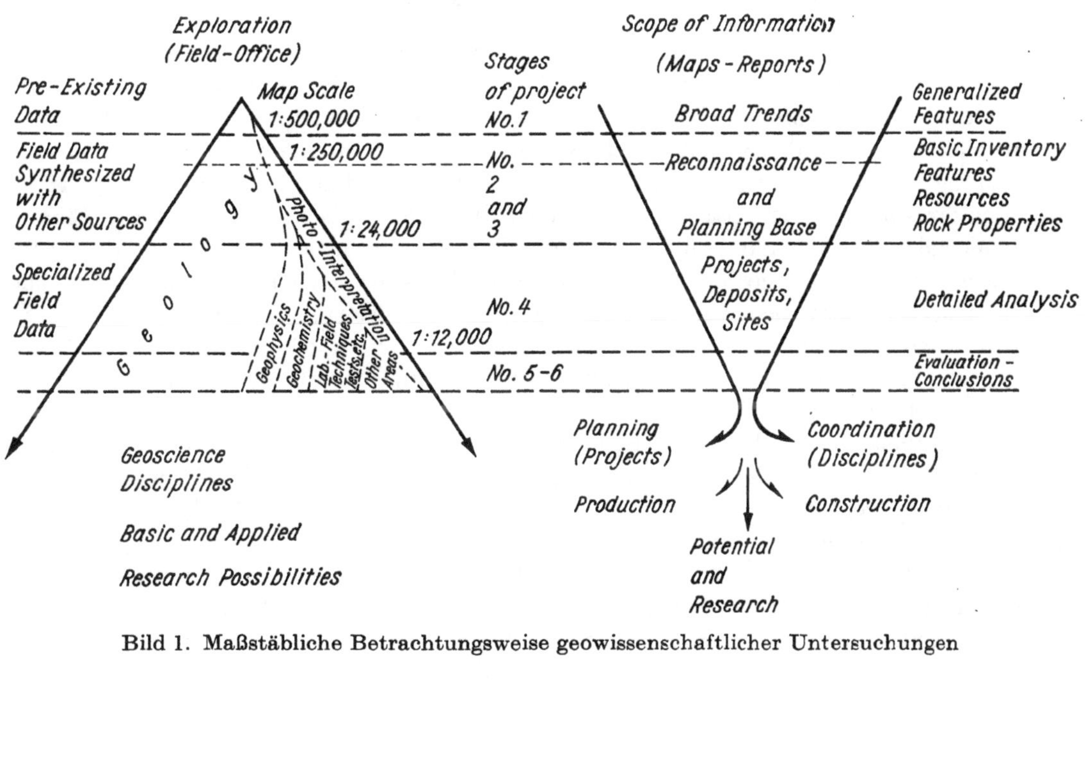

Bild 1. Maßstäbliche Betrachtungsweise geowissenschaftlicher Untersuchungen

Welche mit einander in Beziehung stehende geologische Faktoren kann ein erfahrener Ingenieurgeologe beitragen, um die Zahl der Annahmen zu vermindern? Die im folgenden aufgeführten Punkte unterstützen die quantitative Bewertung einer Gesteinsmasse. Sie gelten sowohl für übertägige als auch für untertägige Bereiche.

1. Allgemeine geologische Bedingungen und charakteristische Merkmale des Gesteinsverbandes, z. B. Kluftsysteme, vorhandene Strukturen, physikalische Eigenschaften und jegliche Veränderungen seit der Entstehung, Grundwasserspiegel und Durchlässigkeit jeder einzelnen Einheit.

2. Das Alter der Gesteinsmasse und erdgeschichtliche Vorgänge, die die Festigkeit in beträchtlicher Art und Weise (ungünstig oder vorteilhaft) beeinflußten, z. B.: mehrfache Magmainjektionen; metamorphe Zyklen sowie Differentiationserscheinungen; morphologische Veränderungen der Oberflächenformen; Entladungsgeschwindigkeit durch Erosion, Detersion und Detraktion; Rückschlüsse auf ehemalige Spannungsverteilungen aus dem Charakter der Falten und Verwerfungen; Entlastungserscheinungen mit morphologisch bedingten Absonderungsflächen im aktiven oder stabilen Zustand; Veränderungen des Grundwasserspiegels; Lösungsvorgänge sowie Ausfällungs- und Zementationserscheinungen.

3. Tektonische Entwicklung des geologischen Komplexes, z. B.: kaum veränderte, standfeste Bereiche, Gebiete, die durch tektonische Spannungen eine oder mehrere Deformationsperioden erfuhren; Gebiete unter wirksamen tektonischen Spannungen mit periodischem seismischem Oberflächengeschehen zu einem vorhandenen Tiefenzentrum; Zonen aktiven Kriechens durch Gravitation.
   Einige strukturelle Erscheinungen sind durch örtliche Verformungskonzentrationen „aktiv". Entlang solcher Diskontinua vollziehen sich die Kriechbewegungen.

4. Die Tendenz zur teilweisen Beibehaltung ursprünglicher tektonischer Spannung im Gestein, z. B.: das Potential für die Beibehaltung mit einer Voraussage über die Größe der drei Spannungskomponenten; ob die Restspannung weitgehend in der Gesteinsmasse verteilt oder in Zonen konzentriert ist, die an gewisse strukturelle Eigenschaften gebunden sind.

Die Spannungsveränderungen über geologische Zeiträume werden durch bestimmte Mineralien (Streß- und Antistreßminerale) angezeigt, während starke aktive Spannungen den scheibenartigen Zerfall von Bohrkernen verursachen (Beispiele von Feldmethoden).

Natürlich können viele dieser charakteristischen Merkmale mit der einleitenden geologischen Untersuchung nicht ausreichend quantitativ bewertet werden. Dennoch verbessert die Ermittlung ihres inhärenten Spannungszustandes durch geologische Methoden die Planung für den folgenden Schritt, nämlich für die speziellen Verfahren der Felsmechanik. Darüber hinaus ist eine umfassende geologische Einschätzung der Zustandsbedingungen und Ursachen die tatsachengerechteste Basis für die Deutung der spezialisierten Daten aus felsmechanischen Untersuchungsverfahren. Viele Meßwerte gelten nur für einen sehr kleinen Teil der Gesteinsmasse. Falls man ohne Berücksichtigung der geologischen Inhomogenitäten und ihrer Gründe extrapoliert, können Schlußfolgerungen mehr irreführen als helfen.

Eine andere Phase felsmechanischer Studien, die Probenuntersuchung, läßt häufig jegliche Berücksichtigung der geologischen Bedingungen außer acht, z. B. die Teufe in situ und die vor der Versuchsdurchführung vorhandenen Verformungseigenschaften, die durch den Teufenursprung und geologische Abläufe verursacht wurden.

Nach meiner Meinung ist das Potential zur Klärung der Probleme von Ingenieurarbeiten unter Verwendung felsmechanischer Untersuchungsverfahren am wirksamsten, wenn in der angeführten Reihenfolge vorgegangen wird:

Punkt 1 Geologische Begutachtung mit zweckdienlichen quantitativen Untersuchungen, die von regionaler Größenordnung zur Größenordnung des Bauplatzes fortschreiten;

Punkt 2 Spezialversuche, Messungen und felsmechanische Verfahren;

Punkt 3 Theoretische Analyse der Baugrundbedingungen und der Probleme der Ingenieurarbeiten;

Punkt 4 Zusammenfassung der Angaben aus den Punkten 1 bis 3, um ihre gegenseitige Abhängigkeit aufzudecken. Die Beurteilung und die Schlußfolgerungen beinhalten eine vollständige Berücksichtigung der Bedingungen in situ und stimmen mit den Tatsachen im Gelände überein. Dieser Punkt würde eine Vorhersage des geologischen Verhaltens auf natürliche Veränderungen ermöglichen oder auf Veränderungen, die durch Ingenieurarbeiten verursacht werden.

Punkt 5 Während der Lebenszeit von Ingenieurbauten werden geologische Beobachtungen, die durch entsprechende felsmechanische Untersuchungsmethoden ergänzt werden, zur kontinuierlichen Aufnahme jeglicher Veränderungen der Gesteinsmasse (z. B. zunehmende Spannung, verminderte Festigkeit, Kriecherscheinungen) gemacht.

In bezug auf die Punkte 1 bis 4 ist der geologische Untersuchungsgang auf Bild 1 dargestellt. Die denkbaren Probleme wurden zu Anfang berücksichtigt, da sie durch großräumige Eigenschaften beeinflußt werden, anschließend wurden kleinere Maßstäbe und mehr Einzelheiten berücksichtigt. Die geologischen Eigenheiten und Bedingungen von regionaler Wichtigkeit wurden quantitativ analysiert. Denn in Abhängigkeit vom komplexen Charakter der Ingenieurprobleme muß der Bearbeiter sein Augenmerk auf immer kleinere Bereiche der Gesteinsmasse richten. Je detaillierter die Untersuchungen, desto mehr Verfahren werden einschließlich spezieller Festigkeits- und Verformungsmessungen der Felsmechanik usw. für ein Gutachten benötigt.

Die graphische Darstellung des geologischen Untersuchungsganges (Bild 1) ist ein Hinweis dafür, daß viele Ergebnisse detaillierter Untersuchungen tatsächlich kontrolliert und / oder erklärt werden durch die geologischen Bedingungen im größeren Maßstab und durch vergangene Ereignisse, die die Gesteine beeinflußten. Dieses Prinzip wurde für die Entlastungsgeschwindigkeit und auf den Abfall der verbliebenen Restspannungen in einer Gesteinsmasse demonstriert. Eine derartige Wechselwirkung kann in ähnlicher Weise für den Verwitterungsgrad und / oder die vorhandenen physikalischen Eigenschaften einer Gesteinsmasse nachgewiesen werden. Mitglieder dieses ausgezeichneten Teams haben bestimmte dieser Charakteristiken in ihren Veröffentlichungen beschrieben. Jedoch nur eine kleine Zahl von Wissenschaftlern scheint die Wechselwirkungen der geologischen Merkmale, der Bildungsvorgänge und der Gesteinseigenschaften bei den Versuchswerten der Labor- und in-situ-Messungen zu berücksichtigen.

Kurz zusammengefaßt: Die praktischste und fruchtbarste Einstellung zur Mehrzahl der Probleme, die im europäischen Sprachgebrauch als Felsmechanik bezeichnet werden, ist die Anwendung von passenden Verhältnissen von: 1. quantitativen Geländewerten, 2. den Werten der Gesteinsuntersuchung in situ und im Labor, 3. der theoretischen Analyse und 4. einer Beurteilung, die die Fakten aller drei Punkte beinhaltet. Eine Überbetonung der Versuchswerte allein oder der theoretischen Lösung kann wegen der Inhomogenität des natürlichen Materials und der ihr eigenen, aus einer komplexen erdgeschichtlichen Entwicklung resultierenden Defekte irreführen.

Von gleicher Wichtigkeit kann bei einigen Bauwerksgründungen die Reaktion der geologischen Eigenschaften auf die künstlich geschaffenen Umgebungsbedingungen sein, die durch Ingenieurarbeiten bedingt sind — nämlich die Auswirkungen der Zeit auf die Eigenschaften der Gesteinsmasse.

Die Katastrophe am Vaiont-Staudamm und die geologische Stellungnahme, ein bemerkenswerter Fall zur Erläuterung

Viele Tagungsteilnehmer haben sich für die Katastrophe am Vaiont-Staudamm, Italien, vom 9. Okt. 1963 interessiert. Zwei vorhergehende Redner, Dr. MÜLLER und Prof. WATZNAUER, haben auf gewisse Erscheinungen dieses ungeheueren Bergrutsches hingewiesen. Ende Oktober hatte ich die Möglichkeit, das Gebiet zu besuchen und die geologischen Verhältnisse sowie die Ursachen des Bergrutsches zu studieren. Für diese Gelegenheit bin ich unserem geschätzten Kollegen Dr. MÜLLER zu Dank verpflichtet. Ich möchte anhand des Baugeländes des Vaiont-Staudammes die Abhängigkeit zwischen der erdgeschichtlichen Herausbildung charakteristischer Merkmale und den geologischen Bedingungen im großen wie im kleinen demonstrieren. Wie diese Bedingungen die geomechanischen Eigenschaften eines einfallenden Schichtenkomplexes (Bild 2) und die durch spezielle felsmechanische Untersuchungsverfahren ermittelten Werte beeinflussen, ist aus den angeführten Gleitungsursachen ersichtlich.

Aus den Darstellungen des Vaiont-Gebietes, die Dr. MÜLLER zeigte, konnten Sie die Eigenheiten des Tales, die Dammlage und sowohl die Erstreckung des Staubeckens als auch den Bergrutsch vom 9. Oktober und sein Ausmaß entnehmen. Bild 2 gibt eine Karte vom Vaiont und seinen Nachbargebieten wieder, die die morphologischen Einzelheiten im Bereiche des Staubeckens, die Grenzen des Bergrutsches und der zerstörenden Flutwelle zeigt. Eine kurze Beschreibung der stratigraphischen Einheiten, die vom Bergrutsch betroffen wurden, ist aus Bild 3 zu entnehmen. Die abgeglittenen Gesteinsmassen umfassen eine Fläche von nahezu 2 km in der Länge und 1,6 km Breite (Bild 2); die Masse — überwiegend festes Gestein — beläuft sich auf 240 Millionen m³. Der endgültige Zusammenbruch und die Bewegung der Rutschmasse vollzogen sich etwa in einer Minute [4], wobei einzelne Teile etwa 400 m weit horizontal verlagert wurden. Durch das Abgleiten wurden Erdbeben erzeugt, die noch in Wien und Brüssel registriert wurden. Die Ursachen für das Abgleiten sind im vollen Umfang auf die geologischen Verhältnisse und die künstlichen Umgebungsveränderungen im Bereiche der bewegten Masse und des angrenzenden Gebietes zu beziehen. Ausgehend von einer kurzen Beschreibung des geologischen Geschehens, der strukturellen Kennzeichen und der verbliebenen Spannungen im Gesteinsmassiv ist der Zusammenhang zwischen den ungünstigen geologischen Bedingungen des Baugeländes und den Ursachen für das Abgleiten ersichtlich.

Geologische Ereignisse, die die Standfestigkeit des Baugeländes beeinflußten

Das Vaiont-Gebiet ist durch die folgenden erdgeschichtlichen Entwicklungsvorgänge, die in chronologischer Reihenfolge aufgeführt werden, verändert worden. Dabei erfolgte jedesmal eine Beanspruchung (Schwächung) in irgendeiner Weise.

1. Die Mächtigkeit der Sedimentgesteine (Bild 3 und 4) unterlag im älteren Tertiär der Erosion und einer beginnenden Auflösung der Kalksteine.

2. Im mittleren Tertiär (etwa vor 25 Millionen Jahren) war das Gebiet wirksamen gebirgsbildenden Kräften unterworfen. Die Beanspruchung führte zur Ausbildung regionaler, O-W-streichender Falten mit steil aufgerichteten Schichtflächen und häufigen Aufschiebungen (rezent folgt die Vaiont-Einmuldung der Achse der Erto-Synkline).
   In der Folgezeit wurde das ältere Faltensystem durch rechtwinklig dazu orientierte Faltungen überlagert. Eine solche Auffaltung bildet den Kamm westlich des Dammes (Bild 2), wodurch die Schichten nach Osten zur Dammlage und im Bereich des Staubeckens entlang der Achse der Erto-Synkline einfallen. Die beiden Faltungsphasen schufen im Gebiet des Staubeckens eine schüsselförmige Struktur, steil abfallende Schichten an beiden Hängen und flache Lagerung im Muldenbereich.

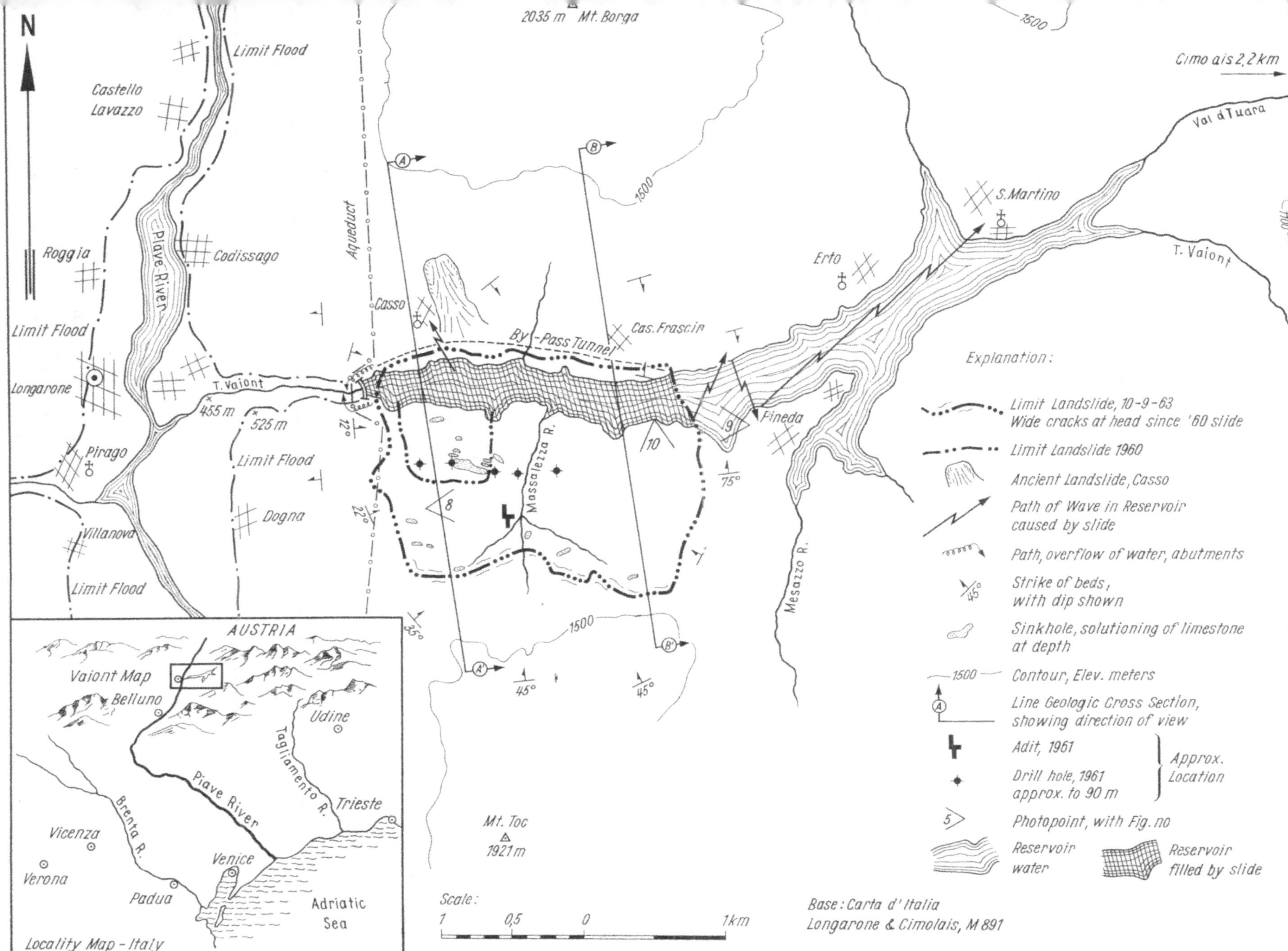

Bild 2. Karte des Vaiontgebietes und des Piavetals, die die geographischen Eigenheiten sowie die Grenzen des Bergrutsches und der zerstörenden Flutwelle zeigt. Ferner ist die Lage zweier geologischer Profile und der tektonische Bau der Gesteinseinheiten dargestellt

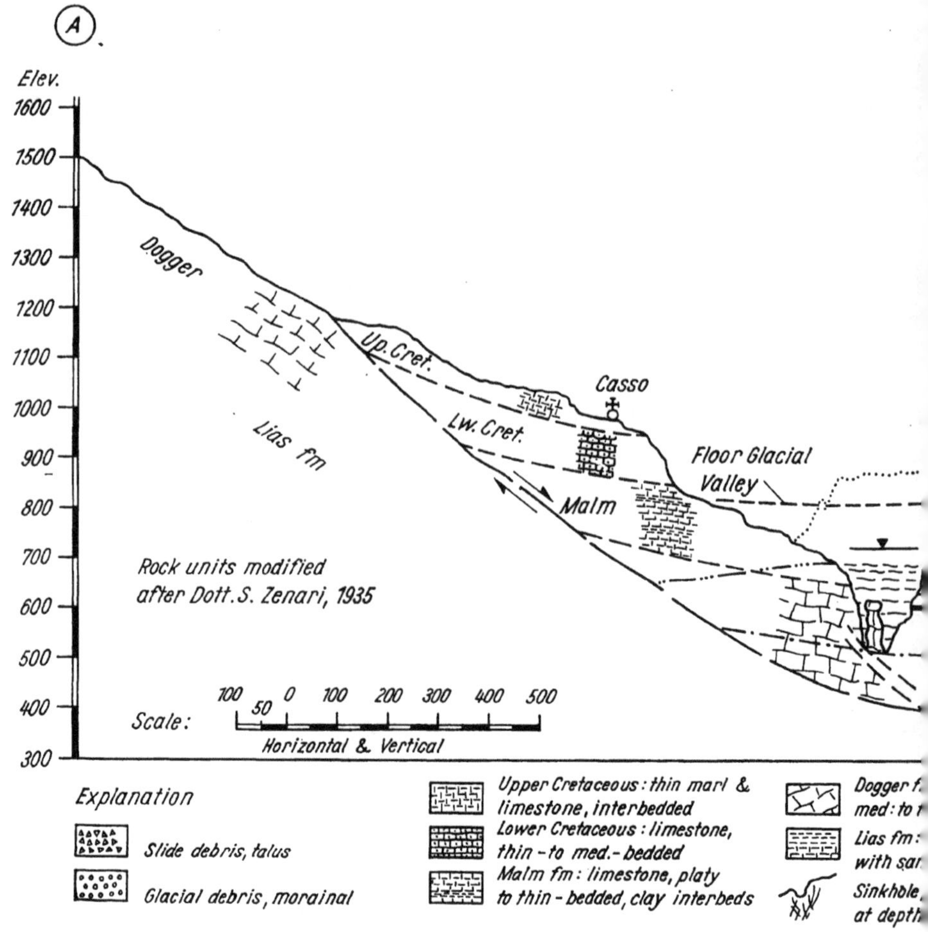

Bild 3. Geologisches Profil A-A′ des Bergrutsches und des
die stratigraphische

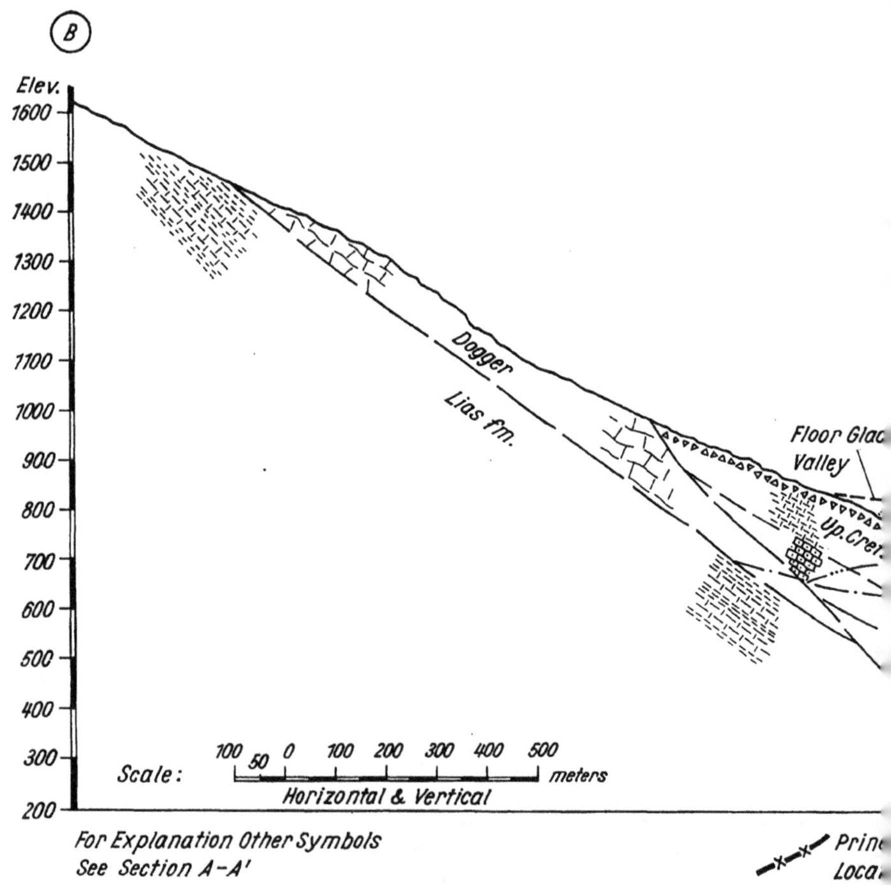

Bild 4. Geologisches Profil B-B′ des Bergrutsches

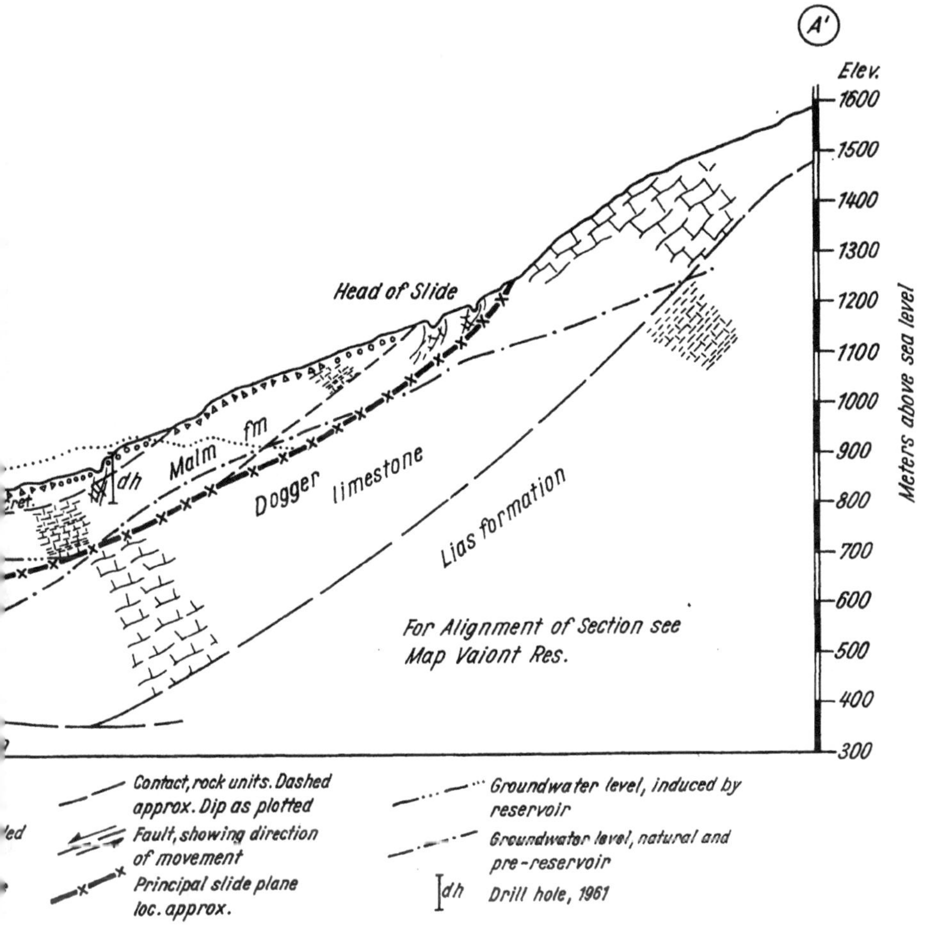

s in der Nähe des Dammes. Dargestellt sind die Gleitfläche,
d der Wasserspiegel

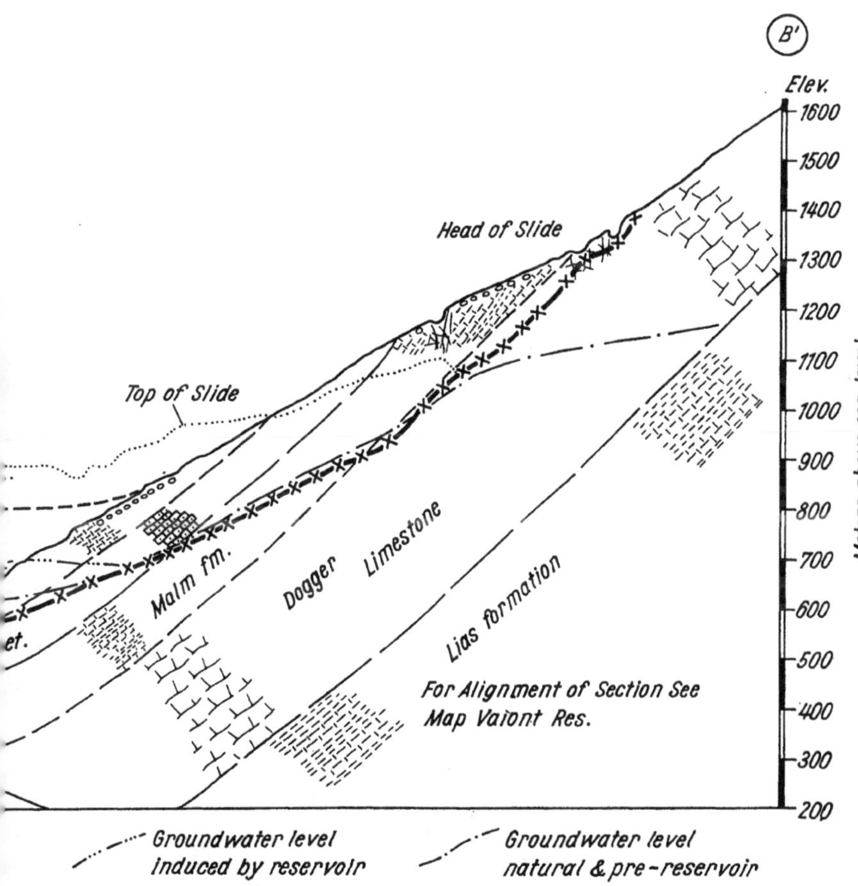

ckentales in einem talaufwärtsgelegenen Bereich

3. Vor dem jüngsten Tertiär wurde die Einsenkung der Erto-Synkline das natürliche Flußbett für den alten Vaiont und die Aushöhlung des äußeren Tales begann. Die Erosion trug eine vergrößerte Mächtigkeit des Deckgebirges ab und beschleunigte besonders an den Flanken des äußeren Tales die Lösungsvorgänge der unterlagernden Kalksteine.
4. Im Pleistozän (etwa vor 1 Million Jahre) bewirkten Gletscher eine Detersion und Detraktion im äußeren Tal (U-Tal), vergleiche Bild 3 und 4. Die schnelle Entlastung und die alternierende Eisbedeckung bedingten einen Spannungsausgleich im Gestein. Dieser Ausgleich verursachte fortschreitende Ausbildung von morphologisch bedingten Absonderungsflächen (Entlastungsflächen), die mehr oder weniger parallel zu den Flanken und der späteren Sohle des äußeren Tales verlaufen (Bild 5).
5. Innerhalb der vergangenen 18000 Jahre zogen sich die Gletscher vom äußeren Tal zurück, und die intensive Erosion durch den Vaiont-Fluß setzte ein. Rezent ist der Taleinschnitt bis 200 und 350 m unterhalb des Niveaus des Gletschers erodiert — eine ungewöhnlich schnelle Entlastungsgeschwindigkeit. Das innere Tal (V-Tal) wurde so schnell ausgehöhlt, daß die im Gestein verbliebenen Spannungen nicht voll durch den normalen Zyklus der Spannungsverminderung eingestellt wurden.

   Das bewirkt die gegenwärtige Unausgeglichenheit der Spannung in den Wänden des inneren Tales (Bild 5).
6. Die Niveauveränderung des unterirdischen Grundwasserspiegels vom äußeren zum tieferen inneren Tal förderte die Auflösung des Kalksteins und der Mergelschichten. Da der Taleinschnitt vertieft wurde, nahm das Grundwassergefälle zu, und die Lösungsvorgänge wurden durch den dreieckigen Anschnitt der Gesteine beschleunigt (Bild 3).
7. In prähistorischer Zeit ereignete sich im Pinedagebiet des inneren Tales ein großer Bergrutsch (Bild 2), bei dem die gleichen Gesteinseinheiten, die am 9. Oktober abglitten (Bild 4), betroffen waren. — Eine frühe Warnung in bezug auf ihre Neigung zu kriechen und abzugleiten.

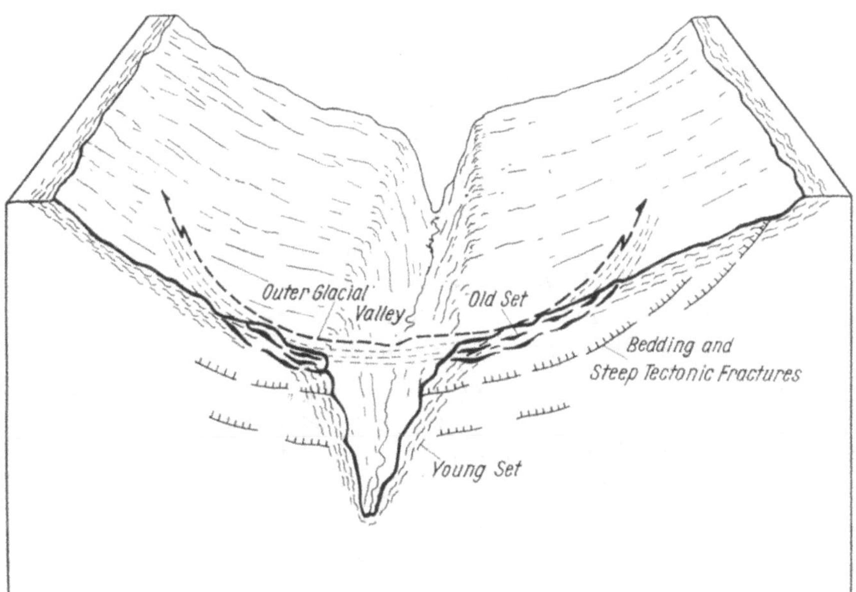

Bild 5. Raumbildliche Darstellung des inneren Vaiont-Tales und der Reste des äußeren Gletschertales. Die Ausbildungsform der älteren und jüngeren Entlastungsklüfte, die sich in den Talflanken 100—150 m nach der Tiefe erstrecken, ist ersichtlich. Ihre Überlagerung und Durchkreuzung im Liegenden der Sohle des äußeren Tales sowie die Zusammenwirkung mit den einfallenden Schichten und tektonischen Störungen schwächt die oberen Flanken des inneren Tales

8. Im Jahre 1960 erfolgte ein Bergrutsch von etwa 700000 m^3 an der linken Flanke des Staubeckens. Zu dieser Zeit entwickelte sich oberhalb des Hanges ein System von Zugspannungsrissen, die schließlich die Begrenzungslinien des Bergrutsches vom 9. Oktober markierten. Das periodische Kriechen des linken Abhanges während der Zeit 1960—1963 wurde von MÜLLER [1] im Zusammenhang mit den begleitenden Oszillationen, die durch die Spannungsverminderung verursacht werden, beobachtet.

Strukturmerkmale und Restspannung

Das Vaiont-Gebiet behielt einen Teil der wirksamen tektonischen Spannungen bei, die die Sedimente zu jungen Faltengebirgen umformten. Die zahlreichen tektonischen Brüche, unterstützt durch Schichtflächen und morphologische Absonderungsflächen, haben ein zerklüftetes Gesteinsmassiv geschaffen.

Eine Serie von Entlastungsflächen, die durch die Verminderung der Restspannung hervorgerufen werden, entwickelte sich unter der Sohle und in den Wänden des äußeren Tales (Bild 5). Diese Entspannung erstreckt sich 100 bis 150 m nach der Tiefe [2] und erzeugt eine Schwächezone intensiv zerklüfteten Gesteins, die durch das natürliche Einfallen der Schichten betont wird.

Die schnelle Erosion des inneren Tales erzeugte ein zweites System von Entlastungsflächen — in diesem Falle parallel zu den Wänden des V-Tales. Der aktive und labile Oberflächenbereich des inneren Tales wurde während des Baues vollkommen bestätigt [2, 3].

Wie in Bild 5 gezeigt wird, überlagern und durchkreuzen sich die beiden Systeme der Entlastungsflächen im oberen Teil des inneren Tales. Dieser Bereich der Talflanken, geschwächt durch Überlagerung der Entlastungsflächen, durch tektonische Brüche und einfallende Schichtflächen, stellt eine sehr labile Gesteinsmasse dar, die bis zur Ausbildung einer besonderen Hangform sehr empfänglich für Kriechbewegungen ist.

Ursachen des Bergrutsches

Die folgenden ungünstigen geologischen Bedingungen des Staubeckengebietes und der Umgebung trugen zum Zubruchgehen am 9. Oktober bei:

1. die steile Lagerung der Gesteinseinheiten, die halbkreisförmig am Nordhang des Mt. Toc (Bild 2) zu Tage streichen. Bei ihrer tektonischen Verformung verminderten Gleit- und Bruchbewegungen zwischen den Schichten den Reibungszusammenhang;
2. das steile Einfallen verändert sich nach Norden, und die Schichten sind entlang des Vaiont-Tales flach gelagert. In dreidimensionaler Betrachtung ist das Gebiet schüsselförmig gestaltet. Die Basis in der Fallrichtung des Steilhanges ist eine Böschung, die keinen Widerstand gegen ein Schweregleiten bietet;
3. die Gesteinseinheiten weisen eine geringe Scherfestigkeit auf — Kalkstein mit tonigen Schichten und Zwischenlagen, Wechsellagerung geringer Schichtmächtigkeiten von Kalkstein und Mergel und häufigen Zwischenlagerungen von Tonstein (Bild 3 und 4);
4. das steile Profil des inneren Tales unterstützt die Schwerkraft, die visko-elastisches Verhalten, schwerebedingtes Kriechen und Abgleiten bewirkt;
5. die halbkreisförmige Neigungsstruktur bestimmt die Richtung für die Schwereveränderung zum schüsselförmigen Gebiet;
6. der aktive Lösungsvorgang der Kalksteine entwickelte Schlotten, Öffnungen sowie Hohlräume und erweiterte die Klüfte und Schichtflächen. Einsenkungen bildeten sich in der Sohle des äußeren Tales (besonders im Malm fm) und dienten als Speicherräume für die Wiederauffüllung des Grundwassers. Dieses verbundene Grundwassersystem schwächte den physikalischen Zusammenhalt der Gesteine. Ferner erhöhte sich der

hydrostatische Auftrieb, und die Reibung wurde vermindert, wodurch sich die Gleiterscheinungen im Gestein vergrößerten;

7. die zwei Systeme ausgeprägter Entlastungsflächen, verbunden mit den einfallenden Schichtflächen und den tektonischen Brüchen, schufen besonders in den oberen Bereichen des inneren Tales eine weitgehend labile Gesteinsmasse (Bild 5);
8. schwere Regenfälle zwei Wochen vor dem 9. Oktober lieferten einen ungewöhnlichen Zufluß des Grundwassers. Diese Auffüllung ließ den natürlichen Grundwasserspiegel über den kritischen Schnitt der Gleitfläche (oberer Teil) ansteigen, und als Folge erhöhte sich das Niveau des beeinflußten Grundwasserspiegels in der Umgebung ihrer Verbindung, nämlich des kritischen Bereiches der Zugwirkung. Die angenäherten Grundwasserspiegel sind in den Bildern 3 und 4 wiedergegeben;
9. der außergewöhnliche Grundwasserzufluß erhöhte die Raumdichte der Gesteine, die oberhalb des hervorgerufenen Grundwasserspiegels anstehen, und das vergrößerte Gewicht trug zur Verminderung der gesamten Scherfestigkeit bei. Des weiteren erzeugte die Quellung verschiedener Tonmineralien in den Schichten und Zwischenlagen einen hinzukommenden Auftrieb und trug zum Gleitvorgang bei. Der obere Abschnitt (Bild 4) ist überwiegend von Mergel und geringmächtigen Kalksteinschichten mit tonigen Zwischenlagen aufgebaut — Gesteine, die eine geringere Festigkeit als der Bereich stromabwärts aufweisen (Bild 3);
10. die schüsselförmige Lagerung der Schichten begünstigte die Ansammlung des Grundwassers in der endgültigen Rutschmasse; steil einfallende Tonzwischenlagen begrenzten dieses Sammelbecken im Osten, Süden und Westen.

Der Bau des Vaiont-Staubeckens verursachte folgende Veränderungen der geologischen Verhältnisse:

1. Er veränderte den Grundwasserspiegel, der den hydrostatischen Auftrieb in der gefährlichen, flachlagernden Basis und dem inneren Abschnitt der Rutschmasse erhöhte. Die Uferinfiltration vergrößerte den Grundwasserspiegel in einer dreieckig begrenzten, unterirdischen Gesteinsmasse. Die Durchlässigkeit wurde durch Brüche und durch die verbundenen Hohlräume des Auslaugungssystems im Kalkstein unterstützt.
2. Das Ausmaß der Grundwassermigration in den Uferlagern wurde gefährlich. Bis April 1963 lag das Speicherniveau bei 680 m NN. Im September, fünf Monate nach Erhöhung des Wasserstandes um 10 m (690 m NN), wuchs die Kriechgeschwindigkeit im Gebiet des späteren Bergrutsches an. Hierfür gibt es drei mögliche Erklärungen: Das empfindliche Gleichgewicht, das zwischen der Festigkeit der Gesteinsmasse und den vorhandenen Scher- und Zugspannungen existierte, wurde zerstört durch:
   a) Erhöhung des künstlichen Grundwasserspiegels um 10 m, der im September, als sich die Kriecherscheinungen beschleunigten, die maximale Migration erreichte.
   b) Der durch das Stauniveau bei 680 m NN bis April 1963 hervorgerufene Grundwasserspiegel erreichte seine maximale seitliche Infiltration erst im September 1963; oder
   c) die beträchtliche Wiederauffüllung des Grundwassers durch ungewöhnliche Niederschläge Anfang Oktober lieferte einen ausreichenden Zuwachs des hydrostatischen Druckes im oberen Bereich der Gleitfläche, um das Gleichgewicht zu stören — unterstützt natürlich durch das hohe Niveau des vom Staubecken hervorgerufenen Grundwassers. Keine Beobachtungsbohrungen waren verfügbar, um den Faktor der Übertragungsfähigkeit zu messen und um nachzuprüfen, welche Bedingungen herrschten.

Der tatsächliche Zusammenbruch wurde ausgelöst durch:

1. den Anstieg des unterirdischen Grundwasserspiegels infolge Uferinfiltration, die den hydrostatischen Auftrieb und den Quellungsdruck entlang der Schwächeflächen vergrößerte;

2. das Übermaß von aufgefülltem Grundwasser in den Gesteinspartien über dem erzeugten Infiltrationsniveau, wodurch eine Veränderung der Raumdichte zustande kam;
3. die zahlreichen geologischen Eigenheiten, die das Schweregleiten erhöhten und förderten, als die Spannungen anstiegen und die Festigkeit abnahm (vgl. 1. und 2).

Die endgültige Bewegung erfolgte plötzlich — keine Ursachen, die außerhalb des beeinflußten Gebietes liegen, werden dafür verantwortlich gemacht.

Rückblick auf die Vaiont-Katastrophe

Das tragische Geschehen am Vaiont hat die gefährliche Bedeutung geologischer Eigenheiten im Staubereich und in der Umgebung demonstriert, selbst wenn das Baugelände anderweitig befriedigend für einen Damm von hervorragender Bauart war. Ich glaube, Herr HILL wird in der Diskussion auf zwei Grubenunglücke zu sprechen kommen, die sich in neuerer Zeit in Südafrika ereigneten und die in ähnlicher Weise die Bedeutung der geologischen Bedingungen eines Gebietes unterstreichen. Die Zeit im Sinne der Lebensdauer des Projektes ist ein Schlüssel für die Sicherheit und zweifellos ein Hauptfaktor beim Vaiont. Seit 1959 brachen acht größere Staudämme der Welt in irgendeiner Weise zusammen. Es erscheint notwendig, daß folgendes Berücksichtigung findet:

1. Gesteinsmassen unter geänderten Umgebungsbedingungen können in kurzen Zeitintervallen (Tage, Wochen, Monate) nachgeben.
2. Die Festigkeit einer Gesteinsmasse kann sehr schnell abnehmen, sobald Kriecherscheinungen auftreten.
3. Warnende Anzeichen von aktivem Kriechen rechtfertigen sofortige technische Maßnahmen, da eine Beschleunigung, die zum Zusammenbruch führt, schnell eintreten kann.

Literatur

[1] MÜLLER, L.: Rockmechanics considerations in the design of rock slopes, in State of Stress in Earth's Crust. International Conference, RAND Corp., Santa Monica, California, 1963.

[2] PANCINI, M.: Observation und Surveys on the Abutments of the Vaiont Dam. Geologie und Bauwesen, **26** (1961), H. 3, 122–151.

[3] PANCINI, M.: Results of the First Series of Tests Perfomed on a Model Reproducing the Actual Structure of the Abutment Rock of the Vaiont Dam. Geologie und Bauwesen, **27** (1962), H. 3–4, 105–119.

[4] TOPERCZER, M.: Schriftliche Mitteilung. Universität Wien, Seismologische Station, 17. Oktober 1963.

Herr HILL

Herr Präsident, meine Herren!

Da Prof. KIERSCH die Bedeutung der geologischen Verhältnisse bei der Planung von Grubenanlagen unterstrich, erinnere ich mich an zwei Grubenkatastrophen, die sich in Südafrika ereigneten und bei denen die geologischen Faktoren eine extrem wichtige Rolle spielten.

Das erste Grubenunglück ereignete sich auf der Goldgrube West Driefontein ungefähr vor einem Jahr, als ein großer Teil der Aufbereitungsanlage plötzlich in einen unterirdischen Hohlraum einbrach. Später wurde festgestellt, daß sich die Ausmaße der Caverne auf 150 Fuß im Durchmesser und 150 Fuß nach der Tiefe beliefen. 29 Personen fanden bei dem Unglück den Tod, und ein großer Teil der technischen Ausrüstungen wurde zerstört. Sämtliche Fundamente der Goldgewinnungsanlage wurden dann einsturzverdächtig, und es wurde beschlossen, ein neues Werk an geologisch günstigerer Stelle zu bauen. Die Kosten dieses neuen Werkes werden 4 Millionen Pfund übersteigen.

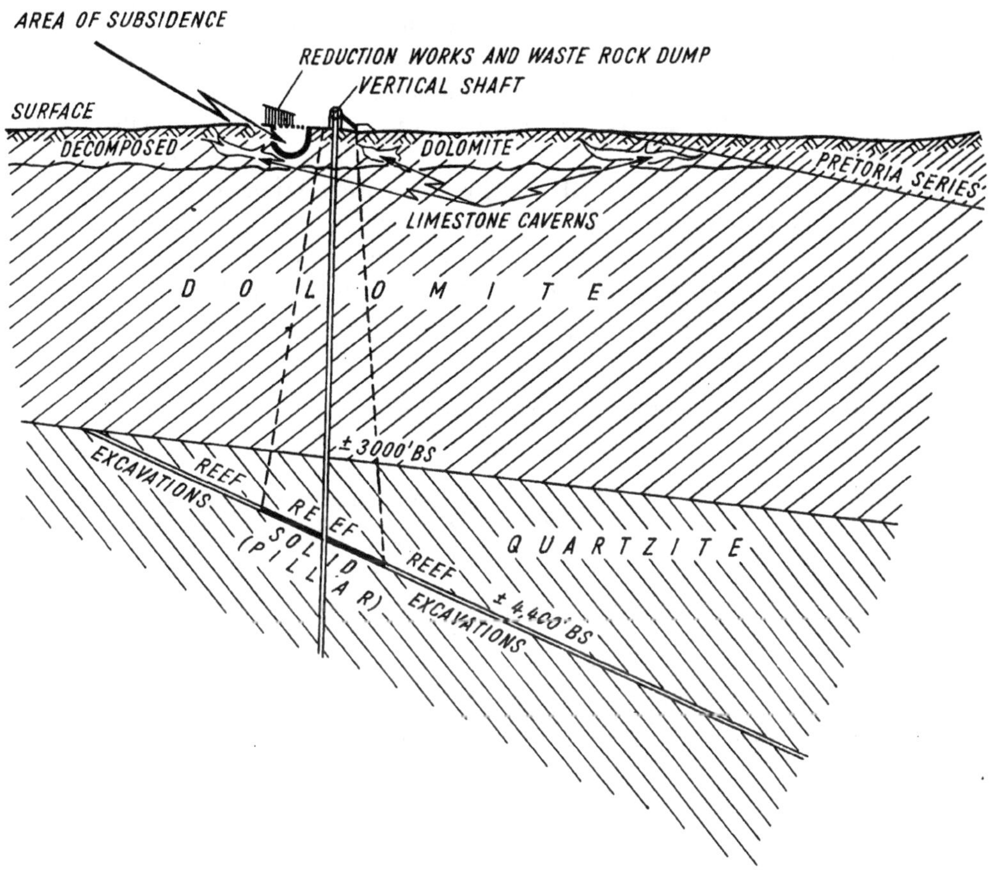

Bild 1. West Driefontein G. M. Co. Ltd. Skizze zur Katastrophe, die durch die oberflächliche Bodenabsenkung hervorgerufen wurde

Die Skizze 1 zeigt die eingetretene Absenkung in ihrer Lagebeziehung zum Abbau des Reefs. Im Bereich des Schachtes liegt das goldführende Reef in einer Tiefe von etwa 4500 Fuß; wobei im oberen Teil Dolomite in einer Mächtigkeit von 3000 Fuß entwickelt sind. Die obersten 500 Fuß Dolomit sind intensiv verwittert. Trotz des Niederbringens zahlreicher Bohrungen zur Baugrundbegutachtung von der Oberfläche aus wurden keine größeren Hohlräume festgestellt, und der überwiegende Teil der übertägigen Bauwerke einschließlich der Gewinnungsanlage wurde in unmittelbarer Schachtnähe errichtet.

Beim Reefabbau wurde ein Schachtsicherheitspfeiler (gestrichelte Linie in der Skizze 1) ausgespart. Durch die Existenz dieses Sicherheitspfeilers bildete sich eine Spannungszone aus, die sich vom Pfeiler zur in unmittelbarer Schachtnähe befindlichen Erdoberfläche erstreckt. Die Spannungen verursachten eine Verringerung der Festigkeit des Gesteins in Oberflächennähe; der Zustand wurde noch dadurch verschlimmert, daß der Grundwasserspiegel von seiner ursprünglichen Teufenlage in etwa 300 Fuß auf 1200 Fuß durch eine Pumpenleistung von 40 Millionen Gallonen pro Tag abgesenkt wurde.

Es ist heute verständlich, warum die Aufbereitungsanlage in einen derartigen Hohlraum einbrach. Dieser Hohlraum hat natürlich vor dem Beginn des Bergbaus existiert. Zunächst hat die Absenkung des Grundwasserspiegels verursacht, daß in den oberen 500 Fuß der Schicht der Auftrieb des Bodens verringert wurde; zweitens: der Sicherheitspfeiler schuf eine Spannungszone rings um den Schacht; und drittens: die Erschütterung durch die Aufbereitungsanlage muß ebenfalls eine zerstörende Wirkung gehabt haben. Wären die geologischen Bedingungen günstiger gewesen, hätte sich beispielsweise massives Gestein bis zur Erdoberfläche anstehend gefunden, würde sich diese Katastrophe selbstverständlich nicht ereignet haben. Mit anderen Worten, die aus dem geologischen Aufbau resultierenden Verhältnisse waren so, daß es falsch war, die Hauptgebäude mit ihrer maschinellen Ausrüstung in Schachtnähe zu errichten.

Das zweite Grubenunglück, über das ich berichten möchte, erreignete sich auf der Coalbrook Colliery vor etwa drei Jahren. Bei dieser Katastrophe fanden 435 Bergleute im Zusammenhang mit einem vollständigen Zubruchgehen großer Teile des Grubenfeldes den Tod. Der Hauptgrund für das Zubruchgehen kann auch hier weitgehend auf die geologischen Verhältnisse zurückgeführt werden.

Skizze 2 zeigt grobschematisch:

a) die ursprüngliche Lagerung des Kohlenflözes;

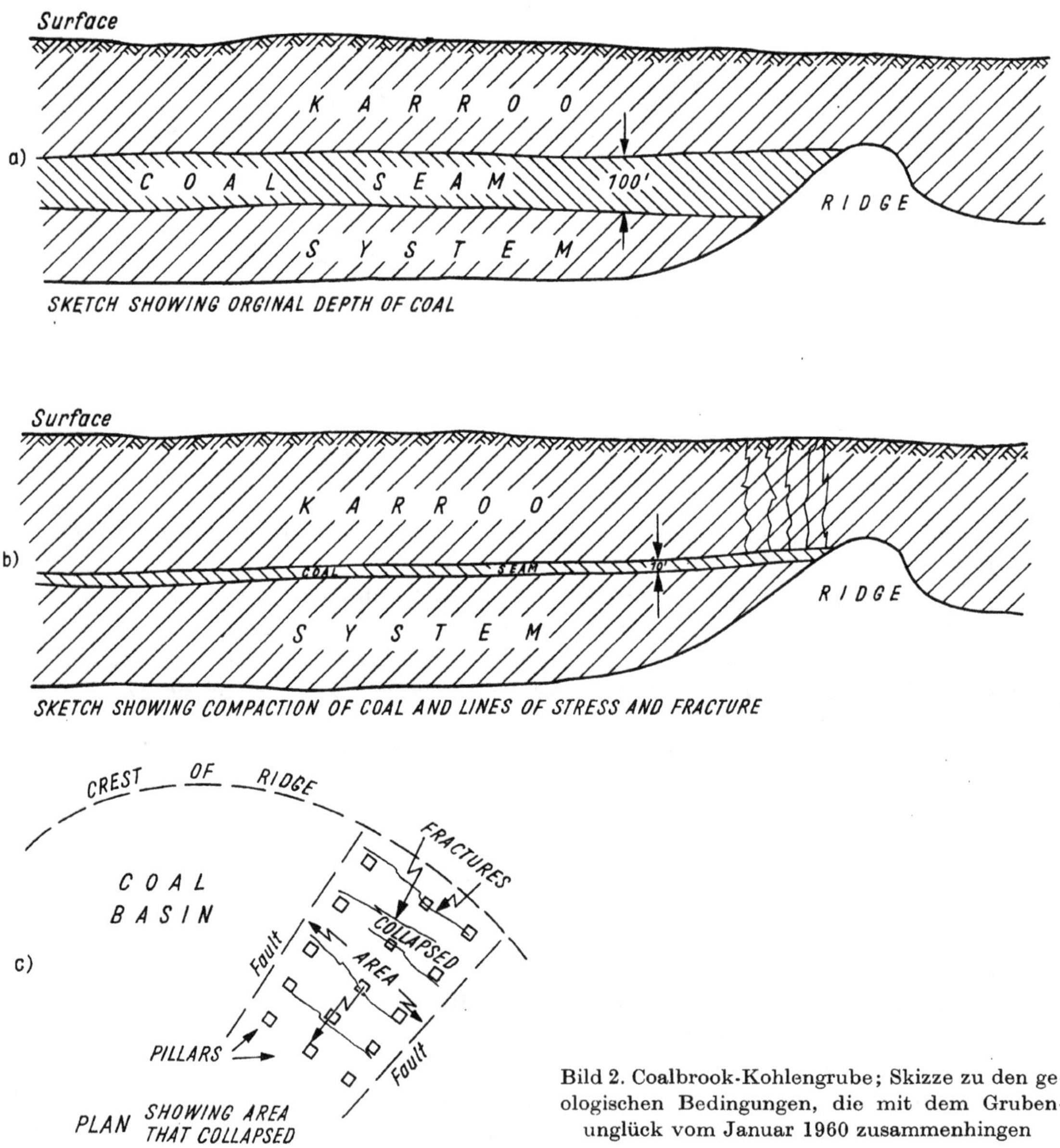

Bild 2. Coalbrook-Kohlengrube; Skizze zu den geologischen Bedingungen, die mit dem Grubenunglück vom Januar 1960 zusammenhingen

b) die Verdichtung des Kohlenflözes, die am Rande des Rückens zu Zugspannungsbrüchen führt;

c) das Bruchfeld in seiner Lage zum Scheitel des Rückens und zu zwei Verwerfungen.

Es muß darauf hingewiesen werden, daß das Bruchfeld an der einen Seite durch den Rücken und die ihn begleitenden Brüche sowie an zwei weiteren Seiten durch Verwerfungen begrenzt ist. Da mit der Zeit die Kohlenpfeiler abschalten und geschwächt wurden, entwickelten sich Bedingungen, die zu einer totalen Absenkung und zum Zubruchgehen des hangenden Gebirges führten. Wären die geologischen Verhältnisse, bevor der Feldesteil abbaumäßig in Angriff genommen wurde, besser bekannt gewesen, so hätte wahrscheinlich eine größere Dimensionierung der Kohlepfeiler gegenüber dem Normalfall das Grubenunglück verhindert. Als ein Ergebnis intensiv durchgeführter geologischer Untersuchung sind bekannte Gefahrenzonen laufend vermieden worden.

Herr Everling

Herr Vorsitzender!

Meine sehr verehrten Herren!

Gestatten Sie mir, daß ich als Diskussionsleiter den zweiten Teil des Nachmittages mit der Nachricht beginne, daß um 14.00 Uhr bereits sieben der in Lengede noch eingeschlossenen Bergleute gerettet waren und daß die restlichen vier wahrscheinlich zur Stunde befreit sind. Unsere Freude darüber ist zweifellos ungeteilt.

Herr Denkhaus

Herr Vorsitzender!

Im Anschluß an den Diskussionsbeitrag des Herrn Hill möchte ich noch einige Bemerkungen machen: Wie ich bereits heute morgen ausführte, handelt unser Rahmenthema in erster Linie von Versuchen an kleinen Proben und von solchen an großen Proben; wir müssen diese Gedankenreihe aber auch „extrapolieren" nach Versuchen an ganz großen Proben, d. h. am Prototyp. Darum freue ich mich ganz besonders, daß die Herren Hill und Potts die Gelegenheit ergriffen haben, auf einige solcher Versuche hinzuweisen.

Herr Hill bestätigte die Auffassung des Herrn Kiersch, daß man auch geologisch denken muß, wenn man eine Grube plant. Aus den Unglücken in Südafrika, auf die Herr Hill hingewiesen hat, haben wir in der Tat gelernt. Herr Potts berichtete bereits über Bewegungsmessungen, die von einigen Herren aus England in einer Kohlengrube durchgeführt werden. Wir haben jetzt darüber hinaus in Südafrika ein Komitee für Gebirgsmechanik in Kohlengruben gebildet, und mein Institut ist u. a. damit beauftragt worden, ein Forschungsprogramm über Gebirgsdruck und Gebirgsbewegungen in Kohlengruben durchzuführen. Wir haben einen Großversuch auf einer Grube, die nahe bei Coalbrook liegt, begonnen. Wir wollen — in ähnlicher Weise wie vor einigen Jahren auf der Grube Neumühl in Deutschland — über einen langen Zeitraum hin möglichst viele Daten messen, nämlich Absenkung der Tagesoberfläche, Bewegungen zwischen verschiedenen stratigraphischen Horizonten, Konvergenzen, Spannungen in Pfeilern, im Liegenden und im Hangenden. Die Ergebnisse wollen wir in Beziehung setzen sowohl zu den Betriebsdaten wie Bauhöhe, Verhiebsgeschwindigkeit und Abbaumethode als auch zu den geologischen Daten, die wir im Sinne von Herrn Müller durch geologische und gefügemechanische Untersuchungen und Bestimmung der Gesteins- und Gebirgseigenschaften darstellen wollen.

Der Grundgedanke ist der folgende: Es liegen überall in der Welt zahlreiche Ergebnisse von Bewegungs- und Spannungsmessungen vor. Manche fügen sich in Gebirgsdruck- und Gebirgsbewegungstheorien ein, andere nicht und manche widersprechen einander. Man kann die verschiedenen Theorien und die verschiedenen Versuchsergebnisse aber nur schwer miteinander vergleichen, weil ein Maßstab fehlt. Wir hoffen nun, daß unser Großversuch der erste Schritt zur Entwicklung eines Gedankenmodells ist, in dem Spannungen, Bewegungen und Brucherscheinungen in Beziehung stehen zu den Betriebsbedingungen und den geologischen Verhältnissen. Viele Parameter dieses Modells kennen wir noch nicht richtig, z. B. die Neigung zu Gebirgsschlägen; bei anderen, etwa Teufe oder Verhiebsgeschwindigkeit, wollen wir im Großversuch erfahren, welche Bedeutung sie haben. Wenn ein solches Gedankenmodell besteht, kann man Messungen in verschiedenen Gebirgen miteinander vergleichen und letztere entsprechend klassifizieren. Man kann dann auch zu echten Regeln für den Entwurf, für die Planung von Gruben und Grubenabteilungen kommen.

Herr Höfer

Meine Herren!

Meine Vorredner haben in überzeugender Weise dargelegt, wie wichtig es ist, sich mit der Festigkeit des Gebirges zu beschäftigen. Gestatten Sie mir aber trotzdem, daß ich vom großen Maßstab auf etwas kleinere Dimensionen zurückkomme und einige Beispiele dazu anführe.

Wir wissen, daß wir beim Druckversuch senkrecht zur Schichtung eine größere Druckfestigkeit als parallel zur Schichtung bekommen. Das ist im allgemeinen so, wenn wir diese Versuche im Laboratorium durchführen. Auch in der Grube haben wir diese Ergebnisse zu beachten, können jedoch dabei Schwierigkeiten bekommen.

Wenn wir z. B. einen Pfeiler haben, der horizontal geschichtet ist, so kann sich für die Druckfestigkeit gar nichts Schlimmes ergeben. Dies trifft für den Fall zu, wo diese einzelnen Schichten, wenn sie sonst gleich sind, mit viel Reibung zusammenhängen. Wir haben aber in der Grube oftmals den Fall, daß durch Schmierung die Reibung sehr stark verringert wird, und bekommen dann die bekannten senkrechten Risse hinein, die die Festigkeit sehr stark herabsetzen.

Deshalb bin ich der Meinung, daß es notwendig ist, nicht nur Klüfte, die in beliebiger Richtung oder parallel zur Druckrichtung verlaufen, zu beachten, sondern auch solche. Wir haben in vielen Fällen gesehen, daß bei geschichtetem Material, wo eine entsprechend geringere Reibung vorhanden war, auch wieder derartige Risse in den festen Gesteinen auftraten.

Nun zu einem weiteren Punkt: Es wurde des öfteren der Zeitfaktor angeschnitten. Wir wissen, daß er für die Bestimmung der Gebirgseigenschaften wahrscheinlich einer der am schwierigsten zu erfassenden Faktoren ist. Wir wissen ferner vom Salzgestein, daß wir in etwa diese Gesteinsfestigkeit auf die Festigkeit im Gebirge übertragen können und mit einigen Koeffizienten. Aber wenn es um gewisse andere Faktoren geht, ist dies nicht mehr möglich. Das betrifft z. B. die Zähigkeit des Materials gegenüber einem Versuch an einer Probe im Gegensatz zu einem Versuch in situ an einem Pfeiler, der fünf oder zehn Meter groß ist. Als Beispiel sei hier nur angeführt, daß z. B. die Relaxationszeit, bestimmt im Laboratorium, sich zur Relaxationszeit in situ etwa wie $1:10^5$ verhält. Wir sehen also, daß wir mit den bisherigen Diskussionen nur einen ganz kleinen Bereich erfaßt haben. Wir haben uns nur um die Druck-, Zug- oder sonstige Festigkeit gekümmert, die aber ihrerseits wiederum sehr stark von den Belastungsbedingungen abhängt.

Ich möchte hier die Aufmerksamkeit darauf lenken, daß wir nicht nur die Festigkeitswerte als solche in unsere Diskussion einzubeziehen haben, sondern das gesamte Festigkeitsverhalten im Labor und im Gebirge.

Bild 1. Gleitbänder in einem natürlichen Steinsalzkristall bei Beobachtung im polarisierten Licht; 1,5fach

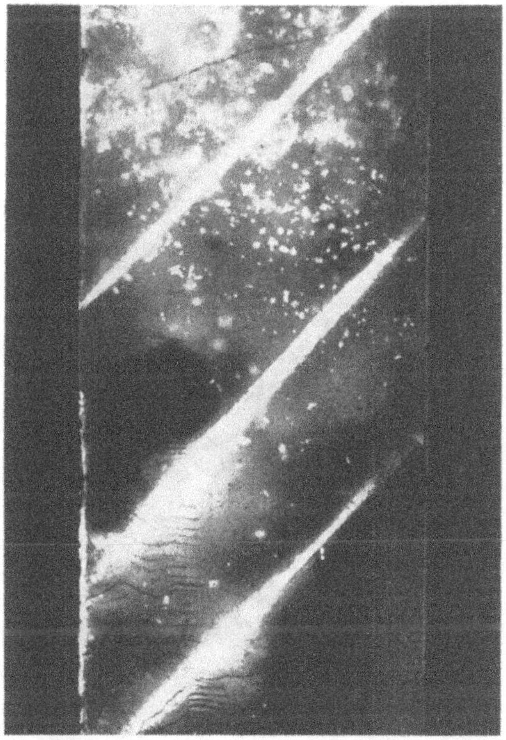

Bild 2. Gleitbänder in einem natürlichen Steinsalzkristall bei Beobachtung im polarisierten Licht; 3,7fach

Zum Schluß gestatten Sie mir bitte noch eine kurze Ausführung zu einem anderen Problem. Herr ROSETZ hatte uns Aufnahmen von Steinsalzkristallen gezeigt, wobei Spaltrisse nach (100) oder gleichwertigen kristallographischen Richtungen zu sehen waren. Eine gleiche Spaltfläche ist auch hier zu sehen (Bild 1). Im polarisierten Licht ist ein Gleitsystem nach (110) zu erkennen. Auf derartigen Gleitsystemen vollzieht sich die plastische Verformung im Steinsalzkristall. Damit wäre für eine gewisse Gesteinsart auch eine Frage beantwortet, die Herr Prof. MENCL heute gestellt hat, nämlich, ob man Dislokationen — gemeint ist im Deutschen der Ausdruck Versetzungen — in der Gebirgsmechanik auch mit beachten sollte. Ich meine, für das Salzgebirge gilt dies auf alle Fälle, wahrscheinlich auch für verschiedene andere Gesteine. Aber ich weiß nicht, inwieweit das auf alle Gesteine anzuwenden ist. Für den Salzbergbau meine ich, daß die Frage der Versetzungen — wie es auch Herr Dr. DREYER gesagt hat — doch eine gewisse Rolle spielt. Die Theorie und der Mechanismus der Versetzungen ist durch die Plastizitätsforscher bzw. Metallkundler schon soweit ausgearbeitet, daß wir deren Ergebnisse in Zukunft mehr studieren sollten. Schließlich ist es ja kein Zufall, daß wir das hier wieder in dieser schönen Weise haben, denn die Versetzungen wurden durch TAYLOR und POLANYI eingeführt, und die Versuche von TAYLOR wurden an Steinsalz gemacht. Ich danke Ihnen.

Herr EVERLING

Herr DENKHAUS und Herr HÖFER haben zum Teil Übereinstimmendes vorgetragen. Sie beide haben darauf hingewiesen, daß es mit Untersuchungen der Festigkeitswerte allein in keinem Falle getan ist. Es kommt immer darauf an, die vielen Bedingungen, die im Gebirge vorliegen, möglichst vollständig zu erfassen; nur diese Kombination von Laborversuchen und die Berücksichtigung der Gebirgsverhältnisse gemeinsam können uns weiterhelfen. Der Verlauf der Diskussion hat zu diesem Schluß immer wieder hingeführt.

Herr MEISSER

Durch Hinweis auf die drei Vorredner kann ich eine Einleitung einsparen und Ihnen den Beitrag der Angewandten Geophysik dazu angeben. Das Ziel, das allgemein angestrebt wird, ist, die physikalischen Eigenschaften des Gebirges insgesamt zu beurteilen und auf dieser Grundlage ein Projekt anzufertigen. Der bisherige Weg, im Laboratorium an relativ kleinen zahlreichen Gesteinsproben die erforderlichen Kennwerte zu bestimmen und dann auf „das Gebirge" insgesamt zu übertragen, stellt ein nur beschränktes Hilfsmittel dar. Um diese große Unzulänglichkeit zu überwinden, ist die Geophysik bemüht, die erforderlichen ingenieurtechnischen Kennwerte bereits „in situ" über das gesamte wirksame Gebirge zu messen, z. B. beim Talsperrenbau usw.

Weiter möchte ich zu den etwas kühnen Ausführungen von Herrn SCHUPPE bemerken, daß die Verhältnisse nicht so einfach liegen, um unmittelbar über die gemessenen seismischen Fortpflanzungsgeschwindigkeiten eine Relation zur Festigkeit zu ermitteln.

Ich möchte ihnen an einem einfachen Beispiel zeigen, daß die beobachtete longitudinale Fortpflanzungsgeschwindigkeit $v_{\text{beob.}}$ eines Gesteinskörpers von der Geschwindigkeit $v_{\text{Gest.}}$ und der Klüftigkeit $x \cdot 100\,\%$ (Geschwindigkeit der Kluftfüllung v_x) abhängt gemäß

$$\frac{1}{v_{\text{beob}}} = \frac{x}{v_x} + \frac{1-x}{v_{\text{Gest.}}}. \qquad (1)$$

Dieses Verfahren nach Gl. (1) erlaubt, die Klüftigkeit sowohl an der Oberfläche wie auch nach der Tiefe zu bestimmen. Darüber hinaus lassen sich aus der Anisotropie von $v_{\text{beob.}}$ die Druckwirkungen in den verschiedenen Wirkungsrichtungen selbst für die einzelnen Tiefen ermitteln.

Zur Frage der Kosten von Großversuchen am Objekt möchte ich bemerken: Eine Talsperre kostet in der Größenordnung von 100 Millionen Mark, demgegenüber fällt ein Versuch in der Größenordnung von 10000 Mark prozentual nicht ins Gewicht. Dieser Versuch erhöht aber durch seine Aussagekraft wesentlich die Sicherheit.

Gerade die Unterlagen von den Herren Prof. Dr. POTTS und Dr. HILL zeigen den großen Wert von geophysikalischen Hilfsmitteln und Methoden bei der Überwachung von Grubenbauen (Bauwerken und insbesondere Talsperren) hinsichtlich der entsprechenden „rezenten Erdkrustenbewegungen". Zur Durchführung solcher Untersuchungen brauchen wir die Physik nicht nur im Laboratorium, sondern ganz besonders die angepaßten Verfahren der Angewandten Geophysik am und im Objekt selbst.

Im Hinblick auf die von Ihnen gebrachten zahlreichen praktischen Beispiele möchte ich auch aus der Sicht der Angewandten Geophysik anregen, auf einem unserer Treffen eine Inventur über Meßverfahren in situ, ihre physikalischen Grundlagen und die praktischen Anwendungsmöglichkeiten zu machen. Ich bin gern bereit, seitens der Ingenieurgeophysik entsprechend den Ausführungen von Herrn Prof. Dr. WATZNAUER über die Problematik moderner geologischer Untersuchungen, mich hierbei zu beteiligen.

Herr DE REEPER

In Anbetracht des Rahmenthemas dieses 5. Ländertreffens ist hier wiederholt der Einfluß der Rissigkeit auf die Festigkeit des Gebirges Gesprächsgegenstand gewesen. Ich möchte Ihnen in diesem Zusammenhang etwas Näheres über eine Untersuchung in situ bei den Staatsmijnen in Holland mitteilen, wobei nach aller Wahrscheinlichkeit die Zunahme der Rissigkeit eine der Ursachen für den starken Anstieg des auf den Ausbau wirkenden Drucks war.

In einer Teufe von etwa 800 m wurde in Schachtnähe ein Füllort im festen Gebirge aufgefahren und anschließend mit Beton ausgekleidet. Bild 1 zeigt die Lage in waagerechtem Schnitt.

Die Strecke mit einem Durchmesser von 5 m erweitert sich zu einem hufeisenförmigen Raum mit einer Breite von etwa 8 m und einer Höhe von etwa 7 m.

In Bild 2 ist zu sehen, wie im Meßquerschnitt M—M 7 Paar Dehnungsgeber (elektrische Widerstandsgeber vom Typ Philips PR 9239) tangential einbetoniert sind.

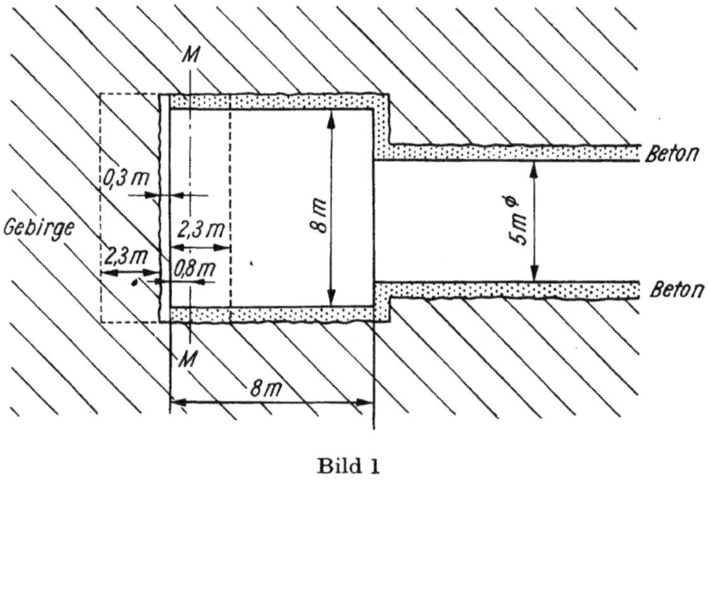

Bild 1

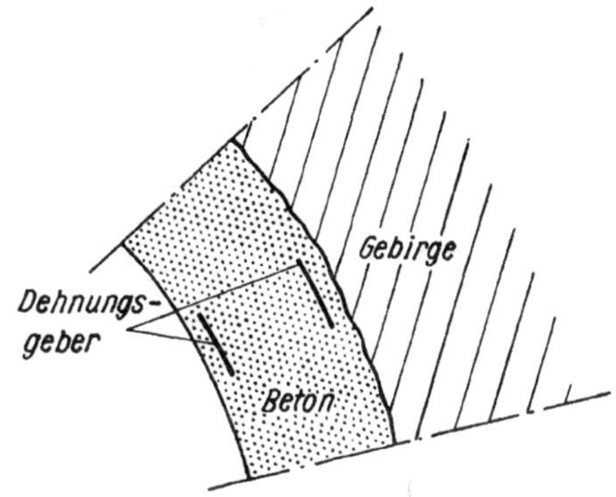

Bild 2

Wie sich aus Bild 1 ergibt, war nach Anbringen der letzten Betonetappe von 2,3 m Länge der Abstand zwischen der Betonauskleidung und dem Ortsstoß 0,3 m geworden. Der nächste Abschlag von 2,3 m wurde mit zwei Schüssen von 80 kg und 11 kg Dynamit in einer Zwischenzeit von etwa 1 min hereingeschossen. Am Tage zuvor hatte man den Nullstand der einbetonierten. Dehnungsgeber gemessen. Der mittlere Stauchdruck, gemessen am aktivsten Paar Meßelemente, ist in Bild 3 eingetragen. Hieraus geht klar hervor, daß durch das Schießen und wahrscheinlich mit der dadurch ausgelösten größeren Rissigkeit des umgebenden Gebirges die auf den Betonausbau wirkende Belastung beträchtlich zugenommen hat, und zwar sowohl gleich nach dem Schuß als auch während längerer Zeit danach. Bis zum Zeitpunkt $T = 150$ Stunden fanden Sicherheitsarbeiten statt, wurde das Haufwerk fortgeschafft und die Verschalung für die nächste Betonierstufe aufgestellt.

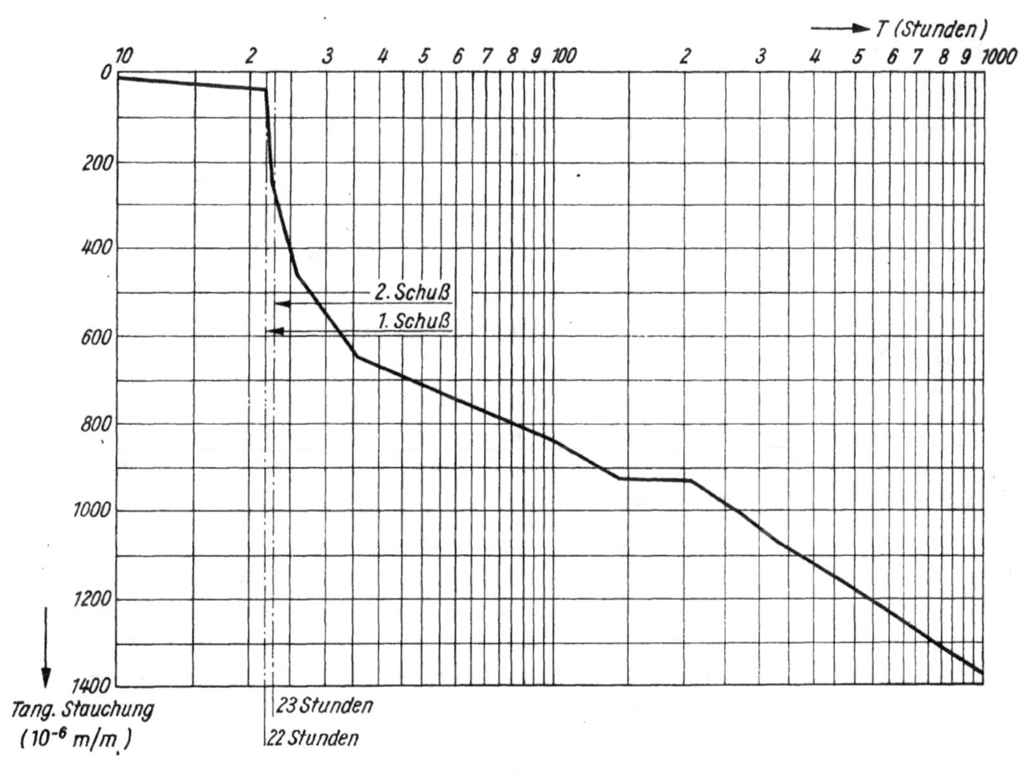

Bild 3

Der flache Verlauf der Deformationskurve zwischen $T = 150$ Stunden und $T = 200$ Stunden fällt zusammen mit dem Schütten des Betons im genannten anschließenden Etappenteil zur Länge von etwa 2,3 m.

In der nachfolgenden Zeit, in der die Deformationskurve, dargestellt als Funktion von log T, einen geradlinigen Verlauf zeigt, wurde die Strecke noch etwa $6^1/_2$ m weiter aufgefahren und betoniert, wonach sie an einen bereits bestehenden, mit Beton ausgekleideten Hohlraum anschloß.

Herr Neubert

Wiederholt klang bei den gehaltenen Vorträgen die Auffassung an: Es ist besser, ein Ergebnis als keins zu haben.

Diese Urteilsbildung kann nicht bedenkenlos hingenommen werden. Auf die markscheiderische Berufsauffassung übertragen, ist sie unhaltbar. Zugegeben, daß die ausgeführten Arbeiten wertvoll in mehrfacher Hinsicht sind, so können sie doch nur mit einigem Vorbehalt hingenommen werden. Der Eindruck dieser Betrachtungsweise verschwand in der anschließenden Diskussion.

Den praktischen Bergmann interessiert ausschließlich das Gebirge in situ, um seine Arbeiten zweckgebunden so ökonomisch wie möglich ausführen zu können. Diese Kenntnis benötigt er für viele Entscheidungen, so z. B. beim Grubenausbau, Schachtbau, in der Auswahl der Abbaumethoden usw.

Man muß unterscheiden zwischen bergmännisch unverritztem Gebirge und bergmännisch durch Hohlraumbildung beeinflußtem Gebirge. Anders gelagert sind die Probleme bei Arbeiten an der Tagesoberfläche. Entscheidend für die Auswirkungen unter Tage sind Form und Größe der Hohlräume, die Teufe und der Abbaufortschritt, da sich die Eigenschaften des Gebirges, insbesondere die Verbandseigenschaften, unter anderen Bedingungen gründlich ändern können.

Extrapolationen bei Untersuchungsmethoden sind oft mit sehr großen Unsicherheiten behaftet. Unter falschen Annahmen können Fehldispositionen eintreten, die bemerkt werden, wenn der Ansatz zu ungünstig war und deshalb unerwünschte Auswirkungen, eventuell Katastrophen eintraten. Wir wissen, daß sich z. B. Gebirgsschläge vermeiden lassen. Andererseits treten Ausführungen mit viel zu hohen Sicherheitsfaktoren und deshalb viel zu großem Kostenaufwand kaum in den Kreis der Betrachtungen.

Alle Vorträge gehen davon aus, einen Beitrag zur schrittweisen Annäherung der Lösung bestehender Probleme zu liefern.

Um eine Sichtung über den Wert der verschiedenen Untersuchungsmöglichkeiten und einen Einblick in deren Aussagekraft zu erhalten, schlage ich vor, zum nächsten Ländertreffen Mittel, Apparate und Meßbedingungen zu behandeln. Nur so, glaube ich, kann wieder ein entscheidender Schritt nach vorn getan werden.

Die Schwierigkeit der wissenschaftlichen Auseinandersetzung wird dadurch erschwert, daß jeder von anderen Gebirgseigenschaften ausgeht. Maßgebend ist die Geschichte des Gebirges, das alle Einwirkungen registriert, erst vor Einwirkung des Bergbaues, dann bei Bildung bergmännischer Hohlräume. Es müssen deshalb auch die Schlußfolgerungen unterschiedlich sein. Wir könnten uns viel rascher einigen, wenn wir vom gleich beeinflußten Gebirge ausgehen würden oder wenn das Gebirge besser charakterisiert würde. Ich glaube, in dieser Hinsicht müßten noch mehr Details angegeben werden, wenn Gesetzmäßigkeiten abgeleitet werden sollen.

Herr DENKHAUS

Herr DREYER hat heute morgen einige Stellen aus dem Buch von Herrn MÜLLER „Der Felsbau“ zitiert. Es heißt dort, man solle die einaxiale Festigkeit als Gesteinsfestigkeit und die dreiaxiale als Gebirgsfestigkeit definieren. Ich halte das nicht für richtig. Gebirgsfestigkeit und Gesteinsfestigkeit können keine festen Definitionen sein. Der Ausdruck „Gebirgsfestigkeit“ soll lediglich hervorheben, daß man in dem Größenordnungsbereich, der für praktische Aufgaben des Berg- und Felsbaus anwendbar ist, die Festigkeit des Gebirges meist als die eines Diskontinuums behandeln muß. Im Größenbereich der Gesteine kann man meist mit dem Modell eines Kontinuums auskommen und hebt das durch den Ausdruck „Gesteinsfestigkeit“ hervor. In Sonderfällen, wenn ein kontinuierliches Gebirge vorhanden ist, wird Gebirgsfestigkeit gleich Gesteinsfestigkeit.

Ganz falsch ist es aber, die Begriffe Gesteins- und Gebirgsfestigkeit mit dem räumlichen Spannungszustand (einachsig, mehrachsig) zu koppeln. Festigkeit ist eine Eigenschaft eines bestimmten materiellen Systems und dieses System muß deutlich hinsichtlich seiner Homogenität, Isotropie und Kontinuität definiert werden, und hierher gehören Begriffe wie Gebirge und Gestein, wie soeben dargelegt. Darüber hinaus ist aber die Festigkeit — sowohl die Gebirgsfestigkeit als auch die Gesteinsfestigkeit — beeinflußt durch eine Reihe Faktoren, von denen die Mehrachsigkeit des Spannungszustandes der wichtigste ist. Wie ich in meinem Referat darlegte, ist Festigkeit kein Einzelwert, sondern eine Gruppe von Werten, die man am besten in einem dreidimensionalen Diagramm (Bild 4 des Referates DENKHAUS) darstellt.

Es zeigt die Abhängigkeit der Festigkeit vom Spannungszustand. Ein solches Diagramm gilt für ein bestimmtes materielles System, sei es nun ein kontinuierliches Gestein oder ein diskontinuierliches Gebirge. Hat man ein anisotropes System, so muß für jede Belastungsrichtung relativ zur anisotropen Orientierung ein besonderes Diagramm angegeben werden, um ein vollständiges Bild der Festigkeit zu erhalten. Weiterhin muß man für jeden praktisch wichtigen Einflußfaktor, wie Feuchtigkeit, Temperatur, Belastungsdauer und Belastungsgeschwindigkeit, besondere Reihen solcher Diagramme aufstellen.

Ich halte es auch nicht für richtig, Gebirgs- und Gesteinsfestigkeit durch verschiedene Maßeinheiten, kp/cm^2 und kp/mm^2, zu unterscheiden; wie ich soeben darlegte, gibt es Übergänge von der Gesteins- zur Gebirgsfestigkeit. Man sollte den Vorschlag von Herrn MÜLLER aufgreifen und bei der Angabe von Versuchsergebnissen das Material, den Spannungszustand und andere Versuchsbedingungen spezifizieren, nicht aber diese Bedingungen in Benennungen oder Maßeinheiten hineinbringen, denn das hat physikalisch damit nichts zu tun.

Herr GIMM

Ich möchte etwas zu den Vorträgen der Herren KVAPIL und DENKHAUS sagen.

Herr KVAPIL hat in seinem Vortrag betont, daß das Festigkeitsverhalten des Gebirges auch eine Funktion äußerer Bedingungen, z. B. der Belastungsgeschwindigkeit wäre. Für das Festigkeitsverhalten von Gesteinen sind diese Zusammenhänge seit längerer Zeit bekannt und teilweise auch zahlenmäßig erforscht. Ich erinnere in diesem Zusammenhang an die Veröffentlichungen von Herrn DREYER und Herrn KVAPIL, wo nachgewiesen wird, daß schon die einachsige Druckfestigkeit sehr stark von der Belastungsgeschwindigkeit abhängig ist. Im Gebirge ist der Einfluß äußerer Bedingungen schwieriger festzustellen. Ich möchte ergänzend auf eine besondere Erscheinung bei Gasausbrüchen hinweisen und versuchen, daraus einige allgemeine Schlußfolgerungen zu ziehen.

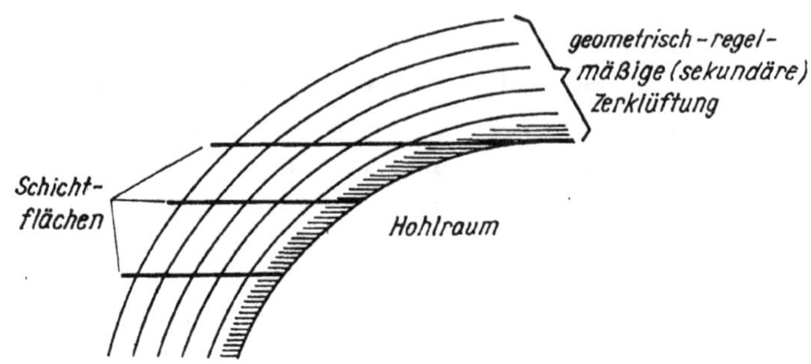

Bild 1

Bei Gasausbrüchen im Kali- und Kupferschieferbergbau wird stets eine geometrisch-regelmäßige Zerklüftung an den Rändern des Ausbruchshohlraumes beobachtet. Diese geometrische Zerklüftung ist völlig unabhängig von dem Vorhandensein oder Fehlen von Diskontinuitäten, also zum Beispiel von Schichtflächen (siehe Skizze 1). Die Art des Gesteins spielt für diesen geometrisch-regelmäßigen Verlauf der Zerklüftung keine Rolle. Der Einfluß der Gesteinsfestigkeit wirkt sich lediglich auf den Abstand der Kluftflächen aus; so ist die Dicke der durch diese Zerklüftung gebildeten Schalen im Salz gering, im Basalt größer.

Eine solche geometrisch-regelmäßige Zerklüftung wurde auch von Herrn Denkhaus beschrieben. Ich erinnere an das Bild 3 im Beitrag Denkhaus, wo eine ebenso aussehende Zerklüftung in der Umgebung einer Strecke im Quarzit vorhanden war.

Herr Denkhaus hat auf Grund des Fehlens von ausgeprägten Schichtflächen in diesem Quarzitgebirge die Vermutung geäußert, daß diese regelmäßige Zerklüftung zurückzuführen sei auf ein elastisches Vehalten des Quarzits, und daß man in diesem Fall das Gebirge weitgehend als Kontinuum ansehen könne.

Ich möchte diese Erklärung von Herrn Denkhaus nicht bestreiten, möchte aber behaupten, daß eine solche geometrisch-regelmäßige Zerklüftung auch durch besondere äußere Bedingungen verursacht werden und dann auch in einem ausgesprochen diskontinuierlichen Gebirge auftreten kann, wie es zum Beispiel bei den Gasausbrüchen im Kalibergbau vorliegt. Zur näheren Begründung dieser Behauptung möchte ich zuerst einen Überblick über die verschiedenen Trennflächen (oder Unstetigkeitsflächen) im Gebirge geben.

Man kann die Trennflächen oder Unstetigkeitsflächen im Gebirge in zwei Gruppen einteilen:

1. Primäre (= geologische) Trennflächen.
   Dazu gehören zum Beispiel Schichtflächen oder auch tektonische Klüfte.
2. Sekundäre Trennflächen.
   Diese sekundären Trennflächen treten nur auf in der Umgebung von Hohlräumen, also in der entspannten Zone.

Das Gebirge kann nun bei der Zerstörung in der Umgebung von Hohlräumen entweder längs der geologischen Trennflächen zerfallen oder längs geometrisch-regelmäßiger sekundärer Rißbildungen. Der Unterschied wird mit zwei Skizzen erläutert (s. Skizze 1 und 2). Es ergibt sich nun die Frage, wo die eine Art der Zerstörung bevorzugt auftritt, wo die andere? Dabei sind zwei verschiedene Einflüsse wirksam, nämlich:

1. der Grad der Homogenität oder Kontinuität des Gebirges,
2. die äußeren Bedingungen, also zum Beispiel die Größe der Spannungsdifferenzen oder die Geschwindigkeit der Belastung oder Entlastung sowie der Art des Spannungszustandes.

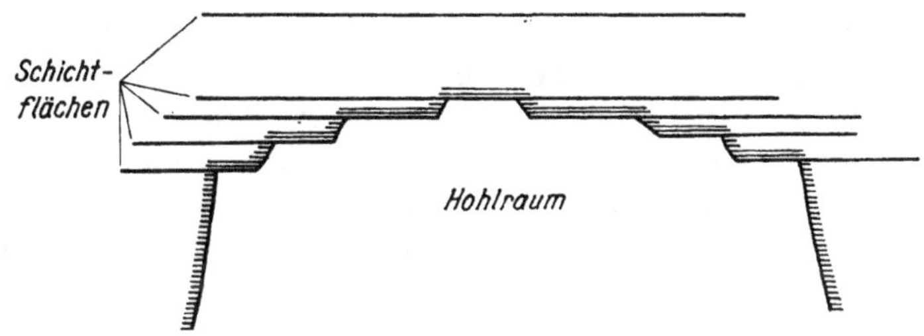

Bild 2

Zu 1. In einem Gebirge ohne ausgeprägte geologische Trennflächen kann die Zerklüftung mehr oder weniger geometrisch regelmäßig sein. In einem ausgesprochen diskontinuierlichen Gebirge folgt dagegen die Zerstörung des Gebirges hauptsächlich den geologisch bedingten Trennflächen.

Zu 2. Bei einem normalen, das heißt allmählichen Ablauf der Spannungsänderungen überwiegt die Zerstörung längs geologischer Trennflächen.

Diese Art der Zerstörung ist im geschichteten Gebirge das Normale, das wir meistens sehen (Skizze 2). Bei einer sehr schnellen Änderung der Belastung, zum Beispiel auch bei einem sehr schnellen Übergang vom dreiachsigen Spannungszustand in den einachsigen oder zweiachsigen Zustand, kommt dagegen eine Zerstörung längs geometrisch-regelmäßiger Flächen zum Ausdruck (Skizze 1). Eine solche geometrisch-regelmäßige Zerklüftung kann also auch durchaus in einem diskontinuierlichen Gebirge auftreten.

Wenn wir eine solche geometrisch-regelmäßige Zerklüftung in der Natur antreffen, dann ist das immer ein Ausdruck dafür, daß an dieser Stelle dynamische, gebirgsmechanische Vorgänge stattgefunden haben, zum Beispiel eine plötzliche Spannungsauslösung oder ein Gasausbruch, der ja ebenfalls sehr schnell abläuft und dessen erste Phase ein sehr schneller Übergang vom dreiachsigen in den zwei- oder einachsigen Spannungszustand ist.

Ich glaube, daß dieser Hinweis auf die Bedeutung solcher geometrisch-regelmäßiger Trennflächen uns noch einmal klar gemacht hat, daß wir an die Erforschung der Eigenschaften des Gebirges immer von zwei verschiedenen Seiten herangehen müssen. Wir müssen einmal die geologischen Bedingungen untersuchen, wie von verschiedenen Rednern betont wurde, wir müssen aber auch im Laboratoriumsversuch die allgemein gültigen Gesetzmäßigkeiten — zum Beispiel auf Grund der Elastizitätstheorie — näher ergründen und müssen uns überlegen, in welchen besonderen Fällen sich auch ein diskontinuierliches Gebirge nach diesen allgemeinen Erkenntnissen der Kontinuumsmechanik richten wird.

Herr Kvapil

Die Natur ist ungemein mannigfaltig, und ich meine, daß eine so einfach erscheinende Frage wie die Festigkeit im Grunde genommen sehr kompliziert ist. Es handelt sich hier nicht nur um eine technische, sondern auch um eine tiefgehende philosophische Frage.

Wenn wir über diese oder jene Festigkeit sprechen, dann handelt es sich nicht nur darum, welche Festigkeit dieses oder jenes Gestein hat, sondern auch darum, unter welchen Bedingungen ein bestimmtes Gestein eine derartige Festigkeit zeigt. Ich glaube, daß dort die Grundlagen liegen.

Ich möchte das kurz demonstrieren. Herr Prof. Seldenrath hat hier gesagt, daß das Gestein spröde ist. Ja, natürlich, bei gewissen Bedingungen. Wenn sich diese Bedingungen ändern, dann ändert sich auch die Sprödigkeit, und das Gestein kann ganz andere Eigenschaften aufweisen.

Daraus geht natürlich zweitens hervor — und ich möchte das betonen: Wenn wir die Gebirgsfestigkeit untersuchen wollen, dann müssen wir im Grunde die Bedingungen erforschen. In der Natur ist es natürlich sehr kompliziert. Ich möchte zum Beispiel auf die Tatsache hinweisen, daß die Gebirge uralte Prozesse in dieser oder jener Weise konserviert haben. Die Verformungszustände des Gesteins sind sehr mannigfaltig und sind viel zahlreicher als der Umfang des sogenannten BAUSCHINGER-Effekts, worauf Herr Prof. MENCL hinwies. Wenn sich die Bedingungen ändern, dann ändert sich die positive Verformung des Gesteins in die negative um, oder auch umgekehrt. Und natürlich ändern sich dadurch auch die Gesteinseigenschaften, zu denen auch das Festigkeitsverhalten zu rechnen ist. Dieselben Bedingungen können eine andere Wirkung auf die verschiedenen Gesteine haben. Wir müssen untersuchen, zu welchen Bedingungen diese oder jene Eigenschaft gehört.

Herr SCHUPPE

Gestatten Sie mir, eine Bemerkung zu den Hinweisen von Herrn Prof. MEISSER zu machen!

Natürlich hat Herr Prof. MEISSER recht, wenn er sagt: Es ist nicht so simpel, daß die Festigkeit einfach eine Funktion der Schallgeschwindigkeit ist:

$$\sigma_F = \sigma_F(v),$$

oder für ein Mehrstoffsystem, daß die Festigkeit eine Funktion der Schallgeschwindigkeiten der einzelnen Komponenten ist:

$$\sigma_F = \sigma_F(v_1, v_2, v_3, \ldots) .$$

Herr Prof. JUDD hat in seinen Untersuchungen gezeigt, daß die Druckfestigkeit oder auch die anderen mechanischen Eigenschaften von sehr vielen Faktoren abhängen, z. B. von der Schallgeschwindigkeit, der Dichte ϱ des Materials und einer ganzen Reihe anderer Parameter (φ = Porositität, α = Absorptionskoeffizient):

$$\sigma_F = \sigma_F(v_L, \varphi, \varrho, \alpha, \ldots) .$$

Natürlich ist es richtig, wenn Herr Prof. MEISSER sagte, daß im Massiv im allgemeinen ein dreiachsiger Spannungszustand vorliegt und daß man daher mit einer triaxialen Festigkeit an die ganze Sache herangehen müßte. Soviel uns bekannt ist, sind aber echte triaxiale Untersuchungen sehr spärlich, und wir sind doch der Meinung, daß es besser ist, einachsige Versuche zu machen als keine.

Als nächstes möchte ich noch einmal betonen, was auch in unserem Beitrag schon gesagt wurde, daß wir nämlich durchaus nicht so vermessen sind, uns einzubilden, mit unserem Beitrag eine Patentlösung für die Festigkeit des Gebirges geben zu können. Wir wollten nur einen praktischen Hinweis auf die Richtung geben, die von Herrn Prof. JUDD verfolgt wird, wo eben sehr viele mechanische Konstanten miteinander korreliert werden. Es zeigt sich, daß die Regressionskurve in vielen Fällen nicht linear ist, so daß also das Problem wirklich sehr schwierig ist. Da diese Beziehung, die wir angegeben bzw. in einem Diagramm aufgetragen haben, nur eine Art Teilkorrelation darstellt, wird natürlich die Unsicherheit in bezug auf die einachsige Festigkeit in unserem Fall entsprechend groß sein. Aber wir sind der Meinung — und müssen hier Forderungen der Praxis nachkommen —, daß Werte mit relativ großem Fehler oder auch nur Anhaltspunkte über die Festigkeit des Massivs besser sind als gar keine Angaben, und deshalb haben wir uns erlaubt, diesen Beitrag zu bringen.

Herr EVERLING

Aus dem Kreis der Zuhörer in meiner Umgebung ist gestern noch die Frage aufgetaucht, ob es wirklich möglich ist, daß die Gesteinsfestigkeit in einzelnen Fällen unter der Gebirgsfestigkeit liegt, wie Sie angegeben haben.

Herr SCHUPPE

Wie gesagt, wir haben nicht die Festigkeit des Gebirges gemessen, sondern die Schallgeschwindigkeit an Proben und am Anstehenden, und zwar sind die Werte der Schallgeschwindigkeit im Salzgebirge etwas höher als die Geschwindigkeitswerte an Proben. Wir glauben, daß das z. T. auf die Einspannungsverhältnisse des Gebirgskörpers, auf den im allgemeinen dreiaxialen Spannungszustand zurückzuführen ist. Im Salz fehlen ja bekanntlich zum großen Teil ausgeprägte Störungen, so daß dort der Spannungszustand eine Vergrößerung der Schallgeschwindigkeit verursachen kann. Daraus könnte man indirekt auf eine Erhöhung der Festigkeit schließen.

Herr LITWINISZYN

Meine Herren!

Ich komme noch einmal zu der in unserem Kreis unsterblichen Frage: Was messen wir eigentlich? Ich werde mit einem Beispiel beginnen.

Vor einem Jahr hatten wir in Polen ein geodätisches Problem. Es kam darauf an, die Länge der Meeresküste zu bestimmen. Das war eine Quelle für sehr viele Schwierigkeiten. Man war sich nicht im klaren, wie man die Meeresküste betrachten soll. Das ist nämlich vom Maßstab abhängig. Wenn wir als Maßstab einen Kilometer annehmen, so bekommen wir die Länge L_1; wenn wir als Maßstab einen Meter nehmen, bekommen wir die Länge L_2; und wenn wir als Maßstab ein Mikron nehmen, bekommen wir als Länge L_3 usw. Die Meßergebnisse waren so verschieden und zahlreich, daß die Länge der Meeresküste durch eine gesetzliche Verordnung bestimmt werden mußte.

In unserer Problematik haben wir Schwierigkeiten anderer Art. Nehmen wir ein elementares Beispiel: Im eindimensionalen Spannungszustand bekommen wir die Spannung in folgender Form:

$$\sigma = \frac{P}{F}.$$

Dabei ist P die Kraft und F die Fläche. Aber korrekt soll man diese Relation so schreiben:

$$\sigma_m = \frac{P}{F}.$$

Dabei bedeutet σ_m einen mittleren Spannungswert. Die sogenannte wirkliche Spannung bekommen wir aus der Relation:

$$\sigma = \lim \frac{P}{F}, \qquad F \to 0 .$$

Diese Relation ist mathematisch äquivalent mit:

$$\int \frac{\sigma}{F} dF = P .$$

Aus der letzten Gleichung können wir aber in der Weise die sogenannte wirkliche Spannung als eindeutige Lösung bekommen.

Ich habe noch eine Frage an Prof. PROTODJAKONOV. Mir ist die Idee über die Beziehung zwischen Wahrscheinlichkeit und Festigkeitswert nicht ganz klar. Nehmen wir z. B. ein Quadrat und teilen es in n^2-Teile. Nehmen wir ferner an, daß dieses Quadrat einen Riß hat. Das Verhältnis zwischen der Zahl kleinerer Quadrate mit Rissen zum gesamten Quadrat ist

$$\frac{n}{n^2} = \frac{1}{n}.$$

Für verschiedene n erhalten wir verschiedene Werte, und die Festigkeit ist immer konstant.

Herr PROTODJAKONOV

Zuerst möchte ich die Klassifikation der Kluftarten erweitern, worüber schon Prof. HILL gesprochen hat.

Die erste Form der Klüftigkeit, die ich am Beispiel von Kohle zeigen will, sind Klüfte, die in Verbindung mit der Inhomogenität von Sedimentgesteinen auftreten. Es kann dadurch eine Aufblätterung des Gesteins auftreten, beispielsweise von Sandschiefern u. a. Wenn wir jedes Mal eine einzelne Schicht herausnehmen, müssen wir sagen, daß die Eigenschaften dieser Schichten nicht konstant sind. Wir wissen, daß ein Flöz mit einer Mächtigkeit von einem Meter aus verschiedenen Bänken bestehen kann, wobei eine Bank eine relative Festigkeit von 3,5, eine andere von 0,8 und eine dritte Bank eine Festigkeit von 1,5 aufweist.

Wenn wir eine derartige Bank unter dem Mikroskop untersuchen, dann sehen wir, daß der petrographische Aufbau durch feinste Schichten gekennzeichnet ist, die zwischen dem mm-Bereich und cm-Bereich schwanken. Deshalb ist die Aufteilung des Gesamtflözes in Bänke eine sehr bedingte Aufteilung.

Die nächste Form von Klüften ist verbunden mit der Verringerung des Volumens der Sedimente in Verbindung mit ihrer Austrocknung. Infolge Absenkung der einzelnen Schichten nach der Teufe und Erhöhung des Druckes sowie der Temperatur verlieren Gesteine und Kohle an Feuchtigkeit. Wenn wir beispielsweise die Mächtigkeit eines Torfflözes, welches sich dann in ein Kohleflöz umbildet, betrachten, so kann sie sich um das Vier- oder Fünffache von der des Kohleflözes unterscheiden.

Wenn aber das Material Kohle austrocknet, verringert sich das Volumen sowohl in vertikaler als auch in horizontaler Richtung. Die vertikale Verringerung der Schichtmächtigkeit führt nicht zur Bildung von neuen Rissen, da der Gebirgsdruck wirkt. Wenn aber in horizontaler Richtung das Material schrumpft, beispielsweise um 5 m, dann kann es sich natürlich nicht in einer Fläche von 500 Metern oder einigen Kilometern Abmessung verkürzen. Jedes einzelne Stückchen verkürzt sich auf Grund der eigenen Austrocknung.

Infolgedessen bilden sich innere Klüfte, die in der Regel etwa senkrecht zum Liegenden und Hangenden des Flözes verlaufen. Wenn das Kohleflöz in einem gebirgsbildenden Prozeß nach unten bewegt wird, dann wirken Temperatur und Druck. In vergangener geologischer Zeit befanden sich beispielsweise die Anthrazitflöze im Donbass etwa 16 km unterhalb der Erdoberfläche. Unter diesen Bedingungen und bei hohen Temperaturen hat die Kohle ihre flüchtigen Bestandteile verloren, zunächst Wasserstoff, dann Feuchtigkeit, Methan, Kohlensäure. Das führte zu einer Verringerung des Volumens des Flözes und zur Bildung von Rissen. Infolge nachfolgender Gebirgsprozesse fand eine Hebung mit gleichzeitiger Erosion des Deckgebirges statt. Bei der Abkühlung von Kohle und Gestein verringerten sich die Volumina von neuem. Dies führte erneut zu inneren Klüften.

Ein weiterer Typ von Klüften wird durch gebirgsbildende Prozesse hervorgerufen. Während der vorhergehende Klufttyp durch Spannungen hervorgerufen wird, verlaufen die gebirgsbildenden Prozesse gewöhnlich unter einem bestimmten Winkel und werden durch Schubspannungen bestimmt.

Die nächste Gruppe, die Schlechten, wird durch Prozesse des Abdrückens von Kohle und Gestein hervorgerufen.

Unter Einfluß des Gebirgsdruckes, wenn wir eine offene Abbauzone haben, werden die plastischen Zwischenschichten in Richtung auf den freien Abbauraum herausgedrückt. Dabei entstehen in den spröderen Schichten Schlechten, die parallel zur Ortsbrust verlaufen. Diese Schlechten weisen meist eine Länge auf, die ungefähr der halben Mächtigkeit des Flözes entspricht.

Andere Schlechten entstehen durch den künstlichen Einfluß des Menschen infolge von Schießarbeiten. Haben wir eine freie Ortsbrust, dann können Feuchtigkeit und Luftsauerstoff wirken. Der vorhandene Luftsauerstoff dringt in den Schlechten vor und führt zu einer weiteren Abschwächung. Zum anderen ist das Kohlemassiv oft mit Methan gesättigt, wobei der Methandruck im Inneren des Flözes 50 bis 60 Atmosphären erreichen kann und dann in Richtung auf die Ortsbrust gleich 0 wird. Wenn sich hier Risse bilden, dann kann es zu einem Abfall des Gasdruckes kommen. Es gibt Unterschiede zwischen einem Bruchteil einer Atmosphäre und mehreren Atmosphären. Der vorhandene Gasdruck reißt Stück für Stück von den vorhandenen Schichten ab. Das ist einer der Gründe für plötzliche Gasausbrüche bei weicher Kohle.

Demzufolge wird ein Kohleflöz nicht nur durch eine Gruppe, sondern durch vielleicht zehn verschiedene Arten von Klüften zerschnitten.

Die Klüfte können dabei in ihrer Ausbildung beträchtliche Unterschiede aufweisen. Sie können offen oder mit irgend einem Material angefüllt sein. Jedenfalls kann man sagen, daß die Klüftigkeit eine sehr komplizierte Sache ist. Ohne Anwendung statistischer Methoden, so möchte man sagen, wäre eine Untersuchung oberflächlich.

Jetzt möchte ich kurz die Methoden zur Erfassung der Klüftigkeit aufzählen. Die erste Methodengruppe beinhaltet die geologische Beschreibung. Häufig ist die geologische Einschätzung der Klüfte nur eine qualitative und keine quantitative.

Die zweite Gruppe von Kennwerten, die bis zu einem bestimmten Grade die Klüftigkeit charakterisiert, sind die Produktionsbedingungen. Wenn wir beispielsweise Anthrazit abbauen, so erhalten wir Kohle in Form von großen Stücken. Im Russischen nennt man das Platten. Wenn wir aber Kokskohle mit einer großen Anzahl kleiner Schlechten abbauen, dann erhalten wir kleinere Körnungsbereiche. Die Kornzusammensetzung der Kohle kann in gewisser Beziehung die Klüftigkeit charakterisieren.

Als Maß der Klüftigkeit kann man ferner die Anzahl der auftretenden Gasausbrüche annehmen. Man kann auch eine ganze Reihe anderer Abbaukennwerte heranziehen.

Zur dritten Gruppe der Ermittlung der Klüftigkeit gehören die geometrischen Kennwerte. Bei dieser Art der Einschätzung stellt man fest, wieviel Schlechten in einem cm, in einem m usw. vorhanden sind. Um Klüfte oder Schlechten zu bestimmen, wenn sie nicht sichtbar sind, wurden verschiedene Methoden vorgeschlagen. Um zum Beispiel mikroskopisch Risse festzustellen, wird die Kohle mit einer Flüssigkeit gesättigt, die eine Lumineszenzeigenschaft aufweist. Man belichtet mit ultraviolettem Licht und fotografiert dann. In Tagebauen macht man das beispielsweise so, daß man einen Schuß mit geringer Ladung abgibt, wodurch sich Risse bilden. Diese kann man unmittelbar messen oder über eine stereo-fotometrische Aufnahme bestimmen. Es gibt eine sehr gut durchgearbeitete Methodik zur Bestimmung der Lage von Rissen und Schlechten mit Hilfe des stereoskopischen Netzes. Diese Werte sind für uns natürlich wertvoll, jedoch geben sie keine Antwort auf die Frage nach der Festigkeit.

Die nächste Gruppe der Kennwerte ist mit den Aufbereitungsmethoden der Kohle verbunden. Wir können die Kohle bei gleichem Arbeitsaufwand auf eine Platte werfen oder in einer Mühle zerkleinern und dann die Kornzusammensetzung bestimmen. Wenn die Kohle viele Risse aufweist, dann ist natürlich die Kornzusammensetzung durch kleine Werte gekennzeichnet. Wenn selten Risse auftreten, dann entstehen große Stücke.

Zuletzt kann man noch mittelbare physikalische Methoden erwähnen. Es wurde beispielsweise vorgeschlagen, die Klüftigkeit der Kohle in Abhängigkeit von der Desorptionsgeschwindigkeit von Methan zu bestimmen oder auf Grund der Filtriergeschwindigkeit eines Gases. Hierauf beziehen sich auch die Versuche mit Ultraschall. Zu guter Letzt kann man natürlich auch die Klüftigkeit an Pfeilern unter Schachtbedingungen untersuchen, worüber wir schon viel gesprochen haben, was aber sehr schwer zu verwirklichen ist.

Ich möchte eine etwas andere Richtung vorschlagen.

Man kann beispielsweise den physikalischen Sinn der MOHRschen Hüllkurve folgendermaßen erklären:

Jedes Gestein weist innere Risse, Poren usw. auf. Wenn wir den Schubwiderstand bestimmen, dann messen wir die Kraft und die geometrische Fläche des Probekörpers. Diese Größe nehmen wir als mittleren Schubwiderstand an. Wenn jedoch unser Probekörper anisotrop ist, das heißt wenn er Poren und Risse aufweist, dann ist die Schubfläche bedeutend geringer als die geometrische Fläche. Berücksichtigen wir außerdem noch die Spannungskonzentration, dann ist die wirkliche Spannung bedeutend größer. Wenn wir vor dem Ausbringen des Probekörpers diesen unter Druck setzen, dann wird sich ein Teil der Risse und Schlechten schließen. Dadurch wird die Schubfläche vergrößert, und die Grenzspannungen wachsen in diesem Fall. Als Ergebnis erhalten wir, daß sich der mittlere Schubwiderstand vergrößert hat.

Wenn wir die Normalspannung annehmen, können wir folgende Veränderung aufzeichnen: Bei Spannungserhöhung um das Doppelte vergrößert sich die Festigkeit nur um einen geringeren Betrag, und zwar deshalb, weil sich nur die Risse schließen, die am leichtesten zu schließen sind.

Gehen wir in einen anderen Bereich der Normaldrücke über, dann werden alle Risse geschlossen. Die Festigkeit kann sich nicht mehr erhöhen. Dadurch wird die Existenz der Asymptote erklärt. Bewegen wir uns in dem Bereich der Zugspannung, dann öffnen sich die vorhandenen Risse. Wir erhalten eine Verringerung der Schubfestigkeit. Wenn wir Grenzspannung annehmen, dann wird die Probe zerrissen, und wir erhalten:

$$\tau = 0.$$

So kann man meiner Ansicht nach das physikalische Vorhandensein der Hüllkurve erklären. In diesem Fall ist keine Hypothese der inneren Reibung notwendig, und die Form der Hüllkurve hängt dann von der Schwierigkeit des Öffnens oder Schließens der Risse ab.

Ein weiterer Kennwert ist der Maßstabseffekt, über den ich heute schon einmal gesprochen habe. Wenn sehr viele Risse vorhanden sind, dann kommt der Maßstabseffekt stark zum Ausdruck. Das bezieht sich auf einachsigen Druck. In größerem Maße bezieht sich das aber auf die Zugfestigkeit, die nicht nur geringer ist als die Druckfestigkeit, sondern auch bedeutend schneller abnimmt. Das kann man leicht erklären, denn bei Zug öffnen sich die Risse, und deshalb ist ihr Einfluß größer.

Der dritte Faktor, der mit den Dimensionsverhältnissen von Proben im Gebirge verbunden ist, ist die Streuung.

Wenn wir in einer graphischen Darstellung die Abmessungen der Probekörper auf der Abszisse abtragen und auf der Ordinate die Veränderlichkeit der Kennwerte, dann sehen wir, daß für kleine Probekörper die Veränderlichkeit sehr groß ist, für große Probekörper dagegen gering. Es scheint mir, daß man drei Kennwerte miteinander verbinden kann, die es uns dann gestatten, die Mächtigkeit ziemlich gut einzuschätzen.

Nach links haben wir die Zugfestigkeit und nach rechts die Druckfestigkeit abgetragen. Wenn wir jetzt langsam die Abmessung der Probekörper bis zu einem Maß erhöhen, welches der Mächtigkeit beispielsweise des Flözes entspricht, dann verringert sich die Druckfestigkeit um einen bestimmten Prozentsatz, und wir erhalten einen bestimmten MOHRschen Kreis.

Die Zugfestigkeit ändert sich hingegen viel schneller, der MOHRsche Kreis hierfür wird sehr klein. In unserem Fall nimmt die MOHRsche Hüllkurve die gleiche Form an, und sie ist hier nur in bezug auf das Koordinatensystem verschoben.

Wie groß ist die Festigkeit von sehr kleinen Probekörpern, beispielsweise von solchen, die zwischen sehr eng aneinanderliegenden Rissen Platz haben? Es ist klar, daß man für diesen Fall den MOHRschen Kreis verschieben muß, genausogut bezieht sich das auf Zugversuche.

Es ist ersichtlich, daß der entsprechende Wert nicht den Wert Null besitzt, sondern sich nur Null nähert.

Wir erhalten zwei Kurven, nämlich für den Maßstabseffekt bei Druck und den Maßstabseffekt bei Zug.

Wenn wir beispielsweise Probekörper von einer bestimmten Abmessung untersuchen, dann erhalten wir Festigkeitswerte, die geringer oder größer sein können. Und wir erhalten die Gausssche Glockenkurve.

Da jedoch eine derartige Kurve für die Benutzung unbequem ist, nehmen wir die Summenkurve.

Bei einer genügend großen Zugspannung wird jeder beliebige Probekörper zerstört, bei einer geringeren Zugspannung bleibt eine kleine Zahl von Probekörpern erhalten. Eine noch geringere Zugspannung halten ungefähr 50% Probekörper aus. Und wenn wir die Zugspannung weiter verringern, dann halten ihr fast alle Probekörper stand.

Wenn wir jetzt aber das Gebirgsmassiv betrachten, dann bekommen wir eine sehr enge Kurve. Die Veränderlichkeit ist geringer.

Wenn wir hingegen wieder Probekörper mit geringen Abmessungen nehmen, dann ist die Veränderlichkeit am größten, da wir einmal einen Probekörper haben, der faktisch keine Risse aufweist, und zum anderen einen, der faktisch durch Risse zerstört ist.

Das gleiche kann man auch über die Veränderlichkeit bei Druckversuchen aussagen. Da sich jedoch bei Druckversuchen die Risse schließen, ist sie hier geringer. Deshalb laufen diese Summenkurven steiler als bei Zugversuchen.

Unter Benutzung dieser Anschauung kann man die Klüftigkeit im mechanischen Sinne ziemlich vollständig darstellen. Wenn wir beispielsweise die mittlere Zugfestigkeit und die mittlere Druckfestigkeit bestimmt haben und die beiden Mohrschen Kreise kennen, wenn wir die allgemeine Form der Hüllkurve kennen, können wir die Maximalwerte errechnen.

Für die Hüllkurve wurde folgende Gleichung erhalten:

$$\tau = \tau_m \left(\frac{x^2}{x^2 + a^2} \right)^{3/8} .$$

Dabei stellt x den Abstand auf der Abszissenachse nicht vom Nullpunkt, sondern von dem Punkt dar, wo die Hüllkurve die Abszissenachse schneidet.

$$x = \sigma_d + \sigma_{pl} .$$

Über diese Fragen ist von mir eine Arbeit veröffentlicht worden; ich habe auch eine derartige Arbeit nach Kraków gesandt. Die Form einer solchen Kurve ist einer verschobenen Hyperbel sehr ähnlich.

In dem von mir gehaltenen Vortrag ist die Formel für eine verschobene Hyperbel angegeben. Ein bestimmter Punkt kennzeichnet die Festigkeit des Massivs.

$$\sigma_{pl} = \sigma_m \frac{d + m\,b}{d + b} .$$

Unbekannt sind σ_m, m und b.

Einen Punkt gewinnen wir aus der Form der Hüllkurve. Einen zweiten Punkt erhalten wir unmittelbar aus Laborversuchen. Und es wäre wünschenswert, wenigstens noch einen Punkt an möglichst großen Probekörpern für diese Kurve zu finden. Dadurch haben wir ein Gleichungssystem mit drei Unbekannten und können in Richtung auf die Festigkeit des Massivs extrapolieren. Die Streuungen der Werte für gewisse Probekörperabmessungen sind uns aus Versuchen bekannt.

Wenn ich diese Kurve kenne und die Werte der Hüllkurve benutze, kann ich alle Punkte für die maßstabseffektive Kurve eintragen. Hierbei brauchen wir nicht unbedingt große Sicherheitskoeffizienten für die Festigkeit anzunehmen. Wir verwenden diese Kurve für das

Massiv, und unter Verwendung einer beliebig angenommenen Größe können wir die Festigkeit bestimmen, welcher ein Pfeiler standhält. Unter Benutzung dieser Werte können wir die zulässigen Grenzwerte für die Berechnung festlegen.

Eine letzte Bemerkung: Dr. KUZNECOV hat darauf hingewiesen, daß ich die Richtung der Klüfte nicht berücksichtige. Dazu muß ich sagen, daß ich nur ein Beispiel angeführt habe. Ich stimme mit Dr. KUZNECOV völlig überein, daß man das Kluftsystem in Richtung auf den Verlauf der Kurve orientieren muß. Solche Versuche wurden bei uns im Labor durchgeführt und haben vollkommen verschiedene Kurven ergeben, die sich beispielsweise um das Drei- bis Fünffache voneinander unterscheiden können, so daß ich keinen Widerspruch zwischen dem, was Herr KUZNECOV gesagt hat, und dem, was ich vorgetragen habe, feststellen kann.

Herr EVERLING

Herr Prof. PROTODJAKONOV, wir danken Ihnen sehr für diese Gelegenheit, Ihre Arbeit kennenzulernen, in der Sie zum ersten Male die Festigkeitseigenschaften und die Klüftung sowie den Einfluß der Größe der Prüfkörper in einem Diagramm gemeinsam auszuwerten versuchen. Eine Beurteilung dieses Versuches wird uns leider erst möglich sein, wenn uns Ihre hier geäußerten Hypothesen schriftlich vorliegen.

Herr MENCL

Erlauben Sie mir, daß ich den Ausführungen von Herrn Prof. PROTODJAKONOV nicht zustimme.

Herr EVERLING

Auch ich bin der Meinung, daß diese Vorschläge noch einer sehr eingehenden Diskussion bedürfen, und zwar sowohl in bezug auf die Grundlagen (Ursachen des Ansteigens der MOHRschen Hüllkurve usw.), als auch in bezug auf viele andere Angaben. Aus diesen Gründen würden wir es sehr begrüßen, wenn uns der Vortrag schriftlich vorgelegt werden könnte.

Meine Herren, ich möchte mit dem Einverständnis unseres Präsidenten abschließend in zwei Minuten zusammenfassen, was wir heute hier gehört haben.

Die Diskussionsbeiträge betrafen im großen und ganzen vier Themen. Das erste Thema waren Definitionen. Man wies darauf hin, welche Einheiten gewählt werden können und welche Einheiten besser nicht gewählt werden sollten. Man hat darüber diskutiert, daß Definitionen eigentlich sehr viele Einzelheiten umfassen müssen, aber andererseits möglichst einfach und klar sein müssen. Es ergibt sich hieraus die Notwendigkeit, aus den vielen Einzelgrößen, die die Gesteinseigenschaften bestimmen, mit Hilfe geeigneter Festigkeitshypothesen für das Gebirge möglichst wenige kennzeichnende Größen auszuwählen.

Als Zweites haben wir Vorträge gehört über Meßverfahren im Laboratorium und über die Auswertung solcher Laboratoriumsmessungen. Wir haben Einzelheiten kennengelernt über die Bruchursachen im Gestein, über primäre Brucherscheinungen, die sich zu sekundären Brucherscheinungen ausweiten können. Wir haben vom Einfluß der Belastung von Proben auf ihre Festigkeit bei später eintretenden, anderen Belastungen gehört. Wir haben viele Anregungen bekommen über Vorsichtsmaßnahmen, die zu ergreifen sind, damit keine Irrtümer bei Messungen entstehen; das Thema Festigkeitsmessungen an Proben im Laboratorium ist also recht erschöpfend behandelt worden.

Von Messungen unter Tage haben wir ebenfalls eine erfreulich große Anzahl Beispiele hier kennengelernt, und zwar sowohl — als drittes Arbeitsgebiet — Messungen an im Gebirge hergestellten Prüfkörpern als auch — viertens — Messungen über das Verhalten des gesamten Gebirgskörpers in der Umgebung bergmännischer Hohlräume.

Gerade die letzteren Beobachtungen, die wir aus Südafrika, aus Italien, aus dem Aachener Revier und aus anderen Gebieten kennengelernt haben, scheinen mir ein wesentlicher Beitrag zu unserer heutigen Diskussion gewesen zu sein; denn das Verhalten des Gebirges in seiner Gesamtheit ist Hauptfrage dieses Ländertreffens.

Es fehlt in manchen Fällen noch das bindende Glied zwischen den Laborversuchen, den Versuchen imkleinen Maßstab in situ und den Versuchen im ganz großen Maßstab im Gebirge. Das erfreulichste an dieser Diskussion ist wohl, daß tatsächlich derartige Bindeglieder schon in größerer Anzahl aufgestellt und vorgeschlagen worden sind. Ich kann in diesem Zusammenhang nicht mehr auf die einzelnen Arbeiten eingehen. Jeder hat sich notieren können, was ihm von diesen Dingen am wesentlichsten erschienen ist. Zweifellos besteht heute die Möglichkeit, nicht nur von dem Verhalten großer Gebirgsteile auf das Verhalten kleiner Gebirgsteile zu schließen, sondern sogar auch umgekehrt von Versuchen im kleineren Maßstab in einem größeren Maße auf das Verhalten des gesamten Gebirges zu schließen, als es uns bisher möglich schien.

Ein wesentliches Ergebnis der Diskussion schein mir zu sein, daß alle diese Verfahren, sowohl die Laboratoriumsmessungen als auch die Messungen an kleinen und ganz großen Gebirgsteilen, ihre Existenzberechtigung haben; daß zwar je nach der Fragestellung das eine oder andere Verfahren wichtiger ist, daß aber keines dieser Verfahren ohne das andere auskommt. Es wird also unsere Aufgabe sein, sämtliche Messungen und Meßmöglichkeiten auch weiterhin so weit auszuschöpfen, wie es in unserer Kraft steht, zur Förderung der Sicherheit und der Wirtschaftlichkeit im Bergbau!

ARBEITSPROGRAMM FÜR 1964
ABSCHLUSSPROTOKOLL UND SCHLUSSWORT

Arbeitsprogramm des Internationalen Büros für Gebirgsmechanik für das Jahr 1964

1. Gruppenarbeit

Die Arbeitsgruppen des IBG setzen ihre Tätigkeit auch im Jahre 1964 fort. Hierzu werden Arbeitsgruppensitzungen in den nachfolgend aufgezählten Ländern durchgeführt.

Arbeitsgruppe I „Begriffsbestimmungen"

Diese Arbeitsgruppe wird in der DDR tagen und über die Angleichung der von den verschiedenen Ländern erarbeiteten Begriffe und Definitionen beraten.

Arbeitsgruppe II „Gerätetechnik für Untertagemessungen"

Auf Empfehlung des Vorsitzenden tagt die Arbeitsgruppe im Frühjahr 1964 in der VR Polen. Im Mittelpunkt der Diskussionen sollen der Meßgerätekatalog und wissenschaftliche Fragen der Meßgerätetechnik stehen.

Arbeitsgruppe III „Festigkeitsuntersuchungen"

Für diese Arbeitsgruppe ist eine Sitzung in der VR Bulgarien vorgesehen mit einer Aussprache über die Forschungsergebnisse der vereinbarten Biegeversuche an kreisförmigen Gesteinsscheiben, über Verformungsmessungen und über Triaxialversuche.

Arbeitsgruppe IV „Analytische Gebirgsmechanik"

Die 1. Sitzung der Arbeitsgruppe IV wird voraussichtlich in der Sowjetunion abgehalten. Von seiten des Vorsitzenden sollen Aussprachen über die Gebirgsverschiebungstheorie, über die Bearbeitung und Interpretation der Daten rheologischer Eigenschaften des Gesteins unter Benutzung der Methoden der mathematischen Statistik und über die Berechnung der Ausbaubelastung bei visko-elastisch-plastischem Gebirgsverhalten durchgeführt werden.

2. Arbeit des Büros

Das Büro stellt Informationsberichte über gebirgsmechanische Veröffentlichungen zusammen und stellt sie den Mitgliedern zur Verfügung. Die Mitglieder ihrerseits unterstützen das Büro durch die Übersendung von Sonderdrucken neuerer Arbeiten auf dem Gebiete der Gebirgsmechanik.

Das IBG führt einen Tagungskalender und informiert seine Mitglieder über geplante internationale Veranstaltungen auf dem Gebiete der Gebirgsmechanik.

Über das 5. Ländertreffen wird ein Bericht erarbeitet, der bis zum 6. Ländertreffen gedruckt vorliegen soll.

Das IBG bereitet die Durchführung des 6. Ländertreffens für die Zeit vom 3.—7. November 1964 in Leipzig mit dem Rahmenthema

„Der Einfluß der Zeit auf die Spannungen, Bewegungen
und Festigkeitsverhältnisse im Gebirge"

vor.

Abschlußprotokoll und Schlußwort

Das über den Tagungsverlauf des 5. Ländertreffens des Internationalen Büros für Gebirgsmechanik angefertigte Protokoll wurde von den Teilnehmern gebilligt und unterzeichnet.

Die Schlußworte sprachen Herr Prof. Dr. Wöhlbier, der dem Dank der Teilnehmer am 5. Ländertreffen gegenüber den Organisatoren Ausdruck verlieh, und der Präsident des IBG, Herr Prof. Dr. Bilkenroth.

Herr Wöhlbier

Meine Herren!

Nachdem wir nunmehr am Schluß unseres 5. Ländertreffens angelangt sind, glaube ich, daß es richtig von uns ist, daß wir auch diesmal wieder der Geschäftsleitung, unserem verehrten Herrn Präsidenten, Herrn Prof. Bilkenroth, Herrn Dr. Höfer und allen Mitarbeitern des Büros unseren besten Dank aussprechen. Alle diejenigen unter Ihnen, die die bisherigen Tagungen mitgemacht haben, wissen, mit welcher Sorgfalt diese Tagungen hier vorbereitet worden sind, welche Fülle von Material zusammengetragen worden ist, so daß uns damit die Möglichkeit gegeben war, in einer Weise hier zu arbeiten, die zweifellos für uns alle von größtem Interesse ist und die uns auch in diesem Jahr — wie in allen anderen Jahren — neue Erkenntnisse gebracht hat, neue und viele Anregungen.

Wir möchten aber nicht nur für die rein fachliche Vorbereitung danken, für die ausgezeichnete fachliche Betreuung, sondern auch für die ganz hervorragende Aufnahme, die wir auch in diesem Jahr — wie immer — in Leipzig gefunden haben. Wir bitten, unseren Dank auch dem Herrn Präsidenten der Akademie der Wissenschaften übermitteln zu wollen, der ja zweifellos auch einen großen Anteil von seiner Seite aus zum Gelingen beigetragen hat.

Die außerordentlich herzliche Atmosphäre, die ja nun einmal kennzeichnend ist für unsere Tagungen und die von vorherein dadurch gewährleistet ist, daß der Kreis so klein gehalten worden ist, trägt zweifellos dazu bei, die Kontakte zwischen uns allen zu fördern, so daß wir uns menschlich und fachlich durch diese Tagung bestimmt wieder sehr viel näher gekommen sind.

Ich darf daher nochmals in Ihrer aller Namen den Leitern des Internationalen Büros für Gebirgsmechanik unseren Dank aussprechen und darf hoffen, daß wir uns im nächsten Jahr wieder unter Ihrer netten und erfreulichen Führung hier zusammenfinden.

Herr Bilkenroth

Vielen Dank, meine Herren, für die freundliche Zustimmung mit der Sie die Worte von Herrn Wöhlbier bekräftigt haben!

Ich möchte den Dank, den Sie für die wissenschaftliche Arbeit und die kameradschaftliche Atmosphäre abgestattet haben, an Sie alle weitergeben. Ich habe ja in meinen einleitenden Worten bereits gesagt, daß die meisten Herren hier keine Gäste sind, sondern daß sie zu der Familie gehören, die sich Internationales Büro für Gebirgsmechanik nennt, und daß Sie sich alle so in diese Familie hineingelebt haben, daß der Vater der Familie keine Anleitung mehr zu geben braucht. Die Harmonie war trotz des wissenschaftlichen Streites da. Die Harmonie war bei unseren persönlichen Aussprachen und auch bei unseren geselligen und kulturellen Veranstaltungen vorhanden.

Das ist wohl auch der Grund für das gute Gelingen, auf das Herr Wöhlbier hinwies. Die Arbeit kann nur gedeihen in einem Rahmen wie diesem. Das möchte ich heute noch einmal feststellen. Wenn unsere Ländertreffen, wie wir sie nennen, die Größe von Kongressen hätten, könnten wir die fruchtbare Arbeit, die wir mit Stolz in jedem Jahr für die wissenschaftliche Entwicklung dieses wichtigen Zweiges leisten, nicht mehr vollbringen. Und in diesem Sinne bitte ich Sie, ehe wir auseinandergehen, daß Sie auch weiter unsere gemeinsame Arbeit unterstützen und daß Sie im nächsten Jahr alle wieder hier froh und gesund in diesem Kreise tagen.

Bevor ich aber schließe, möchte ich von meiner Seite an alle Dank abstatten, die an der Vorbereitung und Durchführung dieser Tagung gearbeitet haben, angefangen bei der wissenschaftlichen Seite bis hinein in die einfachen Vorbereitungen, die ja alle durchgeführt werden mußten und die bei uns ja aufgeteilt sind: Herrn Dr. Höfer, der die wissenschaftlichen Arbeiten geleistet hat, Frau Neitzke, von der man beinahe sagen könnte, daß sie die Mutter ist, Herrn Schmidt, der den Ablauf unserer Tagungen vorbereitet und der Ihnen die vielen Unterlagen zur Verfügung gestellt hat, sowie darüber hinaus auch allen, die hier mitgeholfen haben, insbesondere den Dolmetschern, die ja auch schon bekannt sind und die sich doch bei unseren Aussprachen — gestern z. B. von früh 9 Uhr bis abends 19 Uhr — zurechtfinden mußten, wenn auch Herr Prof. Potts einmal festgestellt hat, daß er von einer Diskussion nichts mitbekommen hat, was natürlich einmal vorkommen kann. Wir haben uns dann doch immer wieder auf der richtigen Basis zusammengefunden.

Aber wir wollen auch die unbekannten Helfer unserer Tagung nicht vergessen. Denken Sie an das Material, an die Bildvorführungen, an die Vervielfältigungen! Auch all diesen Helfern sei gedankt.

Meine Herren! Damit darf ich nun das 5. Ländertreffen des Internationalen Büros für Gebirgsmechanik schließen und darf feststellen, daß wir in unserer Arbeit, die wir uns 1958 vorgenommen haben, wieder einen ordentlichen Schritt vorwärtsgekommen sind. Ich glaube, darauf können wir stolz sein, und wir können mit Zufriedenheit auseinandergehen.

Ich schließe mit nochmaligem Dank und mit unserem Gruße „Glückauf!“. Zugleich möchte ich die Hoffnung aussprechen, daß wir uns im nächten Jahr in diesem Kreise wieder zusammenfinden! Glückauf!

Nach Abschluß der wissenschaftlichen Beratung fand eine Exkursion an die Bergakademie Freiberg, Freiberg/Sa., statt. Der amtierende Rektor der Bergakademie, Seine Magnifizenz Prof. Dr. Ing. habil. Wrana, begrüßte die Tagungsteilnehmer des 5. Ländertreffens des Internationalen Büros für Gebirgsmechanik mit herzlich gehaltenen Worten und gab anläßlich eines Empfanges einen Überblick über die historische Entwicklung der Bergakademie Freiberg, die 1965 ihr 200jähriges Bestehen feiert. Im Anschluß daran wurden Einrichtungen und wissenschaftliche Institute der Bergakademie besichtigt.

VERZEICHNIS DER TEILNEHMER AM 5. LÄNDERTREFFEN DES INTERNATIONALEN BÜROS FÜR GEBIRGSMECHANIK

Berger, H.
Professor Dipl.-Ing.
Direktor des Institutes für Grundbau und Baugrundmechanik der Hochschule für Bauwesen, Leipzig

Bilkenroth, G.
Professor Dr.-Ing., Dr. rer. oec. eh.
Mitglied der Deutschen Akademie der Wissenschaften zu Berlin
Leiter des Internationalen Büros für Gebirgsmechanik, Berlin

Ten Brink, G. P.
Bergingenieur
Central Proefstation van de Staatsmijnen in Limburg, Hoensbroek-Treebeek

Denkhaus, H. G.
Dr.-Ing.
Direktor National Mechanical Engineering Research Institute, Pretoria

Dreyer, W.
Dr. rer. nat.
Institut für Mineralogie, Petrographie und Lagerstättenkunde der Bergakademie Clausthal-Zellerfeld

Everling, G.
Dr. -Ing.
Wissenschaftlicher Mitarbeiter im Steinkohlenbergbauverein

Fodor, J.
Dr.-Ing.
Technischer Direktor ICEMIN, Bukarest, Calea Victoriei 220

Ganev, J. Chr.
Professor Dipl.-Ing.
Lehrstuhl für Technische Mechanik an der Hochschule für Bergbau und Geologie, Sofia

Gimm, W.
Professor Dr.-Ing.
Direktor des Institutes für Bergbaukunde der Bergakademie Freiberg und der Arbeitsstelle für Geomechanik der Deutschen Akademie der Wissenschaften zu Berlin, Freiberg

Gogala, A.
Professor Dipl.-Ing.
Universität Ljubljana, Bergbauabteilung

Hill, F. G.
Technical Manager and Consulting Engineer
Rand Mines Ltd., Johannesburg

Höfer, K.-H.
Dr.-Ing.
Stellvertretender Direktor des Institutes für Grubensicherheit, Leipzig
Wissenschaftlicher Sekretär des Internationalen Büros für Gebirgsmechanik

Hoffmann, H.
Professor Dr.-Ing.
Direktor des Institutes für Markscheidewesen, Bergschadenkunde und Geophysik im Bergbau an der Rhein.-Westf. Technischen Hochschule Aachen

Judd, Wm. E.
Physical Scientist
THE RAND CORPORATION, Santa Monica

Kiersch, G. A.
Professor of Structural and Engineering Geology, Cornell University, Ithaca

Knothe, St.
Professor Dr.-Ing.
Polnische Akademie der Wissenschaften und Berg- und Hüttenakademie, Kraków

Kobliska, A. M.
Professor habil., Bergingenieur
Fakultät für Bergbau und Geologie der Universität Belgrad

Kohoutek, J.
Dr.-Ing.
Leiter des Laboratoriums für Gebirgsmodellierung im Bergbauinstitut der CSVA, Prag

Kuznecov, G. N.
Professor Dr.-Ing.
Markscheideforschungsinstitut VNIMI, Leningrad

Kvapil, R.
Dr.-Ing.
Staatliches Institut für Erzgrubenprojektion, RUDNY PROJEKT, Košice

Liegeois, R.
Ingenieur
Institut National de l'Industrie Charbonnière, Liège

LITWINISZYN, J.
Professor Dr.-Ing.
Polnische Akademie der Wissenschaften und Berg- und Hüttenakademie, Kraków

MARTOS, F.
Dr.-Ing., Kandidat der Technischen Wissenschaften
Wissenschaftlicher Abteilungsleiter im Forschungsinstitut für Bergbau, Budapest

MEISSER, O.
Professor Dr. phil.
Mitglied der Deutschen Akademie der Wissenschaften zu Berlin
Direktor des Institutes für Angewandte Geophysik an der Bergakademie Freiberg

MENCL, V.
Professor Dr.-Ing.
Technische Hochschule Brno

MÜLLER, L.
Dr. techn. Dipl.-Ing.
Internationale Gesellschaft für Felsmechanik, Salzburg
Zivilingenieur für Geologie und Bauwesen

NEUBERT, K.
Professor Dr.-Ing. habil.
Direktor des Institutes für Markscheidewesen und Bergschadenkunde an der Bergakademie Freiberg

POPJORDANOV, H.
Professor Dipl.-Ing.
Rektor der Hochschule für Bergbau und Geologie, Sofia

POTTS, E. L. J.
Professor Dr.-Ing.
University of Newcastle upon Tyne, School of Mines, King's College, Newcastle upon Tyne

PROTODJAKONOV, M. M.
Professor Dr.-Ing.
Bergbauinstitut „A. A. Skocinski",
Moskau-Panki

DE REEPER, F. J. M.
Bergingenieur
Central Proefstation van de Staatsmijnen in Limburg, Hoensbroek-Treebeek

RICHTER, R.
Dr.-Ing., Kandidat der technischen Wissenschaften
Dozent an der Technischen Universität für Schwerindustrie, Miskolc

ROSETZ, G. P.
Dipl.-Min.
Wissenschaftlicher Assistent
Arbeitsstelle für Geomechanik der Deutschen Akademie der Wissenschaften zu Berlin, Freiberg

ROTTER, D.
Dipl.-Ing.
Wissenschaftlicher Referent der Klasse für Bergbau, Hüttenwesen und Montangeologie der Deutschen Akademie der Wissenschaften zu Berlin

SELDENRATH, TH. R.
Professor für Bergbaukunde
Technische Hochschule Delft

SINOU, P.
Bergingenieur
Chambre Syndicale des Mines de Fer, Briey

SUNDQUIST, P. H.
Forschungsingenieur
The Royal Institute of Technology, Stockholm

SCHUPPE, F.
Dipl.-Geophys.
Wissenschaftlicher Mitarbeiter im Institut für Grubensicherheit, Leipzig

WATZNAUER, A.
Professor Dr. rer. nat.
Mitglied der Deutschen Akademie der Wissenschaften zu Berlin,
Direktor des Geologischen Institutes der Bergakademie Freiberg

WÖHLBIER, H.
Professor Dr. -Ing. habil.
Rektor der Bergakademie Clausthal-Zellerfeld

WÖRTERBUCH DER GEOWISSENSCHAFTEN

russisch — deutsch

Herausgegeben von HANS-JÜRGEN TESCHKE

1964. VIII, 424 Seiten — gr. 8° — Lederin 25,50 MDN

Im „Wörterbuch der Geowissenschaften" sind alle in der heutigen geologischen und mineralogischen Literatur gebräuchlichen Termini enthalten. Daneben wurden die ebenfalls für den Geologen notwendigen Begriffe aus der Petrographie, Lagerstättenkunde, Paläontologie, Geophysik, Geographie, angewandten Geologie usw. aufgenommen sowie die immer stärker in den Vordergrund rückenden Grenzgebiete berücksichtigt. Aus den genannten Teilgebieten fanden nur wissenschaftliche Termini Aufnahme, nicht dagegen technische Begriffe (z. B. aus dem Bereich des Bergbaues oder der Ingenieurgeologie).

Bestellungen durch eine Buchhandlung erbeten

THEORIA CUM PRAXI

AKADEMIE-VERLAG · BERLIN

Bericht über das 4. Ländertreffen des Internationalen Büros für Gebirgsmechanik

Rahmenthema

Last- und Kraftannahmen in der Gebirgsdruckforschung und die mathematische Behandlung geomechanischer Probleme
Leipzig, 6. bis 10. November 1962

Herausgegeben von Georg Bilkenroth

(Abhandlungen der Deutschen Akademie der Wissenschaften, Klasse für Bergbau, Hüttenwesen und Montangeologie, Jahrgang 1963, Nr. 3)

1963. 275 Seiten – 168 Abbildungen, davon 2 auf 1 Falttafel und 1 auf 1 Tafel – 8 Tabellen – 4°
51,50 MDN

Das 4. Ländertreffen des Internationalen Büros für Gebirgsmechanik bei der Deutschen Akademie der Wissenschaften wurde in der Zeit vom 6. bis 10. 11. 1962 in Leipzig durchgeführt.

Das Rahmenthema lautete:
„Last- und Kraftannahmen in der Gebirgsdruckforschung und die mathematische Behandlung geomechanischer Probleme."

Die zum Rahmenthema eingereichten Arbeiten beinhalten sowohl die mathematische Behandlung gebirgsmechanischer Probleme, die Möglichkeiten und die Notwendigkeit der Anwendung mathematischer Methoden in der Geomechanik bei der Entwicklung dieses Forschungszweiges zu einer Wissenschaft als auch Methoden und Verfahren für die Lösung ganz spezieller gebirgsmechanischer Probleme wie der Pfeilerbelastung, der Hangendbewegung, der Spannungsverteilung um Hohlräume, der Senkungsmuldenberechnung usw.

Bestellungen durch eine Buchhandlung erbeten

AKADEMIE-VERLAG · BERLIN

www.ingramcontent.com/pod-product-compliance
Lightning Source LLC
LaVergne TN
LVHW081347011026
849161LV00013BB/3022